高职高专计算机系列规划教材

SQL SERVER 2008 数据库案例教程

主 编 吕树红 王晓娟 印元军

编 者 吕树红 王晓娟 印元军
白延敏 李晓明 茹志鹃
施 莹 余爱华 胡 磊
时 洋

南京大学出版社

图书在版编目(CIP)数据

SQL SERVER 2008 数据库案例教程 / 吕树红，王晓娟，印元军主编. — 南京 ：南京大学出版社，2018.3
高职高专计算机系列规划教材
ISBN 978-7-305-19917-2

Ⅰ. ①S… Ⅱ. ①吕… ②王… ③印… Ⅲ. ①关系数据库系统—高等职业教育—教材 Ⅳ. ①TP311.132.3

中国版本图书馆 CIP 数据核字(2018)第 022558 号

出版发行 南京大学出版社
社　　址 南京市汉口路 22 号　　　　邮　编 210093
出 版 人 金鑫荣

丛 书 名 高职高专计算机系列规划教材
书　　名 SQL SERVER 2008 数据库案例教程
主　　编 吕树红　王晓娟　印元军
责任编辑 惠　雪　王南雁　　　　编辑热线 025-83593923

照　　排 南京南琳图文制作有限公司
印　　刷 南京京新印刷有限公司
开　　本 787×1092　1/16　印张 21.5　字数 517 千
版　　次 2018 年 3 月第 1 版　2018 年 3 月第 1 次印刷
ISBN 978-7-305-19917-2
定　　价 45.00 元

网址：http://www.njupco.com
官方微博：http://weibo.com/njupco
官方微信号：njupress
销售咨询热线：(025) 83594756

前 言

数据库技术是计算机领域中最重要的技术之一，是信息技术的重要支撑，其应用范围涉及人们生活的方方面面，银行、证券公司、医院、图书馆等企事业单位都离不开数据库的使用。近几年，数据库领域的人才需求呈增长趋势，特别是微软的 Microsoft SQL Server 2008 在国内市场的份额越来越大，掌握 SQL Server 技术变得至关重要。

本书全面系统的讲述了 Microsoft SQL Server 2008 数据库管理核心技术，全书共 15 章，探讨了数据库、数据表、数据查询、索引、视图、T-SQL 语言、存储过程、触发器、安全管理等内容。书中内容翔实、示例丰富、技术实用，最后一章的综合应用实例，可以帮助读者进一步掌握实际而又全面的数据库应用知识。

本书以"理论服务于应用，基础服务于实践"为原则，讲解理论知识的同时充分融合了丰富的案例与实训操作，真正将训练和提升学生的实践操作能力放到第一位。

本书共分 15 章，各章分别讲述以下内容。

第 1 章介绍 SQL Server 的发展历程及特性，并演示了 SQL Server 2008 的安装步骤。

第 2 章介绍数据库的基本知识，包括数据库存储结构以及数据库的创建、修改、删除扩容等操作。

第 3 章介绍 SQL Server 2008 中用于封装数据的数据类型与常用函数，包括数学函数、字符串函数、系统函数和日期函数等。

第 4 章介绍数据表及其表结构，阐述了表的创建、更改、删除等操作方法。

第 5 章介绍数据库完整性的概念及其实现。

第 6 章介绍数据库的查询操作，包括 SELECT 简单查询、数据汇总、多表查询及子查询操作等。

第 7 章和第 8 章分别介绍视图及索引，包括视图和索引的概念及其相关操作等。

第 9 章介绍 Transact-SQL 语言的编程语法，包括运算符和表达式、变量和常量、流程控制语句、事务批处理。

第 10 章和第 11 章分别介绍数据库中存储过程和触发器的概念及相关操作。

第 12 章介绍用户自定义函数的概念、类型及其增、删、改操作等。

第 13 章介绍数据库备份与恢复方法。

第 14 章介绍数据库的安全管理，包括身份验证、登录管理、用户管理、权限、角色管理和架构管理等。

第 15 章介绍 Visual Studio 2008 综合实训案例，包括数据库的结构分析和开发流程中的每个环节，训练学生的综合开发和应用能力，是对全书的完整总结。

本书图文并茂，条理清晰，通俗易懂，内容丰富，全书通过一个典型数据库案例贯穿始终，前后衔接紧密。本书采用“理论知识——案例分析——实训练习”阶梯式教学模式，每一部分均先讲解理论知识，后分析实例，突出概念和应用，讲解由浅入深，强调数据库应用程序的应用和开发技能，注重培养读者解决实际问题的能力，使读者能够快速地掌握数据库的相关知识。

本书适合大中专院校、职业学校及各类社会培训学校使用，也可作为计算机爱好者自学计算机知识的参考书。本书参与编写的人员有吕树红、王晓娟、印元军等老师，其中吕树红老师负责编写第 4 章、第 6 章、第 8 章、第 9 章、第 10 章和第 14 章，王晓娟老师负责编写第 2 章、第 7 章、第 12 章、第 13 章和第 15 章，印元军老师负责编写第 1 章、第 3 章、第 5 章和第 11 章。同时特别感谢茹志鹏、施莹、余爱华、胡磊、时洋等老师的帮助。

由于编者水平所限，书中难免有疏漏之处，恳请广大读者批评指正。作者联系信箱：lvshuhong@zdonline.org。

编　者
2018 年 2 月

目 录

第 1 章 概 述

1.1 数据库概述

1.1.1 数据库技术发展简史

数据库的历史可以追溯到五十年前，当时的数据管理非常简单。通过大量的分类、比较和表格绘制的机器运行数百万穿孔卡片来进行数据的处理，其运行结果在纸上打印出来或者制成新的穿孔卡片，而数据管理就是对所有这些穿孔卡片进行物理的储存和处理。20 世纪 50 年代初期，人们开始用计算机进行数据处理。几十年来，数据库技术随着计算机软、硬件的发展而不断地发展，它主要经历了三个阶段：人工管理阶段、文件系统阶段和数据库阶段。

1. 人工管理阶段

人工管理阶段大约是从 20 世纪 40 年代中期至 50 年代后期，是计算机用于数据处理的初级阶段。在该阶段，应用程序中除了需要明确数据的逻辑结构外，还需要考虑数据在计算机中是如何存储和组织，并为数据分配空间及决定存取方法。应用程序完全依赖于特定数据，数据结构的改变以及数据存取物理地址或存储设备的变化，都会要求修改相应的应用程序。也就是说，应用程序和数据一一对应，数据和处理它的应用程序融为一个整体，如图 1.1 所示。由于数据的物理组织是由应用程序员根据应用的要求设计的，因此很难实现多个应用程序共享数据资源，造成数据的大量重复。这一时期数据的处理主要是手工性质的，具有下述特点：

(1) 数据与程序不具有独立性

一组数据对应一组程序，这就使得程序依赖于数据。如果数据的类型、格式或者数据量、存取方法、输入输出方式等改变了，那么程序必须做相应的修改。

(2) 数据不宜长期保存

由于数据是面向应用程序的，在一个程序中定义的数据，无法被其他程序利用，因此程序与程序之间存在大量的冗余(重复)数据，占用系统资源。

(3) 系统中没有对数据进行管理的软件

数据管理任务(包括存储结构、存储方法、输入输出方法等)完全由计算机所执行的任务决定，其存储形式和存储位置均无规律可循。这就给应用程序设计人员增加了很大的负担。

2. 文件系统管理阶段

人工管理阶段数据处理的缺点显而易见，即数据独立性差、冗余度高等，从而造成数据的处理效率低，维护困难，数据分散。随着计算机软、硬件技术的发展，在操作系统引入了文件管理系统后，对上述问题有了较大的改进。数据文件可以按文件名引用，应用程序通过文件管理系统与数据文件发生联系，数据的物理结构和逻辑结构间实现了转换，从而提高了数据的物理独立性，如图 1.2 所示。在文件系统中，还提供了多种文件组织形式，如顺序文件组织、索引文件组织和直接存取文件组织等。

在这一阶段，由于计算机硬件方面有了磁盘、磁鼓等存储设备，数据可以长期保存，并实现了以文件为单位的数据共享，可以对文件进行查询、修改、插入和删除操作。程序和数据之间由文件系统提供存取方法和进行转换，使应用程序与数据之间有了一定的独立性。进入文件管理阶段以后，文件系统存在以下问题：

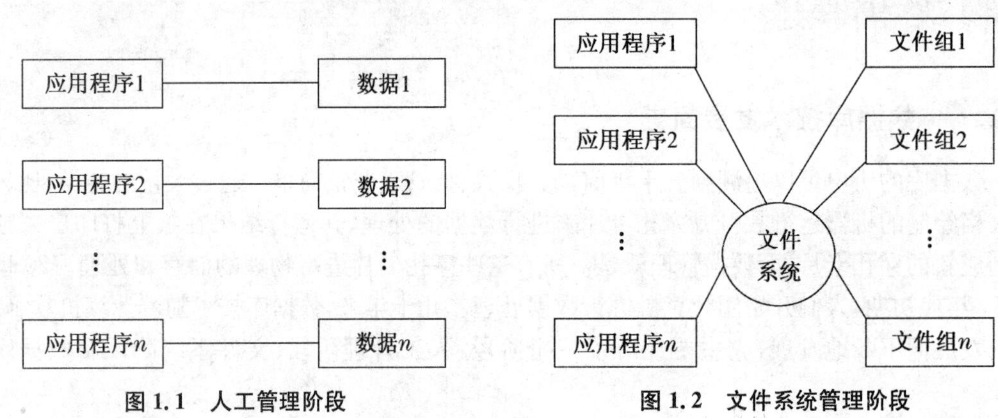

图 1.1　人工管理阶段　　**图 1.2　文件系统管理阶段**

(1) 数据冗余度大

在文件系统中，应用程序与文件相对应，即文件面向应用。文件系统中未能实现以记录或数据项为单位的数据共享，数据仍然是分散的，是面向应用的，数据的共享必须以文件为单位，所以数据还存在大量的冗余。即使不同的应用程序具有大部分相同的数据，只要有不同的数据部分存在，应用程序也不能共用数据文件。这就造成了相同的数据可能因应用程序的不同具有多个数据备份，容易造成数据的不一致性，给数据的修改和维护带来困难。

(2) 数据完整性和独立性差

在文件系统中，一个或一组文件与具体的应用相对应，数据文件是面向应用程序的。文件的逻辑结构对其所服务的应用程序来说是优化的，因而数据的改变，势必会引起应用程序的改变；反之，应用程序的改变亦有可能引起数据文件的改变。文件与应用程序之间缺乏数据独立性。

此外，在文件系统管理阶段，应用程序和数据结构之间的相互依赖程度高，数据的完整性和安全性等也无法得到保证。

3. 数据库系统管理阶段

计算机管理规模越来越大，数据量急剧增长，文件系统管理阶段处理数据存在着诸多不足。随着计算机工业的迅速发展，大容量和快速存取的磁盘设备开始进入市场，给数据库系统的研究提供了良好的物质基础。

数据库系统是在文件系统的基础上发展起来的新技术，它克服了文件系统的缺点，解决了冗余和数据依赖问题，提供了更广泛的数据共享，为应用程序提供更高的独立性，保证数据的完整性和安全性，并为用户提供方便的用户接口。与人工管理和文件系统阶段相比，数据库系统的特点主要有以下几个方面：

(1) 数据结构化

数据结构化是数据库与文件系统阶段的根本区别。在文件系统中，相互独立的文件的记录内部是有结构的，传统文件的最简单形式是等长同格式的记录集合。在数据库管理阶段，数据库系统实现了整体数据的结构化，所使用的数据模型不仅描述数据本身的特点，还描述数据间的联系。

(2) 数据的共享性高，冗余度小，易扩充

数据库系统从整体角度看待和描述数据，数据不再面向某个应用而是面向整个系统，因此数据可以被多个用户、多个应用共享使用。数据共享可以大大减少数据冗余，节省存储空间。而且，数据共享还能避免数据之间的不相容性与不一致性。

所谓数据的不一致性是指同一数据不同备份的值不一样。采用人工管理或文件系统管理时，由于数据被重复存储，当不同的应用使用和修改不同的备份时就很容易造成数据的不一致。在数据库中数据共享减少了因数据冗余造成的不一致现象。

由于数据面向整个系统，是有结构的数据，不仅可以被多个应用共享使用，而且容易增加新的应用，这就使得数据库系统弹性大，易于扩充，可以适应各种用户的要求。可以取整体数据的各种子集用于不同的应用系统，当应用需求改变或增加时，只要重新选取不同的子集或者加上一部分数据便可以满足新的需求。

(3) 数据独立性高

数据独立性是数据库领域中一个常用术语，包括数据的物理独立性和数据的逻辑独立性。

物理独立性是指用户的应用程序与存储在磁盘数据库中的数据是相互独立的。也就是说，数据在磁盘数据库中怎样存储是由数据库管理系统管理的，应用程序不需要了解，应用程序要处理的只是数据的逻辑结构，即使数据的物理存储改变了，应用程序也不用改变。

逻辑独立性是指用户的应用程序与数据库的逻辑结构是相互独立的。也就是说，数据的逻辑结构改变了，应用程序也可以不变。

数据与程序的独立，把数据的定义从程序中分离出去，加上数据的存取又由数据库管理系统负责，从而简化了应用程序，大大减少了应用程序的维护和修改的工作量。

(4) 数据由数据库管理系统统一管理和控制

数据库的共享是并发(concurrency)的共享，即多个用户可以同时存取数据库中的数据，甚至可以同时存取数据库中同一个数据，而这些都是由数据库管理系统统一管理与控制，从而简化了应用程序。

4. 数据库的发展历程

1951 年，雷明顿兰德公司(Remington Rand Inc.)推出的一款 Univac Ⅰ的计算机，其 1 s 可以输入数百条记录的磁带驱动器，从而引发了数据管理的革命。

1961 年美国通用电气公司 Bachman 等人成功开发出世界上第一个网状 DBMS，也是

第一个数据库管理系统——集成数据存储(Integrated Data Store, IDS),奠定了网状数据库的基础,并在当时得到广泛的发行和应用。

1970 年,IBM 的研究员 E. F. Codd 博士在刊物《Communication of the ACM》上发表了一篇名为"*A Relational Model of Data for Large Shared Data Banks*"的论文,提出了关系模型的概念,奠定了关系模型的理论基础。

1974 年,IBM 的 Ray Boyce 和 Don Chamberlin 将 Codd 关系数据库的 12 条准则的数学定义以简单的关键字语法表现出来,里程碑式地提出了 SQL(Structured Query Language)语言。

1986 年,ANSI 把 SQL 作为关系数据库语言的美国标准,同年公布了标准 1969:Edgar F. Codd 发明了关系数据库。

1.1.2 数据库系统的概念

信息与数据是数据库领域中两个基本的概念。信息与数据既相互关联,又相互区别。数据是信息的载体;信息则是数据的内涵,是对数据的语义解释。

1. 信息(information)

信息是指人脑对现实世界事物的存在方式或运动状态的反应。信息源于物质和能量,一切事物,包括自然界和人类都产生信息。信息是可以感知和存储的,并且可以加工、传递和再生。电子计算机是信息处理领域中最先进的工具之一,人类对收集到的信息使用计算机进行处理。信息需要被加工、处理后才能交流和使用,人们往往用数据去记载、描述和传播信息。

2. 数据(data)

数据是对客观事物的符号表示,是用于表示客观事物未经加工的原始素材,如图形符号、数字及字母等。或者说,数据是通过物理观察得来的事实和概念,是关于现实世界中的地方、事件、其他对象或概念的描述。在计算机科学中,数据则是指所有能输入到计算机并被计算机程序处理的符号的总称。

数据是从一系列的观察和测量中得到的,并以数字或符号的形式来描述,计算机可以很方便地对数据进行处理。数据是对客观现象的表示形式。例如,在图书馆的图书表,有一条记录(9787-5057,盗墓笔记,南派三叔,中国友谊出版公司,I247/468,28,I,20),如果单纯给出这条记录,可能难以让人理解其中的含义,但是了解这个记录每一项含义的人,则会通过这条记录获得这样的信息:图书馆中有一本图书编号为 9787-5057 的书,书名《盗墓笔记》,作者南派三叔,中国友谊出版公司出版,库存位置 I247/468,价格 28 元,图书分类 I,库存数量 20 本。这种对事物描述的符号记录就是数据。

人们通过解释、归纳、分析和综合等方法,从数据获得的有意义的内容称为信息。因此,数据是信息存在的一种形式,只有通过解释或处理才能成为有用的信息。

3. 数据库

数据库(DataBase, DB)是长期存放在计算机内,有组织、可共享的相关数据的集合,它将数据按照一定的数据模型组织、描述和存储,具有较小的冗余度、较高的数据独立性和易扩展性,并为各种用户共享。本案例教程使用名为 eduDB 的数据库,包含五张二维表,数据表之间的关系如图 1.3 所示。

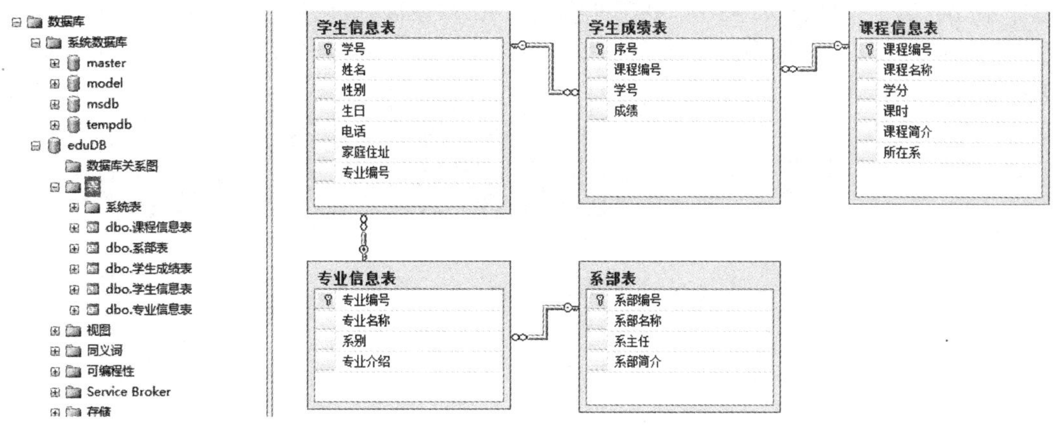

图 1.3 数据库关系图

4. 数据库管理系统

数据库管理系统(DataBase Management System, DBMS)是对数据库中的数据进行管理和控制的软件平台,数据库管理系统作为数据库系统的核心部分,为用户提供了组织、存储、管理和维护等功能,数据库管理系统具体内容如下:

(1) 数据定义功能

通过系统提供的数据库定义语言(DDL),用户可以方便定义数据库的结构,包括外模式、内模式等定义,也可以方便定义数据库、表等数据库对象。

(2) 数据操纵功能

通过系统提供的数据库操纵语言(DML),用户可以实现对数据的检索、插入、更改、删除等操作。

(3) 数据库的运行管理功能

数据库在创建、运行和维护时由 DBMS 统一管理、统一控制,以保证数据的安全性、完整性、多用户对数据的并发使用及发生故障后的系统恢复。

(4) 数据库的创建和维护功能

数据库的创建和维护功能包括数据库初始数据的输入、转换功能,数据库的存储、恢复功能,数据库的组织功能和性能监视、分析功能等。

常见的数据库管理系统有 SYBASE、DB2、ORACLE、MySQL、ACCESS、Visual Foxpro、MS SQL Server、Informix、PostgreSQL 等。MS SQL Server 是美国微软公司研发的一款关系型数据库管理系统。其优点主要有以下几点:

① 真正的客户服务器体系结构;

② 图形化用户界面,更加直观、简单;

③ 丰富的编程接口工具,为用户程序设计提供更多的选择;

④ SQL Server 和 Windows Server 完全集成,可以利用更多的功能;

⑤ 具有很好的伸缩性,可跨界运行,从膝上型电脑到大型处理器可多台使用;

⑥ 对 Web 技术的支持,用户能够容易地将数据库中的数据发布到 Web 上。

5. 数据库系统

数据库系统(DataBase System, DBS)是由数据库及其管理系统组成的。一个完整的数据库系统包含了计算机支持系统、数据库管理系统、数据库、应用程序及各类人员，如图1.4所示。其中计算机支持系统包括硬件支持环境以及操作系统等软件支持平台，各类人员主要包括数据库管理员、系统开发人员、用户等。

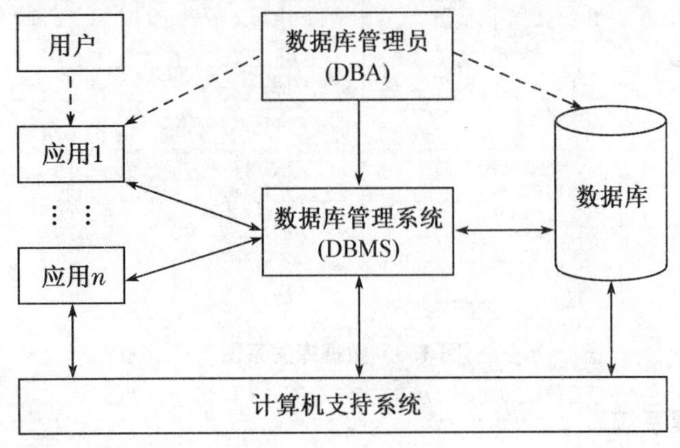

图1.4 数据库系统

1.1.3 数据模型

1. 数据模型的分类

数据模型是用来描述数据的一组概念和定义，数据模型按不同的应用层次分成三种类型：概念数据模型、逻辑数据模型和物理数据模型。

(1) 概念数据模型(conceptual data model)

简称概念模型，是面向数据库用户的现实世界的模型，主要用来描述世界的概念化结构，它使数据库的设计人员在设计的初始阶段，摆脱计算机系统及DBMS的具体技术问题，集中精力分析数据以及数据之间的联系等，与具体的数据管理系统(DataBase Management System，DBMS)无关。概念数据模型必须转换成逻辑数据模型，才能在DBMS中实现。

(2) 逻辑数据模型(logical data model)

简称数据模型，这是用户从数据库所看到的模型，是具体的DBMS所支持的数据模型，如网状数据模型(network data model)、层次数据模型(hierarchical data model)、关系数据模型(relational model of data)等等。此模型既要面向用户，又要面向系统，主要用于数据库管理系统(DBMS)的实现。

(3) 物理数据模型(physical data model)

简称物理模型，是面向计算机物理表示的模型，又称存储模型，描述数据在储存介质上的组织结构。它不但与具体的DBMS有关，而且还与操作系统和硬件有关。每一种逻辑数据模型在实现时都有对应的物理数据模型。DBMS为了保证其独立性与可移植性，大部分物理数据模型的实现工作由系统自动完成，而设计者只设计索引、聚集等特殊结构。

2. DBMS中常见的数据模型

数据模型是数据库系统重要的概念之一，任何一个数据库管理系统都是基于某种数据模型的，数据库管理系统所支持的模型主要有4种：层次模型、网状模型、关系模型和面向对象的数据模型。在这几种模型中，关系模型结构简单，数据之间的关系易于实现，因此关系模型成为目前使用最广泛的一种模型，本案例教程重点介绍关系模型。

关系模型是在20世纪70年代由IBM的研究员E. F. Codd博士提出，并在后期得到广泛应用，目前绝大多数数据库管理系统支持关系模型，使用关系模型的数据库又称为关系数据库。

关系模型是建立在严格的数据概念基础上的。关系模型中数据的逻辑结构是一张二维表，由行和列组成。下面介绍一些关系模型中常用的术语。

(1) 关系

一个关系其实就是一张二维表，如图1.5所示。

学号	姓名	性别	生日	电话	家庭住址	专业编号
10240104	吕新宇	True	1998-10-25	18923456776	南京市鼓楼区…	590108
10240105	王明轩	True	1998-05-08	NULL	NULL	590108
10240106	高起航	True	1996-09-14	13876789900	南京市江宁区…	590108
10330120	刘明非	False	1998-03-12	17768765434	NULL	630302
10330125	韩寒	False	1997-09-25	NULL	苏州市平江区…	630302
10510102	刘易	True	1998-06-05	18856765432	杭州市西湖区…	732509
10510206	孟翔云	True	1997-08-07	NULL	NULL	732509
14110110	赵前	True	1996-05-10	18795888263	江苏省宿迁市…	000111
14110111	孙立立	True	1997-03-23	18795888169	江苏省宿迁市…	000111
14120205	盖峻铭	True	1997-08-05	15896105555	江苏省连云港…	000111
14120206	俞祖杨	True	1996-10-19	18851021117	江苏省南京市…	000111
14140220	曹凯雷	True	1997-01-26	15195959673	上海市普陀区…	000111

图1.5 学生信息表

(2) 元组

元组也称为记录，是指二维表中的一行数据。例如，“10240104，吕新宇，True，1998-10-25，18923456776，南京市鼓楼区…，590108”。

(3) 属性

属性也称为字段，是指二维表中的一列数据，属性由属性名和属性值组成。

(4) 域

域也称为值域，是指属性的取值范围。例如，性别的域为(True，False)。

(5) 候选关键字

候选关键字也称为候选键，若关系中的某一个属性或属性组可以唯一标识一个元组，则称该属性或属性组为候选关键字。例如，图1.5中“学号”“姓名＋生日”等均为此关系的候选关键字。

(6) 主关键字

主关键字也称为主键，若一个关系中有多个候选关键字，则选定其中一个做主关键字。例如，图1.5中选择“学号”做主关键字。

(7) 关系模式

关系模式是指关系的静态结构，通常记为$R(A_1, A_2, \cdots, A_n)$。其中R为关系名，“A_1，A_2，…，A_n”为属性名。例如，图1.5的关系模式可表示为学生信息表(学号，姓名，性别，生日，电话，家庭住址，专业编号)。

关系是关系模式在某一时刻的状态或内容。关系模式是静态的、稳定的，而关系是动态的，随时间不断变化的。关系所有的性质如下：

① 同一关系中，属性名不能重复，但不同的属性可以具有相同的值域；

② 关系中的属性必须是原子数据，即不可再分；

③ 关系中属性的位置可任意交换；

④ 同一关系中不能出现相同的元组；

⑤ 关系中元组的顺序可任意交换。

1.2 SQL Server 2008 的安装

1.2.1 安装需求

1. 网络软件需求

SQL Server 2008 64 位版本的网络软件要求与 32 位版本的要求相同。支持的操作系统都具有内置网络软件。独立的命名实例和默认实例支持以下网络协议：

① Shared memory；

② Named Pipes；

③ TCP/IP；

④ VIA。

故障转移群集不支持 Shared memory 和 VIA。

2. Internet 需求

所有的 SQL Server 2008 安装都需要使用 Microsoft Internet Explorer 6 SP1 或更高版本。Microsoft 管理控制台(MMC)、SQL Server Management Studio、Business Intelligence Development Studio、Reporting Services 的报表设计器组件和 HTML 帮助都需要 Internet Explorer 6 SP1 或更高版本。

3. 软件需求

SQL Server 安装程序要求使用 Microsoft Windows Installer 4.5 或更高版本安装所需的组件后，SQL Server 安装程序将验证要安装 SQL Server 2008 的计算机是否也满足成功安装所需的所有其他要求。SQL Server 安装程序安装该产品所需的以下软件组件：

① .NET Framework 2.0 SP2；

② SQL Server Native Client；

③ SQL Server 安装程序支持文件。

关于操作系统要求，不同的 SQL Server 2008 版本能够安装在 Windows XP、Windows Server 2003、Windows Vista、Windows Server 2008、Windows 7 等其中的部分或全部的操作系统中，在此不一一列举，具体可参考微软官方网站提供的各版本的安装需求。

4. 硬件需求

本书是以微软公司提供的免费版本 SQL Server Express(32 位)为例，其他版本的需求均高于此版本的要求。

(1) 硬盘空间要求(32 位和 64 位)

在安装 SQL Server 2008 的过程中，Windows Installer 会在系统驱动器中创建临时文件。在运行安装程序或升级 SQL Server 之前，请检查系统驱动器中是否有至少2.0GB 的可用磁盘空间用来存储这些文件。即使将 SQL Server 组件安装到非默认驱动器中时，此项要求也适用。

实际硬盘空间需求取决于系统配置和用户决定安装的功能。表 1.1 提供了 SQL Server 2008 各组件对磁盘空间的要求。

表 1.1 SQL Server 2008 各组件磁盘空间要求

功能	磁盘空间要求
数据库引擎和数据文件、复制以及全文搜索	280MB
Analysis Services 和数据文件	90MB
Reporting Services 和报表管理器	120MB
Integration Services	120MB
客户端组件	850MB
SQL Server 联机丛书和 SQL Server Compact 联机丛书	240MB

(2) 其他计算机主要部件要求

具体如表 1.2 所示。

表 1.2 各部件配置要求

部件	要求
处理器	处理器类型 • Pentium Ⅲ兼容处理器或速度更快的处理器 处理器速度 • 最低:1.0GHz • 建议:2.0Hz 或更快
内存	RAM • 最小:对于 SQL Server Express 为 256MB,对于 SQL Server Express with Tools 和 SQL Server Express with Advanced Services 为 512MB • 建议:1.024GB • 最大:对于随 SQL Server Express、SQL Server Express with Tools 和 SQL Server Express with Advanced Services 一起安装的数据库引擎为 1GB,对于随 SQL Server Express with Advanced Services 一起安装的 Reporting Services 为 4GB
显示器	SQL Server 2008 图形工具需要使用 VGA 或更高分辨率,分辨率至少为 1 024×768 像素。
驱动器	从磁盘进行安装时需要相应的 CD 或 DVD 驱动器。

考虑到 SQL Server 2008 版本较多，在此不一一列举，具体可参考微软官方网站提供的各版本的安装需求。

1.2.2 安装 SQL Server 2008

SQL Server 2008 Express 是 SQL Server 的免费版本，是学习和构建桌面及小型服务器应用程序的理想平台，本书将详细介绍在 Windows 7(32 位)操作系统下安装 SQL Server

2008 Express 版本的全过程，事实上每个版本的安装过程几乎是一样的。

(1) 确认以管理员的身份登录到当前操作系统中，连接网络，访问微软下载中心，下载 SQL Server 2008 Express 32 位版本安装文件 SQLEXPR_x86_CHS. exe，以及 Microsoft SQL Server 2008 Management Studio Express 32 位的安装文件 SQLManagementStudio_x86_CHS. exe。

(2) 下载完成后，双击 SQLEXPR_x86_CHS. exe，启动安装程序，将弹出如图 1.6 所示的“解压安装文件”对话框，解压结束后自动弹出如图 1.7 所示的“是否允许运行安装程序”对话框，点击“是”，开始加载安装程序。

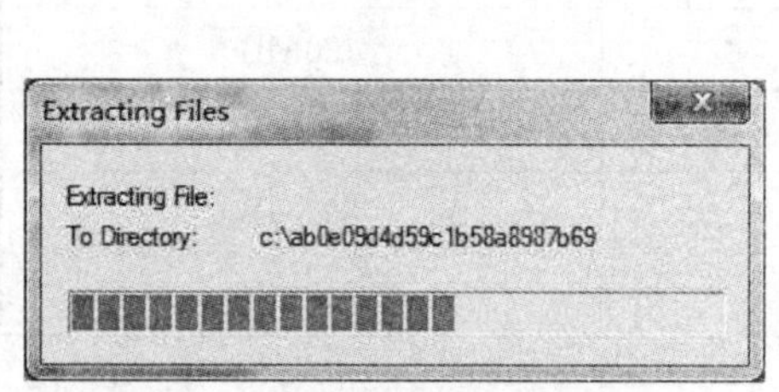

图 1.6 “解压安装文件”对话框

图 1.7 “是否允许运行安装程序”对话框

(3) 加载成功后，弹出如图 1.8 所示的窗口，点击左侧列表内的“安装”，进入如图 1.9 所示的窗口。

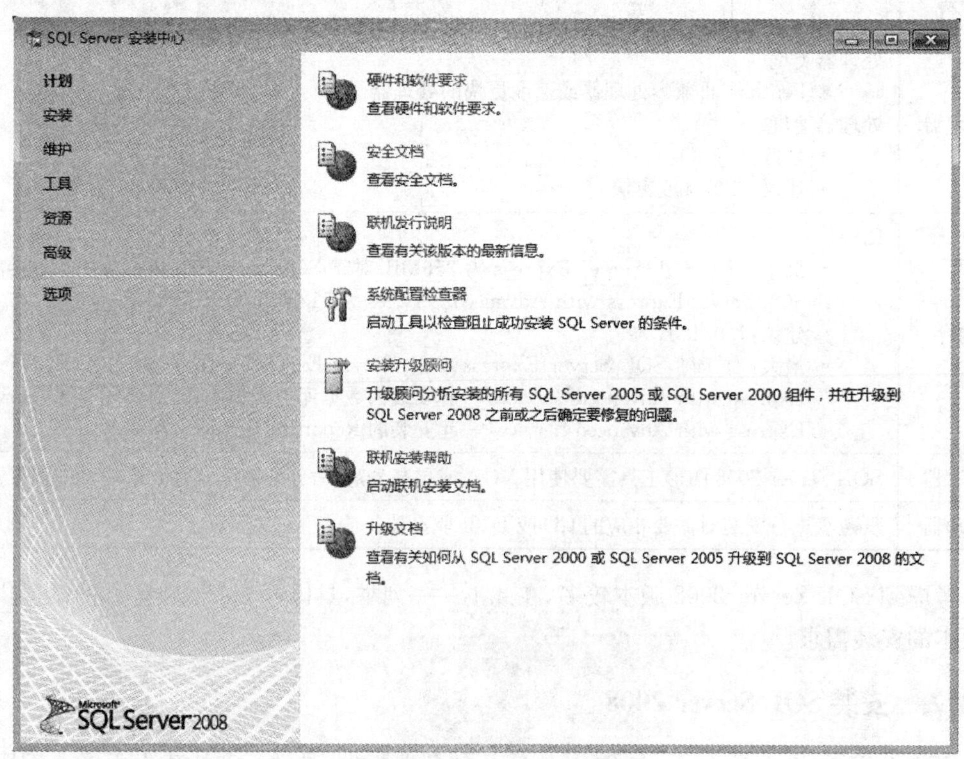

图 1.8 “SQL Server 安装中心”窗口 1

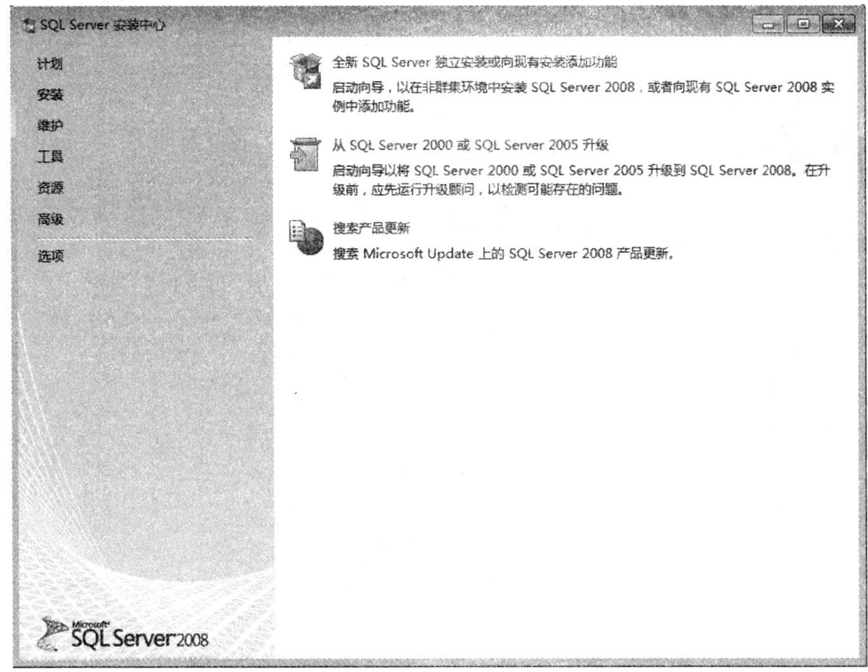

图 1.9 “SQL Server 安装中心”窗口 2

(4) 在图 1.9 所示的窗口中，单击“全新 SQL SERVER 独立安装…”，进入图 1.10 所示的窗口。

(5) 在图 1.10 所示的窗口中，指定要安装的 SQL Server 2008 版本及产品密钥，因选择免费版本，所以直接单击“下一步”即可。

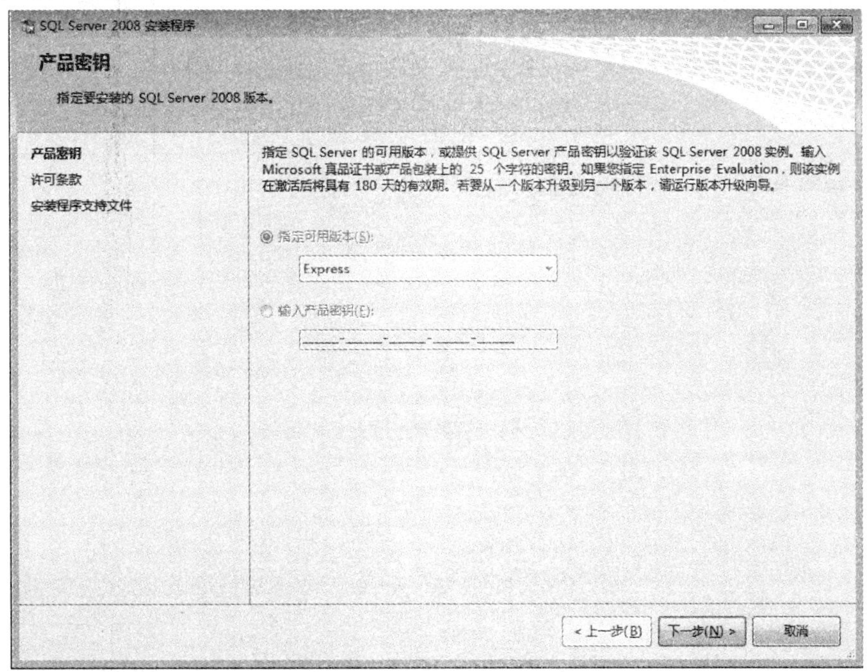

图 1.10 “产品密钥”窗口

(6) 在图 1.11 所示的窗口中,勾选“我接受许可条款(A)”,点击“下一步”。

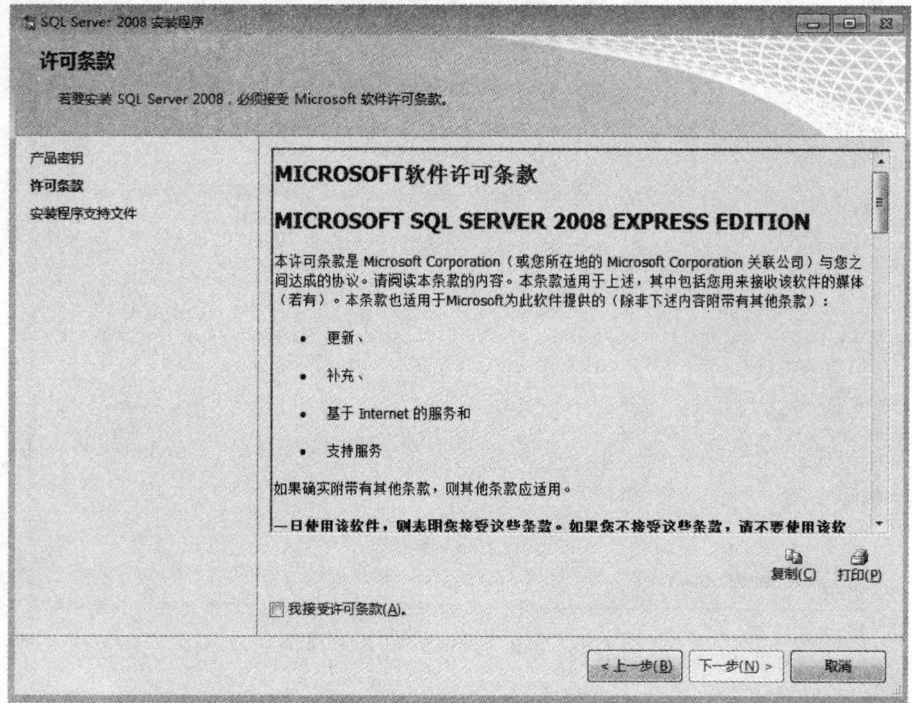

图 1.11 “许可条款”窗口

(7) 在图 1.12 所示的窗口中,单击“安装”,将开始安装“安装程序支持文件”。

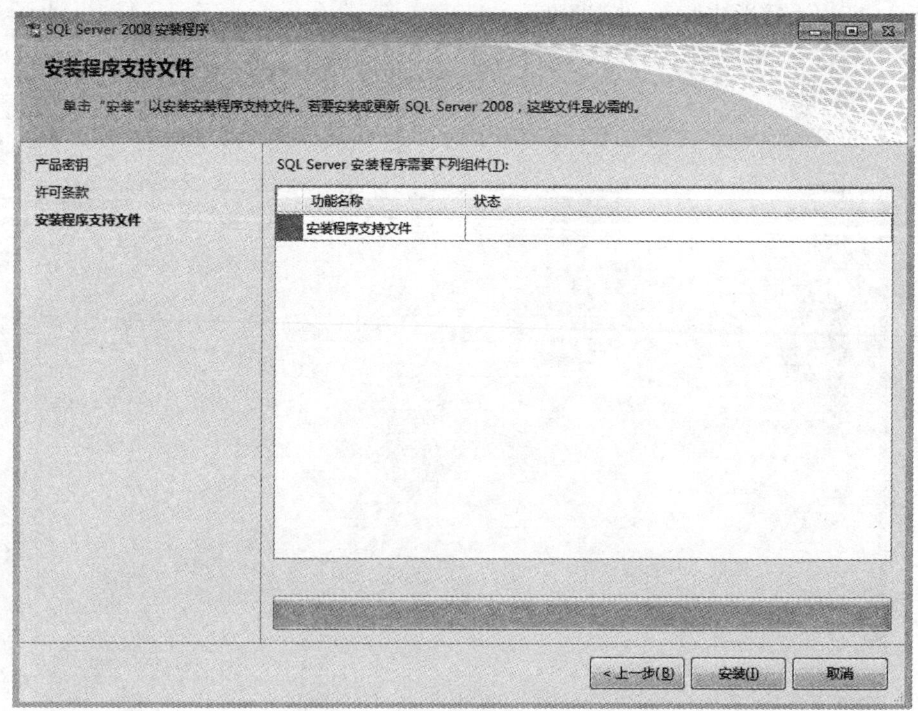

图 1.12 “安装程序支持文件”窗口

(8)“安装程序支持文件”安装成功后,SQL 安装程序将验证当前环境是否符合安装条件,如图 1.13 所示,会提示“Windows 防火墙”警告,不用理会,继续点击“下一步”。

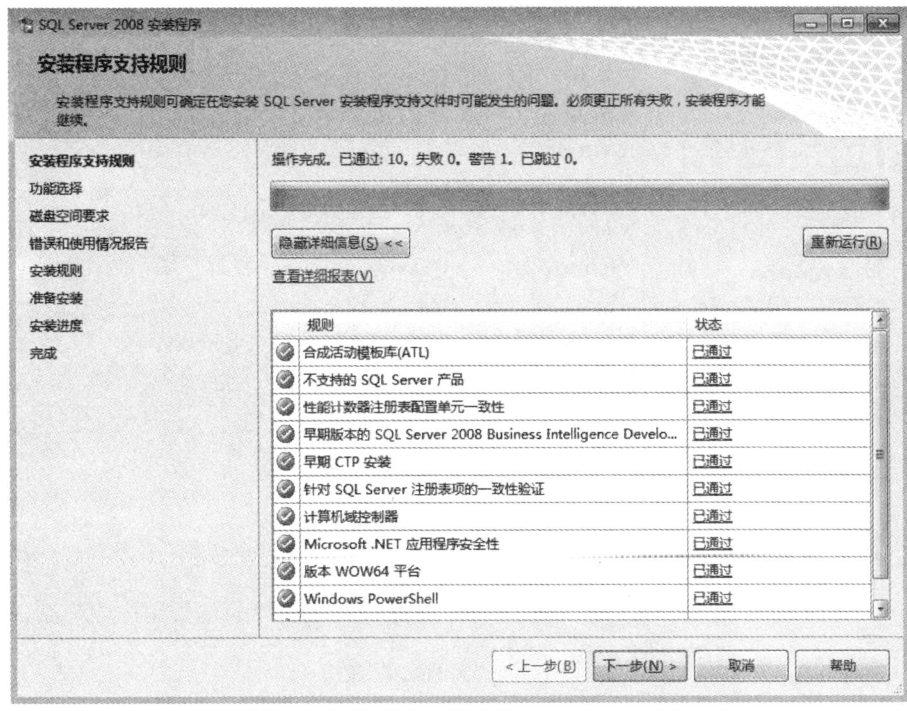

图 1.13 “安装程序支持规则”窗口

(9) 在如图 1.14 所示的“功能选择”窗口中,全部勾选,然后点击“下一步”。

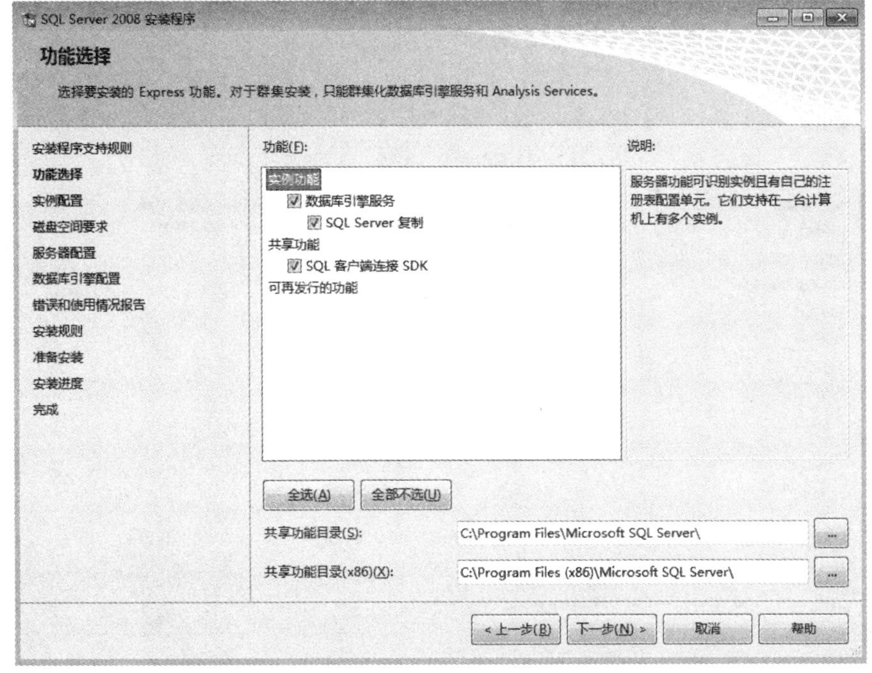

图 1.14 “功能选择”窗口

（10）在如图 1.15 所示的“实例配置”窗口中，勾选“默认实例”，点击“下一步”。

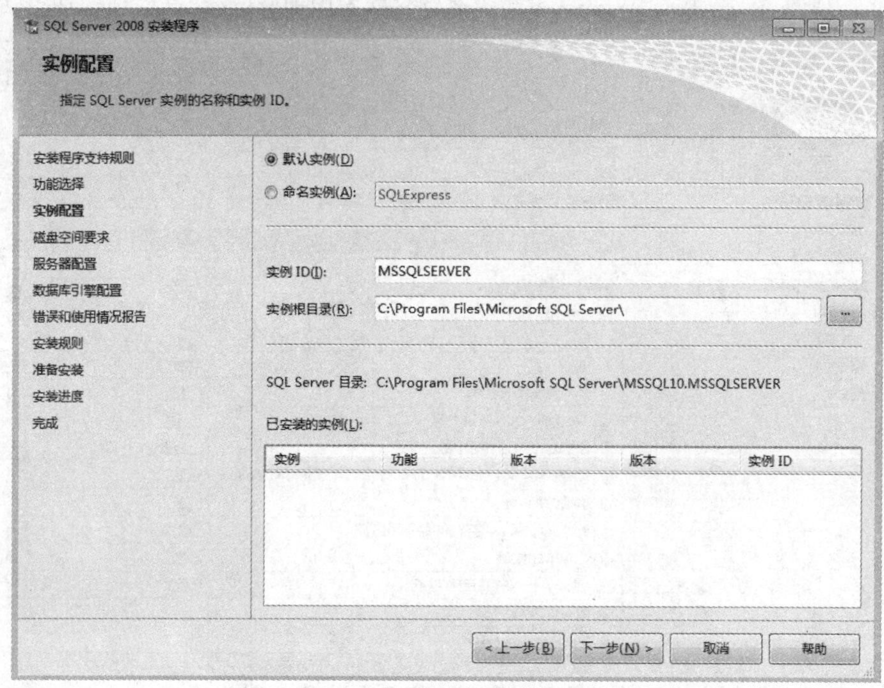

图 1.15 “实例配置”窗口

（11）如图 1.16 所示，显示“磁盘空间要求”窗口，如果当前安装路径的空间符合条件，则点击“下一步”。

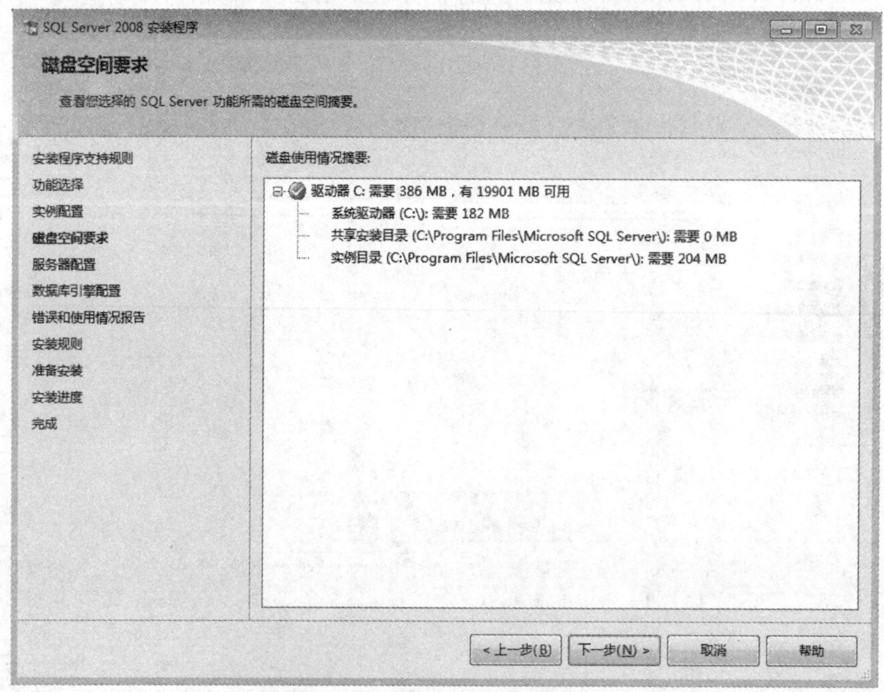

图 1.16 “磁盘空间要求”窗口

(12) 在如图1.17所示的"服务器配置"窗口中,对"SQL Server Database Engine"服务的账户名选择"NT AUTHORITY\SYSTEM",点击"下一步"。

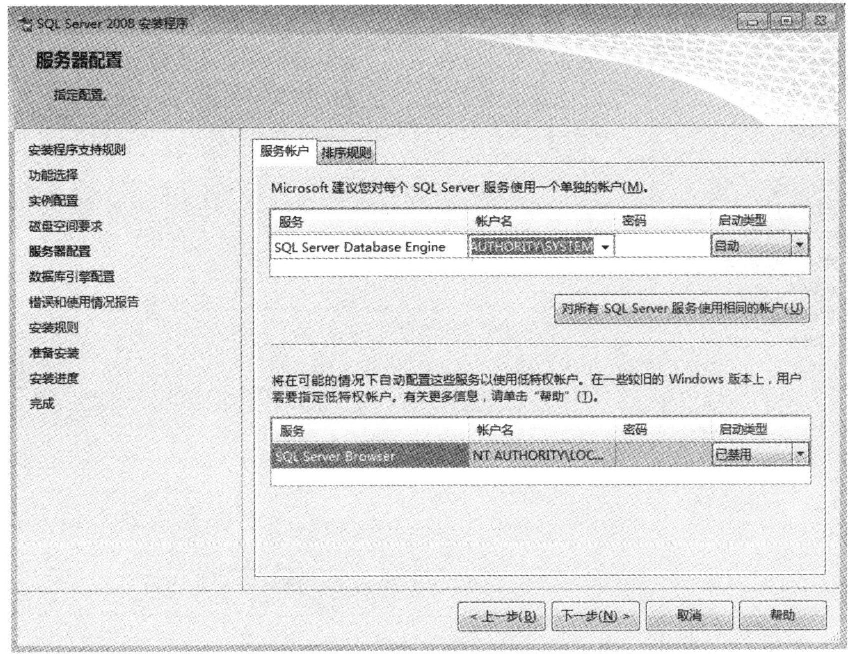

图1.17 "服务器配置"窗口

(13) 在如图1.18所示的"数据库引擎配置"窗口中,选择"混合模式",输入密码(不能丢失);并在"指定SQL Server管理员下",添加一个当前用户。待数据目录、用户实例等信息配置完成,点击"下一步"。

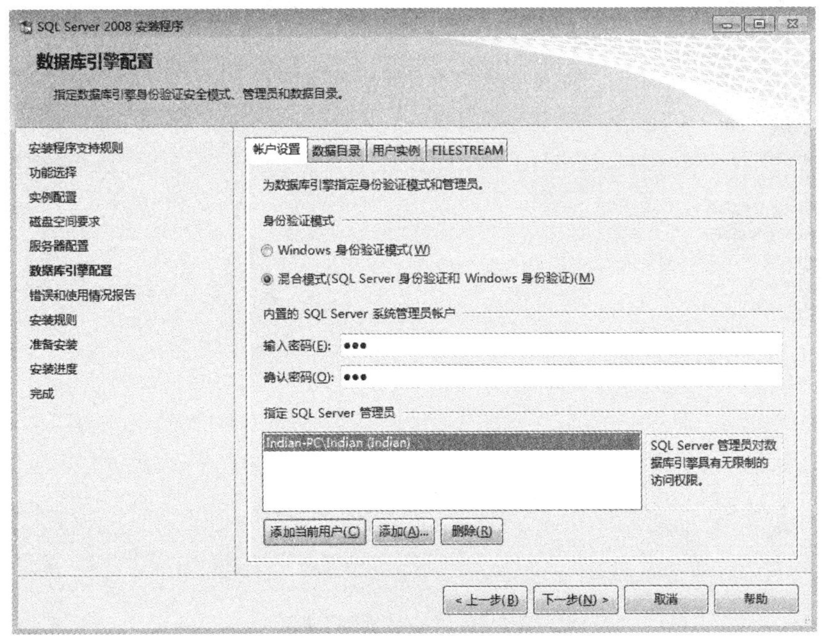

图1.18 "数据库引擎配置"窗口

(14) 在如图 1.19 所示的“错误和使用情况报告”窗口中点击“下一步”。

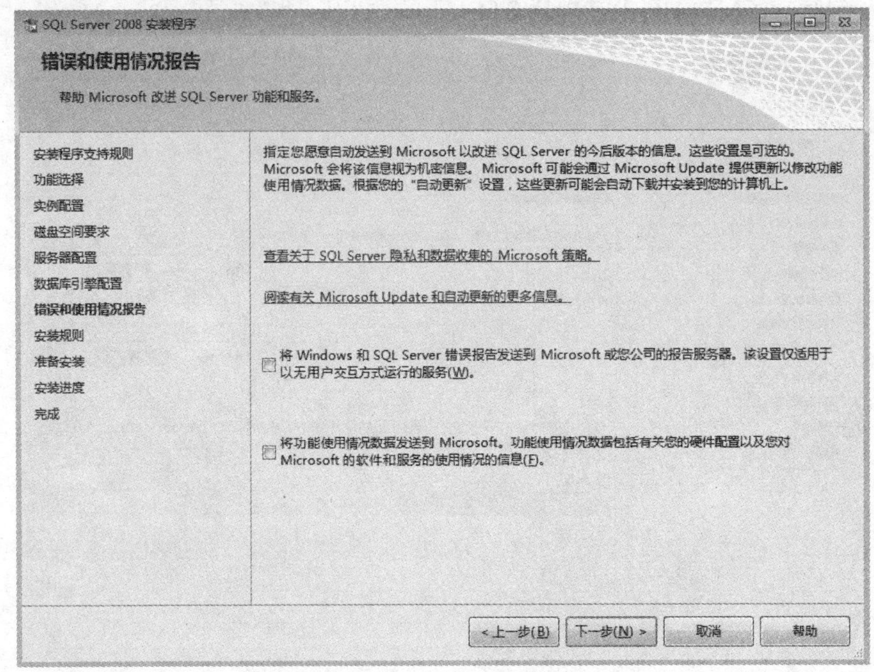

图 1.19 “错误和使用情况报告”窗口

(15) 如图 1.20 所示的“安装规则”窗口，若出现“失败”，点击“显示详细信息”查看，并排除问题；若全部通过，则点击“下一步”。

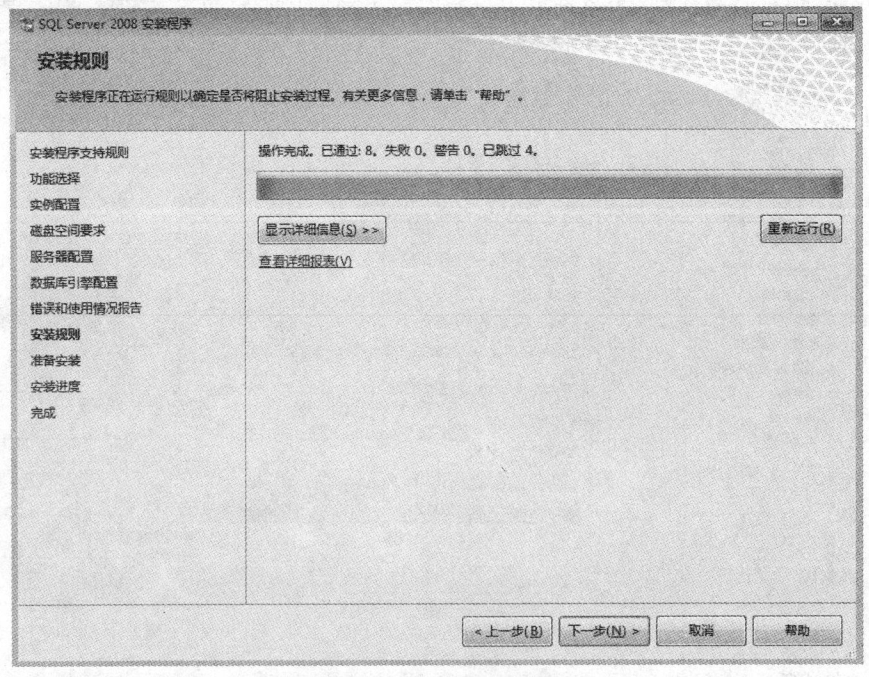

图 1.20 “安装规则”窗口

(16) 如图 1.21 所示，确认“准备安装信息”摘要后，点击“安装”，开始安装。

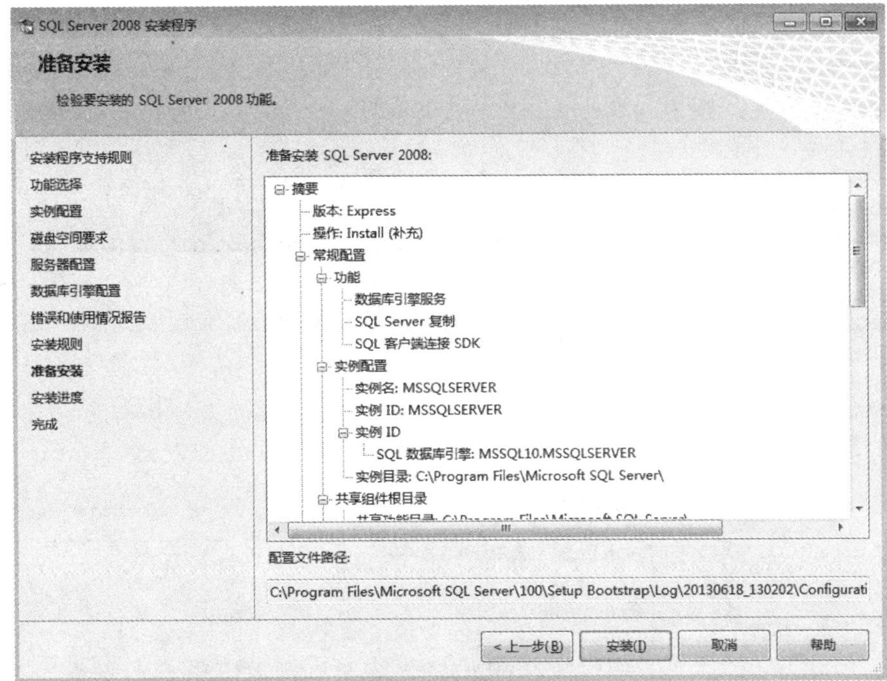

图 1.21 “准备安装”窗口

(17) 安装完成后，弹出如图 1.22 所示的“安装进度”窗口，点击“下一步”。

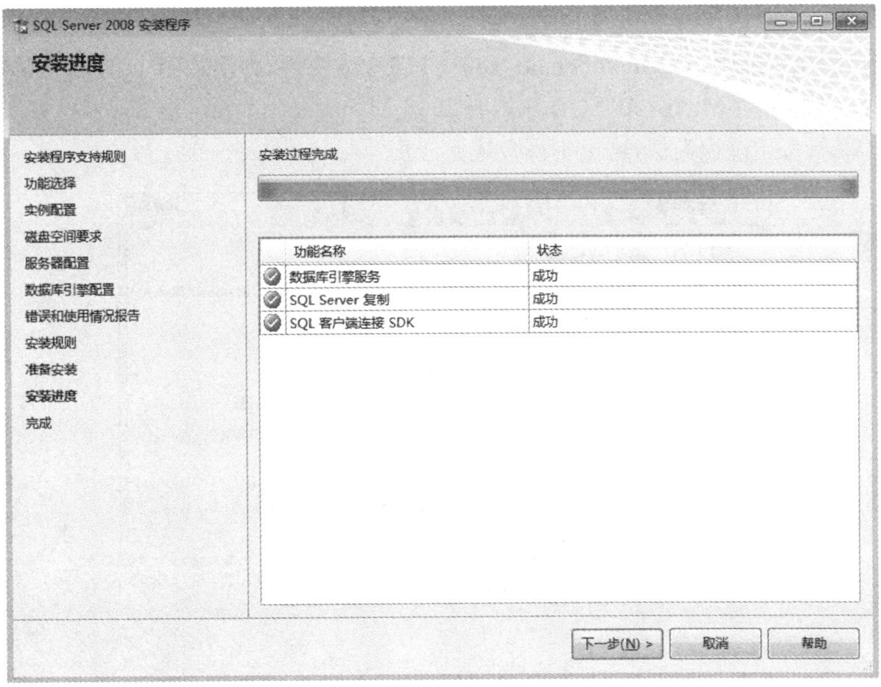

图 1.22 “安装进度”窗口

(18) 弹出如图 1.23 所示的“完成”对话框后，点击“关闭”，并手动重启计算机，结束安装过程。

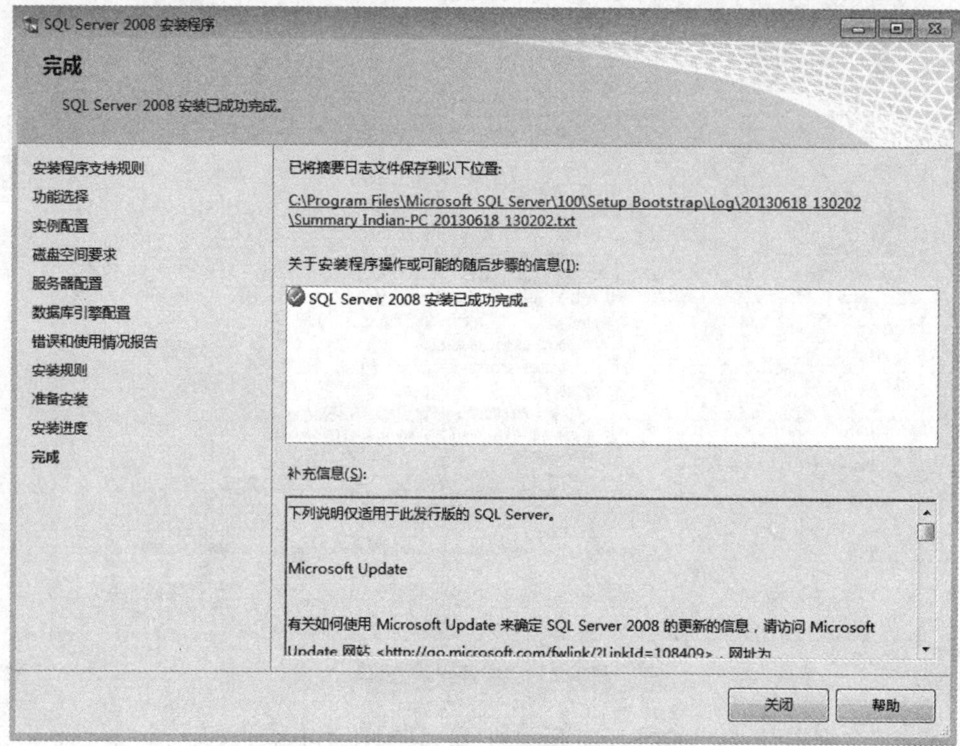

图 1.23 “完成”窗口

(19) 双击 SQLManagementStudio_x86_CHS.exe 文件，弹出如图 1.24 所示的窗口，单击“运行程序”，启动 Microsoft SQL Server 2008 Management Studio Express 安装。程序的安装过程与上述过程类似，这里不再赘述。

图 1.24 “程序兼容性助手”窗口

1.3　管理 SQL Server 2008 服务器

1.3.1　启动和停止服务器

SQL Server 服务启动后，用户才能连接到该服务器上使用各种服务，如图 1.25 所示，在“对象资源管理器”中右击“INDIAN-PC”(已注册的服务器)，在弹出的快捷菜单中，单击“启动”，启动当前服务器。此快捷菜单中，还可以对服务器执行停止、暂停、继续、重新启动等操作。

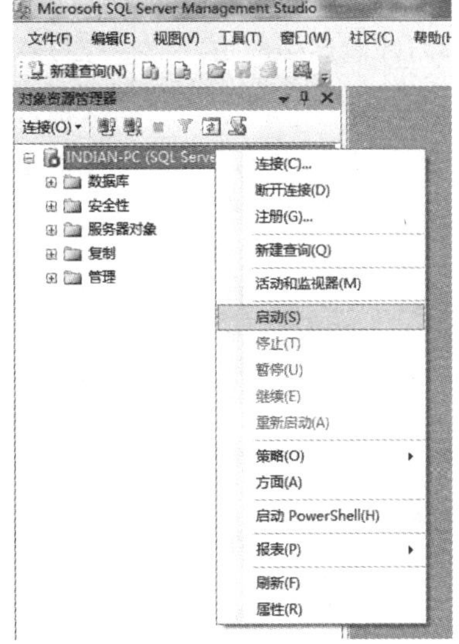

图 1.25　启动服务器

1.3.2　注册服务器

注册服务器主要是为用户保存服务器的信息，并没有连接到服务器，在需要使用服务器的时候，可进行连接。注册服务器需要填写服务器名称，身份验证等信息。

(1) 在如图 1.25 所示的窗口中单击“注册”命令，弹出如图 1.26 所示的对话框。

(2) 在“服务器名称”下拉框中可直接输入要注册的服务器名称，也可点击“浏览更多”来选择可用的服务器。

(3) 在“身份验证”下拉框中选择“Windows 身份验证”或“SQL Sever 身份验证”。选择“SQL Sever 身份验证”时，需要提供用户名和密码。

(4) 单击“测试”按钮，测试成功后弹出如图 1.27 所示的对话框；若测试失败，则需检查服务器名称及身份验证信息后，再次尝试“测试”。

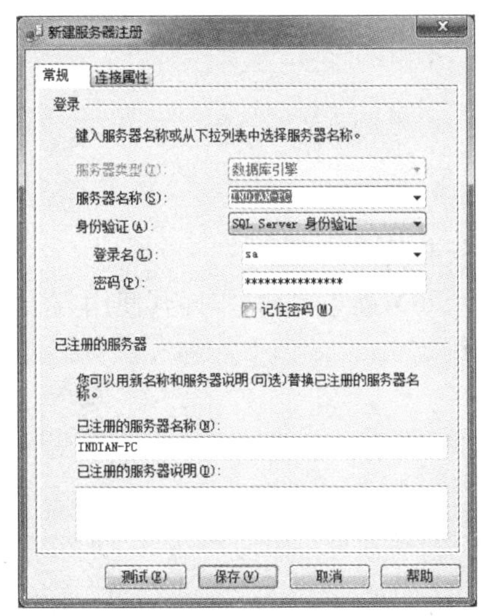

图 1.26　“新建服务器注册”对话框

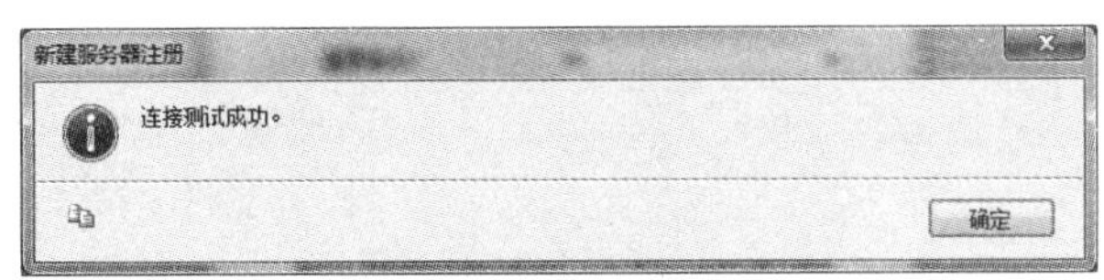

图 1.27　“连接测试成功”对话框

1.3.3 连接服务器

服务器启动后，就可以连接到该服务器上进行相应的操作，如创建数据库、创建数据表，添加、删除、修改数据等。

单击程序菜单的“SQL Server Management Studio”或在如图 1.25 所示的窗口中，单击“连接”命令，弹出如图 1.28 所示的对话框，此处需要提供正确的服务器名称及身份验证信息后，才能连接成功。

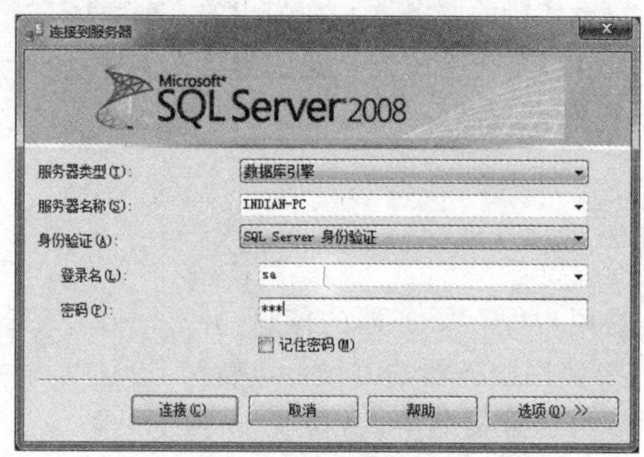

图 1.28 “连接到服务器”对话框

本章习题

一、简答题

1. 简述数据库技术发展主要经历哪三个阶段？
2. 简述数据库系统的特点主要有哪些？
3. 简述数据库管理系统的功能有哪些？
4. 简述信息的概念。
5. 简述关系的有哪些性质？

二、操作题

1. 安装 SQL Server 2008 Express 32 位版本，了解安装的全过程。
2. 打开 Microsoft SQL Server 2008 Management Studio，熟悉界面，掌握其使用方法。
3. 了解数据库服务器的配置、启动、停止、连接等操作。

第 2 章
数 据 库

数据库和表是 SQL Server 2008 用于组织和管理数据的基本对象，数据库是用以存放数据和数据库对象的容器，是数据库服务器的主要组件，也是数据库管理系统（DBMS）的核心。即 SQL Server 2008 中存放数据和数据对象（如表、索引、存储过程的容器）。本章将介绍管理和操作数据库的基本知识，包括如何创建、修改、查看和删除数据库。

2.1 数据库简介

数据库是 SQL Server 2008 存储和管理数据的对象。对于 SQL Server 2008 的数据库，可以从逻辑和物理两个角度进行讨论。

2.1.1 数据库的逻辑结构

从逻辑上看，SQL Server 2008 数据库是由存放数据的基本表及支持这些数据的存储、检索、安全性和完整性的对象组成。当用户连接到数据库后，所看到的是逻辑对象，而不是物理的数据库文件。SQL Server 2008 的数据库对象主要包括表（table）、视图（view）、索引（index）、存储过程（stored procedure）、触发器（trigger）和约束（constraint）等，各对象的简要说明见表 2.1 中。

表 2.1 SQL Server 2008 数据库对象

数据库对象	说明
表	由行和列组成的集合，每一列都代表一个相同类型的数据，用来存储数据，是最重要的数据库对象
数据类型	定义列或变量的数据类型，SQL Server 提供了系统数据类型，也允许用户自定义数据类型
视图	由基表或其他视图生成的虚表
主键	唯一标识与指定表中的一行记录，通过它可实施数据的实体完整性，每个表只能有一个主键
外键	用以实现表与表之间的参照完整性，可在另一个表（主表）中唯一地标识一行记录，在另一个表中它是主键

（续表）

数据库对象	说明
索引	为数据快速检索提供支持且可以保证数据唯一性的辅助数据结构
约束	为表中的某一列或某几列定义完整性的规则，常见约束包括主键约束、外键约束、Unique 约束、Check 约束、默认值和允许空等
默认值	为列提供的默认数据，其功能是在数据表中插入数据时，对没有指定具体值的字段，数据库会自动提供默认的数据
规则	用来限制数据表中字段的有限范围，以确保列中数据完整性的一种方式
存储过程	存放于服务器的预先编译好的一组 T-SQL 语句中
触发器	一种特殊的存储过程，当用户表中数据改变时，该存储过程自动执行

1. 表与记录

表是数据库中实际存储数据的对象。由于数据库中的其他所有对象都依赖于表，因此可以将表理解为数据库的基本对象。一个数据库可以有表，一个数据表可以有多个行和列，并且每列包含特定类型的信息。列和行也可以称为字段与记录，字段是表中纵向信息，包含同一类型的信息，例如，【学生信息表】中【学号】【姓名】和【性别】等字段；记录是表中的横向信息，包含有单个表内所有字段所保存的信息。

2. 数据类型

当定义表的字段、声明程序中的变量时，都需要为它们设置一个数据类型，目的是指定该字段或变量所存放的数据时整数、字符串、货币或是其他类型的数据。不同的数据类型直接决定着数据在物理上的存放方式、存储大小、访问速度，所以正确地选择数据类型，对表的设计至关重要。SQL Server 2008 的数据类型可分为系统内置数据类型和用户自定义数据类型两种。

3. 视图

视图是从一个或多个基本（数据）表中导出的表，也被称为虚表。视图与表非常相似，是由字段与记录组成。与表不同的是，视图不包含任何数据，它总是基于表，用来提供一种浏览数据的不同方式。视图的特点是，其本身并不存储实际数据，因此可以是连接多张数据表的虚表，还可以是使用 WHERE 子句限制返回行的数据查询的结果。并且视图是专用的，比数据表更直接面向用户。

4. 主键

指定表的一列或几列组合的值在表中具有唯一性，即能唯一地指定一行记录，它能够实现实体完整性。每个表只能定义一个主键，当向表中的现有列添加 Primary key 约束时，SQL Server 2008 将检查列中现有的数据以确保现有数据遵从主键的规则，即无空值也无重复值。

5. 外键

外键是为了强制实现表之间的引用完整性，外键可由一个或多个列构成，用来实现表与表之间的数据联系，它们的值与另一个表中的主键或唯一键对应。一个表可同时包含多个外键约束。外键约束不允许为空值，若组合外键的某列含有空值，则将跳过该外键约束的检验。

6. 索引

索引是一种无需扫描整个表就能实现对数据快速访问的途径，使用索引可以快速访问数据库表中的特定信息。索引是对数据库表中一列或多列的值进行排序的一种结构，例如，【学生信息表】数据表中的【学号】列。如果要查找某一读者姓名，索引会帮助用户更快地获得所查找的信息。

7. 约束

约束是 SQL Server 2008 实施数据一致性和完整性的方法，是数据库服务器强制的业务逻辑关系。约束限制了用户输入到指定列中值的范围，强制了引用完整性。主键和外键就是约束的一种形式。当在数据库设计器中创建约束时，约束必须符合创建和更改表的 ANSI 标准。

8. 默认值

如果向表中插入新数据时没有指定列的值，则默认值就是指定这些列中的值。默认可以是任何取值为常量的对象。默认值也是 SQL Server 提供确保数据一致性和完整性的方法。

在 SQL Server 2008 中，有两种使用默认值的方法。第一种，在创建表时，指定默认值。如果使用 SQL Server Management Studio，则可以在设计表时指定默认值。如果使用 Transact-SQL 语言，则在 CREATE TABLE 语句中使用 DEFAULT 子句。第二种，使用 CREATE DEFAULT 语句创建默认对象，然后使用存储过程 sp_binddefault 将该默认对象绑定到需要使用默认值的列上。

9. 规则

规则和约束都是限制插入到表中的数据类型的信息。如果更新或插入记录违反了规则，则插入或更新操作被拒绝。此外，规则可用于定义自定义数据库类型上的限制条件。与约束不同，规则不限于特定的表。它们是独立对象，可绑定到多个表，或者甚至绑定到特定数据类型(从而间接用于表中)。

10. 存储过程

存储过程可以将一些固定的操作集中起来由 SQL Server 2008 数据库服务器来完成，以完成某个特定的任务。存储过程在第一次执行时进行语法检查和编译，编译好的版本存储在高速缓冲区中，用于再次调用。存储过程不但能改变 T-SQL 语句的运行性能，提高其执行效率，而且还能改变系统的安全机制。

11. 触发器

触发器是一种特殊类型的存储过程，这是因为触发器也包含一组 Transact-SQL 语句。但是，触发器又与存储过程明显不同，例如，触发器可以执行。如果希望系统自动完成某些操作，并且自动维护确定的业务逻辑和相应的数据完整，那么可以通过使用触发器来实现。

触发器不仅可以查询其他表，而且包含复杂的 Transact-SQL 语句。它们主要用于强制服从复杂的业务规则或要求。例如，用户可以根据商品当前的库存状态，决定是否需要向供应商进货。

2.1.2 数据库的物理结构

从数据库管理员的观点看，物理数据库是存储逻辑数据库中各种对象的实体。SQL

Server 2008 的物理数据库架构主要包括文件及文件组，还有页和盘区等，这些内容描述了SQL Server 2008 如何为数据库分配空间。

1. 数据库的物理存储结构

一般在创建数据库前需估算所建数据库的大小及增幅，如果设得太大则会浪费磁盘空间，太小则在以后扩充数据库文件时又会影响数据库的性能，了解 SQL Server 2008 如何存储数据是很重要的，有助于规划和分配数据库的磁盘容量。

在 SQL Server 2008 中最基本的数据存储单元是"页"，页的大小为 8KB(8 192 字节)，每页除去 96 字节的头部(用来存储页信息，如页类型、可用空间等)，剩下的 8 096 字节用来存储数据且数据从紧接页头的位置开始，按行的顺序分布在数据页上，但数据行不能跨页存储。

区是用于管理空间的基本单位。每 8 个连接的页组成一个区，大小为 64KB，即每 1MB 的数据库就有 16 个区。区用于控制表和索引的存储。

2. 数据库文件

SQL Server 2008 使用一组操作系统文件来存储数据库的各种逻辑成分，包括主数据文件、次要数据文件及日志文件三类。

(1) 主数据文件

主数据文件包含数据库的启动信息，是数据库的起点，它指向数据库中的其他文件。用户数据和对象可存储在该文件中。每个数据库都有且只有一个主数据文件。主数据文件推荐的文件扩展名为. mdf。

(2) 次要数据文件

次要数据文件也称为辅助数据文件，用于存储未包括在主文件内的其他数据。次要数据文件是可选的，根据具体情况，可以创建多个次要文件，也可以不使用次要文件。一般当数据库很大时，有可能需要创建多个次要文件，而数据库较小时，则只需要创建主文件而无需次要文件。次要数据文件推荐的文件扩展名为. ndf。

(3) 日志文件

日志文件用于保存恢复数据库所需的事务日志信息。每个数据库至少有一个日志文件，也可以有多个，日志文件的存储与数据文件不同，它包含一系列记录，这些记录的存储不是以页为存储单位的。日志文件推荐的文件扩展名为. ldf。

3. 数据库文件组

文件组就是文件的集合，为了便于分配和管理数据，SQL Server 2008 允许将多个文件(可在不同的磁盘)组成同一个组，对其整体进行管理。通常可以为一个磁盘驱动器创建一个文件组，然后将特定的表、索引等数据库对象与该文件组相关联，对这些表的存储、查询和修改等操作都在文件组中。

使用文件组可以提高表中数据的查询性能，与数据库文件一样，文件组也分为主文件组和用户定义文件组两类。其中主文件组包含系统表和主数据文件和未放入其他文件组的所有次要文件，是默认的数据文件组。而用户定义文件组则用于将数据文件集合起来，以便于管理、数据分配和放置。

每个数据库中都有一个文件组作为默认文件组运行，若 SQL Server 2008 创建表或索引时没有为其指定文件组，则系统将从默认文件组中进行存储页分配及查询等操作。设计文件和文件组时，一个文件只能属于一个文件组，只有数据文件才能作为文件组的成员，日志文件不能作为文件组的成员。

2.1.3 系统数据库和用户数据库

SQL Server 2008 数据库分为系统数据库和用户数据库两类。系统数据库存储有关 SQL Server 的信息，它是 SQL Server 管理系统的依据，而用户数据库是由用户来创建的数据库，两类数据库在结构上是相同的。

1. 系统数据库

系统数据库中保存的系统表用于系统的总体控制。系统数据库保存系统运行及对用户数据的操作等基本信息。这些系统数据分别是 Master、Model、Msdb 和 Tempdb。这些系统数据库的文件存储在 SQL Server 2008 的默认安装目录的 MSSQL 子目录的 Data 文件夹中。

- master 数据库

master 数据库是 SQL Server 2008 最重要的数据库，它位于 SQL Server 的核心，如果该数据库被损坏，SQL Server 将无法正常工作。master 数据库中包含了所有的登录名或用户 ID 所属的角色；服务器中数据库的名称及相关信息；数据库的位置；SQL Server 如何初始化等方面的重要信息。

- model 数据库

model 数据库被用做在 SQL Server 2008 实例上创建的所有数据库的模板。对 model 数据库进行的修改(如数据库大小、排序规则、恢复模式和其他数据库选项)将应用于以后创建的所有数据库。当发出创建数据库的命令时，新的数据库的第一部分将通过复制 model 数据库中的内容创建，剩余部分由空数据页填充。model 数据库是 tempdb 数据库的基础，对 model 数据库的任何改动都将反映在 tempdb 数据库中，因此，在决定对 model 数据库有所改变时，必须预先考虑好并多加小心。model 数据库是 SQL Server 中不可缺少的系统数据库。

- msdb 数据库

msdb 调度数据库是 SQL Server 2008 代理服务使用的数据库，为警报和作业任务调度及相关操作等提供的存储空间。Msdb 主要被 SQL Server Agent 用于进行复制、调度作业、管理报警及排除故障等活动，其中存储了处理作业和警告所需的信息。用户不能直接修改 msdb 数据库，只能通过用户接口生成、修改和删除 SQL Server Agent 对象。

- tempdb 数据库

tempdb 数据库用做系统的临时存储空间，其主要作用是存储用户建立的临时表和临时存储过程，存储用户说明的全局变量值，为数据排序创建临时表，存储用户利用游标说明所筛选出来的数据。

使用数据库的时候要记住一点，SQL Server 2008 的设计是可以在必要时自动扩展数据库的。这意味着 master、model、msdb、tempdb 和其他关键的数据库将不会在正常的情况下缺少空间的。如表 2.2 中列出的这些系统数据库在 SQL Server 2008 系统中的主文件、逻辑名称、物理名称和文件增长比例。

表 2.2　系统数据库

系统数据库	主文件	逻辑名称	物理名称	文件增长
master	主数据	master	master. mdf	按 10%自动增长，直到磁盘已满
	日志数据	mastlog	mastlog. ldf	按 10%自动增长，直到达到最大值 2TB
msdb	主数据	msdbdata	msdbdata. mdf	按 256KB 自动增长，直到磁盘已满
	日志数据	msdblog	msdblog. ldf	按 256KB 自动增长，直到达到最大值 2TB
model	主数据	modeldev	model. mdf	按 10%自动增长，直到磁盘已满
	日志数据	modellog	modellog. ldf	按 10%自动增长，直到达到最大值 2TB
tempdb	主数据	tempdev	tempdb. mdf	按 10%自动增长，直到磁盘已满
	日志数据	templog	templog. ldf	按 10%自动增长，直到达到最大值 2TB

2. 示例数据库

示例数据库是 Microsoft 给出的用于用户使用的数据库。示例数据库中包含各种数据库对象，使用户可以自由地对其中的数据或者表结构进行查询、修改等操作。

在安装 SQL Server 2008 的过程中，可以在安装组件窗口中选择安装示例数据库，默认的示例数据库有 AdventureWorks 和 AdventureWorksDW 两个。AdventureWorks 数据库相对于以前 SQL Server 版本的示例数据库更加健壮。虽然它对于初学者有一定的复杂性，但是该数据库具有相当完成的实例，及更接近实际的数据容量、复杂的结构和部件。AdventureWorksDW 数据库是 Analysis Services（分析服务）的示例数据库。Microsoft 将分析示例数据库与事务示例数据库联系在一起，以提供展示两者协同运行的完成示例数据库。

3. 用户数据库

如果用户需要保存和管理自己的数据信息，则需要创建用户数据库。在使用 SQL Server 2008 进行数据管理之前，必须先创建好数据库，并确定数据库的数据文件名和日志文件名以及数据库的存储位置等相关属性。

创建数据库的过程实际上就是为数据库提供名称、所有者、大小及存储该数据库的文件和文件组的过程，数据库名称必须遵循 SQL Server 2008 的命名规则，其规则如下：

(1) 数据库名称的字符长度最多不能超过 128 个；

(2) 第一个字符必须是字母，其余字符可以是字母、数字或者符号 $、_、@、#，在中文版 SQL Server 2008 中，数据库名称可以采用中文命名；

(3) 名称中不能有空格，不允许使用 SQL Server 2008 的保留字，如系统数据库 master、FOR 等；

(4) 在命名数据库时名称要简短且有一定的含义。

但需要注意的是：

(1) 创建数据库前，创建数据库的用户成为该数据库的所有者；

(2) 在一个 SQL Server 服务器上最多只能创建 32 767 个数据库。

2.2 使用图形化工具创建和管理数据库

在 SQL Server 2008 中创建和管理数据库等操作，常用的方法有两种：一是使用 SQL Server Management Studio 图形界面；二是使用 T-SQL 命令。下面首先介绍使用图形化工具创建和管理数据库。

2.2.1 创建数据库

图形化工具提供了图形化的操作界面，使用图形化工具创建数据库操作简单，容易掌握，适合初学者使用。

使用图形化工具创建数据库的操作步骤：

(1) 单击“开始”→“Microsoft SQL Server 2008”→“SQL Server Management Studio”，打开 SQL Server Management Studio 窗口，如图 2.1 所示，使用默认的系统配置连接到数据库服务器。

图 2.1　“连接到服务器”对话框

(2) 右键单击“数据库”节点，在弹出的快捷菜单中选择“新建数据库”命令，出现如图 2.2 所示的界面。

(3) 在“常规”选项设置界面中，单击“数据库名称”右侧的文本框，输入用户自定义数据库名称，如图 2.3 所示。用户可以设置文件初始大小、文件增长方式、文件存储位置等参数。

(4) 单击“添加”按钮，可以创建多个次要数据文件和日志文件。

(5) 单击“确定”按钮，完成用户数据库的创建。

(6) 在图 2.2 所示的界面中，若单击“文件组”节点，出现如图 2.4 所示的界面，单击“添加”按钮，添加用户自定义文件组。

(7) 在图 2.2 所示的界面中，若单击“选项”节点，出现如图 2.5 所示的界面。

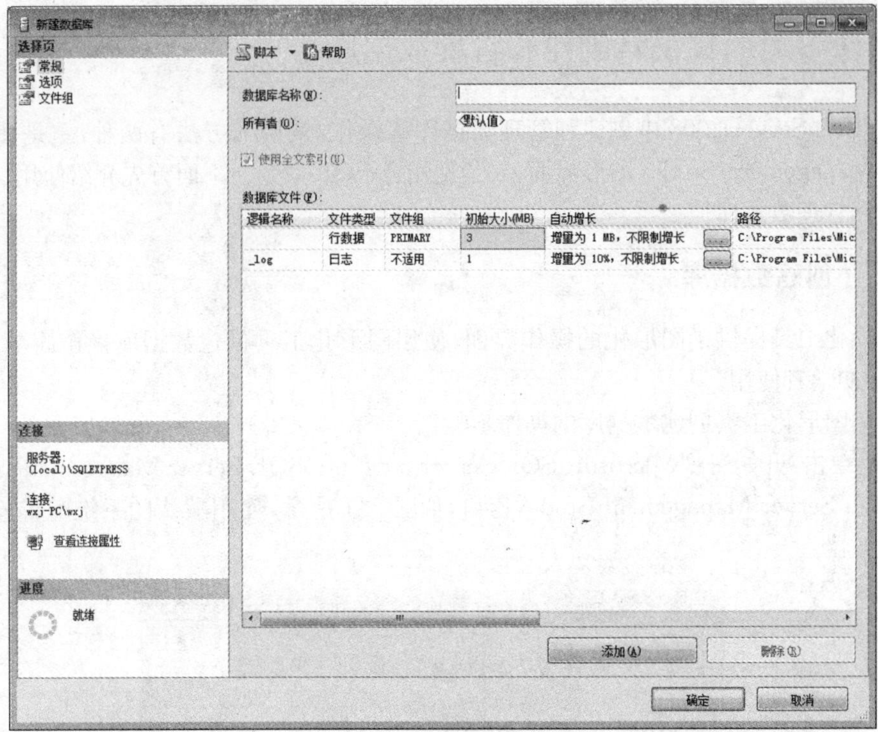

图 2.2　创建数据库窗口

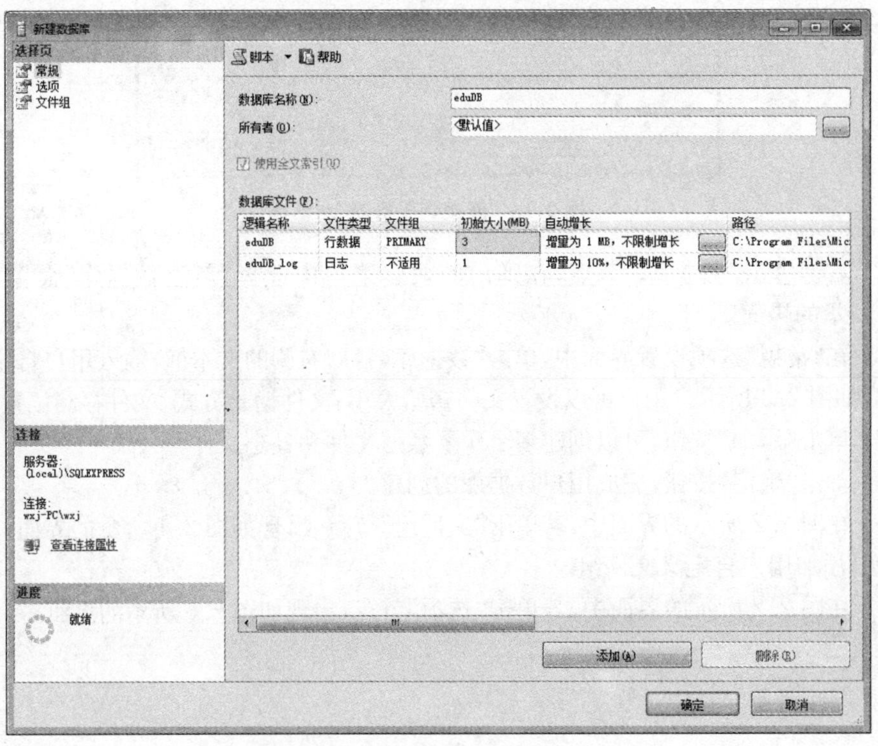

图 2.3　创建用户自定义数据库窗口

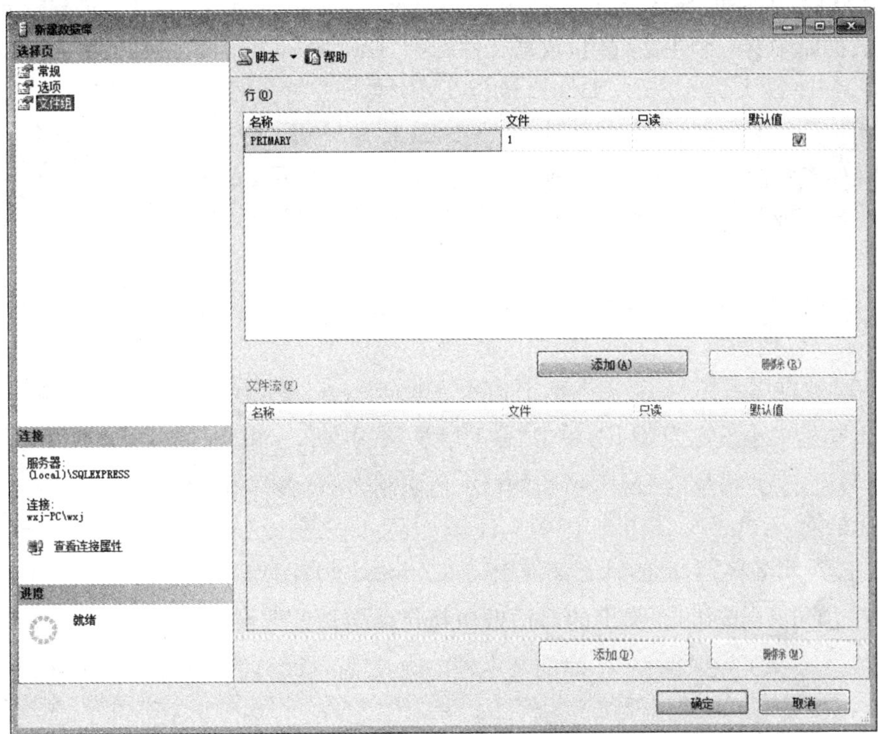

图 2.4　创建文件组窗口

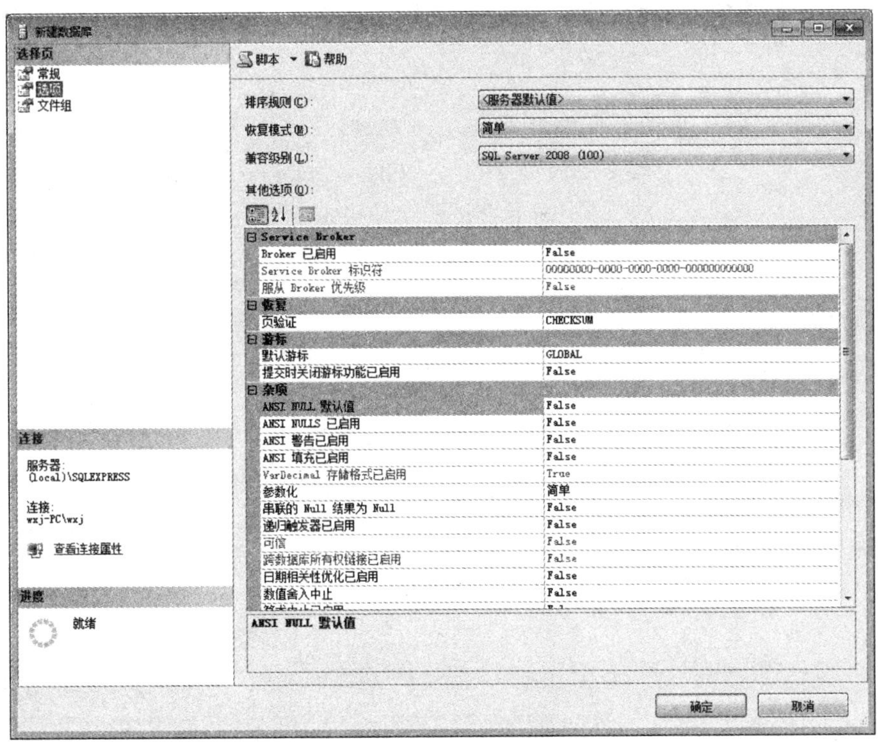

图 2.5　创建数据库选项窗口

【例 2.1】 在 SQL Server 2008 的 SQL Server Management Studio 中，创建“eduDB”数据库，该数据库中有一个主文件组，数据文件名为“eduDB.mdf”，存储路径为“D:\data”，初始大小为 3MB，最大为 10MB，文件增量以 1MB 增长。事务日志文件名为“eduDB_log.ldf”，存储路径为“D:\data”，初始大小为 1MB，最大为 5MB，文件增量以 10%增长。

(1) 单击“开始”→“Microsoft SQL Server 2008”→“SQL Server Management Studio”，打开 SQL Server Management Studio 窗口，设置好服务器类型、服务器名称、身份验证、用户名和密码，单击“连接”按钮。

(2) 右键单击“数据库”节点，在弹出的快捷菜单中选择“新建数据库”命令，出现如图 2.2 所示的界面。

(3) 在“数据库名称”右侧文本框中输入“eduDB”，在“逻辑名称”对应的数据文件中输入 eduDB，初始大小设定为 3MB，单击“自动增长”右边的 ... 按钮，在弹出的对话框中将自动增长参数设定为“增量为 1MB，增长的最大值限制为 10MB”，在“路径”下面的文本框内输入“D:\data\”。

(4) 在“逻辑名称”对应的日志文件中输入 eduDB_log，初始大小设定为 1MB，单击“自动增长”右边的 ... 按钮，在弹出的对话框中将自动增长参数设定为“增量为 10%，增长的最大值限制为 5MB”，在“路径”下面的文本框内输入“D:\data\”。设置结果如图 2.6 所示。

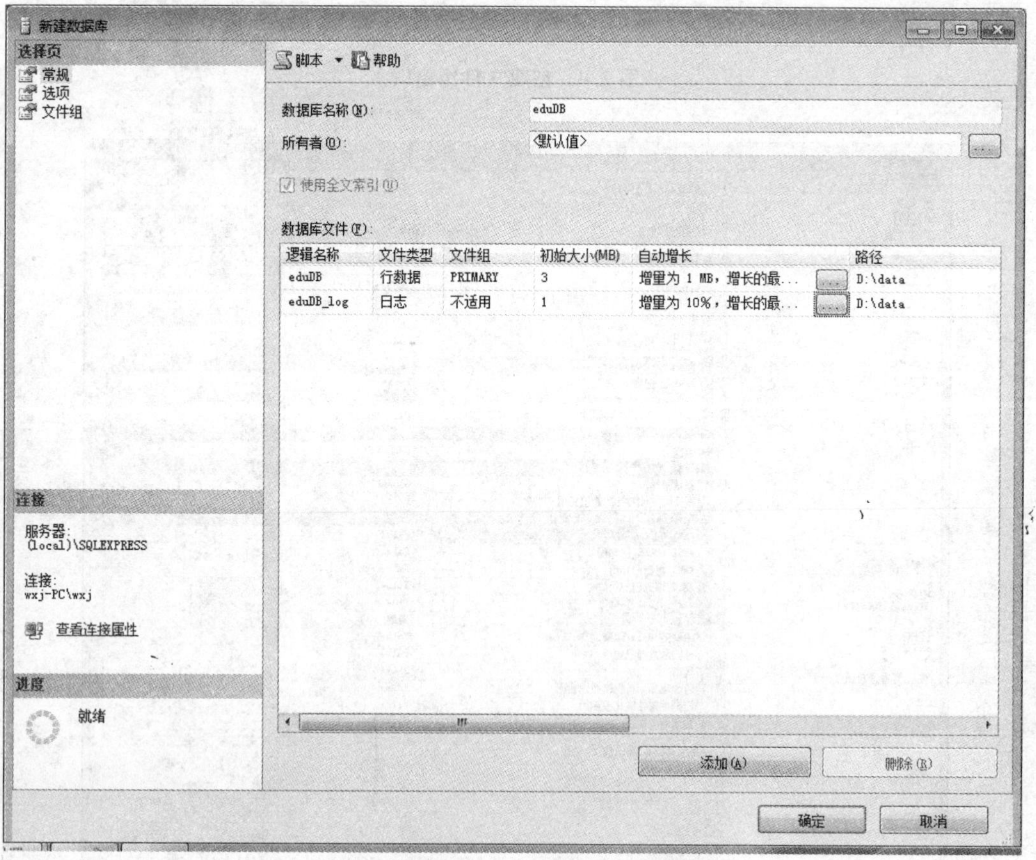

图 2.6 创建“eduDB”数据库对话框

（5）单击“确定”按钮，完成“eduDB”数据库的创建。

提示：要求用户在创建数据库之前，在 D 盘的根目录下新建 data 文件夹。

2.2.2　修改数据库

创建数据库后，数据文件和日志文件名就不能改变了。对已存在的数据库可以进行如下修改：

◇ 修改数据库名称；

◇ 增加或删除数据文件；

◇ 改变数据文件的大小和增长方式；

◇ 改变日志文件的大小和增长方式；

◇ 增加或删除日志文件；

◇ 增加或删除文件组。

若要在 SQL Server 管理平台工具中修改数据库的属性或文件设置，需要打开数据库属性对话框。右击对象资源管理器窗口中用户要修改的数据库，在弹出的快捷菜单中选择“属性”命令，打开数据的属性窗口，如图 2.7 所示。

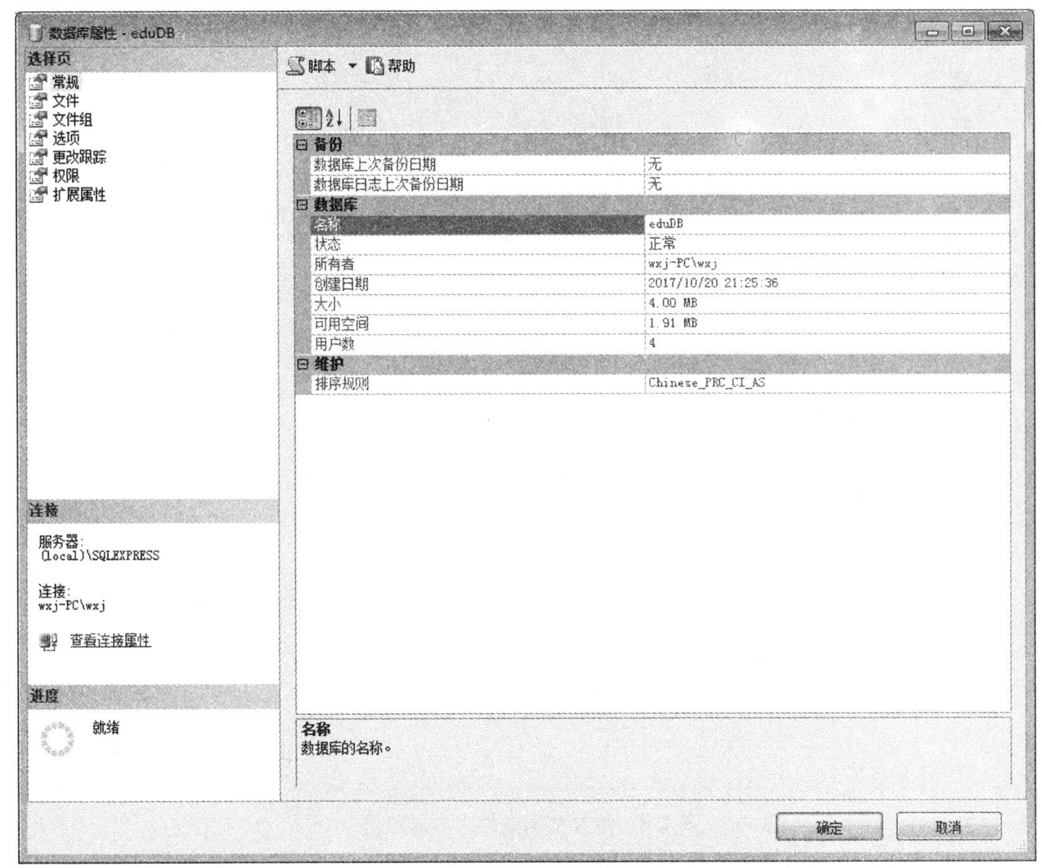

图 2.7　数据库属性对话框

1. 修改数据名称

数据库创建之后，一般情况下不要更改数据库的名称，因为许多应用程序都可能使用该数据库的名称。数据库名称更改之后，需要修改相应的应用程序。如果确实需要更改数据库名称，使用前可以在对象资源管理器窗口中右击用户需要修改的数据库，在弹出的快捷菜单中选择“重命名”命令，输入数据的数据库名称。这种更改只是更改了数据库的逻辑名称，对于该数据库的数据文件和日志文件没有任何影响。

2. 修改数据文件的大小和增长方式

【例 2.2】 使用图形化工具将“eduDB”的主数据文件“eduDB”由原来的 3MB 扩充为 5MB；日志文件“eduDB_log”由原来的 1MB 扩充为 2MB。

具体操作步骤如下：

(1) 打开 SQL Server Management Studio，连接到数据库服务器。

(2) 展开“数据库”节点，右键单击“eduDB”数据库，在弹出的菜单中选择“属性”命令。

(3) 单击“选项页”下方的“文件”选项卡，在“数据文件”窗口直接将主数据文件 eduDB 的初始大小修改为 5MB，日志文件 eduDB_log 的初始大小修改为 2MB，如图 2.8 所示。

图 2.8 修改数据文件大小对话框

(4) 单击“确定”按钮，完成数据库的扩充。

3. 添加数据文件

当原有的数据库的存储空间不够时，除了可以采用扩大原有数据文件的存储量的方法之外，还可以增加新的数据文件。或者，从系统管理的需求出发，采用多个数据文件来存储数据，以避免数据文件过大。此时，会用到向数据库中增加数据文件的操作。

【例 2.3】 在“eduDB”数据库中增加数据文件“eduDB_2”，文件路径保存在“D:\data”下，其属性均取系统默认值。

具体操作步骤如下：

(1) 打开“数据库属性—eduDB”窗口，在选项卡列表中选择“文件”，单击窗口右下角的“添加”按钮，数据库下方会新增加一行文件项。

(2) 在“逻辑文件”一栏中输入数据文件名“eduDB_2”，并设置文件的保存路径为“D:\data”，文件的初始大小、自动增长等属性默认(如图 2.9 所示)。

(3) 单击“确定”按钮，完成数据文件的添加，增加的文件是辅助数据文件，文件扩展名为 ndf。

增加或删除日志文件的方法与数据文件类似。

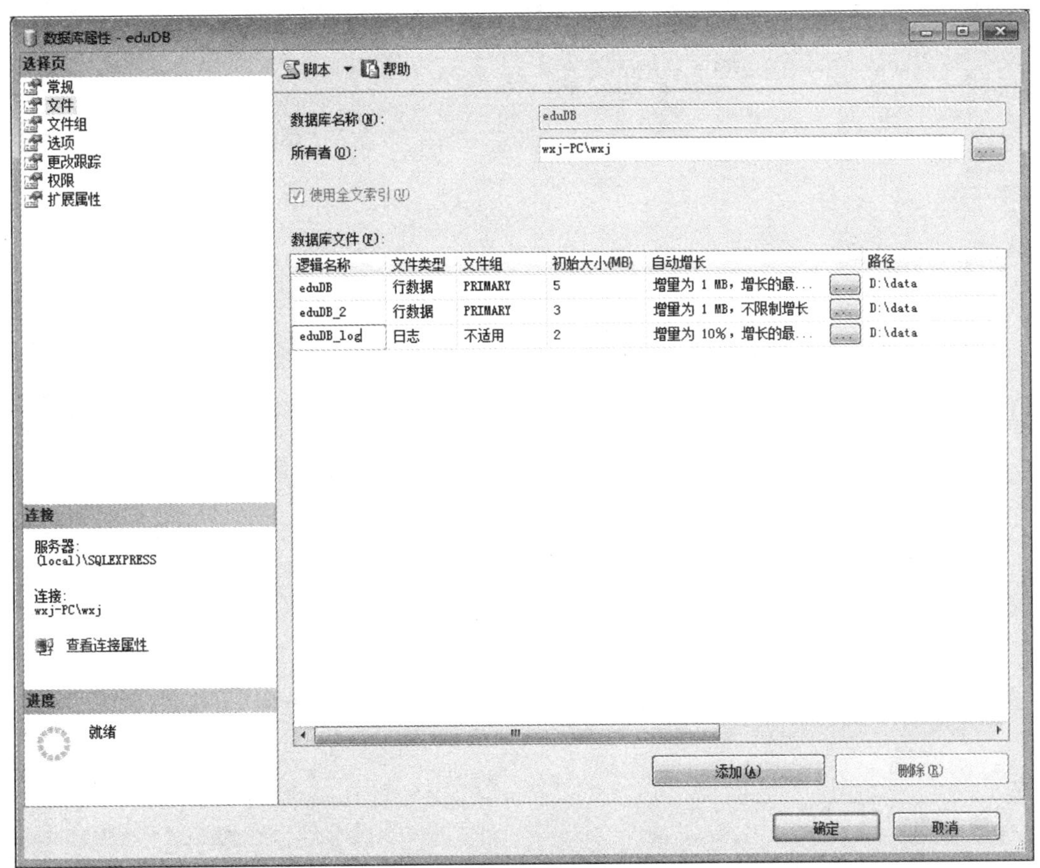

图 2.9　添加数据文件对话框

4. 删除数据文件

当数据库中的某些数据文件不再需要时，应及时将其删除。在 SQL Server 2008 中，只能删除辅助数据文件，而不能删除主数据文件。因为主数据文件中存放着数据库的启动信息，若将其删除，数据库将无法启动。

【例 2.4】 删除“eduDB”数据库中的辅助数据文件“eduDB_2”。

具体操作步骤如下：

(1) 打开“数据库属性”窗口，选择“文件”选项卡，选中需删除的辅助数据文件“eduDB_2”。

(2) 单击对话框右下角的“删除”按钮，删除后单击“确认”按钮即可删除。

5. 增加或删除文件组

数据库管理员(DBA)从系统管理策略角度出发，有时可能需要增加或删除文件组。

【例 2.5】 向数据库“eduDB”中增加一个名为“FGroup”的文件组。

具体操作步骤如下：

(1) 打开“数据库属性”窗口，选择“文件组”选项卡。

(2) 单击右下角的“添加”按钮，这时在 PRIMARY 行的下面会出现新的一行，在该行的“名称”框中输入 FGroup，单击“确定”按钮，如图 2.10 所示。

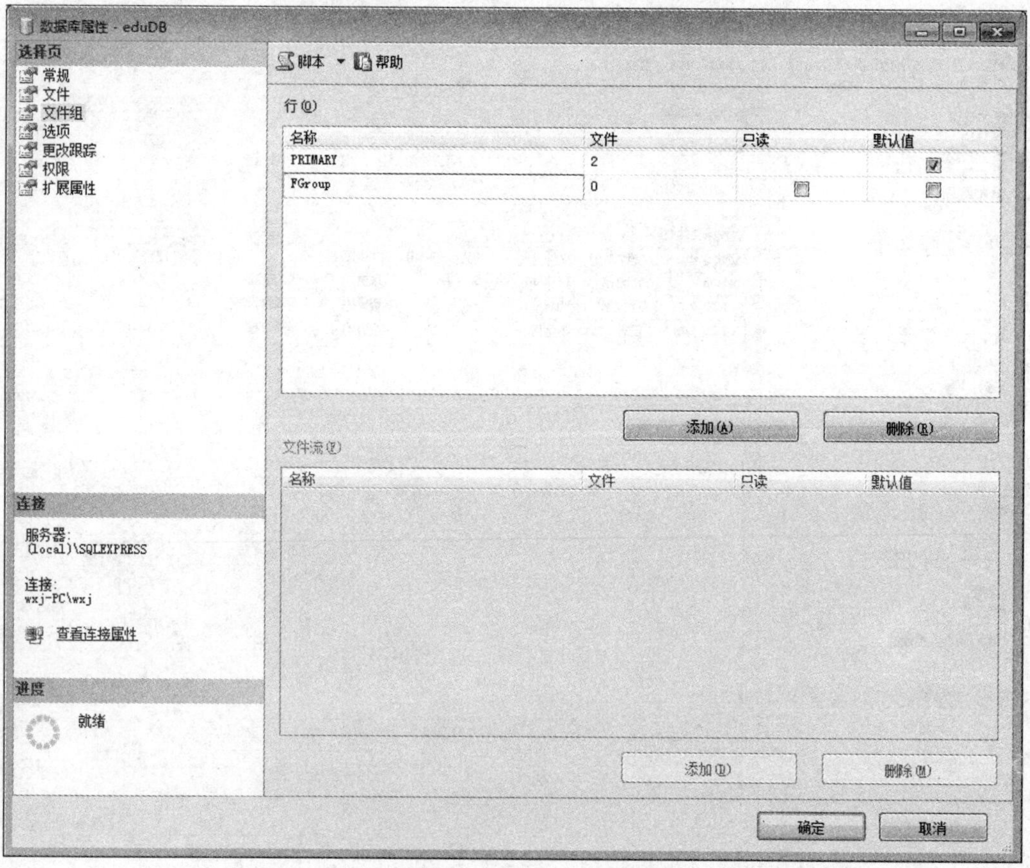

图 2.10 新增文件组对话框

当新增加文件组后，就可以在新增文件组中加入数据文件。

【例 2.6】　向“eduDB”数据库新增的文件组“FGroup”中增加数据文件“eduDB2”。

具体操作步骤如下：

(1) 打开“数据库属性”窗口，选择“文件”选项卡。

(2) 按增加数据文件的操作方法添加数据文件，在文件组下拉框中选择 FGroup，如图 2.11 所示，单击“确定”按钮。

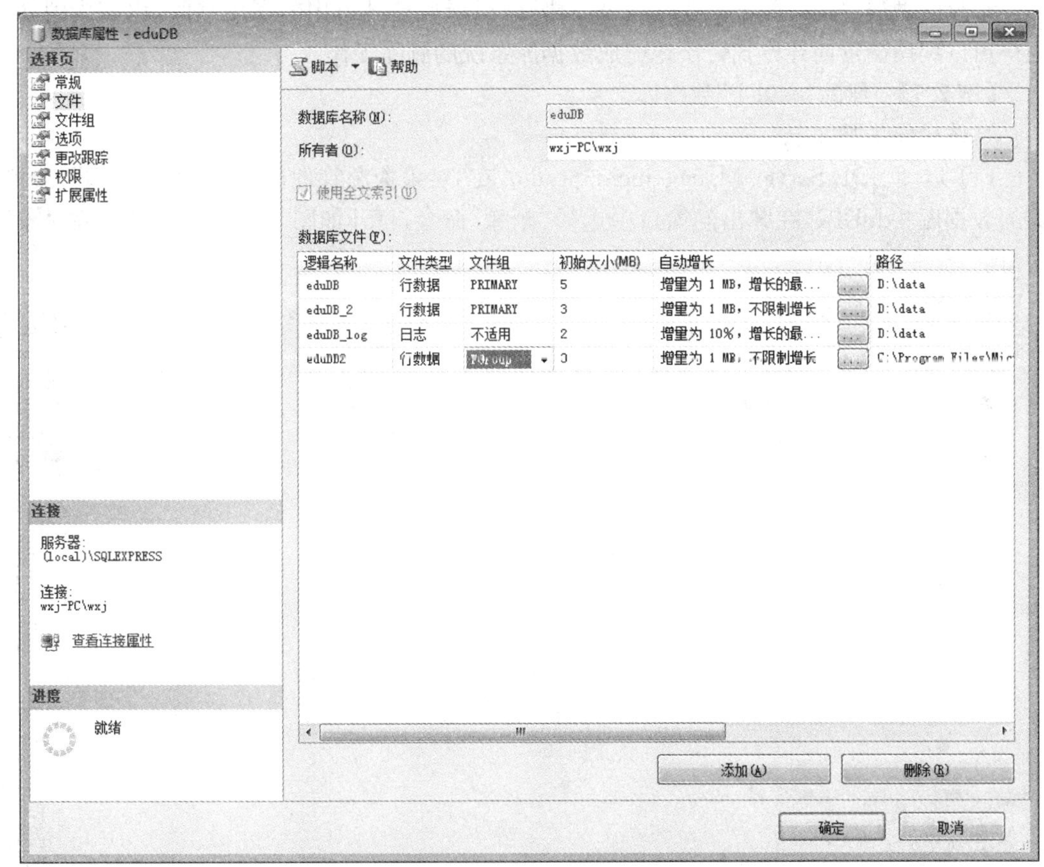

图 2.11　在新增的文件组中添加数据文件对话框

删除文件组的操作方法：选择“文件组”选项卡，选中需删除的文件组，单击对话框右下角的“删除”按钮，再单击“确认”按钮即可删除。

> **提示**：可以删除用户定义的文件组，但不能删除主文件组(PRIMARY)。删除用户定义的文件组后，该文件组中所有的文件都将被删除。

2.2.3　查看数据库信息

使用数据库、修改数据库、为数据库排除故障，经常需要了解数据库的信息，此时可以用 SQL Server Management Studio 工具或 T-SQL 命令来实现。

使用图形化工具显示数据库信息的方法比较直观。打开 SQL Server Management Studio，连接到数据库服务器。展开“数据库”节点，右键单击所需的数据库，在弹出的快捷菜单中选择“属性”命令，屏幕上显示出属性窗口，从属性窗口的各个选项卡上可查看到数据库的相关信息。

2.2.4 删除数据库

数据库系统在长时间使用之后，系统的资源消耗加剧，导致运行效率下降，因此 DBA 需要适时地对数据库系统进行一定的调整。

常见的做法是把一些不需要的数据库删除，以释放被其占用的系统空间，以减少消耗。用户可以利用图形向导方式轻松地完成数据库系统的删除工作。

【例 2.7】 删除“eduDB”数据库。

具体操作步骤如下：

(1) 启动 SQL Server Management Studio，在“对象资源管理器”窗口中右键选择要删除的数据库“eduDB”，在弹出的窗口中选择“删除”命令，打开如图 2.12 所示的“删除对象”窗口。

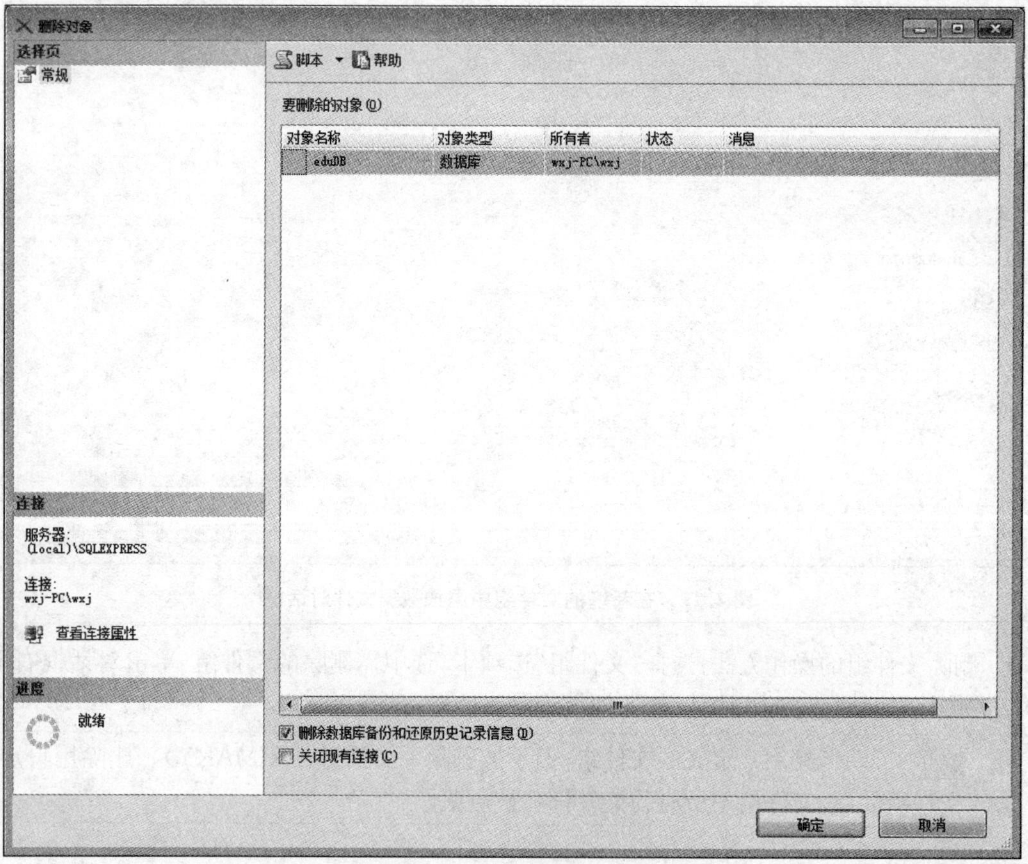

图 2.12 “删除对象”对话框

(2) 单击右下角的“确定”按钮，即可删除数据库“eduDB”。

提示：删除数据库后，该数据库的所有对象均被删除，将不能再对该数据库做任何操作，因此删除数据库时应十分谨慎。

2.3 使用 T-SQL 命令创建和管理数据库

除了在图形化用户界面下创建数据库外，用户还可以通过 T-SQL 命令行方式创建和管理数据库，T-SQL 命令方式要求用户掌握基本的语句，适合较高级的用户。与图形化用户界面方式创建数据库相比，命令方式更为常用，使用也更为灵活。

2.3.1 创建数据库

在命令行方式下创建数据库，需要使用 CREATE DATABASE 语句。

基本语法格式如下：

```
CREATE DATABASE 数据库名称
[ON
{[PRIMARY]
(NAME=逻辑文件名,
FILENAME='操作系统下的文件名和路径'
[,SIZE=文件初始大小]
[,MAXSIZE={文件最大容量|UNLIMITED}]
[,FILEGROWTH=文件的增量])
}[,…n]
]
[LOG ON
{(NAME=逻辑文件名,)
FILENAME='操作系统下的文件名和路径'
[,SIZE=文件初始大小]
[,MAXSIZE={文件最大容量|UNLIMITED}]
[,FILEGROWTH=文件的增量])
}[,…n]
]
```

参数说明

- 数据库名称：数据库名称在服务器中必须唯一，其名称必须符合标识符命名规则，且在 SQL Server 的实例中必须唯一。
- PRIMARY：用于指定数据库的主要文件组中的文件。一个数据库只能有一个主要数据文件，如果没有指定 PRIMARY，那么 CREATE DATABASE 语句中列出的第一个文件将成为主文件。
- ON：指定存放数据库的数据文件信息。
- NAME 子句：指定逻辑文件名，它是数据库在 SQL Server 中的标识。
- FILENAME 子句：用于指定数据库在操作系统下的文件名称和所在路径，该路径必须存在。

◆ SIZE 子句：用于指定数据库在操作系统下的文件大小，单位为 KB 或 MB。如果没有指定单位，系统默认是 MB。

◆ MAXSIZE 子句：指定操作系统文件可以增长的最大尺寸，单位为 KB 或 MB。如果没有指定单位，系统默认是 MB。如果没有给出可以增长的最大尺寸，表示文件的增长是没有限制的，可以占满整个磁盘空间。

◆ FILEGROWTH 子句：用于指定文件的增量。该选项可以使用 KB、MB 或百分比指定。当该选项指定的数值为零时，表示文件不能增长。

◆ LOG ON：指定日志文件的定义，该项省略时，SQL Server 会自动为数据库创建一个日志文件，文件名由系统生成，大小为数据库所有数据文件长度之和的 25%或 512KB，取其中的较大者。

【例 2.8】 使用 T-SQL 的 CREATE DATABASE 命令创建一个“eduDB”数据库。数据文件名为“eduDB.mdf”，存储在“D:\data”下，初始大小为 3MB，最大为 10MB，文件增量以 1MB 增长。事务文件为“eduDB_log.ldf”，存储在“D:\data”下，初始大小为 2MB，最大为 5MB，文件增量以 10%方式增长。

具体操作步骤如下：

(1) 打开 SQL Server Management Studio，连接到数据库服务器。

(2) 单击“新建查询(N)”按钮，进入命令行方式。

(3) 在“查询分析器”窗口中输入以下 SQL 语句。

```
create database eduDB
on primary
(
  name=eduDB,
  filename='D:\data\eduDB.mdf',
  size=3MB,
  maxsize=10MB,
  filegrowth=1MB
)
log on
(
  name=eduDB_log,
  filename='D:\data\eduDB_log.ldf',
  size=2MB,
  maxsize=5MB,
  filegrowth=10%
)
```

(4) 输入完毕后，单击 SSMS 面板上的“执行(X)”按钮，成功创建后，消息下方显示“命令已成功完成”。

(5) 当命令成功执行后，在“对象资源管理器”中展开“数据库”目录，就可以看到新建的数据库 eduDB 显示其中。若没有发现新建的数据库，则右击“数据库”，在弹出的快捷菜单中选择“刷新”选项即可。

【例 2.9】 使用 T-SQL 的 CREATE DATABASE 命令创建一个“hotel”数据库。该数据库中有一个主文件组和一个名为“FGroup”的用户自定义文件组。主文件组中包含有一个名为“hotel”的主数据文件，存储在“D:\data”下，初始大小为 3MB，最大为 10MB，文件增量以 1MB 增长；日志文件名为“hotel_log. ldf”，存储在 D:\data 下，初始大小为 2MB，最大为 5MB，文件增量以 10%增长；用户自定义文件组“FGroup”中有 3 个名为“guest”“room”“stay”的数据文件，这 3 个数据文件均存储在“D:\data”下，初始大小为 2MB，最大为 10MB，文件增量为 1MB 增长。

具体操作步骤如下：

(1) 打开 SQL Server Management Studio，连接到数据库服务器。

(2) 单击“新建查询(N)”按钮，进入命令行方式。

(3) 在“查询分析器”窗口中输入以下 SQL 语句。

```
create database hotel
on primary
(
  name=hotel,
  filename='D:\data\hotel.mdf',
  size=3MB,
  maxsize=10MB,
  filegrowth=1MB
),
filegroup FGroup
(
  name=guest,
  filename='D:\data\guest.ndf',
  size=2MB,
  maxsize=10MB,
  filegrowth=1MB
),
(
  name=room,
  filename='D:\data\room.ndf',
  size=2MB,
  maxsize=10MB,
  filegrowth=1MB
),
(
  name=stay,
  filename='D:\data\stay.ndf',
  size=2MB,
```

```
    maxsize=10MB,
    filegrowth=1MB
  )
  log on
  (
    name=hotel_log,
    filename='D:\data\hotel_log.ldf',
    size=2MB,
    maxsize=5MB,
    filegrowth=10%
  )
```

(4) 输入完毕后,单击 SSMS 面板上的"❗ 执行(X)"按钮,成功创建后,消息下方显示"命令已成功完成"。

2.3.2 修改数据库

使用 T-SQL 的 ALTER DATABASE 命令对数据库进行修改,主要包括以下几个方面:

◇ 增加或删除数据文件;
◇ 改变数据文件的大小和增长方式;
◇ 改变日志文件的大小和增长方式;
◇ 增加或删除日志文件;
◇ 增加或删除文件组;
◇ 重命名数据库。

ALTER DATABASE 语句的基本语法格式如下:

```
ALTER DATABASE database_name
{
  ADD FILE<filespec>[,…n][TO FILEGROUP filegroup name]
                                              /*在文件组中增加数据文件*/
  |ADD LOG FILE<filespec>[,…n]                /*增加日志文件*/
  |REMOVE FILE logical_file_name              /*删除数据文件*/
  |ADD FILEGROUP filegroup_name               /*增加文件组*/
  |REMOVE FILEGROUP filegroup_name            /*删除文件组*/
  |MODIFY FILE<filespec>                      /*更改文件属性*/
  |MODIFY NAME=new_dbname                     /*数据库更名*/
  |MODIFY FILEGROUP filegroup_name
{
  {READONLY|READWRITE}|{READ_ONLY|READ_WRITE}
    |DEFAULT
    |NAME=new_filegroup_name
}                                             /*更改文件组属性*/
|SET<optionspec>[,…n][WITH<termination>]      /*设置数据库属性*/
|COLLATE collation_name                       /*指定数据库排序规则*/
}
[;]
```

参数说明

- database_name：数据库名称。
- ADD FILE 子句：向数据库中添加数据文件，<filespec>给出文件的属性，<filespec>构成与 CREATE DATABASE 语句的<filespec>相同。关键字 TO FILEGROUP 指出了添加的数据文件所在的文件组 filegroup_name，若缺省，则为主文件组。
- ADD LOG FILE 子句：向数据库添加日志文件，日志文件的属性由<filespec>给出。
- REMOVE FILE 子句：从数据库中删除数据文件，被删除的数据文件由其中的参数 filegroup_name 给出。
- ADD FILEGROUP 子句：向数据库中添加文件组，被添加的文件组名由参数 filegroup_name 给出。
- REMOVE FILEGROUP 子句：删除文件组，被删除的文件组名由参数 filegroup_name 给出。
- MODIFY FILE 子句：修改数据文件的属性，被修改文件的逻辑名由<filespec>的 NAME 参数给出，可以修改的文件属性包括 FILENAME、SIZE、MAXSIZE 和 FILEGROWTH，但要注意，一次只能修改其中的一个属性。修改文件大小时，修改后的大小不能小于当前文件的大小。
- MODIFY NAME 子句：更改数据库名，新的数据库名由参数 new_dbname 给出。
- MODIFY FILEGROUP 子句：用于更改文件组的属性。filegroup_name 为要修改的文件组名称，READONLY 和 READ_ONLY 选项用于将文件组设置为只读，READONLY 和 READWRITE 选项将文件组设为读/写模式。DEFAULT 选项表示将默认数据库文件组改为 filegroup_name，NAME 选项用于将文件组名称改为 new_filegroup_name。
- SET 子句：用于设置数据库的属性，<optionspec>中指定要修改的属性。例如，设为 READ_ONLY 时用户可以从数据库读取数据，但不能修改数据库。

1. 增加数据文件

【例 2.10】 向数据库“hotel”中添加一个数据文件和一个日志文件，数据文件的名称为“hotel2”，文件保存在“D:\data”下，初始大小为 10MB，最大为 30MB，文件增量以 5MB 增长；日志文件的名称为“hotel_log2”，文件保存在“D:\data”下，初始大小为 5MB，最大为 20MB，文件增量以 2MB 增长。

相关程序代码如下：

```
alter database hotel
add file
(
  name=hotel2,
  filename='D:\data\hotel2.ndf',
  size=10MB,
  maxsize=30MB,
```

```
        filegrowth=5MB
)
go
alter database hotel
add log file
(
  name=hotel_log2,
  filename='D:\data\hotel_log2.ldf',
  size=5MB,
  maxsize=20MB,
  filegrowth=2MB
)
go
```

单击"! 执行(X)"按钮,完成增加数据文件操作。

2. 删除数据文件

【例 2.11】 将数据文件"hotel2"从"hotel"数据库中删除。

相关程序代码如下:

```
alter database hotel
remove file hotel2
```

单击"! 执行(X)"按钮,完成删除数据文件操作,代码执行成功后,将显示"文件 'hotel2' 已删除"。

3. 增加文件组

【例 2.12】 为数据库"hotel"添加文件组"FGroup2",并为此文件组添加两个大小均为 10MB 的数据文件,文件名分别为"hotel_data1.ndf"和"hotel_data2.ndf",文件均保存在"D:\data"下。

相关程序代码如下:

```
alter database hotel
  add filegroup FGroup2
go
alter database hotel
  add file
  (
    name=hotel_data1,
    filename='D:\data\hotel_data1.ndf',
    size=10MB
  ),
  (
    name=hotel_data2,
    filename='D:\data\hotel_data2.ndf',
    size=10MB
```

```
    )
  to filegroup Fgroup2
go
```

单击"❗执行(X)"按钮，完成增加文件组操作。

4. 删除文件组

【例 2.13】 从数据库"hotel"中删除文件组"FGroup2"。

> 提示：被删除的文件组中的数据文件必须先删除，且不能删除主文件组。

代码如下：

```
alter database hotel
  remove file hotel_data1
go
alter database hotel
  remove file hotel_data2
go
alter database hotel
  remove filegroup FGroup2
go
```

单击"❗执行(X)"按钮，完成删除文件组操作。

5. 改变数据文件的大小和增长方式

【例 2.14】 将数据库"hotel"中日志文件"hotel_log"的 size 增加至 4MB。

代码如下：

```
alter database hotel
modify file
(
  name=hotel_log,
  size=4MB
)
go
```

单击"❗执行(X)"按钮，完成修改文件大小操作。

6. 重命名数据库

【例 2.15】 将数据库"hotel"重命名为"hotel2"。

代码如下：

```
alter database hotel
modify name=hotel2
```

单击"❗执行(X)"按钮，完成重命名数据库操作，运行结果显示：数据库名称 'hotel2' 已设置。

> 提示：重命名数据库之前应该确保没有用户使用该数据库，而且数据库应该设置为单用户模式。重命名还可以使用 sp_renamedb 存储过程实现，其语法结构如下：

```
SP_RENAMEDB [@OLD_NAME=]'旧名称',[@NEW_NAME=]'新名称'
```

【例 2.16】 将数据库“hotel2”重命名为“hotel”，采用 sp_renamedb 存储过程实现，代码如下：

```
sp_renamedb 'hotel2','hotel'
```

单击“! 执行(X)”按钮，完成重命名数据库操作，运行结果显示：数据库名称 'hotel' 已设置。

> **提示**：更名后的数据库只有选择工具栏中的“刷新”按钮或重新启动后才能看到更改后的数据库的名称。

2.3.3 查看数据库信息

在 SQL Server 2008 系统中，可使用一些目录视图、函数、存储过程查看有关数据库的基本信息。

1. 查看数据库定义信息

【例 2.17】 查看数据库“eduDB”的信息。

代码如下：

```
sp_helpdb eduDB
```

单击“! 执行(X)”按钮，完成查看数据库定义信息操作。

运行结果如图 2-13 所示。

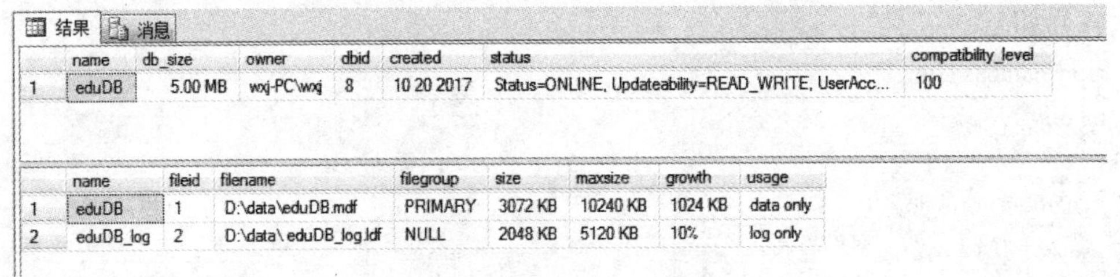

结果 消息

	name	db_size	owner	dbid	created	status	compatibility_level
1	eduDB	5.00 MB	wxj-PC\wxj	8	10 20 2017	Status=ONLINE, Updateability=READ_WRITE, UserAcc...	100

	name	fileid	filename	filegroup	size	maxsize	growth	usage
1	eduDB	1	D:\data\eduDB.mdf	PRIMARY	3072 KB	10240 KB	1024 KB	data only
2	eduDB_log	2	D:\data\eduDB_log.ldf	NULL	2048 KB	5120 KB	10%	log only

图 2.13 查看数据库“eduDB”的信息

2. 查看数据库的文件信息

【例 2.18】 查看数据库“eduDB”中“eduDB”的文件信息。

代码如下：

```
use eduDB
go
sp_helpfile eduDB
go
```

单击“! 执行(X)”按钮，完成查看数据库的文件信息操作。

运行结果如图 2-14 所示。

结果　消息

	name	filename	filegroup	size	maxsize	growth	usage
1	eduDB	D:\data\eduDB.mdf	PRIMARY	3072 KB	10240 KB	1024 KB	data only

图 2.14　查看数据文件 eduDB 的信息

3. 查看数据库的文件组信息

【例 2.19】 查看数据库“hotel”中“FGroup”文件组的信息。

代码如下：

```
use hotel
go
sp_helpfilegroup FGroup
go
```

单击“! 执行(X)”按钮，完成查看数据库的文件组信息操作。

运行结果如图 2.15 所示。

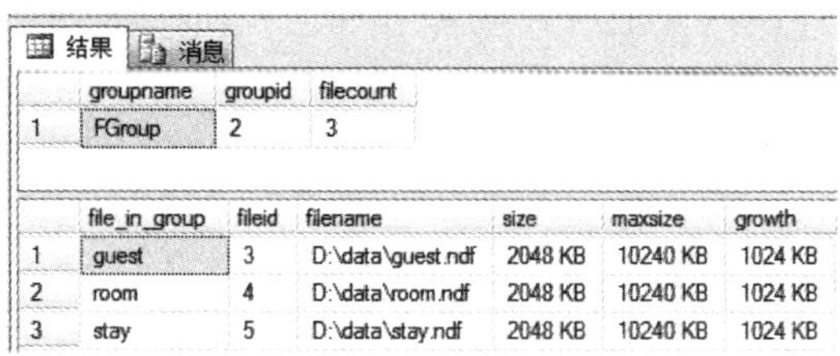

结果　消息

	groupname	groupid	filecount
1	FGroup	2	3

	file_in_group	fileid	filename	size	maxsize	growth
1	guest	3	D:\data\guest.ndf	2048 KB	10240 KB	1024 KB
2	room	4	D:\data\room.ndf	2048 KB	10240 KB	1024 KB
3	stay	5	D:\data\stay.ndf	2048 KB	10240 KB	1024 KB

图 2.15　查看文件组 FGroup 的信息

2.3.4　配置数据库

在 T-SQL 命令方式下，可以使用系统存储过程 SP_DBOPTION 显示并修改数据库选项。SP_DBOPTION 的语法格式如下：

```
SP_DBOPTION['数据库名'][,'选项名'][,'值']
```

参数说明

◆ 数据库名：进行配置的数据库名。

◆ 选项名：默认值为 NULL。

◆ 值：为选项设置的值可以是 TRUE、FALSE、ON 或 OFF，默认值为 NULL。

【例 2.20】 使用 T-SQL 命令方式将“hotel”数据库设置为只读。

代码如下：

```
sp_dboption 'hotel','read only','true'
```

单击“! 执行(X)”按钮，完成设置数据库只读操作。

【例 2.21】 使用 T-SQL 命令方式将数据库“hotel”设置为单用户方式。

代码如下：

```
sp_dboption 'hotel','single user','true'
```

单击“! 执行(X)”按钮，完成设置数据库为单用户方式的操作。

> 提示：重命名数据库前，必须确保数据库已设置为单用户模式，且取消只读属性。

2.3.5 删除数据库

当数据库不再被使用或者数据库因损坏而无法正常运行时，用户可按需要从数据库系统中删除数据库。删除数据库的操作简单，但是删除数据库一定要慎重。因为删除数据库后，与数据库相关联的文件及存储在系统数据库中的与该数据库有关的所有信息都会从服务器上的磁盘中被永久删除。除此之外，删除数据库还需要注意以下几点：

(1) 数据库所有者 DBO 和数据库管理员 DBA 有权操作，此权限不能授予其他用户。

(2) 系统数据库(msdb、master、model、tempdb)是不能被删除的。当数据库处于数据库正在被使用、数据库正在被恢复、数据库中的部分表格是发布的表格状态时，则该数据库不能被删除。

(3) 删除数据之后，如果某些登录的默认数据库是被删除的数据库，那么登录的默认数据库将会自动设置为 master 数据库。

(4) 为了确保整个系统的安全，在删除数据库后，请立即备份 master 数据库。

T-SQL 中用于删除数据库的语句为 DROP DATABASE 语句，DROP DATABASE 可以从 SQL Server 中一次删除一个或几个数据库，其语法结构如下：

```
DROP DATABASE 数据库名称,数据库名称 2…
```

【例 2.22】 使用 T-SQL 命令方式删除"hotel"数据库。

代码如下：

```
use master
go
drop database hotel
go
```

单击"! 执行(X)"按钮，完成删除 hotel 数据库的操作。

> 提示：使用 DROP DATABASE 删除数据库不会出现确认信息，所以使用这种方法时要小心谨慎。此外，千万不能删除系统数据库，否则会导致 SQL Server 2008 服务器无法使用。

2.4 数据库的分离与附加

现代数据库应用开发系统中，经常会将应用项目工作于不同的专用服务器上，SQL Server 2008 系统能从系统中分离数据库的数据和事务日志文件，然后将它们重新附加到同一或其他 SQL Server 实例。若将数据库更改到同一计算机的不同 SQL Server 实例或要移动数据库到其他不同服务器，分离和附加数据库具有应用价值，也是应用开发中广泛使用的，便捷、可靠。

分离数据库有图形化工具和 T-SQL 语句两种方法。

2.4.1 使用图形化工具分离与附加数据库

分离数据库是指将数据库从 SQL Server 2008 实例中删除，但保持组成数据库及其中的对象、数据文件和事务日志文件完好无损，然后通过附加将这些数据库文件添加到任何 SQL Server 2008 实例上，提供数据库支持。影响数据库分离的约束有：

◇ 已复制并发布的数据库，否则需要运行 sp_replicationdboption 禁用发布后才行。

◇ 数据库中存在数据库快照或数据库处于可疑状态。

1. 使用图形化工具分离数据库

【例 2.23】 采用图形化工具方法分离“eduDB”数据库。

具体操作步骤如下：

(1) 打开 SQL Server Management Studio，连接到数据库服务器。

(2) 展开数据库节点，右键单击“eduDB”数据库，在弹出的快捷菜单中选择“任务”→“分离”命令，如图 2.16 所示，打开图 2.17 所示的“分离数据库”窗口。

(3) 选中要分离的数据库，单击“确定”按钮，完成“eduDB”数据库分离。

图 2.16 选择“任务”→“分离”命令窗口

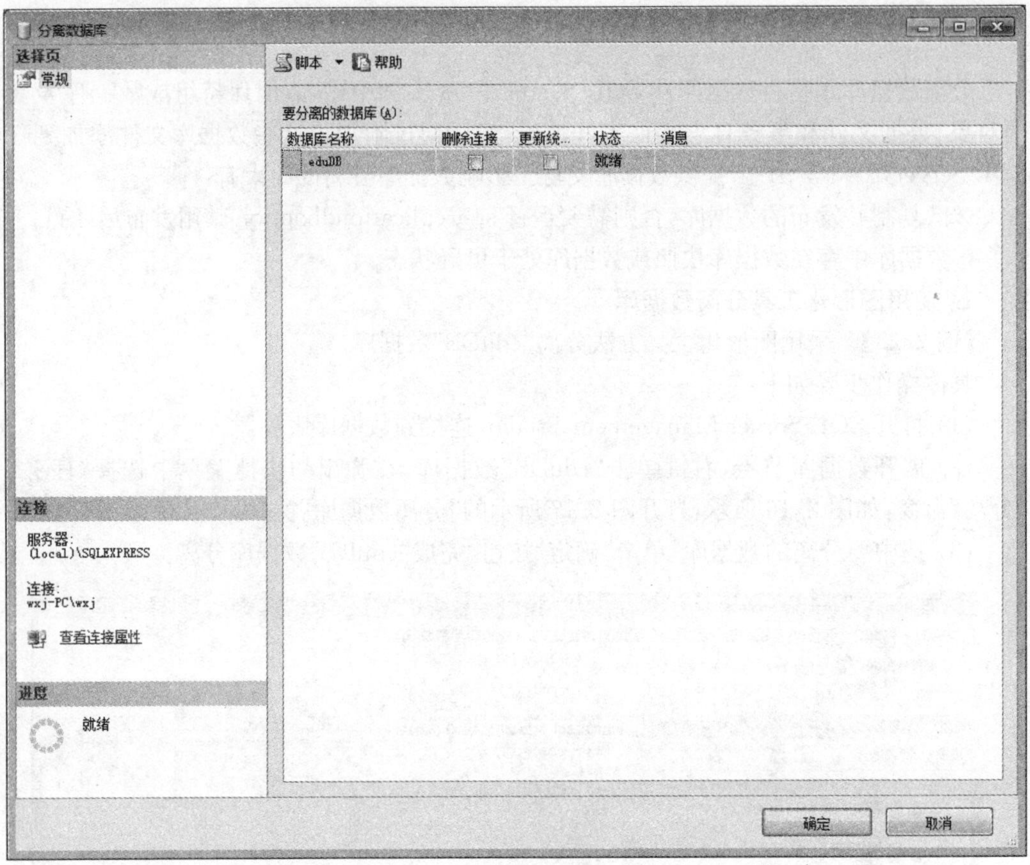

图 2.17 “分离数据库”窗口

2. 使用图形化工具附加数据库

【例 2.24】 采用图形化工具方法附加“eduDB”数据库。

具体操作步骤如下：

(1) 打开 SQL Server Management Studio，连接到数据库服务器。

(2) 右键单击“数据库”节点，如图 2.18 所示，在弹出的快捷菜单中选择“附加”命令，将显示附加数据库窗口，如图 2.19 所示。

(3) 单击“添加”按钮，选择需附加数据库的主数据文件 eduDB. mdf，如图 2.20 所示。

(4) 单击“确定”按钮，完成数据库的附加。

> <u>提示</u>：若将分离出来的数据库附加到其他计算机，只需要将分离出来的数据库文件 eduDB. mdf 和 eduDB_log. ldf 复制到另一台计算机的“D:\data”路径下，再进行附加操作即可。

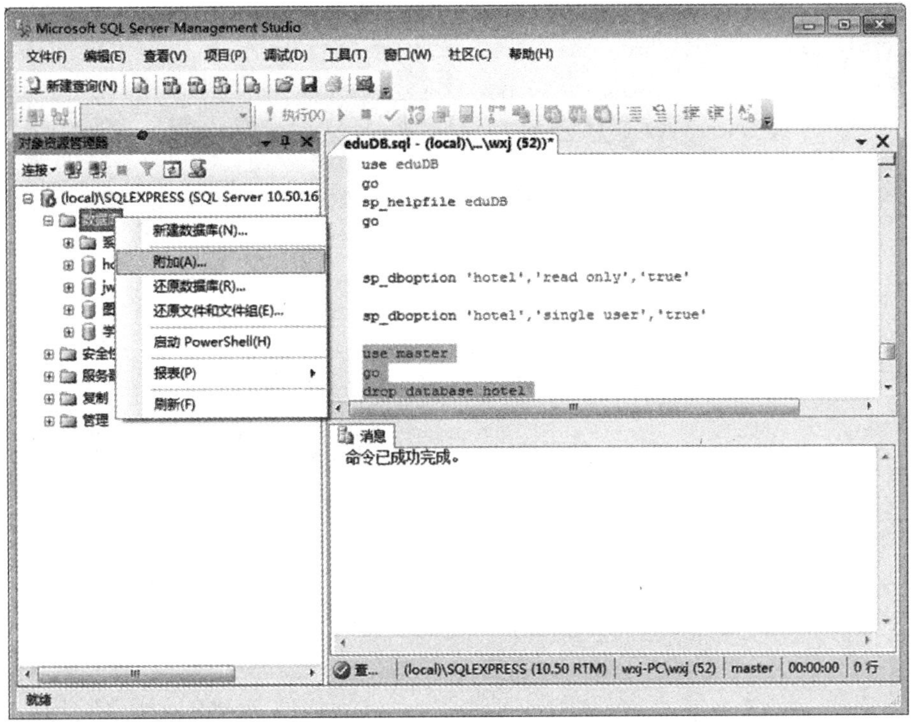

图 2.18 选择“附加”命令窗口

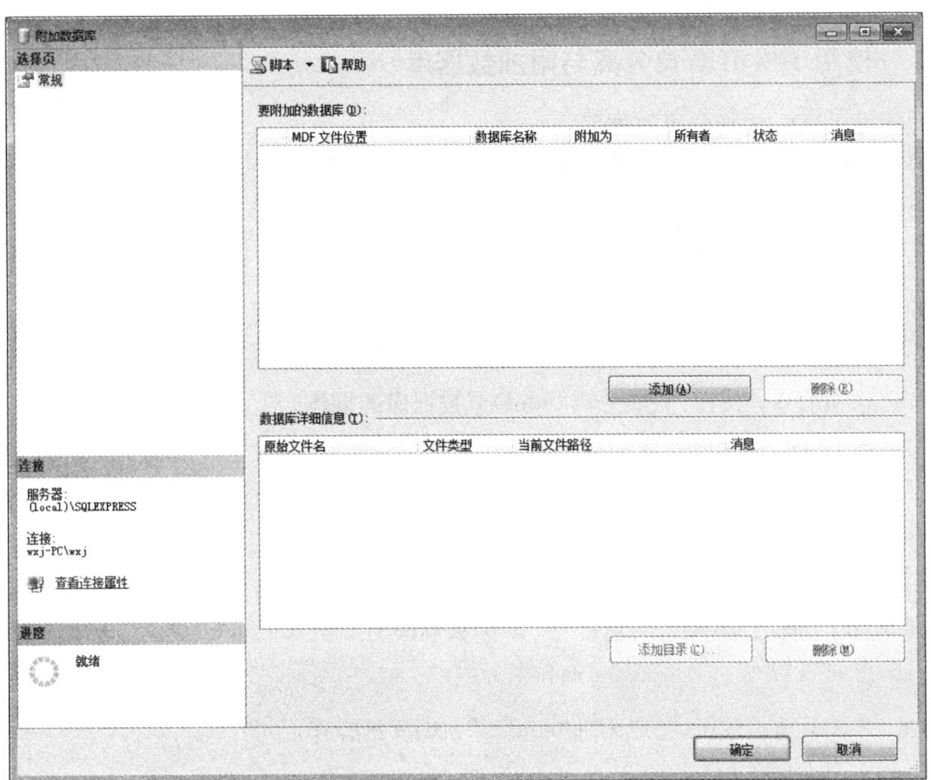

图 2.19 附加数据库窗口

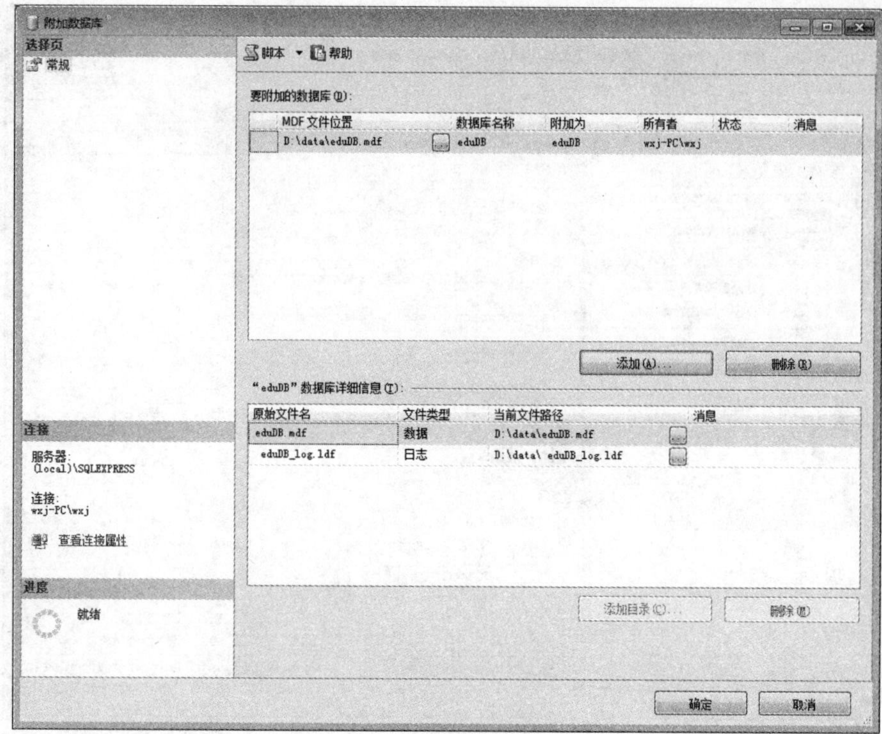

图 2.20　附加数据库确认窗口

2.4.2　使用 T-SQL 语句分离与附加数据库

1. 使用 T-SQL 语句分离数据库

使用 T-SQL 命令方式分离数据库，是通过使用系统存储过程 SP_DETACH_DB 来完成的。语法格式如下：

```
SP_DETACH_DB' 数据库名称 '
```

【例 2.25】 使用 T-SQL 语句分离“eduDB”数据库。

```
sp_detach_db 'eduDB'
```

单击“❗ 执行(X)”按钮，完成分离“eduDB”数据库的操作。

2. 使用 T-SQL 语句附加数据库

使用 T-SQL 命令方式附加数据库，是通过使用系统存储过程 SP_ATTACH_DB 来完成的。语法格式如下：

```
SP_ATTACH_DB' 数据库名称 ',' 主数据文件的路径 '
```

【例 2.26】 使用 T-SQL 语句将“eduDB”数据库附加至“D:\data”路径下。

```
sp_attach_db 'eduDB','D:\data\eduDB.mdf'
```

单击“❗ 执行(X)”按钮，完成附加“eduDB”数据库的操作。

本章习题

一、填空题

1. 语句 create database mydata 中的 mydata 是__________文件名。

2. 在创建数据库时，数据库属性对话框有常规、________和________三个选项卡。

3. 在创建数据库时，如果输入的数据库名称为 test，则默认的数据文件名称为__________，默认的事务日志文件名称为__________。

4. 一个数据库的数据文件可分为主数据文件和辅助数据文件，主数据文件的扩展名一般为__________，辅助数据文件的扩展名一般为__________。

5. 在给数据库改名之前，必须设置数据库处于__________状态。

6. SQL Server 2008 使用________文件记载用户对数据库进行的所有操作。

7. 在 SQL Server 2008 中，页的大小为__________。

8. SQL Server 2008 的数据库包含 4 个系统数据库：__________、__________、__________和 msdb 数据库。

9. SQL Server 2008 数据库中至少有一个________文件和一个________文件，但不一定有________文件。

10. 使用________________语句可以修改数据库，________________语句可以删除数据库。

二、操作题

1. 使用 T-SQL 语句，创建一个名为 keji 的数据库。要求有三个文件，其中，主数据文件的文件名为 keji_DB_data1，文件初始大小为 10MB，最大值为 50MB，每次增长 20%；辅助数据文件属于文件组 f_group，文件名为 keji_DB_data2，文件初始大小为 10MB，大小不受限制，每次增长 10%；事务日志文件的文件名为 keji_log，文件初始大小为 20MB，最大 100MB，每次增长 10MB。文件均存储在“D:\学号文件夹”路径下。

2. 使用 T-SQL 语句，为 keji 数据库增加一个数据文件 keji_DB_data3，物理文件名为 keji_DB_data3. ndf，初始大小为 5MB，最大值为 50MB，每次扩展 1MB。

3. 使用 T-SQL 语句，将 keji_DB 数据库的第二个数据文件 keji_DB_data2 的初始大小修改为 40MB。

4. 使用 T-SQL 语句删除 keji 的数据文件 keji_DB_data3。

5. 使用 T-SQL 语句删除数据库 keji。

6. 用 T-SQL 语句创建数据库名为“xs”的数据库，包含一个主数据文件和一个事务日志文件。主数据文件的逻辑名为“xs_data”，操作系统文件名为“xs_data. mdf”，初始容量大小为 5MB，最大容量为 20MB，文件的增长量为 20%。事务日志文件的逻辑文件名为“xs_log”，物理文件名为“xs_log. ldf”，初始容量大小为 5MB，最大容量为 30MB，文件增长量为 2MB。数据文件与事务日志文件都存储在“D:\学号文件夹”路径下。写出 SQL 语句并截图。

7. 用 T-SQL 语句查看数据库 xs 的信息,并截图。

8. 用 T-SQL 语句实现:为 xs 数据库增加容量,将 xs_data 的分配空间增加至 10MB,查看修改后数据库 xs 的信息,并截图。

9. 用 T-SQL 语句查看数据库 xs 的系统存储过程,并截图。

10. 用 T-SQL 语句更改数据库名称为 xs1。

11. 用 T-SQL 语句将 xs1 数据库设置为只读。

12. 用 T-SQL 语句删除数据库 xs1。

三、简单题

1. SQL Server 2008 的数据库对象有哪些?

2. 简述默认数据库 model 的作用。

3. 简述如何分离和附加数据库?

4. 主数据文件和事务日志文件可以位于同一个文件组吗?日志文件可以成为文件组的成员吗?

第 3 章 数据类型与常用函数

SQL Server 2008 数据库中，数据类型主要是由系统数据类型和用户自定义的数据类型两大部分组成。在定义二维表的字段、声明程序变量时，都需要为它们设置相应的数据类型，用于指定字段或变量等对象中可存放的数据是整数、字符、货币、日期和时间、二进制等多种不同的类型。数据库系统中，不同的数据类型直接决定数据在物理上的存储方式、所占存储空间的大小等，因此数据库设计人员需要真正的理解各种数据类型的存储特征，为数据库中的对象选择合适的数据类型。

3.1 系统数据类型

SQL Server 2008 提供了 36 种数据类型，这些数据类型的分类如表 3.1 所示。

表 3.1　数据类型分类

类型	具体的数据类型
字符数据	char，varchar，varchar (max)，text
精确数字	bigint，int，smallint，tinyint，bit，money，smallmoney，decimal，numeric
近似数字	real，float
日期和时间	datetime，smalldatetime，date，time，datetime2，datetimeoffset
Unicode 字符数据	nchar，nvarchar，nvarchar (max)，ntext
二进制数据	binary，varbinary，varbinary (max)，image
其他数据类型	hierarchyid，sql_variant，timestamp，uniqueidentifier，cursor，table，xml

3.1.1　字符数据

字符数据类型是数据库中最常用的数据类型之一，其数据主要有字母、数字及各种符号任意组合而成。在 SQL Server 中字符数据类型包括 3 种：固定长度字符类型(char)、可变长度的字符类型(varchar)和可变长度的大对象字符数据类型(text)。在 T-SQL 语句中，字符数据需要包含在两个单引号之中。

例如，'hello SQL Server 2008'

(1) 固定长度字符数据类型(char)用于存放非 Unicode 字符数据，其长度最大为 8KB。其书写格式：char(n)

n 的取值范围为 1～8 000。如果实际存储的字符长度不足 n，则在其尾部补空格达到长度 n；如果实际存储的字符长度超过 n，则超出的部分被截断，不能保留。

(2) 可变长度的字符数据类型(varchar)用于存放可变长度的非 Unicode 字符数据，其长度最大为 8KB。书写格式：varchar(n)

n 的取值范围为 1～8 000。如果实际存储的字符长度不足 n，则占用的存储空间为实际存储的字符长度；如果实际存储的字符长度超过 n，则超出的部分被截断，不能保留。

SQL Server 2008 中 varchar 数据类型还可以定义为 varchar(max)，用于存储数据量很大的变长字符串，这种数据类型的出现主要是为了取代 text 数据类型。

例如，有一表列名为 FirstName 且数据类型为 varchar(20)，同时将值 Brian 存储到该列中，则物理上只存储 5 个字节。但如果在数据类型为 char(20)的列中存储相同的值，SQL 将插入拖尾空格来填满 20 个字符，将使用全部 20 个字节。

(3) 可变长度的大对象字符数据类型(text)用于存放长度在 8 000 字符以上的非 Unicode 字符数据，其长度最大为($2^{31}-1$)B。

3.1.2 精确数字

1. 整数数据类型

整数数据类型是数据库中常用的数据类型之一，主要用于存储整数数据。SQL Server 2008 根据数值的取值范围和长度又将整数数据类型分为 bigint、int、smallint 和 tinyint 等四种类型。

(1) bigint，又称为长整型，是整数数据类型中存储容量最大的一种，长度为 8 个字节(即 64 个二进制位)，其可存储的数据取值范围从 -2^{63}(−9 223 372 036 854 775 808)到 $2^{63}-1$(9 223 372 036 854 775 807)。

(2) int 也可写作 integer，长度为 4 个字节(即 32 个二进制位)，其可存储的数据取值范围从 -2^{31}(−2 147 483 648)到 $2^{31}-1$(2 147 483 647)。int 数据类型是实际使用过程中最常用的一种整数数据类型。

(3) smallint，又称为短整型，长度为 2 个字节(即 16 个二进制位)，其可存储的数据取值范围从 -2^{15}(−32 768)到 $2^{15}-1$(32 767)。

(4) tinyint，又称为微整型，长度为 1 个字节(即 8 个二进制位)，其可存储的数据取值范围是 0 到 255。

上述几种整数数据类型的选用原则：在选择整数数据类型时，默认情况下应该考虑选择 int；当用户确定存储的数据很大或很小时可以考虑使用 bigint 或 smallint；当用户确定所有可能存储的数据均在 0 到 255 之间，可以考虑使用 tinyint。

2. 位数据类型

bit，位数据类型。其中可存储的内容有 0、1 和 null。因此这种数据类型主要跟逻辑判断联系在一起，可用 0 和 1 对应逻辑判断的 false 和 true，或者用于只有两种取值的列。例如，性别。

3. 货币数据类型

SQL Server 2008 根据数值的取值范围和长度，为用户提供了 money 和 smallmoney 两种货币数据类型。这两种数据类型均可包含小数位，但小数位的长度是确定的，小数位最多为 4 位，当存储的数据小数位超过 4 位时，自动进行四舍五入处理。另外，这两种数据类型的数字前面可以使用货币符号。

(1) money 数据类型存储的货币值由两个 4 字节构成，前面一个 4 字节表示整数部分，后面一个 4 字节表示小数部分，其可存储的数据取值范围从 -2^{63} (−922 337 203 685 477. 580 8) 到 $2^{63}-1$(922 337 203 685 477. 580 7)，可精确到万分之一。

(2) smallmoney 数据类型存储的货币值由两个 2 字节构成，前面一个 2 字节表示整数部分，后面一个 2 字节表示小数部分，其可存储的数据取值范围从 -2^{31} (−214 748. 364 8) 到 $2^{31}-1$(214 748. 364 7)，可精确到万分之一。

4. decimal 和 numeric 数据类型

decimal 和 numeric 数据类型都是带固定精度和位数的数据类型。在 SQL Server 2008 中，decimal 和 numeric 两种数据类型只是名称不同而已，实际使用时是作为相同的数据类型来处理的。

decimal 数据类型的语法格式如下：

```
decimal(p,s)
```

其语法中，p 代表数字的精度，p 的取值范围是 1～38，默认情况下为 18。s 代表数字小数的位数，s 的取值范围 $0 \leqslant s \leqslant p$。decimal 数据类型可存储的数字的取值范围是从 $-10^{38}+1$ 到 $10^{38}-1$。

decimal 数据类型的长度随精度的变化而变化。当精度值小于等于 9 时，需要使用 5 个字节的存储空间；当精度达到 38 时，需要使用 17 个字节的存储空间。

例如，decimal(8,3)表示可存储的数字精度为 8，数字小数位数为 3。如果输入 123. 45 可以正常存储到此类型中，但如果输入 12. 3456 则不能正确存储，因为其小数位数超过了 3 位。当 decimal 的小数位数为 0 时，将被作为整数类型处理。

3. 1. 3　近似数字

实际计算过程中，有很多小数无法用精确数字类型表示，而需要由系统确定精确到哪一位，这种类型的数字称为近似数字，SQL Server 2008 为用户提供了两种近似数字数据类型，分别是 real 和 float。

float 和 real 也称浮点数据类型。浮点数据类型的特点是能够存储范围非常大的数字，但很容易产生舍入误差，因此当用户希望存储更大的数值，且对数字的精度要求不高时，可以考虑选用浮点数据类型。

(1) real 数据类型占用 4 个字节的存储空间，最大可以有 7 位精确位数，可以存储的数字取值范围是从 -3.04×10^{-38} 到 3.04×10^{38}。

(2) float 数据类型的取值范围是从 -1.79×10^{308} 到 1.79×10^{308}，其语法格式如下：

```
float(n)
```

其中，n 的取值范围是 1～53。当 n 的取值在 1～24 时，float 类型的数据可达到的精度为 7 位，使用 4 个字节的存储空间；当 n 的取值在 25～53 时，float 类型的数据可达到的精度为 15 位，使用 8 个字节的存储空间。

3.1.4 日期和时间

在 SQL Server 2008 以前的版本中，使用 datatime 和 smalldatatime 数据类型存储日期和时间数据。两者的主要区别在于表示日期时间的范围和精度不同；smalldatatime 为 4 字节，存储 1900 年 1 月 1 日～2079 年 6 月 6 日之间的时间，且只精确到最近的分钟；datatime 数据类型为 8 字节，存储 1753 年 1 月 1 日～9999 年 12 月 31 日之间的时间，且精确到最近的 3.33 毫秒。

SQL Server 2008 在原来数据类型的基础上又引入 4 种新的数据类型：datatime2、datetimeoffset、date 和 time。

(1) date 和 time 两种数据类型显而易见是将 datatime 类型中的日期和时间两个部分分开，在数据处理的过程中更具有灵活性。其中 date 数据类型只存储日期型数据，其取值范围 0001 - 01 - 01～9999 - 12 - 31。Time 数据类型只存储时间型数据，其取值范围 00:00:00.0000000～23:59:59.9999999，小数位数可通过设置参数决定，如 time(n)，n 有效值为 0～7，默认值为 3。

(2) datetime2 数据类型是 datetime 数据类型的扩展，有着更广的日期范围。时间总是用时、分、秒形式来存储。可以定义末尾带有可变参数的 datetime2 数据类型，如 datetime2(3)。这个表达式中的 3 表示存储秒的小数精度为 3 位，或 0.999。有效值为 0～7，默认值为 3。

(3) datatimeoffset 数据类型除了具有 datetime2 数据类型组成部分，还具有时区偏移量。该时区偏移量区间为－14～＋14。

3.1.5 Unicode 字符数据

Unicode 字符集是 ISO 指定的面向全球语言的一种国际标准化字符集，它收录各种不同语言的字符，并对其进行统一编码，以满足跨语言、跨平台的处理需求。与字符数据类型类似，在 SQL Server 中 Unicode 字符数据类型包括三种：固定长度 Unicode 字符类型(nchar)、可变长度的 Unicode 字符类型(nvarchar)和可变长度的 Unicode 大对象字符数据类型(ntext)。

(1) 固定长度 Unicode 字符类型(nchar)用于存放 Unicode 字符数据。其书写格式：

```
nchar(n)
```

与 char 不同的是，n 的取值范围为 1～4 000，nchar 数据类型采用 Unicode 标准的字符集，每个字符占用两个字节的空间。

(2) 可变长度的 Unicode 字符类型(nvarchar)用于存放可变长度的 Unicode 字符数据。其书写格式：

```
nvarchar(n)
```

n 的取值范围为 1～4 000，SQL Server 2008 中 nvarchar 数据类型还可以定义为 nvarchar(max)，用于存储数据量很大的变长字符串，这种数据类型的出现主要是为了取代 ntext 数据类型。

(3) 可变长度的 Unicode 大对象字符数据类型(ntext)用于存放存储数据量很大的变长 Unicode 字符数据,其长度最大为($2^{30}-1$)B。

3.1.6 二进制数据

SQL Server 2008 中用于存储二进制数据的数据类型包括 binary,varbinary,varbinary(max)或 image 等四种类型。其中,binary(n)用于存储固定长度的二进制数据,varbinary(n)用于存储可变长度的二进制数据,所占存储空间由 n 的取值确定,n 的取值范围 1~8 000。SQL Server 的早期版本中均使用 image 存储超过 8KB 的二进制数据,在 SQL Serve 2008 中将用 varbinary(max)取代 image。

上述几种二进制数据类型的选用原则:当某个列中存储的二进制数据长度接近,建议选用 binary(n)数据类型;当某个列中存储的二进制数据长度差异较大,建议选用 varbinary(n)数据类型;如果存储的二进制数据超过 8 000 字节,就必须选用 varbinary(max)。

3.1.7 其他数据类型

除了以上介绍的一些常用的数据类型外,SQL Server 2008 还提供便于其开发的特有的数据类型。

1. hierarchyid 数据类型

hierarchyid 数据类型用于组织分层数据,如机构图表、材料清单、流程图等。使用 hierarchyid 后可以在某个分层机构中快速定位所需的节点,并在该结构中的节点间移动数据。

2. SQL_variant

SQL_variant 是一种特殊的数据类型。若将某一列的数据类型定义为 SQL_variant,则这一列中将可以存储多种不同类型的数据。例如,char、int、binary 等等。除了 varchar(max),varbinary(max),nvarchar(max),XML,text,ntext,image,timestamp,SQL_variant 及用户自定义数据类型。SQL_variant 类型最大长度可以达到 8 016 字节。

3. timestamp

timestamp 用于表示 SQL SERVER 活动的先后顺序,以二进制数值存放。timestamp 数据与插入数据或者日期和时间没有关系。主要用于表行加版本戳,记录其数据的修改时间。它可提供数据库范围内的唯一值,反映数据库中数据修改的相对顺序,相当于一个单调上升的计数器。当用该类型定义的列在更新或者插入数据行时,此列的值会自动更新,一个计数值将自动地添加到此数据列中。

4. uniqueidentifier

uniqueidentifier 称做唯一标识符数据类型。它是 SQL Server 根据计算机网络适配器地址和 CPU 时钟产生的全局唯一标识符代码(Globally Unique Identifier, GUID),因此,该数据类型可以保证在全球范围内不同的计算机所产生的标识符是唯一的。该数据类型是由 16 位的二进制数字组成。当表的记录行要求唯一时,GUID 是非常有用。例如,在客户标识号列使用这种数据类型可以区别不同的客户。

5. cursor

cursor 在实际的应用程序有时只需要每次处理一条或一部分记录。在这种情况下,就需要使用游标在服务器内部处理结果集。游标可视为一种特殊的指针，它不但可以定位在结果集的特定记录上，还可以从结果集的当前位置查询一条或多条记录并对读取到的数据进行处理。

6. table

table 数据类型用于存储对表或视图处理后的结果集。这一新类型使得变量可以存储一个表，从而使函数或过程返回查询结果更加方便快捷。

7. XML

XML 数据类型既可用来存储整个 XML 文档或片段，又用于可以像使用 int 数据类型一样使用 XML 数据类型。

3.2 用户自定义数据类型

当系统数据类型不能满足用户需求时，用户可自定义数据类型，用户定义的数据类型必须基于 SQL Server 中提供的数据类型。当几个表中必须存储同一种数据类型时，并且为保证这些列具有相同的数据类型、长度和可空性时，可以使用用户定义的数据类型。例如，可定义一种称为 postal_code 的数据类型，是基于 char 数据类型的。

当创建用户定义的数据类型时，必须提供三个参数：数据类型的名称、所基于的系统数据类型和数据类型的可空性。

1. 创建用户定义的数据类型

创建用户定义的数据类型可以使用 Transact-SQL 语句。系统存储过程 sp_addtype 可以创建用户定义的数据类型。其语法形式如下：

```
sp_addtype {type},[,system_data_type][,'null_type']
```

其中，type 是用户定义的数据类型的名称；system_data_type 是系统提供的数据类型，例如 decimal、int、char 等等；null_type 表示该数据类型是如何处理空值的，必须使用单引号引起来，例如‘null’，‘not null’或者‘notnull’。

【例 3.1】 创建一个用户定义的数据类型 cellphone，其基于的系统数据类型是定长为 11 的字符，不允许为空。

```
exec sp_addtype cellphone,'char(11)','not null'
```

【例 3.2】 创建一个用户定义的数据类型 birthday，其基于的系统数据类型是 datetime，允许为空。

```
exec sp_addtype birthday,datetime,'null'
```

2. 删除用户定义的数据类型

当用户定义的数据类型不需要时，可删除。删除用户定义的数据类型的命令是 sp_droptype，其语法格式如下：

```
sp_droptype {'type'}。
```

【例 3.3】 删除用户自定义数据类型 cellphone。

```
exec sp_droptype 'cellphone'
```

注意：当表中的列还正在使用用户定义的数据类型时，或者在其上面还绑定有默认或者

规则时，这种用户定义的数据类型不能删除。

3.3 系统内置函数

3.3.1　数学函数

SQL Server 2008 提供了 20 多个用于数学运算的函数。它们能够处理数学表达式，并将结果返回给用户，SQL Server 2008 运用这些函数可对数据进行运算、统计分析。表 3.2 中列出常用的数学函数。

表 3.2　常用的数学函数

数学函数	参数说明	功能描述
ABS	ABS(数值表达式)	返回数值表达式的绝对值
EXP	EXP(浮点表达式)	返回指定表达式的以 e 为底的指数
CEILING	CEILING(数值表达式)	返回大于或等于数值表达式的最小整数
FLOOR	FLOOR(数值表达式)	返回小于或等于数值表达式的最大整数
LOG	LOG(浮点表达式)	返回数值表达式的自然对数
LOG10	LOG10(浮点表达式)	返回数值表达式以 10 为底的对数
PI	PI()，无参数	返回圆周率
POWER	POWER(数值表达式 1，数值表达式 2)	返回对数值表达式幂运算的结果
ROUND	ROUND(数值表达式[，长度[，操作方式]])	返回数值表达式指定精度的四舍五入的结果
RAND	RAND(整数表达式)	返回 0～1 之间的随机值
SIGN	SIGN(数值表达式)	返回数值表达式的正号(＋)，负号(－)或 0
SQUARE	SQUARE(数值表达式)	返回数值表达式的平方
SQRT	SQRT(数值表达式)	返回数值表达式的平方根
ACOS	ACOS(浮点表达式)	返回其余弦是所指定的数值表达式的弧度，求反余弦
ASIN	ASIN(浮点表达式)	返回其正弦是所指定的数值表达式的弧度，求反正弦
ATAN	ATAN(浮点表达式)	返回其正切是所指定的数值表达式的弧度，求反正切
COS	COS(浮点表达式)	返回指定弧度的余弦值
COT	COT(浮点表达式)	返回指定弧度的余切值
SIN	SIN(浮点表达式)	返回指定弧度的正弦值
TAN	TAN(浮点表达式)	返回指定弧度的正切值
DEGREES	DEGREES(数值表达式)	返回弧度对应的角度值
RADIANS	RADIANS(数值表达式)	返回角度对应的弧度值

下面结合实例从函数的语法格式、功能等方面对函数进行详细的介绍。

1. ABS 函数

ABS 函数用于返回数值表达式的绝对值，其语法格式如下：

```
ABS(数值表达式)
```

【例 3.4】 求数值表达式 22－33－15 的绝对值。

```
select abs (22－33－15)
```

返回值为 26。

2. EXP 函数

EXP 函数用于返回求 e 的指定次幂，其语法格式如下：

```
EXP(浮点表达式)
```

【例 3.5】 计算 e 的 3 次幂。

```
select exp(3)
```

返回值为 20.085 536 923 187 7

3. CEILING 函数

CEILING 函数用于返回大于或等于数值表达式的最小整数，其语法格式如下：

```
CEILING(数值表达式)
```

【例 3.6】 计算大于或等于 35.76＋42.11－36.5 的最小整数。

```
select ceiling(35.76＋42.11－36.5)
```

返回值为 42。

4. FLOOR 函数

FLOOR 函数用于返回小于或等于数值表达式的最大整数，其语法格式如下：

```
FLOOR(数值表达式)
```

【例 3.7】 计算小于或等于 35.76 的最小整数。

```
select floor(35.76)
```

返回值为 35。

5. LOG 函数

LOG 函数用于返回表达式以 e 为底的对数，即自然对数，其语法格式如下：

```
LOG(浮点表达式)
```

【例 3.8】 求 20.085 536 923 187 7 的自然对数。

```
select log(20.0855369231877)
```

返回值为 3，与【例 3.5】相对应。

6. LOG10 函数

LOG10 函数用于返回表达式以 10 为底的对数，其语法格式如下：

```
LOG10(浮点表达式)
```

【例 3.9】 求 1 000 以 10 为底的对数。

```
select log10(1000)
```

返回值为 3。

7. PI 函数

PI 函数用于返回圆周率，即 π 的值，无参数，其语法格式如下：

```
PI()
```

【例 3.10】 计算半径为 2 cm 的圆的周长。

```
select 2 * pi() * 2
```

返回值为 12.566 370 614 359 2。

8. POWER 函数

POWER 函数用于返回数值表达式 1 的数值表达式 2 次幂的结果，其语法格式如下：

```
POWER(数值表达式 1,数值表达式 2)
```

【例 3.11】 计算 9 的三次方。

```
select power(9,3)
```

返回值为 729。

9. ROUND 函数

ROUND 函数返回数值表达式指定精度的四舍五入的结果，返回的数值和原数值的总位数没有变化，其语法格式如下：

```
ROUND(数值表达式[,长度[,操作方式]])
```

长度：舍入精度。如果长度为正数，则将数值舍入到长度指定的小数位数；如果长度为负数，则将数值小数点左边部分舍入到长度指定的长度。注意：如果长度为负数并且大于小数点前的数字个数，则将返回 0；如果长度为负数并且等于小数点前的数字个数且操作方式为四舍五入时，最前面的一位小于 5 则返回 0，大于等于 5 则导致错误出现，如果操作方法不是四舍五入时则不会出现错误，返回结果一律为 0。

操作方式：默认为 0 遵循四舍五入，指定其他整数值则直接截断。

【例 3.12】 以几个有代表性的数字为例，通过不同的长度及操作方式返回不同的值。

```
select round(337.555,2)        /* 返回值为 337.560 */
select round(337.555,2,1)      /* 返回值为 337.550 */
select round(337.555,0)        /* 返回值为 338.000 */
select round(337.555,-1)       /* 返回值为 340.000 */
select round(337.555,-1,1)     /* 返回值为 330.000 */
select round(337.555,-2)       /* 返回值为 300.000 */
select round(337.555,-3)       /* 返回值为 0.000 */
select round(536.555,-3)       /* 返回值为出现算术溢出错误 */
select round(536.555,-3,1)     /* 返回值为 0.000 */
```

10. RAND 函数

RAND 函数用于返回 0～1 之间的随机 FLOAT 值。整数表达式为种子，使用相同的种子产生随机数相同，不指定种子则系统会随机生成种子，其语法格式如下：

```
RAND(整数表达式)
```

【例 3.13】 求 0～100 之间的随机值。

```
select rand() * 100
```

执行多次，每次返回的值为 0～100 之间的随机值，值不一样。

```
select rand(20) * 100
```

执行多次，返回的值均为 71.394 601 966 682 9。

11. SIGN 函数

SIGN 函数用于返回数值表达式的正号(＋)、负号(－)或 0。表达式为正时，返回＋1；表达式为负，返回－1；表达式为零，返回 0。其语法格式如下：

```
SIGN(数值表达式)
```

【例 3.14】 求 28＋19－65 表达式运算结果为正数、负数还是零。

```
select sign(28＋19－65)
```

返回值为－1。

12. SQUARE 函数

SQUARE 函数用于返回数值表达式的平方，其语法格式如下：

```
SQUARE(数值表达式)
```

【例 3.15】 求半径为 2 cm 的圆的面积。

```
select pi() * square(2)
```

返回值为 12.566 370 614 359 2。

13. SQRT 函数

SQRT 函数用于返回数值表达式的平方根，其语法格式如下：

```
SQRT(数值表达式)
```

【例 3.16】 求 10 的平方根。

```
select sqrt(10)
```

返回值为 3.162 277 660 168 38。

14. ACOS 函数

ACOS 函数用于返回其余弦是所指定的数值表达式的弧度，求反余弦，其语法格式如下：

```
ACOS(浮点表达式)
```

ASIN 函数、ATAN 函数与 ACOS 函数语法格式与之类似，这里就不作详解。

【例 3.17】 求 0.2 的反余弦、反正弦及反正切值。

```
select acos(0.2)        /* 返回值为 1.36943840600457 */
select asin(0.2)        /* 返回值为 0.201357920790331 */
select atan(0.2)        /* 返回值为 0.197395559849881 */
```

15. COS 函数

COS 函数用于返回指定弧度的余弦值，其语法格式如下：

```
COS(浮点表达式)
```

COT 函数、SIN 函数、TAN 函数与 COS 函数语法格式与之类似，这里就不作详解。

【例 3.18】 求$\frac{\pi}{4}$弧度(即 45°)的余弦、余切、正弦及正切值。

```
select cos(pi()/4)        /* 返回值为 0.707106781186548 */
select cot(pi()/4)        /* 返回值为 1 */
select sin(pi()/4)        /* 返回值为 0.707106781186547 */
select tan(pi()/4)        /* 返回值为 1 */
```

16. DEGREES 函数

DEGREES 函数用于返回弧度对应的角度值，其语法格式如下：

```
DEGREES(数值表达式)
```

【例 3.19】 求$\frac{\pi}{4}$弧度对应的角度值。

```
select degrees(pi()/4)
```

返回值为 45。

17. RADIANS 函数

RADIANS 函数用于返回角度对应的弧度值。注意，如果参数为整数值则返回的结果将会省略小数部分，其语法格式如下：

```
RADIANS(数值表达式)
```

【例 3.20】 求 45°角对应的弧度值。

```
select radians(45.0)      /* 返回值为 0.785398163397448300(即π/4) */
select radians(45)        /* 返回值为 0 */
```

3.3.2 字符串处理函数

SQL Server 为用户提供功能强大的字符串函数，可对字符数据进行查找、插入、删除及转换的等操作，针对的数据类型主要包括 char、varchar、binary 和 varbinary 等。表 3.3 列出常用的字符串处理函数。

表 3.3　常用的字符串处理函数

字符串函数	参数说明	功能描述
ASCII	ASCII(字符串表达式)	返回字符表达式中最左侧字符的 ASCII 码值
CHAR	CHAR(整数表达式)	返回 ASCII 码值相对应的字符
NCHAR	NCHAR(整数表达式)	返回 UNICODE 编码对应的字符
CHARINDEX	CHARINDEX(字符串表达式 1，字符串表达式 2[，整数表达式])	在字符串 2 中查找字符串 1，如果存在返回第一个匹配的位置，如果不存在返回 0。如果字符串 1 和字符串 2 中有一个是 null，则返回 null。可以指定在字符串 2 中查找的起始位置。
DIFFERENCE	DIFFERENCE(字符串表达式 1，字符串表达式 2)	返回一个 0～4 的整数值，指示两个字符表达式的之间的相似程度。0 表示几乎不同或完全不同，4 表示几乎相同或完全相同。

（续表）

字符串函数	参数说明	功能描述
PATINDEX	PATINDEX(字符串表达式 1,字符串表达式 2)	返回字符串表达式 2 中字符串表达式 1 所指定模式第一次出现的起始位置
LEFT	LEFT(字符串表达式,整数表达式)	返回字符串中从左侧开始指定个数的字符
RIGHT	RIGHT(字符串表达式,整数表达式)	返回字符串中从右边开始指定个数的字符
LEN	LEN(字符串表达式)	返回字符串表达式字符的数量,不包含尾随的空格
LOWER	LOWER(字符串表达式)	将字符的大写形式转换成小写的形式
UPPER	UPPER(字符串表达式)	将字符的小写形式转换成大写的形式
LTRIM	LTRIM(字符串表达式)	返回删除前导空格的字符串表达式
RTRIM	RTRIM(字符串表达式)	返回删除尾随空格的字符串表达式
REPLACE	REPLACE(字符串表达式 1,字符串表达式 2,字符串表达式 3)	用第三个表达式替换第一个字符串表达式中与第二个表达式相匹配的的部分
REPLICATE	REPLICATE((字符串表达式,整数表达式)	按给定的次数重复表达式的位置
REVERSE	REVERSE(字符串表达式)	返回指定字符串反转后的新字符串
SPACE	SPACE(整数表达式)	返回由指定数目的空格组成的字符串
STR	STR(float 型小数[,总长度[,小数点后保留的位数]])	返回由数字转换成的字符串。返回字符数不到总长度的前面补空格,超过总长度的截断小数位。如果需要截断整数位则返回
STUFF	STUFF(字符串表达式 1,开始位置,长度,字符串表达式 2)	在字符串表达式 1 中指定的开始位置删除指定长度的字符,并在指定的开始位置处插入字符串表达式 2 返回新字符串
SUBSTRING	SUBSTRING(字符串表达式,开始位置,长度)	返回子字符串

下面结合实例从函数的语法格式、功能等方面对函数进行详细的介绍。

1. ASCII 函数

ASCII 函数用于返回字符表达式中最左侧字符的 ASCII 码值,其语法格式如下:

```
ASCII(字符串表达式)
```

【例 3.21】 查找字母 H 的大写形式及小写形式的 ASCII 码值。

```
select ascii('HELLO')                /＊返回值为 72＊/
select ascii('HELLO')                /＊返回值为 104＊/
```

使用 ASCII 函数,若其中的字符串表达式为纯数字,可以不使用'　'括起来;当字符串中含有其他字符时,一定要使用''(单引号)括起来,否则会产生语法错误。

【例 3.22】 查找数字 3 的 ASCII 码值。

```
select ascii(3)          /* 返回值为 51。*/
select ascii('3')        /* 返回值为 51。*/
select ascii(3A)         /* 返回值为语法错误。*/
select ascii('3a')       /* 返回值为 51。*/
```

2. CHAR 函数

CHAR 函数用于返回 ASCII 码值相对应的字符，参数值介于 0 和 255 之间的整数。如果该整数表达式不在此范围内，将返回 NULL 值，其语法格式如下：

```
CHAR(整数表达式)
```

NCHAR 函数与 CHAR 函数格式类似，参数值从 0 到 57 343 均返回相应的字符或符号。

【例 3.23】 查找以下 ASCII 码值对应的字符。

```
select char(104)         /* 返回值为字符 H。*/
select char(51)          /* 返回值为字符 3。*/
select char(300)         /* 返回值为 NULL。*/
```

3. CHARINDEX 函数

CHARINDEX 函数用于在字符串 2 中查找字符串 1，如果存在返回第一个匹配的位置，如果不存在返回 0。如果字符串 1 和字符串 2 中有一个是 NULL 则返回 NULL。可以使用整数表达式指定在字符串 2 中查找的起始位置，其语法格式如下：

```
CHARINDEX(字符串表达式 1,字符串表达式 2[,整数表达式])
```

【例 3.24】 查找以下字符串 abc 在字符串 helloabcdeabcde 中的位置。

```
select charindex('abc','helloabcdeabcde')        /* 返回值为 6。*/
select charindex('abc','helloabcdeabcde',7)      /* 返回值为 11。*/
select charindex('abc','helloabcdeabcde',12)     /* 返回值为 0。*/
```

4. DIFFERENCE 函数

DIFFERENCE 函数用于判断两个字符串的相似程度，返回一个 0 到 4 的整数值，指示两个字符表达式的之间的相似程度。0 表示几乎不同或完全不同，4 表示几乎相同或完全相同，其语法格式如下：

```
DIFFERENCE(字符串表达式 1,字符串表达式 2)
```

【例 3.25】 判断以下字符串的相似程度。

```
select difference('abc','abcde')         /* 返回值为 4。*/
select difference('abc','SQL Server')    /* 返回值为 2。*/
select difference('abc','中文')          /* 返回值为 0。*/
select difference('abc','ABC')           /* 返回值为 4。*/
```

5. PATINDEX 函数

PATINDEX 函数用于返回字符串表达式 2 中字符串表达式 1 所指定模式第一次出现的起始位置。若找到，返回具体的值；若没有找到，则返回 0。在字符串表达式 1 中可以使用通配符，此字符串的第一个字符和最后一个字符通常是%，%表示任意多个字符，_表示一个任意字符。其语法格式如下：

```
PATINDEX(字符串表达式 1,字符串表达式 2)
```

【例 3.26】 查找“help”在字符串“can I help you?”中的位置。

```
select patindex('%help%','can I help you? ')
```

返回值为 7。

```
select patindex('%help_','can I help you? ')
select patindex('_help%','can I help you? ')
```

若匹配模式书写不正确，返回值均为 0。

6. LEFT 函数

LEFT 函数用于返回字符串表达式中从左侧开始指定个数的字符，若指定值为负数或 0，则返回空字符串；若指定值超过字符串长度，则返回整个字符串。其语法格式如下：

```
LEFT(字符串表达式,整数表达式)
```

【例 3.27】 返回字符串的前 6 个字符。

```
select left('come to my party',7)
```

返回值为“come to”。

7. RIGHT 函数

RIGHT 函数用于返回字符串中从右边开始指定个数的字符，若指定值为负数或 0，则返回空字符串；若指定值超过字符串长度，则返回整个字符串。其语法格式如下：

```
RIGHT(字符串表达式,整数表达式)
```

【例 3.28】 返回字符串的后 8 个字符及后 8 个字符中的前两个字符。

```
select right('come to my party',8)              /*返回值为“my party”*/
select left(right('come to my party',8),2)      /*返回值为“my”*/
```

8. LEN 函数

LEN 函数用于返回字符串表达式字符的数量，不包含尾随的空格。其语法格式如下：

```
LEN(字符串表达式)
```

需要注意的是：一个汉字也作为一个字符处理，若其中的字符串表达式为纯数字，可以不使用 ''(单引号)括起来，当字符串中含有其他字符时，一定要使用 ''(单引号)括起来，否则会产生语法错误。

【例 3.29】 计算下列字符串的长度。

```
select len('come to my party')      /*返回值为 16。*/
select len('来参加我的聚会')         /*返回值为 7。*/
select len(201314)                  /*返回值为 6。*/
```

9. LOWER 函数

LOWER 函数用于将字符的大写形式转换成小写的形式。其语法格式如下：

```
LOWER(字符串表达式)
```

【例 3.30】 将字符串中的所有大写字符转换成相应的小写字符。

```
select lower('CoMe To mY ParTy')
```

返回值为“come to my party”。

10. UPPER 函数

UPPER 函数用于将字符的小写形式转换成大写的形式。其语法格式如下：

```
UPPER(字符串表达式)
```

【例 3.31】 将字符串中的所有小写字符转换成相应的大写字符。

```
select upper('CoMe To mY ParTy')
```

返回值为“COME TO MY PARTY”。

11. LTRIM 函数

LTRIM 函数返回删除前导空格的字符串表达式，其语法格式如下：

```
LTRIM(字符串表达式)
```

【例 3.32】 删除下列字符串前面的空格。

```
select ltrim('      there are three space in the left')
```

返回值为“there are three space in the left”。

```
select ltrim('         there are three space and a "tab" in the left')
```

返回值为“　there are three space and a "tab" in the left”。LTRIM 函数只能用于删除空格键产生的空格，而不能删除 Tab 键产生的空格。

12. RTRIM 函数

RTRIM 函数用于返回删除尾随空格的字符串表达式，其语法格式如下：

```
RTRIM(字符串表达式)
```

【例 3.33】 删除下列字符串后面的空格。

```
select rtrim('there are four space in the right      ')
返回值为“there are three space in the right”。
```

13. REPLACE 函数

REPLACE 函数用第三个字符串表达式替换第一个字符串表达式中与第二个字符串表达式相匹配的的部分。其语法格式如下：

```
REPLACE(字符串表达式 1,字符串表达式 2,字符串表达式 3)
```

需要注意的是，三个参数中任意一个为 NULL 值，结果就为 NULL 值。

【例 3.34】 将字符串中的“dog”替换成“cat”。

```
select replace('this is a dog,a big dog','dog','cat')
```

返回值为“this is a cat,a big cat”。

14. REPLICATE 函数

REPLICATE 函数用于按给定的次数重复字符串表达式的位置，其语法格式如下：

```
REPLICATE((字符串表达式,整数表达式)
```

【例 3.35】 将字符串中“Hello”重复输出 4 次。

```
select replicate('Hello',4)
```

返回值为“HelloHelloHelloHello”。

15. REVERSE 函数

REVERSE 函数用于返回原字符串的逆反形式，其语法格式如下：

```
REVERSE(字符串表达式)
```

【例 3.36】 将字符串中“来参加我的聚会”反转输出。

```
select reverse('来参加我的聚会')
```

返回值为“会聚的我加参来”。

16. SPACE 函数

SPACE 函数用于返回由指定数目的空格组成的字符串，其语法格式如下：

```
SPACE(整数表达式)
```

【例 3.37】 在以下两个字符串的中间加入 4 个空格。

```
select 'hello'+SPACE(4)+'world'
```

返回值为“hello   world”。

17. STR 函数

STR 函数用于将数字数据转换成字符数据，其语法格式如下：

```
STR(float 型小数[,总长度[,小数点后保留的位数]])
```

需要注意的是，其中总长度包括小数点、符号、数字以及空格的长度，默认值为 10。小数点后最多保留 16 位，默认不保留小数点后面的数字。返回字符数不到总长度的前面补空格，超过总长度的截断小数位。如果需要截断整数位则返回 * *。

【例 3.38】 将下列数字按指定的要求转换成字符。

```
select str(123.456)          /*返回值为“       123”。*/
select str(123.456,3)        /*返回值为“123”。*/
select str(123.456,7,3)      /*返回值为“123.456”。*/
select str(123.456,7,1)      /*返回值为“  123.5”。*/
select str(123.456,5,3)      /*返回值为“123.5”。*/
select str(123.456,2)        /*返回值为“**”。*/
```

18. STUFF 函数

STUFF 函数用于在字符串表达式 1 中指定的开始位置删除指定长度的字符，并在指定的开始位置处插入字符串表达式 2 返回新字符串。其语法格式如下：

```
STUFF(字符串表达式 1,开始位置,长度,字符串表达式 2)
```

【例 3.39】 将字符串“Hello”更换成“Happy”输出。

```
select stuff('Hello',2,4,'appy')
```

返回值为“Happy”。

19. SUBSTRING 函数

SUBSTRING 函数用于获得指定字符串的一部分内容，其语法格式如下：

```
SUBSTRING(字符串表达式,开始位置,长度)
```

【例 3.40】 按指定的要求从下列字符串中返回部分内容。

```
select substring('Come to my party',6,9)
```

返回值为“to my par”。

3.3.3　系统函数

系统函数可以显示 SQL 语句执行后的服务器及数据库中有关值、对象及设置的特殊信息。因系统函数使用频次不大，这里不做详细介绍。表 3.4 中列举部分系统函数。

表 3.4　部分系统函数

系统函数	功能描述
CONVERT	数据类型转换
COL_NAME	返回指定表的列对应的列名
COL_LENGTH	返回指定表的列对应的长度
DB_ID	返回当前数据库的 ID
DB_NAME	返回当前数据库的名称
HOST_ID	返回主机的 ID
HOST_NAME	返回主机的名称
ISNUMERIC	判断变量或列是否具有有效的数字格式，有效返回 1，无效返回 0
ISNULL	使用指定的值替换 NULL
ISDATE	判断变量或列是否具有有效的日期格式，有效返回 1，无效返回 0
SUSER_ID	返回服务器用户的 ID
SUSER_NAME	返回服务器用户的名称
USER_ID	返回用户的 ID
USER_NAME	返回用户的名称

3.3.4　日期时间函数

此类函数可以对包含有日期和时间的变量进行处理，也可以对系统函数所提取出的系统当前的日期和时间进行处理。表 3.5 列出常用的日期时间函数。

表 3.5　常用日期时间函数

日期时间函数	参数说明	功能描述
DATEADD	DATEADD(日期部分，数字，日期)	返回给指定日期加上一个时间间隔后的新的日期值
DATEDIFF	DATEDIFF(日期部分，开始日期，结束日期)	返回两个指定日期的指定日期部分的差的整数值
DATENAME	DATENAME(日期部分，日期)	返回表示指定日期的指定日期部分的字符串
DATEPART	DATEPART(日期部分，日期)	返回表示指定日期的指定日期部分的整数值
DAY	DAY(日期)	返回一个整数，表示指定日期的天的部分

（续表）

日期时间函数	参数说明	功能描述
MONTH	MONTH(日期)	返回一个整数，表示指定日期的月的部分
YEAR	YEAR(日期)	返回一个整数，表示指定日期的年的部分
GETDATE	GETDATE()，无参数	返回当前系统日期和时间
GETUTCDATE	GETUTCDATE()，无参数	返回表示当前的 UTC(世界标准时间)时间。即格林尼治时间(GMT)

日期时间函数中使用的日期部分是指返回新值日期的组成部分，Microsoft SQL Server 2008 可识别的日期包括 year、quarter、month、day、hour 等多个部分，具体请参考表 3.6。

表 3.6　Microsoft SQL Server 2008 可识别的日期及其缩写

日期	含义	缩写
Year	年	yy，yyyy
Quarter	季	qq，q
Month	月	mm，m
Day	天	dd，d
Week	星期	wk，ww
Weekday	天	dw，w
Hour	小时	hh
Minute	分	mi，n
Second	秒	ss，s
Millisecond	毫秒	ms

1. DATEADD 函数

DATEADD 函数用于给指定日期加上一个时间间隔后得到新的日期值。其语法格式如下：

```
DATEADD(日期部分，数字，日期)
```

需要注意的是，如果指定非整数值，则将舍弃该值的小数部分，不遵循四舍五入。

【例 3.41】　在初始日期'1990－1－1'的基础上进行时间间隔调整。

```
select dateadd(year,45,'1990-1-1')      /*返回值为'2035-01-01 00:00:00.000'。*/
select dateadd(month,45,'1990-1-1')     /*返回值为'1993-10-01 00:00:00.000'。*/
select dateadd(mm,45,'1990-1-1')        /*返回值为'1993-10-01 00:00:00.000'。*/
select dateadd(qq,12,'1990-1-1')        /*返回值为'1993-01-01 00:00:00.000'。*/
select dateadd(hh,12,'1990-1-1')        /*返回值为'1990-01-01 12:00:00.000'。*/
select dateadd(yy,-12,'1990-1-1')       /*返回值为'1978-01-01 00:00:00.000'。*/
```

2. DATEDIFF 函数

DATEDIFF 函数用于返回两个指定日期的指定日期部分的差的整数值，计算时由结束

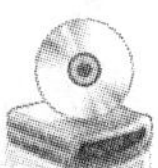

日期减去开始日期。其语法格式如下：

```
DATEDIFF(日期部分,开始日期,结束日期)
```

【例 3.42】 计算下列日期之间的差值。

```
select datediff(yy,'2004-1-1','2008-9-10')        /*返回值为 4。*/
select datediff(mm,'2004-1-1','2008-9-10')        /*返回值为 56。*/
select datediff(dd,'2004-1-1','2008-9-10')        /*返回值为 1714。*/
```

3. DATENAME 函数

DATENAME 函数用于表示指定日期的指定日期部分的字符串。其语法格式如下：

```
DATENAME(日期部分,日期)
```

【例 3.43】 返回下列日期指定日期部分的字符串。

```
select datename(mm,'2013-8-21')        /*返回值为"08"。*/
select datename(dw,'2013-8-21')        /*返回值为"星期三"。*/
select datename(dd,'2013-8-21')        /*返回值为"21"。*/
```

4. DATEPART 函数

DATEPART 函数用于表示指定日期的指定日期部分的整数值。其语法格式如下：

```
DATEPART(日期部分,日期)
```

【例 3.44】 返回下列日期指定日期部分的整数值。

```
select datepart(dw,'2013-8-21')
```

返回值为 4，整数值 1 对应星期日，所以星期三返回整数值 4。这里也可以看出 DATEPART 函数与 DATENAME 函数的区别。

5. DAY 函数

DAY 函数用于返回一个整数，表示指定日期的天的部分。其语法格式如下：

```
DAY(日期)
```

【例 3.45】 返回下列日期指定日期天的部分。

```
select day('2013-8-21')
```

返回值为 21。

6. MONTH 函数

MONTH 函数用于返回一个整数，表示指定日期的月份，其语法格式如下：

```
MONTH(日期)
```

【例 3.46】 返回下列日期指定日期的月份。

```
select month('2013-8-21')
```

返回值为 8。

7. YEAR 函数

YEAR 函数用于返回一个整数，表示指定日期的年份，其语法格式如下：

```
YAER(日期)
```

【例 3.47】 返回下列日期指定日期的年份。

```
select year('2013-8-21')
```

返回值为 2013。

8. GETDATE 函数

GETDATE 函数可用于返回系统当前的日期和时间，无参数，其语法格式如下：

```
GETDATE()
```

【例 3.48】 返回系统当前的日期和时间。

```
select getdate()
```

返回值为'2013-08-21 19:28:47.860'

9. GETUTCDATE 函数

GETUTCDATE 函数用于返回当前的 UTC(世界标准时间)时间

```
GETUTCDATE()
```

【例 3.49】 返回系统当前的世界标准时间。

```
select getutcdate()
```

返回值为'2013-08-21 11:30:57.170'

本章习题

一、选择题

1. 下列数据类型中，在定义时需要给出长度的是 ( )
   A. CHAR　B. TEXT　C. MONEY　D. SMALLINT
2. 以下哪种不是 SQL Server 2008 的数字类型 ( )
   A. FLOAT　B. DECIMAL　C. NUM　D. SMALLINT
3. 以下哪种不是 SQL Server 2008 的字符类型 ( )
   A. CHAR　B. VARCHAR　C. STRING　D. NCHAR
4. 下列哪种数字类型不能存储整数 256 ( )
   A. INT　B. TINYINT　C. BIGINT　D. SMALLINT
5. 下列哪种日期和时间类型可以表示时区偏移量 ( )
   A. DATETIME　B. DATETIME2
   C. SMALLDATETIME　D. DATETIMEOFFSET

二、操作题(根据题目描述，写出正确的语句，可在 tempdb 数据库中执行)

1. 计算 2013 年 8 月 1 日与 2011 年 12 月 1 日之间相差多少个月。
2. 获取当前系统的日期和时间。
3. 计算 2013 年 8 月 1 日是星期几。
4. 将字符串"I am a boy"更改为"I am a girl"。
5. 删除字符串 '   there are four space in the right   ' 前后的空格。
6. 将字符串中 'LeT uS go TO tHe ParTy' 中的所有字符转换成相应的大写字符。

7. 计算大于或等于 53.76＋24.11－37.5 的最小整数。

8. 查找以下 ASCII 码值为 100 的字符。

9. 计算半径为 3 cm 的圆的面积。

10. 使用 T-SQL 语句创建一个用户定义的数据类型 student，其基于的系统数据类型是定长字符(char 类型)，长度为 10，不允许空。

11. 使用 T-SQL 语句创建一个名为 myType 的可变长字符，数据长度为 6，允许为空的自定义的数据类型。

12. 使用 T-SQL 语句创建一个名为 postalcode 的定长字符型，数据长度为 6，允许为空的自定义的数据类型。

13. 使用系统存储过程 sp_rename 将自定义数据类型 myType 重新命名为 youType。

14. 使用系统存储过程 sp_droptype 来删除用户自定义的数据类型 youType。

15. 在 tempdb 数据库中创建如下“学生信息表”(图形界面完成)。

学生信息表

字段名	数据类型	是否为空
学号	Student	否
姓名	varChar(8)	否
性别	Bit	否
地址	Varchar(50)	是
邮编	Postacode	是

第 4 章 表操作

数据库创建完成后，接下来就是在数据库中创建表。表是 SQL Server 中的基本数据对象，主要用于存储数据库中的数据。

读者或许会有这样的疑问：同一个数据库可以存储哪些类型的表？或者是，什么关系的表被存储在同一个数据库中？在设计时，一般会将同一系统的数据或明显相关的数据存储在一个数据库中，并按信息的类别以表格的形式进行存放。

本章表操作主要包括两方面内容：一是对表结构的操作（4.2 节、4.3 节），即创建表、修改表、删除表；二是对表中数据的操作（4.4 节，4.5 节），包括数据的插入、更改、删除等。

4.1 表简介

表(Table)是由数据记录按一定的顺序和格式构成的数据集合，不同表的集合又构成数据库。表 4.1 是一张学生信息表。

表 4.1 学生信息表

学号	姓名	性别	生日	电话	家庭住址	专业编号
10240104	吕新宇	True	1998-10-25	18923456776	南京市鼓楼区 滨江路 28 号	590108
10240105	王明轩	True	1998-5-8	NULL	NULL	590108

(1) 记录：表中的每一行被称为一条记录，表由一条或多条记录组成。

(2) 字段：表中的每一列称为一个字段，代表记录中的一个域，表中最多有 1 024 个字段。

表 4.1 学生信息表中包含 7 个字段，共有 2 条记录。其中，性别字段是 bit 类型，取值 True 或 False。

需要注意的是：在同一个数据库里，表的名字必须是唯一的；在同一个表中，字段的名字也必须是唯一的；表中的记录顺序和字段的顺序均可任意调换；一个表中任意两个行不能完全相同；每行都有唯一标识；同一列必须是同一类型的数据，来自于同一个域。

4.2 界面中操作表

本节中的表操作，主要是用户对表结构的操作，包括创建表结构、修改表结构和删除表结构。从实现手段上，一种是通过 SQL Server Management Studio 图形界面直接实现，另一种是通过编写并运行 T-SQL 命令来实现。

4.2.1 创建表结构

在创建表之前，需要确定表中将存储什么样的数据，表之间的关系是什么？合理的设计表结构，能够提高整个数据库的存储和查询效率。创建表时需要考虑以下几个问题：

(1) 每个字段的名称、数据类型及其长度；

(2) 允许为空值的列；

(3) 列的说明，如主键列。

在上一章中已建立的“eduDB”中设计并创建以下 5 张表(表 4.2～表 4.6)。

表 4.2　系部表

字段名	数据类型	可否为空	说　明
系部编号	int	否	主键
系部名称	nvarchar(50)	否	唯一
系主任	nvarchar(50)	是	
系部简介	text	是	

表 4.3　专业表

字段名	数据类型	可否为空	说　明
专业编号	char(6)	否	主键
专业名称	varchar(50)	是	
系别	int	是	外键
专业介绍	text	是	

表 4.4　学生信息表

字段名	数据类型	可否为空	说　明
学号	char(8)	否	主键
姓名	varchar(50)	是	
性别	bit	是	
生日	date	是	
电话	char(11)	是	
家庭住址	varchar(100)	是	
专业编号	char(6)	否	外键

表 4.5　课程信息表

字段名	数据类型	可否为空	说　明
课程编号	char(8)	否	主键
课程名称	varchar(50)	是	
学分	decimal(3,1)	是	
课时	int	是	
课程简介	text	是	
所在系	int	是	外键

表 4.6　学生成绩表

字段名	数据类型	可否为空	说　明
序号	int	否	主键(标识列)
课程编号	char(8)	是	外键
学号	char(8)	是	外键
成绩	float	是	

本书中所有章节例题均可使用以上 5 张表格。

【例 4.1】　使用 SQL Server Management Studio 图形化工具创建“系部表”，并满足表 4.3 的设计要求实现。

(1) 打开 SSMS，连接到数据库服务器，展开“数据库”文件夹，展开“eduDB”，选中“表”，单击鼠标右键，选择“新建表”。

(2) 在弹出的对话框中依次填写列名、数据类型(含长度)、是否允许为空。☑表示允许接受 Null 值，若不允许字段为空，则可以单击☑去除掉选中。

主键和外键属于数据完整性的内容，将在后面章节讲解，此处暂时不设置。完成后如图 4.1 所示。

列名	数据类型	允许 Null 值
系部编号	int	☐
系部名称	nvarchar(50)	☐
系主任	nvarchar(50)	☑
系部简介	text	☑

图 4.1　系部表设计

(3) 右键“系部编号”左侧的空白区域，弹出如图 4.2 所示的界面，选择“设置主键”。

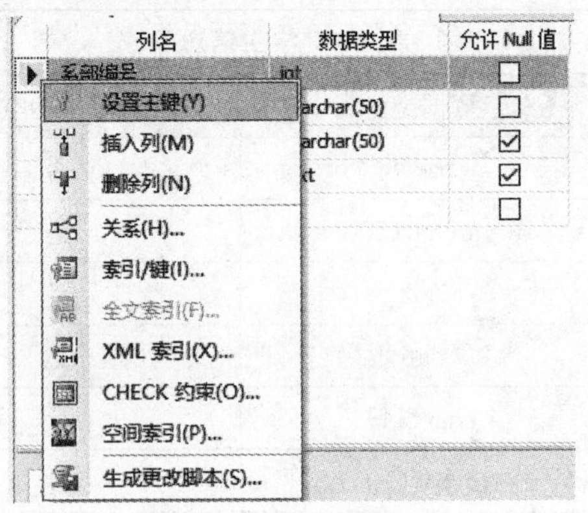

图 4.2　设置主键

(4) 单击工具栏上的“保存”按钮，或直接关闭当前选项卡，弹出如图 4.3 所示的界面，输入数据表的名称“系部表”，确定。

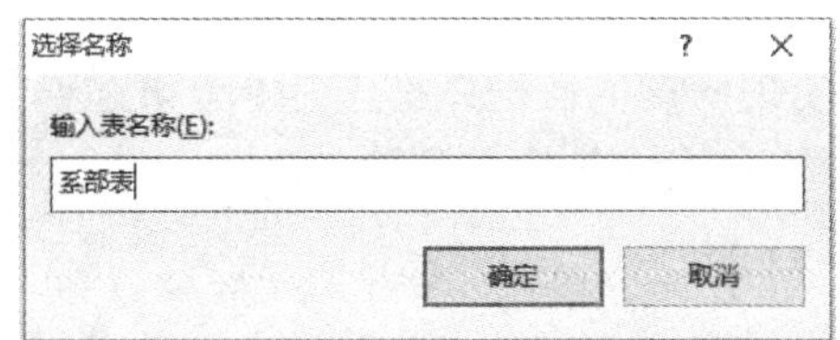

图 4.3　保存表

4.2.2　修改表结构

修改表的结构，包括修改表中已有的字段类型或是否为空、添加字段、删除字段。此外，对表格中约束的修改也属于修改表结构的范畴，相关内容将在第 5 章数据完整性中详细讲解。需要注意的是，修改表中已有字段时，字段名称是不能修改的。如若需要修改字段名，则需要先删除字段，再添加字段。

【例 4.2】　使用 SQL Server Management Studio 图形化工具修改表“系部表”，添加‘建系时间’字段，类型 date，允许为空。

(1) 打开 SSMS，连接到数据库服务器，展开“数据库”文件夹，找到 eduDB 并展开。

(2) 展开“表”，选中要修改的表，单击鼠标右键，选择“设计”命令。

(3) 在弹出的表设计窗口中进行表的修改，可以添加字段、修改字段、删除字段。此处添加列‘建系时间’，类型 date，允许为空，打勾。

(4) 单击工具条的保存按钮，保存所做的修改，关闭表设计窗口。

此外，选中要修改的表，单击鼠标右键，选择“设计”命令，在弹出的表设计窗口中还可以直接修改字段、删除字段。

【例 4.3】　使用 SQL Server Management Studio 图形化工具修改表“系部表”，将“建系时间”字段删除。

具体操作步骤如下：

(1) 打开 SSMS，展开“数据库”文件夹，找到 eduDB 并展开；

(2) 展开“表”，鼠标右键单击要修改的表，选择“设计”命令；

(3) 在弹出的表设计窗口中删除“建系时间”字段。点击工具条的保存按钮。

4.2.3　删除表

【例 4.3】　使用 SQL Server Management Studio 图形化工具删除表系部表。

具体操作步骤如下：

(1) 打开 SSMS，连接到数据库服务器，展开“数据库”文件夹，找到 eduDB；

(2) 展开“表”，选中要删除的表，单击鼠标右键，选择“删除”命令；

(3) 在弹出的“删除对象”对话框中，单击“确定”按钮。

4.3 用命令操作表

使用 T-SQL 语句可以实现所有的数据库操作。本节讲述如何使用 T-SQL 命令来实现对的表操作，包括创建表结构、修改表结构和删除表。

4.3.1 创建表结构

创建表使用 CREATE TABLE 语句，语法格式如下：

```
CREATE TABLE 表名
  (
    列名 1 数据类型 [是否为空] [列限定],
    列名 2 数据类型 [是否为空] [列限定],
     ……
    列名 n 数据类型 [是否为空] [列限定]
  )
```

【例 4.4】 创建"课程信息表"（表 4.5），用于存储所有课程相关的基本信息。包含字段如表 4.5 所示。

首先，选择工具栏上的"新建查询"按钮，在弹出的脚本编辑界面中编写如下代码：

```
create table 课程信息表(
  课程编号              char(8) not null primary key,
  课程名称              varchar(50),
  学分                  decimal(3,1),
  课时                  int,
  课程简介              text,
  所在系                int
)
```

代码完成后，选择工具条的红色"！执行"按钮，即可创建"课程信息表"。

右键刷新 eduDB 数据库，即可在"表"中看到新建的"课程信息表"。关键词 PRIMARY KEY 表示主键约束，即课程编号设置为"课程信息表"的主键，课程编号的取值必须唯一且不能为空。关于约束的详细介绍参见第 5 章数据完整性。

【例 4.5】 创建"学生成绩表"，用于存储每个学生的课程成绩信息。包含字段如表 4.6 所示。

```
create table 学生成绩表(
  序号    int identity(1,1) not null,          --自动增长关键字，非空
  课程编号char(8),
  学号    char(8),
  成绩    float,
)
```

此处，暂不为课程编号、学号字段添加外键。外键可参看完整性约束一章。

标识列，使用关键词 IDENTITY(i,j)实现，标识列对应整数类型，该列的数值会由系统

自动填充,其中i表示起始值,j表示增量。即从整数i开始增长,每次加j。如Identity(1,1)生成数列为:1,2,3,4,5,6……,Identity(0,2)生成数列:0,2,4,6,8……。注意,不可手动为标识列添加数据。

4.3.2　修改表结构

修改表结构使用ALTER TABLE语句。其语法格式如下:

```
ALTER TABLE 表名
{
  [ADD 新字段名　字段类型]
  | [DROP COLUMN 原字段名]
  | [ALTER COLUMN 原字段名　字段类型]
}
```

1. 添加字段

【例4.6】 为"学生成绩表"添加一列"平时分",数据类型为float,允许为空。

```
alter table 学生成绩表
add 平时分 float null
```

用T-SQL语句增加的字段默认位置是表的最后一列。

学生自测:为"学生成绩表"添加一列"姓名",数据类型为varchar(50),允许为空。

2. 修改字段

修改字段只包含修改字段的类型、是否为空、字段上的约束,不包含修改字段名。如若修改字段名,必须先删除字段,再添加字段。

【例4.7】 将"学生成绩表"中的"平时分"字段的数据类型改为decimal(4,1),且允许为空。

```
alter table 学生成绩表
alter column 平时分 decimal(4,1) null
```

学生自测:修改"学生成绩表"的"姓名",数据类型为nvarchar(30),允许为空。

3. 删除字段

【例4.8】 将"学生成绩表"中的"平时分"字段删除。

```
alter table 学生成绩表
drop column 平时分
```

学生自测:删除"学生成绩表"的"姓名"字段。

4.3.3　删除表

删除数据表使用DROP TABLE语句。其语法格式如下:

```
DROP TABLE 表名
```

【例4.9】 删除"学生成绩表"。

```
drop table 学生成绩表
```

需要注意的是,如果删除的表被其他表外键引用,则不能直接删除该表,需要先删除外键限制或删除有外键关联的数据，方可删除关联的表。drop table 删除的是整张表，删除成功后，表在数据库中就不存在。

4.4 界面中操作表数据

本节讲述如何在 SQL Server Management Studio 图形界面中实现对表中数据的插入、修改、删除操作。

4.4.1 插入记录

向 eduDB 的 5 张表中插入如下的记录，具体如表 4.7～表 4.11 所列。

表 4.7 系部表数据

系部编号	系部名称	系主任	系部简介
1	电子与信息技术系	王高山	电子信息工程、通信技术、计算机
3	经济与管理系	蒋宁	会计、物流、营销、国贸
5	汽车工程系	詹勇虎	汽车维修、汽车服务、轨道交通

表 4.8 专业信息表数据

专业编号	专业名称	系别	专业介绍
000111	计算机科学与技术	1	本科班
590101	计算机应用技术	1	本专业培养德智体美全面发展、具有良好职业素养、面向公司及企事业单位等应用计算机技术的相关领域……
590108	软件技术	1	本专业毕业生主要面向软件开发与服务、软件产品销售领域……
630302	会计	3	本专业毕业生主要面向中小企业、金融行业、非营利组织等单位的会计核算、监督、管理、涉税业务办理及会计师事务所的查账验证、会计咨询等工作岗位……
732509	汽车维修	5	专业培养汽车维修和销售人员

表 4.9 学生信息表

学号	姓名	性别	生日	电话	家庭住址	专业编号
10240104	吕新宇	True	1998-10-25	18923456776	南京市鼓楼区滨江路 28 号	590108
10240105	王明轩	True	1998-05-08			590108
10240106	高起航	True	1996-09-14	13876789900	南京市江宁区通淮街 159 号	590108
10330120	刘明非	False	1998-03-12	17768765434		630302
10330125	韩寒	False	1997-09-25		苏州市平江区花园路 23 号	630302
10510102	刘易	True	1998-06-05	18856765432	杭州市西湖区广茂大道 79 号	732509
10510206	孟翔云	True	1997-08-07			732509

（续表）

学号	姓名	性别	生日	电话	家庭住址	专业编号
14110110	赵前	True	1996-05-10	18795888263	江苏省宿迁市沭阳县怡华苑	000111
14110111	孙立立	True	1997-03-23	18795888169	江苏省宿迁市沭阳县中医大厦	000111
14120205	盖峻铭	True	1997-08-05	15896105555	江苏省连云港市新浦区新孔南路茗馨花园	000111
14120206	俞祖杨	True	1996-10-19	18851021117	江苏省南京市江宁区黄金海岸上海明珠花园	000111
14140220	曹凯雷	True	1997-01-26	15195959673	上海市普陀区定边路377弄	000111
14150131	朱梓宁	True	1997-09-02	13225271232	江苏省徐州市睢宁县南苑小区	000111
15120108	张文轩	True	1996-06-02	13606187396	江苏省无锡市锡山区新明路蔚蓝都市	000111
……	……	……	……	……	……	……

表4.10　课程信息表

课程编号	课程名称	学分	课时	课程简介	所在系
00202028	计算机基础技能应用	7.0	112	计算机类专业基础课程	1
00202069	网络技术及应用	4.5	72	计算机专业核心课程，网络基础课程	1
00204021	程序设计基础	3.0	48	Java编程基础课程，计算机专业核心课程	1
00204022	关系数据库技术	4.5	72	计算机专业核心课程，数据库基础课程	1
00310007	会计基础	4.0	64	会计类基础课程	3
00310014	中级核算	4.5	72	会计专业职业技能课	3
00501002	网络总线技术	2.0	32	汽修专业职业基础课	5
00502206	汽车电路维修	4.0	64	汽修专业职业技能课	5
02005050	网络设备调试	3.0	48	Java网络专业职业技能课	1
02005640	Oracle数据库及应用	4.0	64	数据库高端课程	1
02318890	计算机组成原理	4.0	64	计算机专业基础课	1
02333890	软件工程	4.0	64	软件技术专业技能课	1
04948890	Linux系统及应用	3.0	48	操作系统课程	1
07870890	JAVA程序设计	5.0	80	编程类课程，专业核心课	1

表 4.11　学生成绩表

序号	课程编号	学号	成绩
1	00202028	10240105	84
2	00202028	10240106	98
3	00204021	10240104	43
4	00204021	10240105	73.5
5	00204021	10240106	86
6	00310007	10330120	56
7	00310007	10330125	75.5
8	00310014	10330120	68.5
9	00310014	10330125	91.5
10	00501002	10510102	82.5
11	00501002	10510206	52.5
12	00502206	10510102	78
13	00502206	10510206	68
14	02005640	10240104	62
15	02318890	14120205	6
……	……	……	……

【例 4.10】 使用 SQL Server Management Studio 图形化工具向“系部表”中插入记录，具体数据参照表 4.7 所列。

具体操作步骤如下：

(1) 打开 SSMS，连接到数据库服务器，展开“数据库”文件夹，找到“eduDB”；

(2) 展开“表”，选中要插入数据的系部表，单击鼠标右键，选择“编辑前 200 行”命令；

(3) 在弹出的窗口中进行数据的插入，确保输入的数据与字段类型相匹配；

(4) 输入完成后，关闭当前数据窗口选项卡，保存数据。保存后的数据如图 4.4 所示。

若保存时提示异常，应再次确认所填数据与字段类型是否匹配。若取消输入的内容，则按 ESC 键。

系部编号	系部名称	系主任	系部简介
1	电子与信息技...	王高山	电子信息工程、通信技术、计算机
3	经济与管理系	蒋宁	会计、物流、营销、国贸
5	汽车工程系	詹勇虎	汽车维修、汽车服务、轨道交通

图 4.4　系部表数据

4.4.2　删除记录

删除记录，是指删除表格中的一行或多行数据，删除记录不会影响表结构。一张表中所有记录都被删除后，表格还在，即为一张空表。

【例 4.11】　使用 SQL Server Management Studio 图形化工具删除“系部表”中的数据。

具体操作步骤如下：

(1) 打开 SSMS，连接到数据库服务器，展开“数据库”文件夹，找到“eduDB”；

(2) 展开“表”，选中要删除记录的系部表，单击鼠标右键，选择“编辑前 200 行”命令；

(3) 在弹出的数据窗口中，找到要删除的行，右键该行最左侧空白按钮，在弹出菜单中选删除，如图 4.5 所示；

(4) 弹出对话框，选择“是”执行删除，选择“否”取消删除。

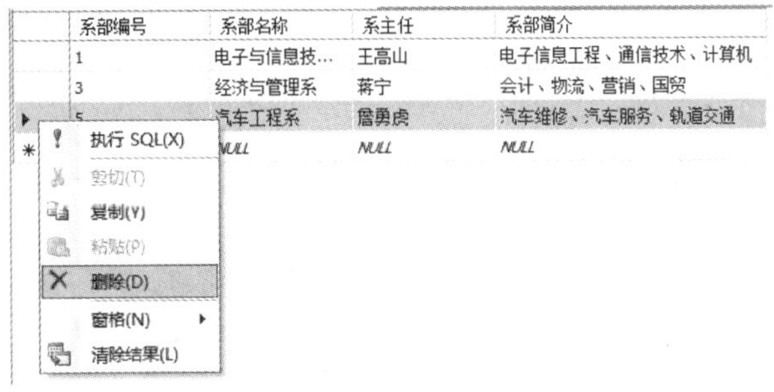

图 4.5　删除系部表中的记录

4.4.3　更改记录

更改记录，是指更改已存储在表格中的数据，更改后的数据应与对应字段的数据类型相匹配。

【例 4.12】　使用 SQL Server Management Studio 图形化工具更改“系部表”中的数据。

具体操作步骤如下：

(1) 打开 SSMS，连接到数据库服务器，展开“数据库”文件夹，找到“eduDB”；

(2) 展开“表”，选中要更改的系部表，单击鼠标右键，选择“编辑前 200 行”命令；

(3) 在弹出的数据窗口中直接更改数据，如系部名称“经济与管理系”改为“经管系”；

(4) 关闭当前数据窗口选项卡，保存数据，或直接选中下一个输入行，自动保存，如图 4.6 所示。

系部编号	系部名称	系主任	系部简介
1	电子与信息技术系	王高山	电子信息工程、通信技术、计算机
3	经管系	蒋宁	会计、物流、营销、国贸
5	汽车工程系	詹勇虎	汽车维修、汽车服务、轨道交通

图 4.6　保存系部表中数据

4.5 用命令操作表数据

4.5.1 插入记录

使用 T-SQL 命令插入数据时，用 Insert 语句实现，其语法格式如下：

```
INSERT [INTO] 表[(列名列表)]
VALUES(值列表)[,(值列表)]
```

其中，INTO 可选；列名列表可选，列名列表列出要插入数据的字段及其顺序，省略列名列表时，默认按表格中全部字段依次插入；VALUES 子句指出添加的数据具体值，要求 VALUES 子句值的排列顺序必须和列名列表中的列名排列顺序一致，个数相等，数据类型一一对应。

在进行数据插入操作时需注意以下几点：

(1) 值列表中数据用逗号分开；

(2) 字符型、日期型数据要用单引号括起来；

(3) INTO 子句中若没有指定列名列表，表示完整插入一条记录，即插入的记录必须在每个列上均有值，且值的排列顺序要和表中列的排列顺序一致；

(4) INTO 子句中带有列名列表的，可以只插入部分列的内容，新插入的记录在未出现的列上将取空值。在表定义时若有 NOT NULL 约束的列不能取空值。

【例 4.13】 向"学生信息表"中添加 2 条记录，如表 4.12 所列第 1～第 2 行。

表 4.12 学生信息表

学号	姓名	性别	生日	电话	家庭住址	专业编号
10240104	吕新宇	True	1998-10-25	18923456776	南京市鼓楼区滨江路 28 号	590108
10240105	王明轩	True	1998-05-08			590108
10240106	高起航	True	1996-09-14	13876789900	南京市江宁区通淮街 159 号	590108
10330120	刘明非	False	1998-03-12	17768765434		630302

```
-插入全部列
insert into 学生信息表
values( '10240104','吕新宇',True,'1988-10-25','18923456776',
'南京市鼓楼区滨江路 28 号','590108')
go
-插入部分列
insert into 学生信息表(学号,姓名,性别,生日,专业编号)
values( '10240105','王明轩',True,'1998-05-08','590108')
```

本例中使用 2 条 Insert 语句，每条语句插入一条记录。其中，GO 是表示批处理，即语句执行时遇到 GO 就提交给 SQL 服务器进行执行。

此题，还可以改用以下代码，一次性插入 2 条语句：

```
insert into 学生信息表
values
('10240104','吕新宇',True,'1988-10-25','18923456776','南京市鼓楼区滨江路 28 号',
'590108'),
('10240105','王明轩',True,'1998-05-08',NULL,NULL,'590108')
```

需要注意的是,两个小括号中的值列表、数目必须相同。取空值的字段,用 NULL 表示,对应的位置不可省略。

学生自测:插入表 4.12 中第 3 和第 4 行记录。

【例 4.14】 为"课程信息表"添加 2 条记录,如表 4.13 所示第 1 和第 2 行,要求仅录入课程编号、课程名称、学分。

表 4.13　课程信息表

课程编号	课程名称	学分	课时	课程简介	所在系
00202028	计算机基础技能应用	7.0	112	计算机类专业基础课程	1
00202069	网络技术及应用	4.5	72	计算机专业核心课程,网络基础课程	1
00204021	程序设计基础	3.0	48	Java 编程基础课程,计算机专业核心课程	1
00204022	关系数据库技术	4.5	72	计算机专业核心课程,数据库基础课程	1

```
--每次插入一条记录
insert into 课程信息表(课程编号,课程名称,学分)
values('00202028','计算机基础技能应用',7.0)
go
insert into 课程信息表(课程编号,课程名称,学分)
values('00202069','网络技术及应用',4.5)
```

或

```
--一次插入 2 条记录
insert into 课程信息表(课程编号,课程名称,学分)
values('00202028','计算机基础技能应用',7.0),('00202069','网络技术及应用',4.5)
```

本例中插入 2 条记录的部分字段内容。未出现在列名列表中的字段,默认插入 Null 值。因此,若字段的值为 Null,可以不插入数据。建表时规定非空的字段不可以插入 Null 值。

学生自测:插入表 4.13 中第 3～第 4 行记录。

4.5.2　删除记录

用 T-SQL 命令删除表中的数据使用 Delete 语句,其语法格式如下:

```
DELETE FROM 表
[WHERE <条件>]
```

其中,WHERE 子句说明即将删除的记录应当满足的条件,WHERE 子句省略时,则表示无条件删除表中的所有记录，删除后表格被清空，但表结构还在。

【例 4.15】 删除“学生信息表”中的“吕新宇”的记录。

```
delete from 学生信息表
where 学生姓名='吕新宇'
```

【例 4.16】 删除课程信息表的所有记录。

```
deletefrom 课程信息表
```

学生自测：删除课程信息表中课程名称为“程序设计基础”的记录；删除课程信息表中全部记录。

4.5.3 更改记录

用 T-SQL 命令更改表中的数据，使用 Update 语句，其语法结构如下：

```
UPDATE 表名
SET 列名=表达式[,列名=表达式]
[WHERE <条件>]
```

其中，SET 子句给出要更改的列及其更改后的值；WHERE 子句指定更改的条件，WHERE 条件是对表格中行的选择，即满足条件的行数据被更改，WHERE 子句省略时，表示无条件更改，即更改表中的所有行记录。

【例 4.17】 将“课程信息表”中的“网络技术及应用”的课时改为 72。

```
update 课程信息表
set 课时=72
where 课程名称='网络技术及应用'
```

【例 4.18】 将“课程信息表”中课程编号为‘00202028’的课程所在系设置为 1。

```
update 课程信息表
set 所在系=1
where 课程编号='00202028'
```

【例 4.19】 修改“课程信息表”中课时，课时等于学分乘以 18。

```
update 课程信息表
set   课时=学分*18
```

学生自测：修改“课程信息表”中课程名称为’程序设计基础’的课程所在系为 1；修改“课程信息表”中全部记录，将所有学分+1。

本章习题

一、选择题

1. 以下正确的是　　　　　　　　　　　　　　　　　　　　　　　　　　　　　　（　　）

   A. Delete 语句只是删除表格中数据，表结构依然存在

   B. Alter 语句修改表格中的数据内容

C. Drop 语句只是删除表格中数据，表结构依然存在

D. Update 语句更改表结构

2. 删除表所使用的命令是 (　　)

A. Drop　　B. Delete　　C. Alter　　D. Insert

3. 删除表中的一列所使用的命令是 (　　)

A. Drop　　B. Delete　　C. Alter　　D. Insert

4. 向表中插入一条记录使用的命令是 (　　)

A. Drop　　B. Delete　　C. Alter　　D. Insert

5. 建立表所使用的命令是 (　　)

A. Create DataBase　　B. Create Table

C. Alter Table　　D. Drop Table

二、操作题

(一) 表结构的操作

1. 创建数据库 gongzi。

2. 创建数据表“职工表”，包含字段如下表。

字段名	数据类型	是否为空	说明
职工编号	char(4)	非空	
姓名	nchar(10)		修改类型为 nvarchar(10)
性别	bit		
出生日期	datetime		修改类型为 date
家庭住址	nvarchar(50)		
联系电话	char(11)		
部门号	char(2)		
部门名称	nvarchar(10)		删除列

3. 创建数据表“工资表”，包含字段如下表。

字段名	数据类型	是否为空
职工编号	char(4)	非空
基本工资	money	
补贴	money	
发放时间	date	

4. 创建数据表“部门表”，包含字段如下表。

字段名	数据类型	是否为空
部门号	char(2)	非空
部门名称	nvarchar(10)	
负责人编号	char(4)	

5. 向“部门表”中加入一列：负责人姓名，类型为 nvarchar(50)，允许为空。
6. 向“工资表”中插入一列：奖金 money，允许为空。
7. 将“职工表”中‘姓名’字段的类型改为 nvarchar(10)。
8. 将“职工表”中‘出生日期’字段的类型改为 date。
9. 将“部门表”中负责人姓名字段删除。
10. 将“职工表”中部门名称字段删除。
11. 重命名 gongzi 数据库的‘职工表’为‘员工表’。
12. 删除“部门表”。
13. 删除 gongzi 数据库。

(二) 数据的操作

1. 创建数据库 gongzi。
2. 创建实验 4－1 的三张表[职工表]、[部门表]、[工资表]。
3. 向“职工表”中添加如下记录，使用 T-SQL 语句实现。

(提示：字符类型、日期类型的数据需要使用单引号，如‘1980－01－01’)

职工编号	姓名	性别	出生日期	家庭住址	联系电话	部门号
E003	帅凡	男	1980－01－01	白下区		D1
E004	王争	男		江宁区	18965248963	D2
E005	成红	女	1982－10－10	玄武区		D2
E001	王海	男	1983－12－01	浦口区	13587694223	D1

提示：空值取 NULL。

4. 向“部门表”中添加如下记录，并使用 T-SQL 语句实现。

部门号	部门名称	负责人编号
D1	生产部	E001
D2	销售部	E004

5. 向“工资表”中添加如下记录，并使用 T-SQL 语句实现。

职工编号	基本工资	补贴	发放时间
E005	800	600	2014－5－10
E003	900	600	2014－5－10
E004	800	400	2014－5－10
E001	750	350	2014－5－10

6. 修改“职工表”，将‘职工编号’为‘E001’的员工，‘家庭住址’改为‘栖霞区’。

7. 修改“职工表”中‘王争’的性别为‘女’。

8. 修改“工资表”中所有职工的基本工资，在原基本工资上加 200。

（提示：将‘基本工资’字段理解为变量进行运算）

9. 修改“工资表”，将补贴小于 500 的，在原补贴上加 200。

10. 修改“工资表”，修改奖金为基本工资的 1.2 倍。

11. 删除“职工表”中‘成红’的记录。

12. 删除“职工表”中在‘1983-01-01’之后出生的职工记录。

（提示：用“>”，日期数据要加单引号）

13. 删除“工资表”中 2014 年 3 月发放的工资记录。（提示：用日期函数）

14. 删除“工资表”中所有工资记录。

15. 重命名‘职工表’为‘员工表’。（提示：sp_rename）

16. 删除“员工表”。

17. 删除 gongzi 数据库。

第 5 章 数据完整性

数据完整性是指数据库中数据在逻辑上的一致性、正确性、有效性和相容性。数据库完整性由各种各样的完整性约束来保证。本章主要介绍如何在 SQL Server 2008 中实现数据完整性约束。

5.1 数据完整性概述

关系模型中数据完整性主要是对数据库中的数据进行约束，以保证数据库中数据的正确性和相容性。关系模型中提供了三类完整性规则：实体完整性、参照完整性和自定义完整性。

1. 实体完整性

实体完整性是指基本关系的主属性（或主键）不能取空值。现实世界中的实体是可区分的，即它们具有某种唯一性标识。相应地，关系模型中以主键作为唯一性标识，主键中的属性即主属性不能取空值。如果主属性取空值，就说明存在某个不可标识的实体，即存在不可区分的实体，这与现实世界的环境相矛盾，因此这个实体一定不是一个完整的实体。

2. 参照完整性

参照完整性是指两个表的主关键字和外关键字的数据应对应一致。它确保了有主关键字的表中有对应其他表的外关键字的行存在。

3. 自定义完整性

自定义完整性是针对某一特定关系数据库的约束条件，由应用环境所决定，反映某一具体应用所涉及的数据必须满足的语义要求。

在自定义完整性中最常见的是限定属性的取值范围，即对值域的约束，所以在自定义完整性中最常见的是域完整性约束。例如，某个属性的值必须唯一，某个属性的取值必须在某个范围内等。

5.2 完整性的实现

为保证数据库的数据完整性，可通过数据类型、约束、规则、默认值、触发器和 XML 模式等多种形式得以实现。规则和默认值的应用要早于 CHECK 和 DEFAULT 约束。它们是较老的 SQL Server 备用约束的一部分，当然也不是没有优点。自 7.0 版本之后，MicroSoft 列出规则和默认值只是为了向后兼容，而不准备在以后继续支持这个特性。因此对于生成新代码时，应该使用约束。

5.2.1 列约束和表约束

SQL Server 2008 中常用的约束主要包括：主键约束（primary key）、默认约束（default）、唯一约束（unique）、检查约束（check）、外键约束（foreign key）。约束可以跟随表一起创建，也可以对数据库中已存在的表进行添加或删除。

创建约束一般有两种方法：一是在 SSMS 图形界面中是实现；二是通过 T-SQL 语句实现。

对于数据库来说，约束又分为列约束（column constraint）和表约束（table constraint）。列约束作为列定义的一部分只作用于此列本身。表约束作为表定义的一部分，可以作用于多个列。

每个约束都有一个约束名，约束名可以由用户指定，若用户在创建约束的时候未指定约束名，系统会给定一个随机的约束名。例如，“PK_系部表_E7257CA27F60ED59”，PK 代表主键（primary kcy），系部表代表在此表中，而剩下的“E7257CA27F60ED59”部分是为了保证唯一性而随机生成的值。只有通过 SQL 代码创建才会得到这种值，如果是通过 SSMS 图形界面创建表的约束，那么就直接是 PK_系部表。

【例 5.1】 创建 eduDB 数据库。

```
create database eduDB
```

单击“新建查询”，输入以上代码，单击“执行”，eduDB 数据库创建成功。

【例 5.2】 在 eduDB 数据库中创建“学生成绩表”分别定义列约束和表约束。

```
use eduDB
go
create table 学生成绩表(
  学号 char(8),
  课程号 char(8),
  成绩 float check(成绩>=0 and 成绩<=100),        /*列约束*/
  constraint pk_成绩 primary key(学号,课程号)      /*表约束*/
)
```

单击“新建查询”，输入以上代码，单击“执行”，创建“学生成绩表”的同时相应的列约束和表约束也成功创建。

在“对象资源管理器”中右击“eduDB”数据库，单击“刷新”，找到新创建的“学生成绩表”，右击“学生成绩表”，在弹出的快捷菜单中单击“设计”，右窗口中显示的结果如图 5.1 所示。学号列和课程号列前面同时使用🔑符号标记主键约束，表示此主键约束为组合主键，作用于多个列，属于表约束。右击学号列，在弹出的快捷菜单中单击“索引/键”，可查看主键约束的名称及属性，如图 5.2 所示，主键约束名为“pk_成绩”。

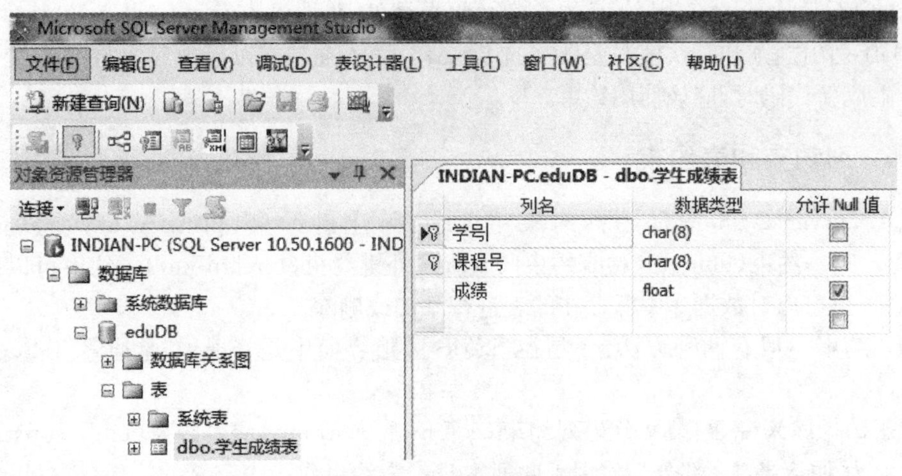

图 5.1　学生成绩表

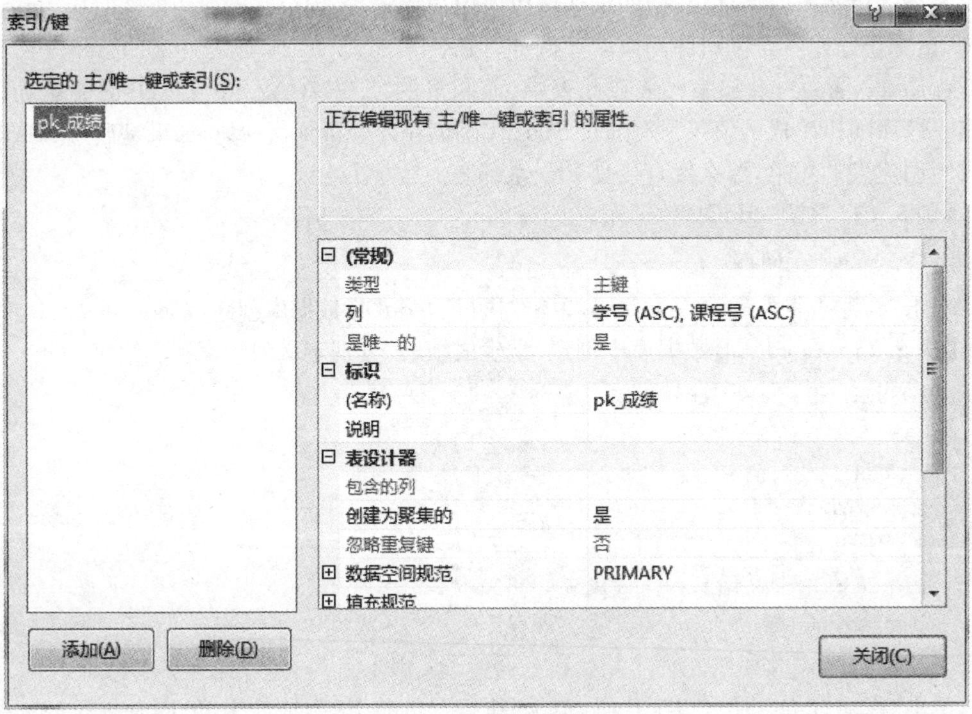

图 5.2　“索引/键”对话框

CHECK 约束作用于一个列，属于列约束。右击成绩列，在弹出的快捷菜单中单击“CHECK 约束”，可查看 CHECK 约束的名称及属性，如图 5.3 所示，创建 CHECK 约束时未指定约束名，系统给定一个随机的约束名“CK_成绩表_成绩_145C0A3F”。

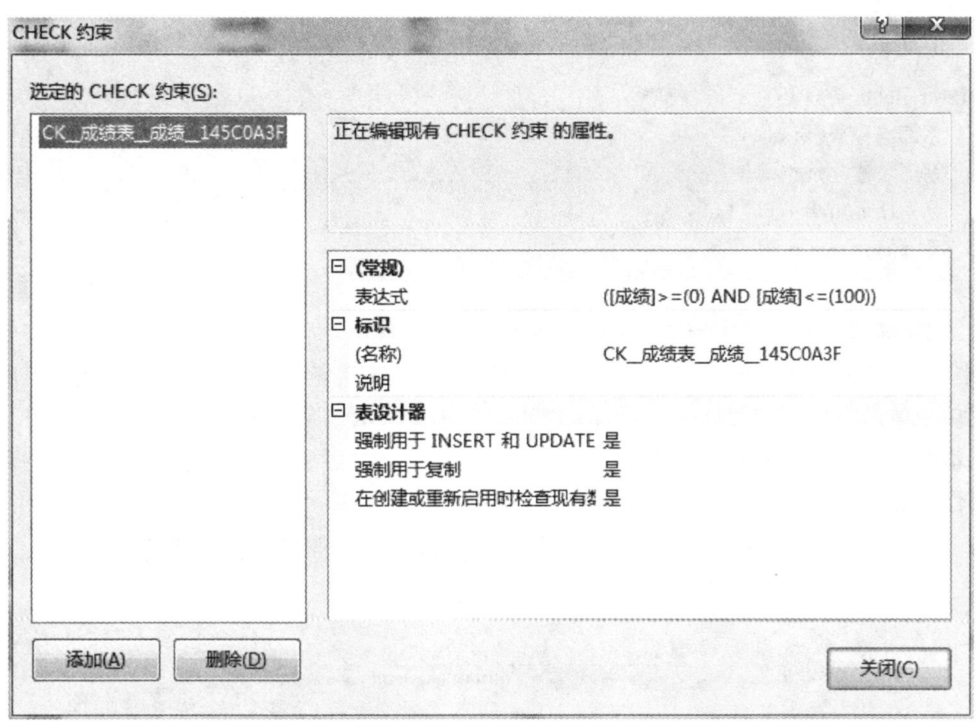

图 5.3　"CHECK 约束"对话框

5.2.2　主键约束

在数据库的设计过程中，主键约束是一种基础性约束，主键约束(primary key)定义用于唯一标识某一行的一列或多列数据。在 SQL Server 2008 中，主键约束具备以下几个特点：

(1) 当被定义的主键约束是一列数据时，这一列数据不允许有相同的值，以保证表中的每一行具有唯一性。当被定义的主键约束是多列数据时，称为复合主键。例如，【例 5.2】中的"pk_成绩"是由学号和课程号两列组成。复合主键中的部分列可以有相同的值，但组合在一起的时候必须唯一。

(2) IMAGE 和 TEXT 类型的列不能被指定为主关键字。被定义为主键约束的列，值不能为空。

(3) 一张表只能定义一个主键约束。当定义了主键约束时，SQL Server 会自动在主键列上创建唯一索引，以提高查询的效率。

SQL Sever 2008 中可以在创建表的时候定义主键约束，也可以给数据库中已经存在的表(没有主键)定义主键约束。当主键约束不再需要时，也可对其进行删除操作。数据表中使用符号标记主键。

1. 在创建表的时候创建主键约束

【例 5.3】　在 eduDB 数据库中创建"系部表"，并为系部编号列创建主键约束。

```
use eduDB
go
create table 系部表(
  系部编号 int primary key,
  系部名称 nvarchar(50) not null,
  系主任 nvarchar(50) null,
  系部简介 text null,
  )
```

单击“新建查询”,输入以上代码,单击“执行”,“系部表”创建成功。在“对象资源管理器”中右击 eduDB 数据库,单击“刷新”,找到新创建的“系部表”,右击“系部表”,在弹出的快捷菜单中单击“设计”,右窗口中显示的结果如图 5.4 所示。系部编号列前面使用🔑符号标记主键约束。右击系部编号列,在弹出的快捷菜单中单击“索引/键”可查看主键约束的名称及属性,如图 5.5 所示。

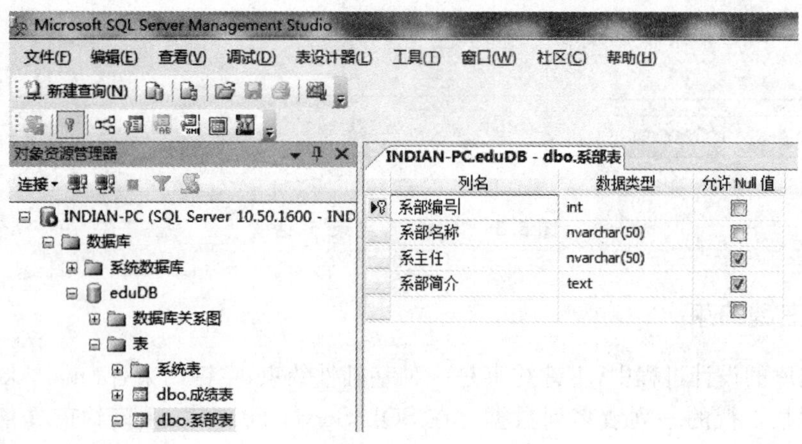

图 5.4 系部表

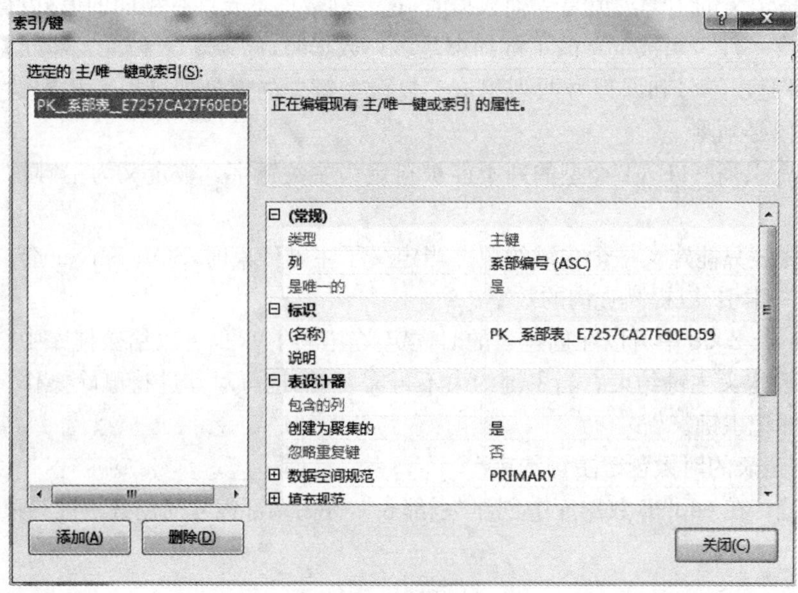

图 5.5 “索引/键”对话框

```
use eduDB
go
insert into 系部表
values(1,'电子与信息技术系','王高山','')
go
insert into 系部表
values(1,'民用航空系','詹勇虎','')
go
insert into 系部表
values(null,'工商管理系','蒋玲','')
go
```

单击"新建查询",输入以上代码,单击"执行",测试主键约束是否作用于系部表,结果如图 5.6 所示。其中第二行系部编号为"1",违反了主键约束的唯一性,第三行系部编号为"null"违反了主键约束不能为空的特性。

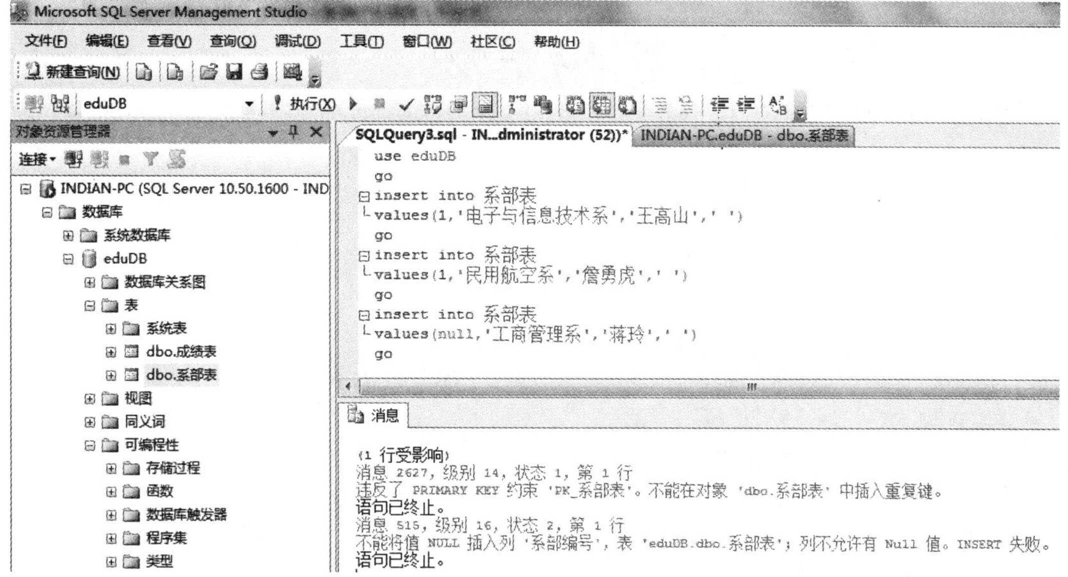

图 5.6　向"系部表"中插入数据

2. 使用 SSMS 图形界面为数据库中已经存在的表创建或删除主键约束

【例 5.4】　使用 SSMS 图形界面删除 eduDB 数据库中"系部表"系部编号列上的主键约束。

在"对象资源管理器"中右击 eduDB 数据库中的"系部表",在弹出的快捷菜单中单击"设计",右窗口中可使用两种方法删除主键约束:一是右击图 5.4 中的系部编号,在弹出的快捷菜单中单击"删除主键",如图 5.7 所示;二是在图 5.5 所示的对话框中,选定主键约束,单击"删除"即可。

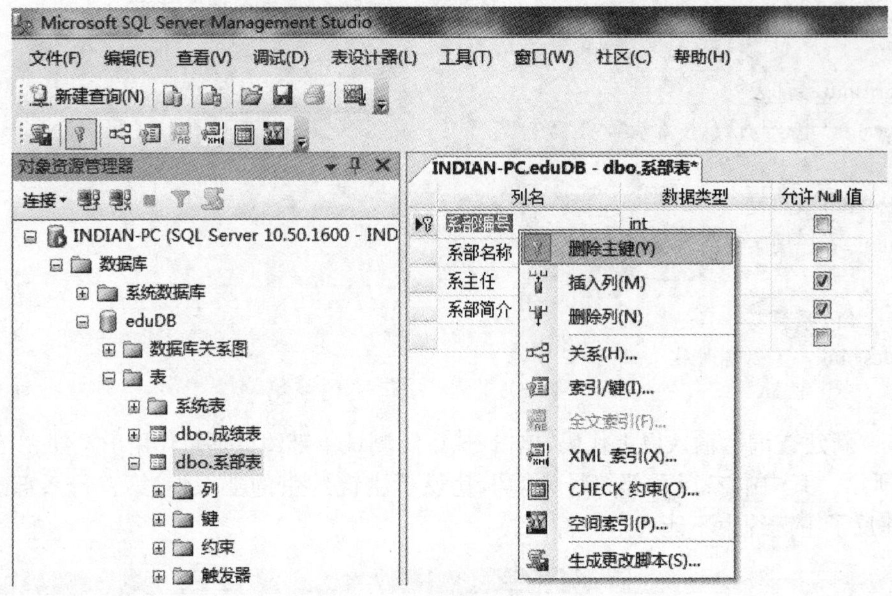

图 5.7　删除主键约束

【例 5.5】 使用 SSMS 图形界面为 eduDB 数据库中"系部表"系部编号列创建主键约束。

在"对象资源管理器"中右击 eduDB 数据库中的"系部表",在弹出的快捷菜单中单击"设计",在右窗口中右击系部编号,在弹出的快捷菜单中单击"设置主键"即可,如图 5.8 所示。

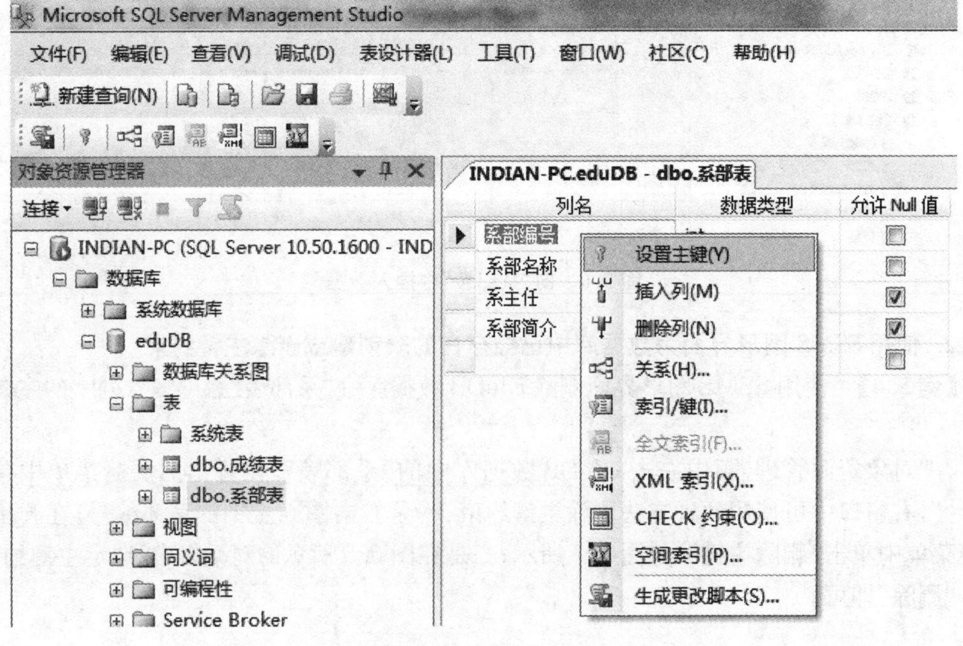

图 5.8　创建主键约束

3. 使用T-SQL语句为数据库中已经存在的表创建或删除主键约束

【例5.6】 使用T-SQL语句，为eduDB数据库中的“系部表”系部编号列创建主键约束，以保证系部编号的唯一性。

```
use eduDB
go
alter table 系部表
add constraint pk_系部编号 primary key(系部编号)
```

单击“新建查询”，输入以上代码，单击“执行”，若出现如图5.9所示的错误消息，说明“系部表”的系部编号列上已存在主键约束，使用【例5.4】的方法删除主键约束后，再次运行以上代码即可创建成功。在“对象资源管理器”中右击eduDB数据库，单击“刷新”，右击“系部表”，在弹出的快捷菜单中单击“设计”，右窗口中显示的结果如图5.4所示。系部编号列前面使用🔑符号标记主键约束。右击系部编号列，在弹出的快捷菜单中单击“索引/键”可查看主键约束的名称及属性，如图5.5所示。

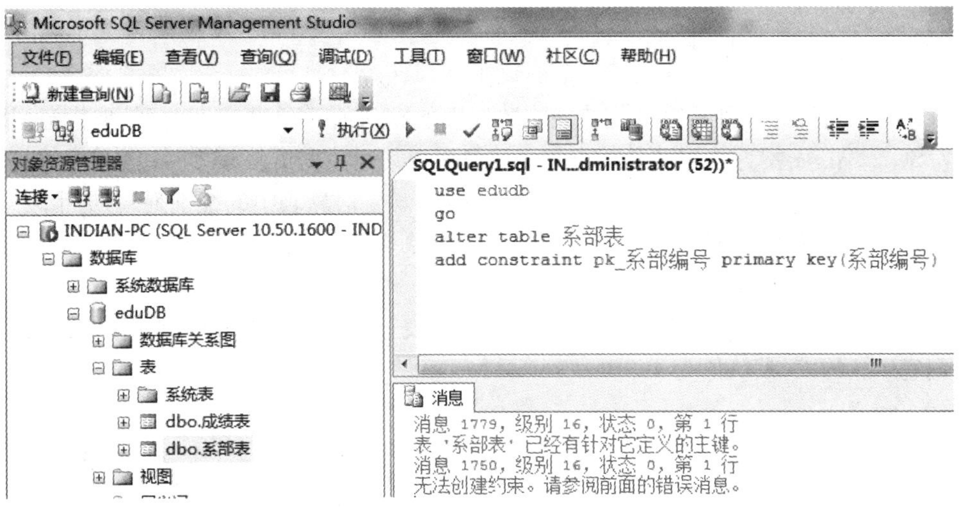

图5.9 创建主键约束提示错误消息

【例5.7】 使用T-SQL语句，删除eduDB数据库中的“系部表”系部编号列上的主键约束。

```
use eduDB
go
alter table 系部表
drop constraint pk_系部编号
```

单击“新建查询”，输入以上代码，单击“执行”。在“对象资源管理器”中右击eduDB数据库中的“系部表”，在弹出的快捷菜单中单击“设计”，右窗口中“系部编号”前面的主键标记消失，如图5.10所示。

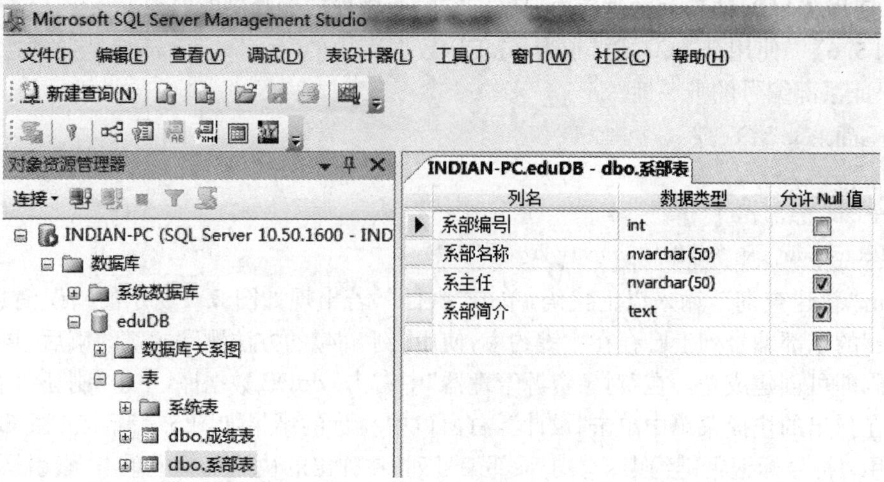

图 5.10　系部表

5.2.3　默认约束

默认约束通过定义列的默认值或使用数据库的默认值对象绑定表的列，来指定列的默认值。SQL Server 推荐使用默认约束。当数据表中某列数据重复较多，一般会以重复次数最多的数据为列创建默认约束，减少输入量。例如，学生信息表中的性别列，若男生较多，可为性别列创建默认约束，默认值为“男”。

1. 在创建表的时候创建默认约束

【例 5.8】　在 eduDB 数据库中创建“课程信息表”，并为课程编号列创建主键约束；为学分列创建默认约束，默认值为 4.0。

```
use eduDB
go
create table 课程信息表(
  课程编号 char(8) not null,
  课程名称 varchar(50) null,
  学分 decimal(3,1)   default 4.0,
  课时 int null,
  课程简介 text null,
  所在系 int null,
  constraint pk_课程编号 primary key(课程编号)
)
```

单击“新建查询”，输入以上代码，单击“执行”，“课程信息表”创建成功。在“对象资源管理器”中右击 eduDB 数据库，单击“刷新”，找到新创建的“课程信息表”，右击“课程信息表”，在弹出的快捷菜单中单击“设计”，右窗口中显示的结果如图 5.11 所示。课程编号列前面使用符号标记主键约束。单击学分列，下方“默认值或绑定”处出现默认值“4.0”。

【例 5.8】中使用另一种方法创建主键约束，与【例 5.3】的主要区别在于约束名。【例 5.3】直接在系部编号列后面加入“primary key”，没有定义约束名，SQL Server 给定一个随

机约束名，如图 5.5 所示。【例 5.8】创建主键约束的定义了约束名为“pk_课程编号”，在图 5.11 中右击课程编号列，在弹出的快捷菜单中单击“索引/键”可查看主键约束的名称及属性，如图 5.12 所示，这样的约束名使用起来更方便。

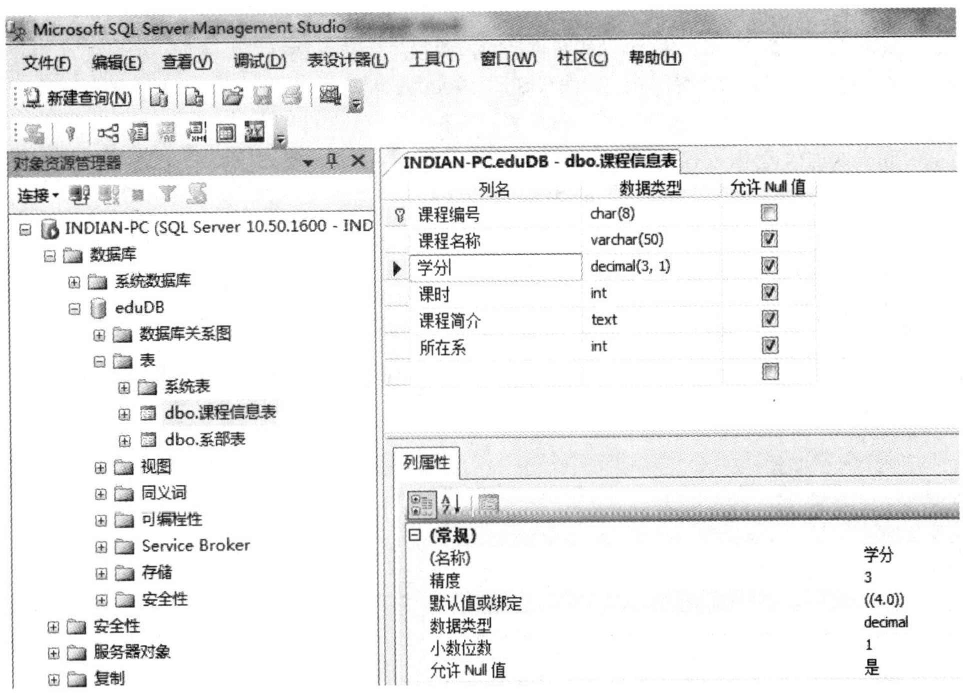

图 5.11　课程信息表

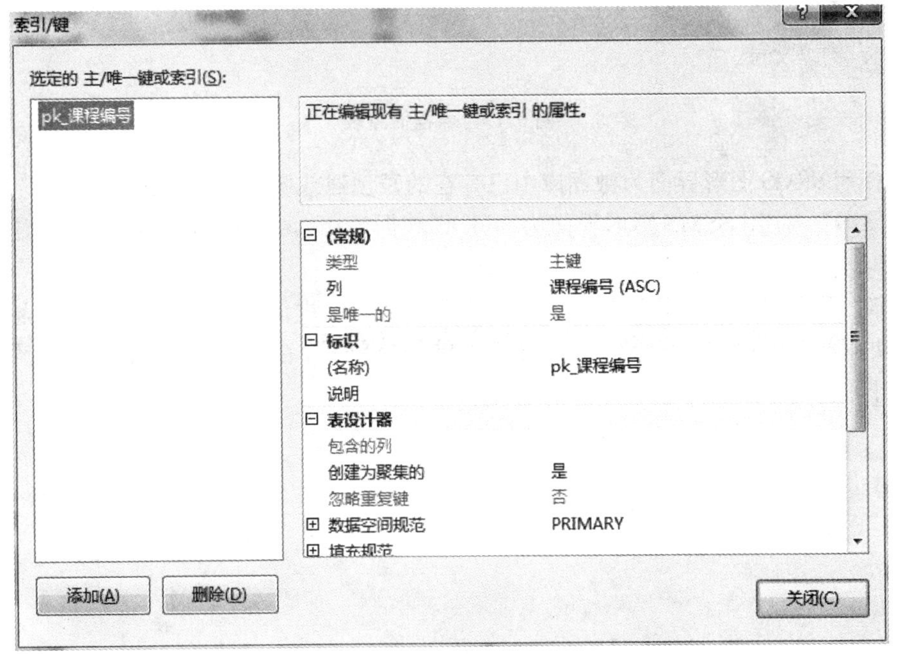

图 5.12　“索引/键”对话框

默认值只在 insert 语句中使用，在 update 语句和 delete 语句中被忽略。如果在 insert 语句中提供任意值，那就不使用默认值；如果没有提供值，那么总是使用默认值。

```
use eduDB
go
insert into 课程信息表(课程编号,课程名称,课时,课程简介,所在系)
values('01020101','关系数据库技术',64,'SQl Server 2008',1)
go
insert into 课程信息表(课程编号,课程名称,课时,课程简介,所在系)
values('01020102','程序设计语言',64,'Java',1)
go
```

单击“新建查询”，输入以上代码，单击“执行”，测试默认约束是否作用于“课程信息表”。在“对象资源管理器”中右击 eduDB 数据库，单击“刷新”，找到“课程信息表”，右击“课程信息表”，在弹出的快捷菜单中单击“编辑前 200 行”，右窗口中显示的结果如图 5.13 所示。新插入的两行数据学分列均使用了默认值“4.0”。

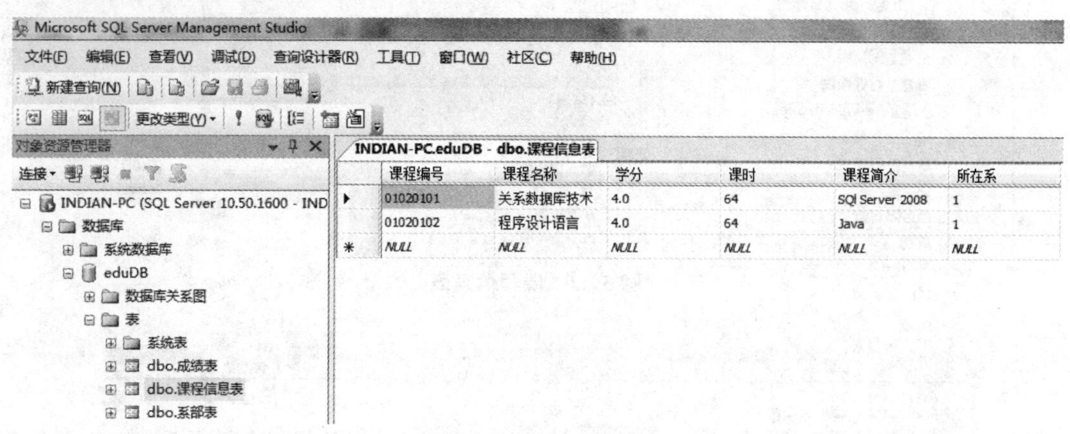

图 5.13 课程信息表

2. 使用 SSMS 图形界面为数据库中已存在的表创建或删除主键约束

【例 5.9】 使用 SSMS 图形界面为 eduDB 数据库中“课程信息表”课时列创建默认约束，默认值为 64。

在“对象资源管理器”中右击 eduDB 数据库，找到“课程信息表”，右击“课程信息表”，在弹出的快捷菜单中单击“设计”，在右窗口中单击“课时”，在下方“默认值或绑定”处输入“64”，如图 5.14 所示。

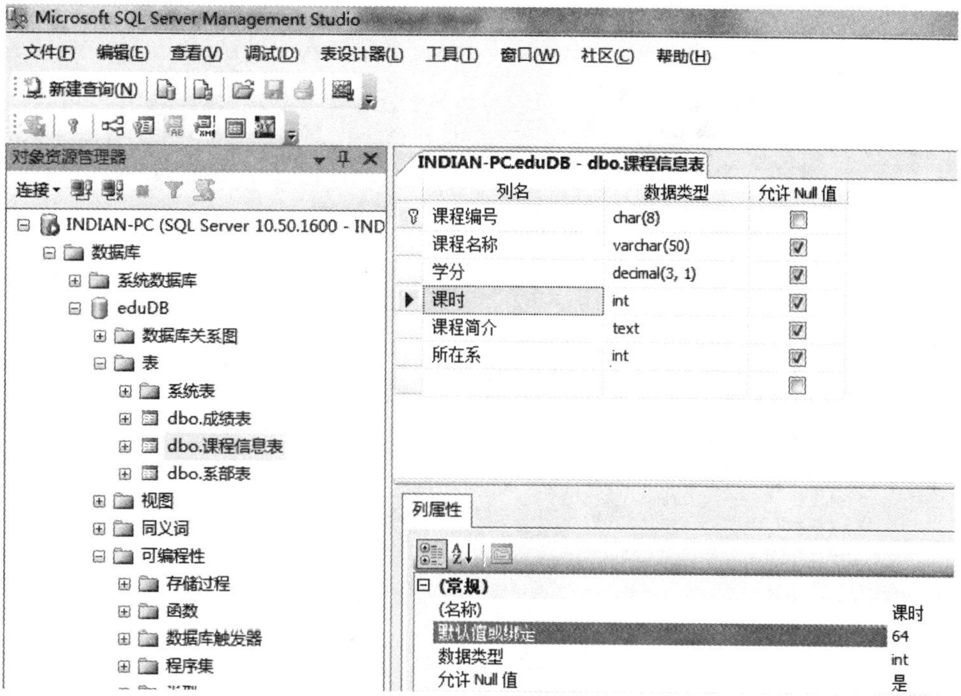

图 5.14　课程信息表

【例 5.10】　使用 SSMS 图形界面删除 eduDB 数据库中“课程信息表”课时列的默认约束。

在“对象资源管理器”中右击 eduDB 数据库，找到“课程信息表”，右击“课程信息表”，在弹出的快捷菜单中单击“设计”，在右窗口中单击“课时”，如图 5.14 所示，删除下方“默认值或绑定”处的数据即可。

3. 使用 T-SQL 语句为数据库中已经存在的表创建或删除默认约束

【例 5.11】　使用 T-SQL 语句，为 eduDB 数据库中的“课程信息表”所在系列创建默认约束，默认值为 1。

```
use eduDB
go
alter table 课程信息表
add constraint df_所在系 default(1) for 所在系
```

单击“新建查询”，输入以上代码，单击“执行”。在“对象资源管理器”中右击 eduDB 数据库，找到“课程信息表”，右击“课程信息表”，在弹出的快捷菜单中单击“设计”，在右窗口中单击“所在系”，如图 5.15 所示。

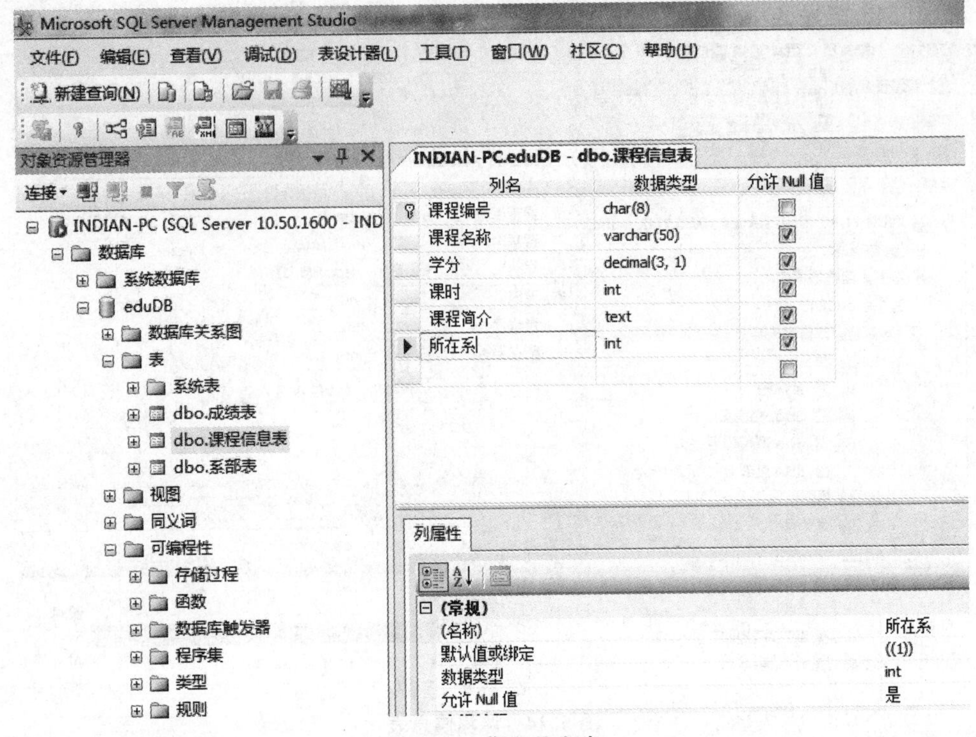

图 5.15　课程信息表

【例 5.12】 使用 T-SQL 语句，删除 eduDB 数据库中的"课程信息表"所在系列上的默认约束。

```
use eduDB
go
alter table 课程信息表
drop constraint df_所在系
```

单击"新建查询"，输入以上代码，单击"执行"即可删除。

5.2.4 唯一约束

唯一（unique）约束指定一个或多个列的组合的值具有唯一性，以防止在列中输入重复的值。唯一约束指定的列可以有 null 属性。由于主关键字值是具有唯一性的，因此主关键字列不能再设定唯一约束。唯一约束最多由 16 个列组成。唯一约束与主键的区别如下：

◇ 主键约束不允许出现 null 值，唯一约束允许包含 null 值，但唯一约束的每一列只允许包含一个 null 值。

◇ 每个表中只能有一个主键，但可以有多个唯一约束。

◇ 创建主键时会自动创建聚集索引，除非当前表中已经含有聚集索引或是创建主键时指定 nonclustered 关键字。

◇ 创建唯一约束时会自动创建非聚集索引，除非指定 clustered 关键字并且当前表中还没有聚集索引。

一旦建立唯一约束，那么指定列中的每个值必须是唯一的。如果更新或者插入一条记录在带唯一约束的列上有已存在的值的记录，SQL Server 将给出错误消息，则拒绝这个记录。

1. 在创建表的时候创建唯一约束

【例 5.13】 在 eduDB 数据库中创建“专业信息表”，为专业编号列创建主键约束；为专业名称列创建唯一约束。

```
use eduDB
go
create table 专业信息表(
  专业编号   char(6) primary key,
  专业名称   varchar(50) null unique,
  系别   int null,
  专业介绍   text null
  )
```

单击“新建查询”，输入以上代码，单击“执行”，“专业信息表”创建成功。在“对象资源管理器”中右击 eduDB 数据库，单击“刷新”，找到新创建的“专业信息表”，右击“专业信息表”在弹出的快捷菜单中单击“设计”，右窗口中显示的结果如图 5.16 所示。专业编号列前面使用🔑符号标记主键约束。右击专业名称列，在弹出的快捷菜单中单击“索引/键”，在弹出的对话框中可查看主键约束和唯一约束的名称及属性，如图 5.17 所示。

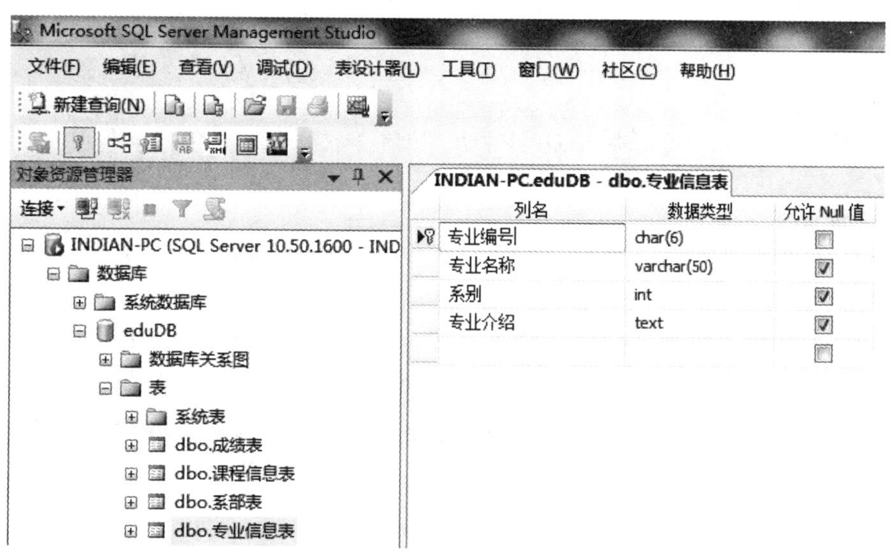

图 5.16　专业信息表

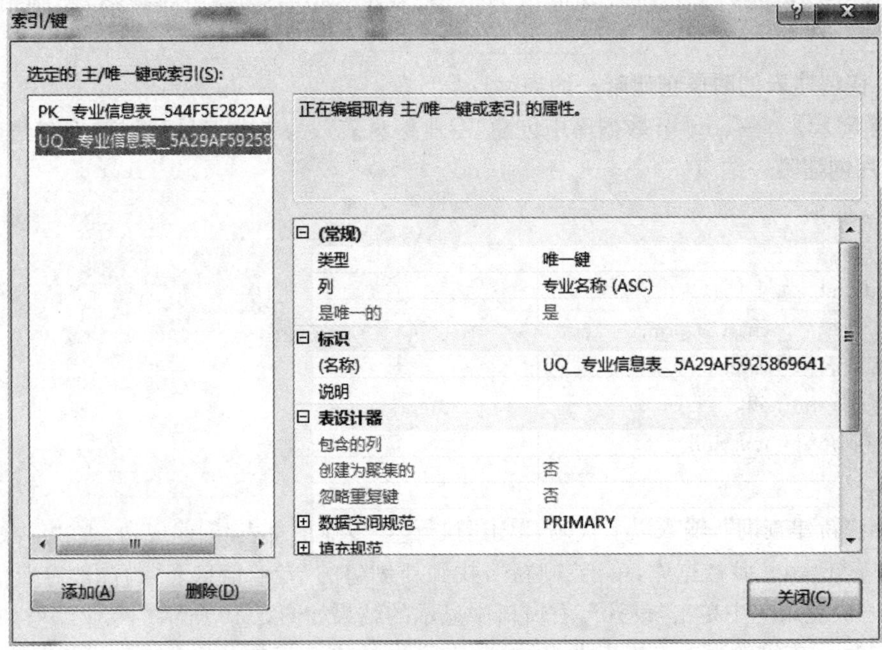

图 5.17 “索引/键”对话框

```
use eduDB
go
insert into 专业信息表
values('010203','计算机应用技术',1,'移动开发方向')
go
insert into 专业信息表
values('010204','计算机应用技术',1,'网络平台的设计制作及后期管理维护')
go
```

单击“新建查询”,输入以上代码,单击“执行”,测试唯一约束是否作用于系部表,结果如图 5.18 所示。其中第二行专业名称与为第一行相同,违反唯一约束,未能完成数据插入。

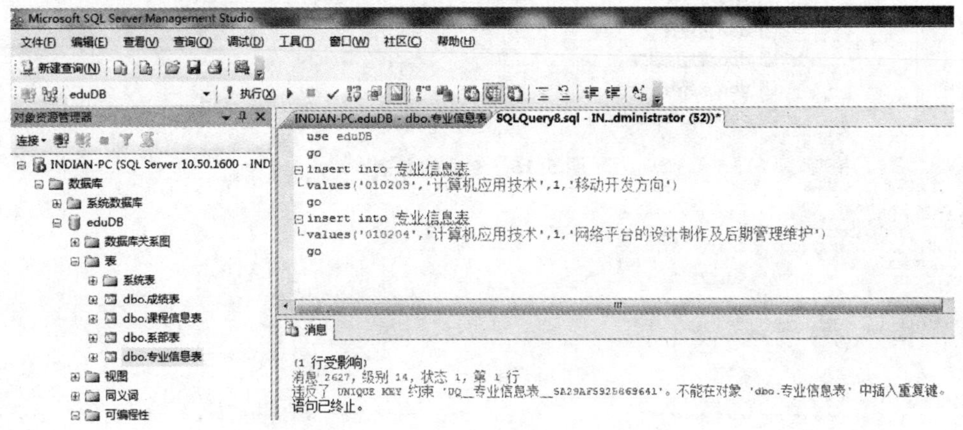

图 5.18 向“专业信息表”中插入数据

2. 使用 SSMS 图形界面为数据库中已存在的表创建或删除唯一约束

【例 5.14】 使用 SSMS 界面，为 eduDB 数据库中的“系部表”系部名称列创建唯一约束。

在“对象资源管理器”中右击 eduDB 数据库中的“系部表”，在弹出的快捷菜单中单击“设计”，在右窗口中右击“系部名称”，在弹出的快捷菜单中单击“索引/键”，弹出如图 5.19 所示的对话框。在“索引/键”对话框中单击“添加”按钮，对话框的左侧出现“IX_系部表”，在右侧“类型”处选择唯一键，并将列改为“系部名称”，如图 5.20 所示。

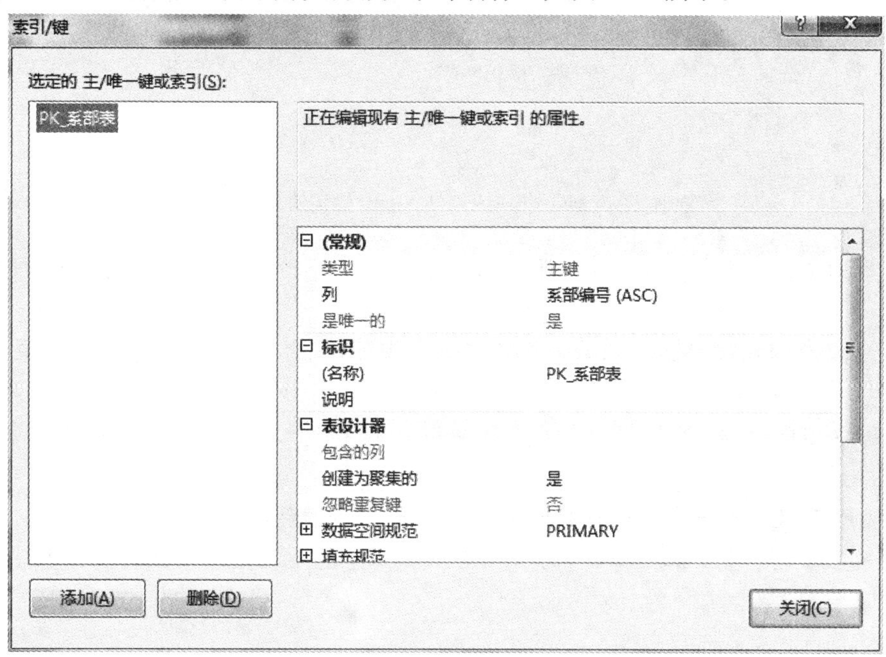

图 5.19　“索引/键”对话框

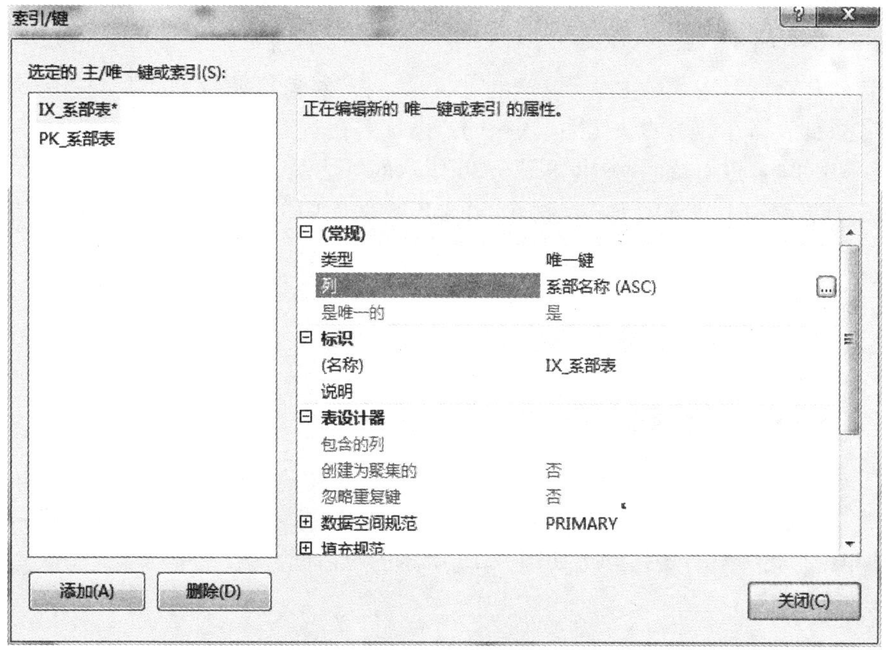

图 5.20　“索引/键”对话框

唯一约束创建完成,单击"关闭"按钮,并保存数据。当用户向系部表中插入数据时,如果系部名称重复输入,则不符合唯一约束,弹出如图 5.21 所示的错误信息对话框。

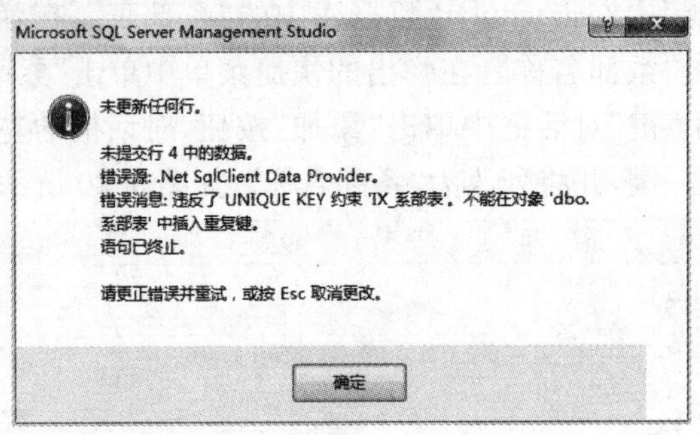

图 5.21 唯一约束(UNIQE)错误消息

【例 5.15】 在 SSMS 界面中,删除 eduDB 数据库中的"系部表"系部名称列的唯一约束。

在"对象资源管理器"中右击 eduDB 数据库中的"系部表",在弹出的快捷菜单中单击"设计",在右窗口中右击"系部名称",在弹出的快捷菜单中单击"索引/键",弹出如图 5.20 所示的对话框。在"索引/键"对话框中选择"IX_系部表",单击"删除"按钮即可。

3. 使用 T-SQL 语句为数据库中已经存在的表创建或删除唯一约束

【例 5.16】 使用 T-SQL 语句,为 eduDB 数据库中的"系部表"系部名称列创建唯一约束,以保证系部名称的唯一性。

```
use eduDB
go
alter table 系部表
add constraint uq_系部表 unique(系部名称)
```

单击"新建查询",输入以上代码,单击"执行"。在"对象资源管理器"中右击 eduDB 数据库中的"系部表",在弹出的快捷菜单中单击"设计",在右窗口中右击"系部名称",在弹出的快捷菜单中单击"索引/键",弹出如图 5.20 所示的对话框。

【例 5.17】 使用 T-SQL 语句,删除 eduDB 数据库中的"系部表"系部名称列的唯一约束。

```
use eduDB
go
alter table 系部表
drop constraint uq_系部表
```

单击"新建查询",输入以上代码,单击"执行"。在"对象资源管理器"中右击 eduDB 数据库中的"系部表",在弹出的快捷菜单中单击"设计",在右窗口中右击"系部名称",在弹出的快捷菜单中单击"索引/键",弹出如图 5.19 所示的对话框。

5.2.5 检查约束

检查约束，也称 CHECK 约束，对输入列或整个表中的值设置检查条件，以限制输入值，保证数据库的数据完整性。CHECK 约束可以作用于一个列，也可以作用于多个列。例如，检查一个列的值相对于另外一个列的值。定义 CHECK 约束跟 where 子句的规则基本一样，所以可以放到 where 子句的条件几乎都可以放到该约束中，而且和其他选择(规则和触发器)相比，CHECK 约束执行速度更快。CHECK 约束条件的示例如表 5.1 所示。

表 5.1 CHECK 约束条件示例

条件	SQL	
性别取值	字符型： 性别='男'or 性别='女'	性别 in('男','女')
	bit 类型:性别=0 or 性别=1	性别 in(0,1)
电话 11 位数字	Like '[0—9][0—9][0—9] [0—9][0—9] [0—9][0—9][0—9][0—9] [0—9][0—9]'	
学分	学分>=0.5	
生日	between '2000 - 1 - 1' and '2005 - 1 - 1'	
列对比	毕业时间>入学时间	

1. 在创建表的时候创建 CHECK 约束

【例 5.18】 在 eduDB 数据库中创建"学生信息表"，为系部编号列创建主键约束，且性别列的取值只能是"0"或"1"。

```
use eduDB
go
create table 学生信息表(
  学号 char(8) primary key,
  姓名 varchar(50) null,
  性别 bit null,
  生日 date null,
  电话 char (11) null,
  家庭住址 varchar (100) null,
  专业编号 char (6) not null,
  constraint ck_性别 check(性别 in(0,1))
)
```

单击"新建查询"，输入以上代码，单击"执行"，"学生信息表"创建成功。在"对象资源管理器"中右击 eduDB 数据库，单击"刷新"，找到新创建的"学生信息表"，右击"学生信息表"，在弹出的快捷菜单中单击"设计"，右窗口中显示的结果如图 5.22 所示。学号列前面使用 符号标记主键约束。右击性别列，在弹出的快捷菜单中单击"CHECK 约束"，在弹出的对话框中可查看 CHECK 约束的名称及属性，如图 5.23 所示。

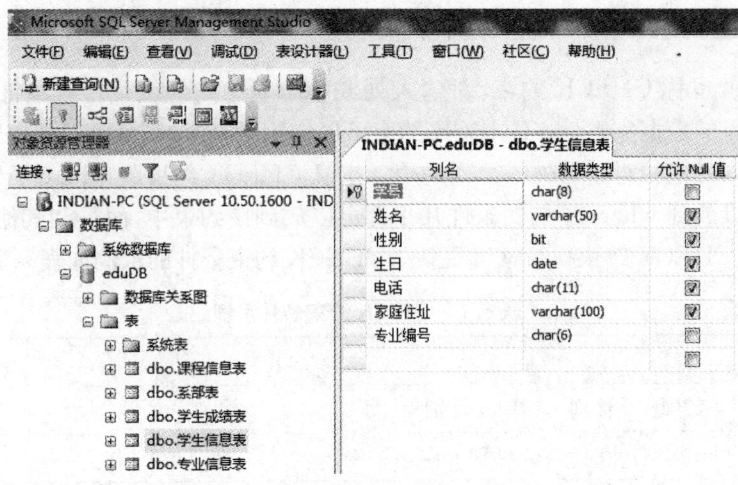

图 5.22　学生信息表

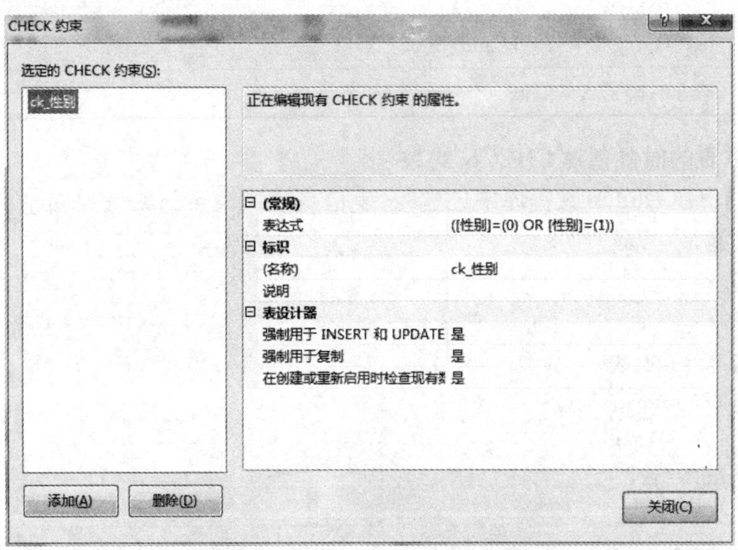

图 5.23　"CHECK 约束"对话框

```
use eduDB
go
insert into 学生信息表
values('01020301','张小',1,'2000-1-1','18912617171','南京市玄武区','010203')
go
insert into 学生信息表
values('01020302','李霞',女,'2000-1-3','18934347171','南京市栖霞区','010203')
go
insert into 学生信息表
values('01020303','陶玲',0,'2000-1-4','17763546789','扬州市','010203')
go
```

单击“新建查询”，输入以上代码，单击“执行”，结果如图 5.24 所示。其中第二个 insert 语句中性别为“女”，违反 CHECK 约束，未能完成数据插入。

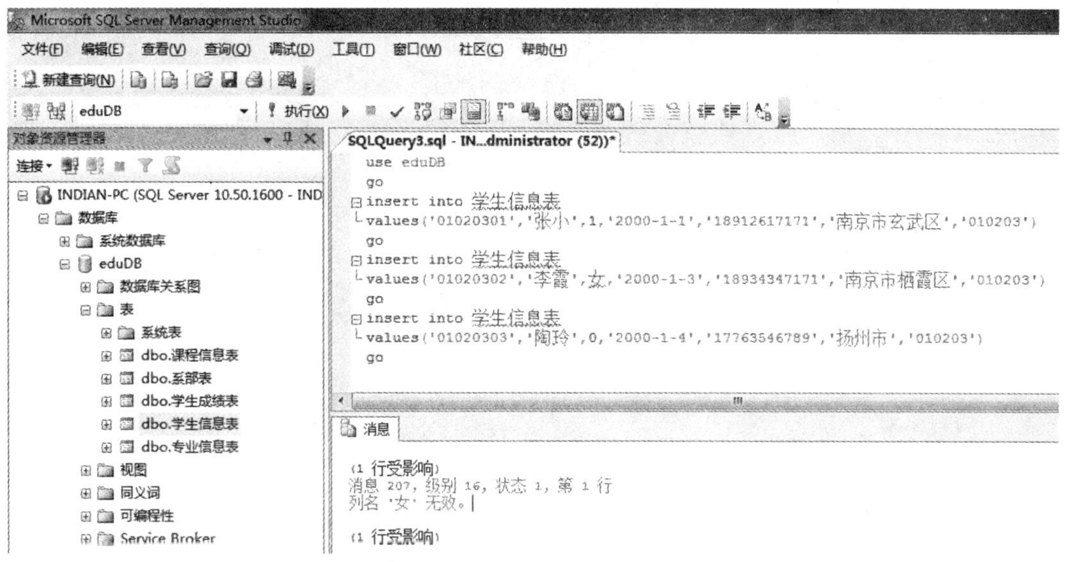

图 5.24　向“学生信息表”中插入数据

在“对象资源管理器”中右击 eduDB 数据库，单击“刷新”，找到新创建的“学生信息表”，右击“学生信息表”，在弹出的快捷菜单中单击“编辑前 200 行”，右窗口中显示的结果如图 5.25 所示。

INDIAN-PC.eduDB - dbo.学生信息表　INDIAN-PC.eduDB - dbo.学生信息表

	学号	姓名	性别	生日	电话	家庭住址	专业编号
	01020301	张小	True	2000-01-01	18912617171	南京市玄武区	010203
	01020303	陶玲	False	2000-01-04	17763546789	扬州市	010203
*	NULL	NULL	NULL	NULL	NULL	NULL	NULL

图 5.25　学生信息表

2. 使用 SSMS 图形界面为数据库中已经存在的表创建或删除 CHECK 约束

【例 5.19】 在 SSMS 界面中，为 eduDB 数据库中的“学生成绩表”成绩列创建 CHECK 约束，以保证成绩数据的完整性。

在“对象资源管理器”中右击 eduDB 数据库中的“学生成绩表”，在弹出的快捷菜单中单击“设计”，在右窗口中右击“成绩”，在弹出的快捷菜单中单击“CHECK 约束”，弹出如图 5.26 所示的对话框。在“CHECK 约束”对话框中单击“添加”按钮，对话框的左侧出现“CK_学生成绩表”，在右侧“表达式”处输入“成绩＞＝0 and 成绩＜＝100”，如图 5.27 所示。

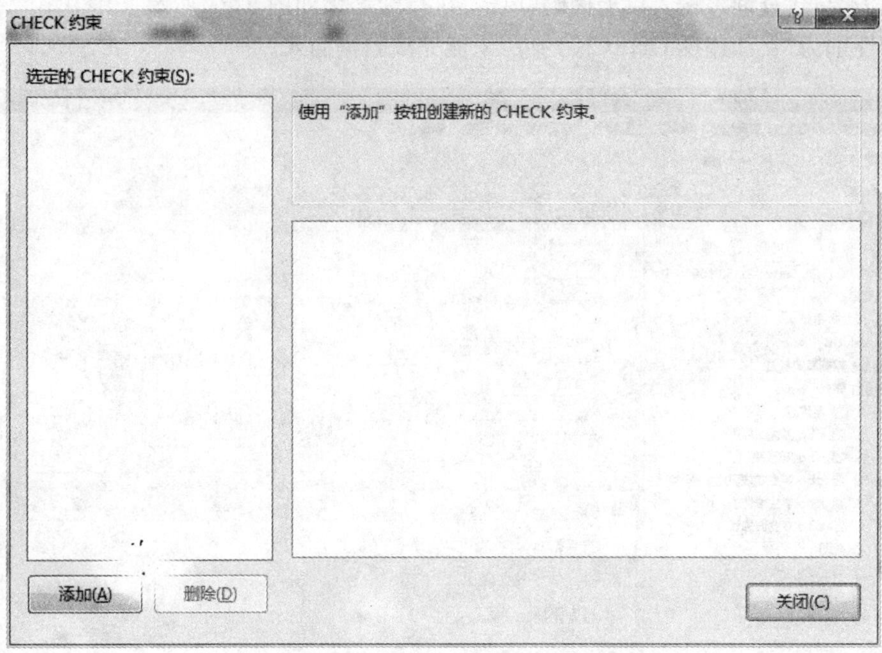

图 5.26 "CHECK 约束"对话框

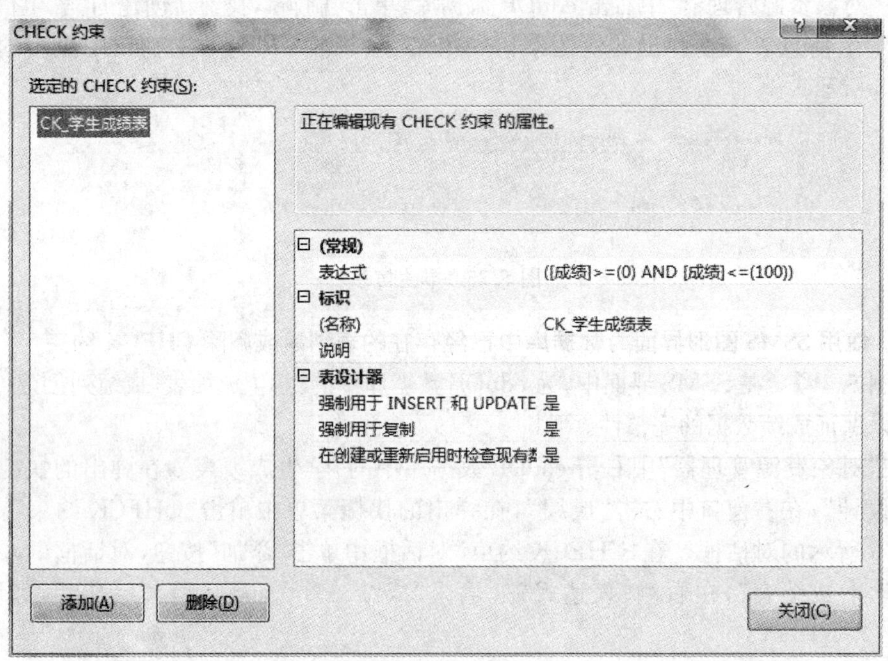

图 5.27 "CHECK 约束"对话框

CHECK 约束创建完成，单击"关闭"按钮，并保存数据。当用户向系部表中插入数据时，如果输入的成绩不符合 CHECK 约束，如图 5.28 所示，最后一行数据中成绩输入"150"，弹出错误信息对话框。

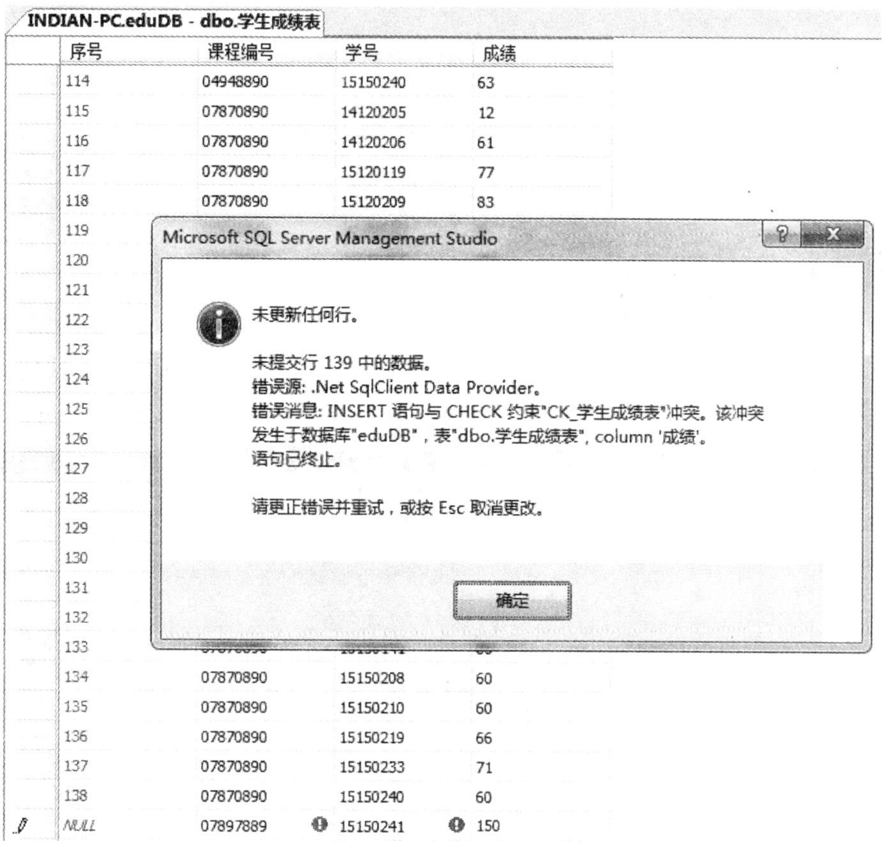

图 5.28　CHECK 约束错误消息

【例 5.20】　在 SSMS 界面中，删除 eduDB 数据库中的“学生成绩表”成绩列的 CHECK 约束。

在“对象资源管理器”中右击 eduDB 数据库中的“学生成绩表”，在弹出的快捷菜单中单击“设计”，在右窗口中右击“成绩”，在弹出的快捷菜单中单击“CHECK 约束”，弹出如图 5.27 所示的对话框。在“CHECK 约束”对话框中选择“CK_学生成绩表”，单击“删除”按钮即可。

3. 使用 T-SQL 语句为数据库中已经存在的表创建或删除 CHECK 约束

【例 5.21】　使用 T-SQL 语句，为 eduDB 数据库中的“学生信息表”的电话列创建 CHECK 约束，电话号码为 11 位数字。

```
use eduDB
go
alter table 学生信息表
add constraint ck_电话
check(电话 Like '[0-9][0-9][0-9][0-9][0-9][0-9][0-9][0-9][0-9][0-9][0-9]')
```

单击“新建查询”，输入以上代码，单击“执行”，CHECK 约束创建成功。

```
use eduDB
go
insert into 学生信息表
values('01020304','赵云',1,'2001-1-1','1234323471','南京市江宁区','010203')
go
insert into 学生信息表
values('01020305','赵雪',0,'2000-1-4','132356777789','宿迁市','010203')
go
```

单击“新建查询”,输入以上代码,单击“执行”,结果如图 5.29 所示。其中第一个 insert 语句中电话为 10 位数字,第二个 insert 语句中电话为 12 位数字,均违反 CHECK 约束,未能完成数据插入。第三个 insert 语句中电话为 11 位数字,成功插入数据。

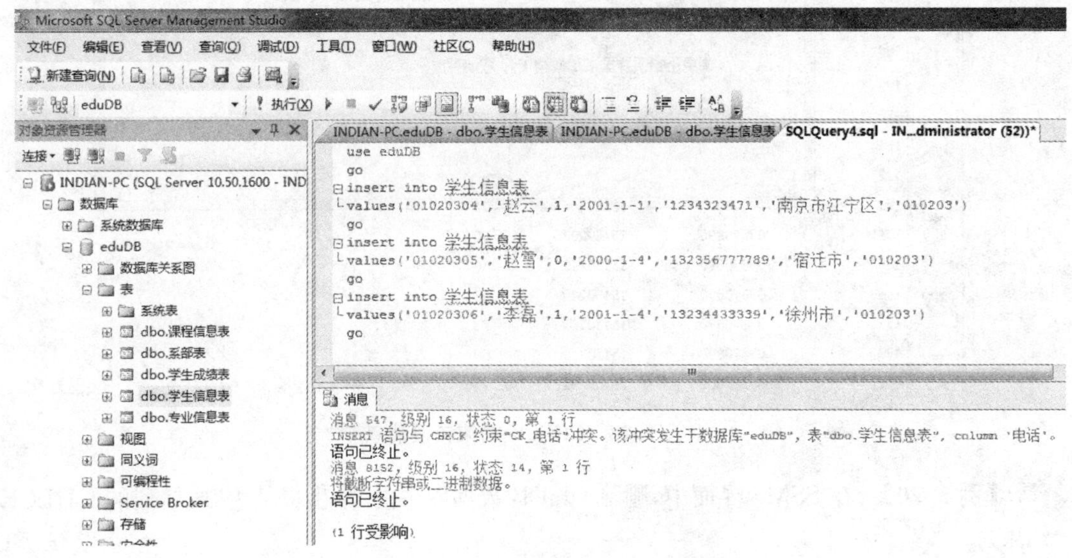

图 5.29　向“学生信息表”中插入数据

【例 5.22】　使用 T-SQL 语句,删除 eduDB 数据库中“学生信息表”电话列的 CHECK 约束。

```
use eduDB
Go
alter table 学生成绩表
drop constraint ck_电话
```

单击“新建查询”,输入以上代码,单击“执行”,CHECK 约束删除成功。

5.2.6　外键约束

外键约束(foreign key)定义表之间的关系。当一个表中的一个列或多个列的组合和其他表中的主关键字定义相同时,就可以将这些列或列的组合定义为外关键字,并设定其适合哪个表中哪些列相关联。这样,当在定义主关键字约束的表中更新列值时,其他表中有与之相关联的外关键字约束的表中的外关键字列也将被相应地做相同的更新。外关键字约束的作用还体现在，当向含有外关键字的表插入数据时，如果与之相关联的表的列中无与插入的外关键字列值相同的值时，系统会拒绝插入数据。与主关键字相同，不能使用一个定义为 TEXT 或 IMAGE 数据类型的列创建外关键字。外关键字最多由 16 个列组成。

外键既能确保数据完整性，也能表现表之间的关系。外键和主键不一样，每个表中的外键数目不限制唯一性，但一个列只能引用一个外键。一个列可以被多个外键引用。

1. 在创建表的时候创建 CHECK 约束

【例 5.23】 在 eduDB 数据库中创建"学生成绩表"，为"学生成绩表"的学号列创建外键约束，关联"学生信息表"的学号列；为"学生成绩表"的课程编号列外键约束，关联"课程信息表"的课程编号列，以保证数据的完整性。同时，学号、课程编号作为该表的组合主键。

```
use eduDB
go
drop table 学生成绩表
go
create table 学生成绩表(
  学号 char(8) foreign key references 学生信息表(学号),
  课程编号 char(8) foreign key references 课程信息表(课程编号),
  成绩 float check(成绩>=0 and 成绩<=100),
  constraint pk_成绩 primary key(学号,课程编号)
)
```

单击"新建查询"，输入以上代码，单击"执行"，"学生成绩表"创建成功。在"对象资源管理器"中右击 eduDB 数据库，单击"刷新"，找到新创建的"学生成绩表"，右击"学生信息表"在弹出的快捷菜单中单击"设计"，右窗口中学号和课程号列前面使用符号标记主键约束。右击学号列，在弹出的快捷菜单中单击"关系"，在弹出的对话框中可查看外键约束的名称及属性，如图 5.30 所示。

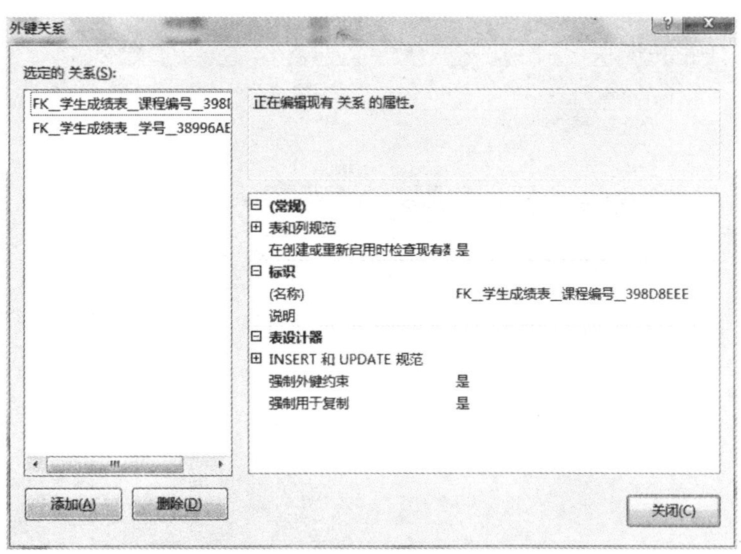

图 5.30 "外键关系"对话框

2. 使用SSMS界面为已存在的表创建或删除表的外键约束

【例 5.24】 在SSMS界面中，为eduDB数据库中的“学生成绩表”学号列和“学生信息表”学号列建立外键约束，以保证数据的完整性。

在“对象资源管理器”中右击eduDB数据库中的“学生成绩表”，在弹出的快捷菜单中单击“设计”，在右窗口中右击“学号”，在弹出的快捷菜单中单击“关系”，弹出如图5.31所示的对话框。在“外键关系”对话框中单击“添加”按钮，对话框的左侧出现“FK_学生成绩表_学生成绩表”，单击右侧的“表和列规范”处的按钮，弹出“表和列”对话框，将“关系名”修改为“FK_学生成绩表_学生信息表”，将“主键表”修改为“学生信息表”，列修改为“学号”，将“外键表”的列修改为“学号”，如图5.32所示，单击“确定”按钮。

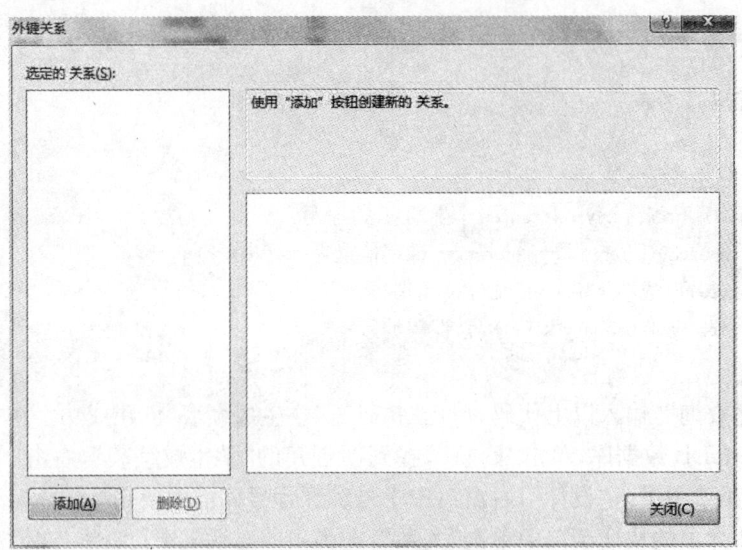

图 5.31 “外键关系”对话框

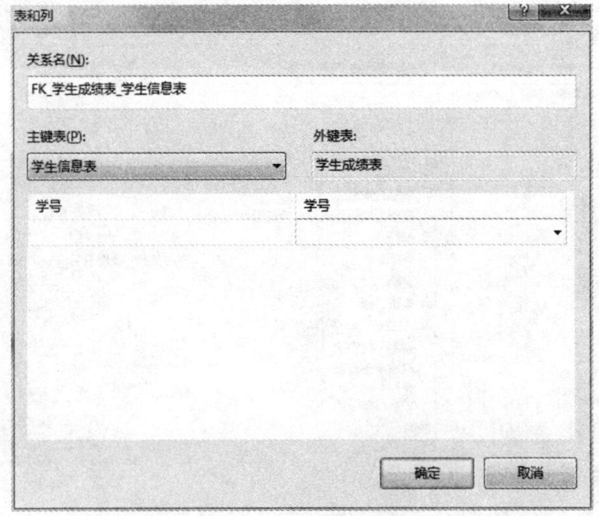

图 5.32 “表和列”对话框

外键约束创建完成，单击“关闭”按钮，并保存数据。当用户向学生成绩表中插入数据时，如果输入的“学号”不符合外键约束，即在“学生成绩表”中输入的学号在“学生信息表”中没有，如图 5.33 所示，最后一行数据中学号输入“16170209”，弹出错误信息对话框。

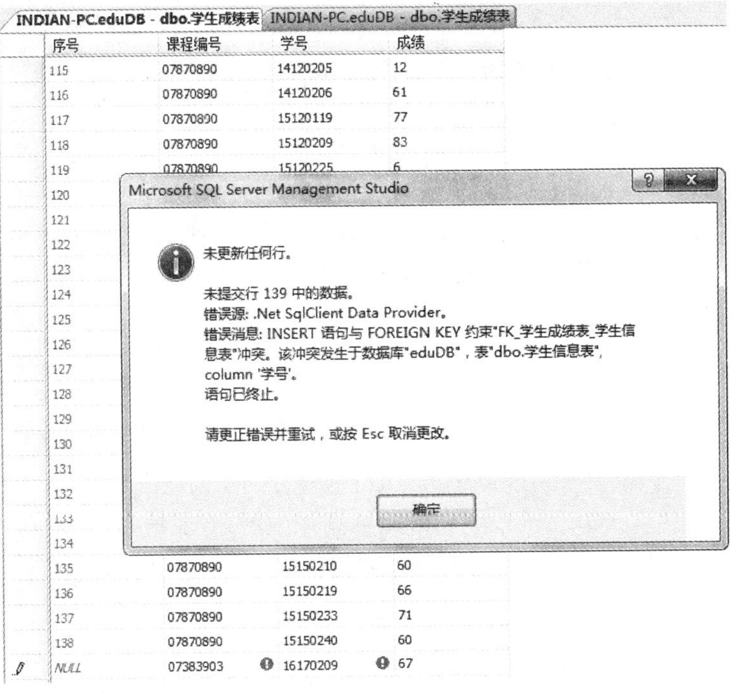

图 5.33 外键约束错误消息

【例 5.25】 在 SSMS 界面中，删除 eduDB 数据库中“学生成绩表”学号列的外键约束。

在“对象资源管理器”中右击 eduDB 数据库中的“学生成绩表”，在弹出的快捷菜单中单击“设计”，在右窗口中右击“学号”，在弹出的快捷菜单中单击“关系”，弹出如图 5.34 所示的对话框。在“外键关系”对话框中左侧选择“FK_学生成绩表_学生信息表”，单击“删除”按钮即可。

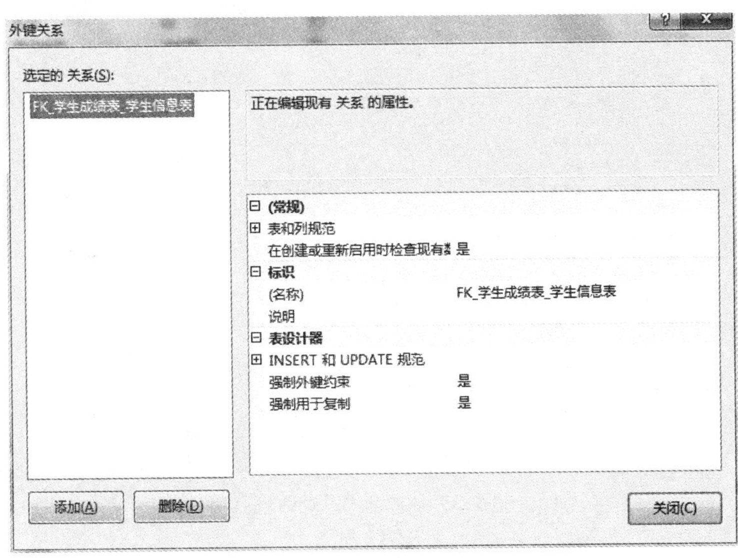

图 5.34 “外键关系”对话框

2. 使用T-SQL语句为数据库中已经存在的表创建或删除外键约束

【例5.26】 使用T-SQL语句，为eduDB数据库中的“学生信息表”专业编号列和“专业信息表”专业编号列建立外键约束，以保证数据的完整性。

```
use eduDB
go
alter table 学生信息表
add constraint fk_学生信息表_专业信息表 foreign key(专业编号)references 专业信息表(专业编号)
```

单击“新建查询”，输入以上代码，单击“执行”，外键约束创建成功。

【例5.27】 使用T-SQL语句，为eduDB数据库中的“课程信息表”所在系列和“系部表”系部编号列建立外键约束，以保证数据的完整性。

```
use eduDB
go
alter table 课程信息表
add constraint fk_课程信息表_系部表 foreign key(所在系)references 系部表(系部编号)
```

单击“新建查询”，输入以上代码，单击“执行”，外键约束创建成功。

【例5.28】 使用T-SQL语句，为eduDB数据库中的“专业信息表”系别列和“系部表”系部编号列建立外键约束，以保证数据的完整性。

```
use eduDB
go
alter table 专业信息表          add constraint fk_专业信息表_系部表 foreign key(系别)references 系部
                                表(系部编号)
```

单击“新建查询”，输入以上代码，单击“执行”，外键约束创建成功。

eduDB数据库中各表之间外键创建成功后，在“对象资源管理器”中右击eduDB数据库中的“数据库关系图”，在弹出的快捷菜单中单击“新建数据库关系图”，弹出如图5.35所示的“添加表”对话框，依次添加每张表，各数据表之间的关系图果如图5.36所示。

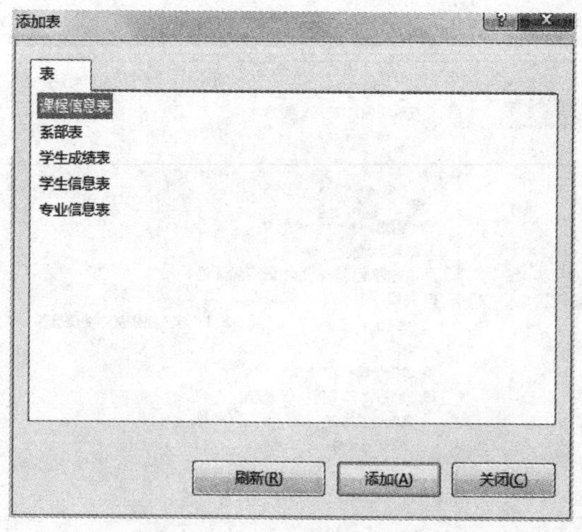

图5.35 “添加表”对话框

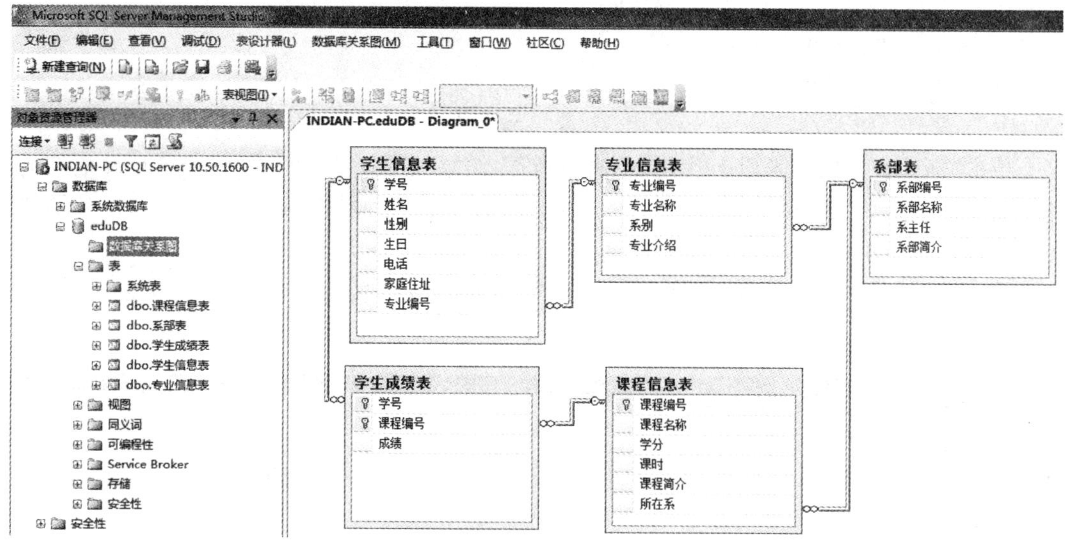

图 5.36　数据库关系图

【例 5.21】 使用 T-SQL 语句，删除 eduDB 数据库中的“学生成绩表”学号列的外键约束。

```
use eduDB
go
alter table 学生成绩表
drop constraint fk_学生成绩表_学生信息表
```

单击“新建查询”，输入以上代码，单击“执行”。在“对象资源管理器”中右击 eduDB 数据库中的“学生成绩表”，在弹出的快捷菜单中单击“设计”，在右窗口中右击“学号”，在弹出的快捷菜单中单击“关系”，弹出如图 5.31 所示的对话框，外键约束删除成功。

5.2.7　禁用约束

完整性约束创建成功后，应立即作用于表或列，违反完整性约束的数据将无法插入表中。在数据编辑过程中，有时需要临时停止完整性约束的作用但又不删除，SQL Server 提供禁用约束的功能，可通过 SSMS 界面或 T-SQL 语句实现，若需要完整性约束继续作用时，可启用。

【例 5.22】 使用 T-SQL 语句，禁用 eduDB 数据库中的“学生成绩表”中的外键约束和 CHECK 约束。

```
use eduDB
go
insert into 学生成绩表
values('01020304','01020101',60)
go
insert into 学生成绩表
values('01020301','01020103',80)
```

```
go
insert into 学生成绩表
values('01020301','01020101',120)
go
```

单击“新建查询”,输入以上代码,单击“执行”,结果如图 5.37 所示。三条 insert 语句均发生错误,其中第一条 insert 语句插入的学号‘01020304’在学生信息表中没有,违反外键约束,如图 5.38 所示;第二条 insert 语句插入的课程号‘01020103’在课程信息表中没有,违反外键约束,如图 5.39 所示;第二条 insert 语句插入的成绩‘120’超过 100,违反 CHECK 约束。

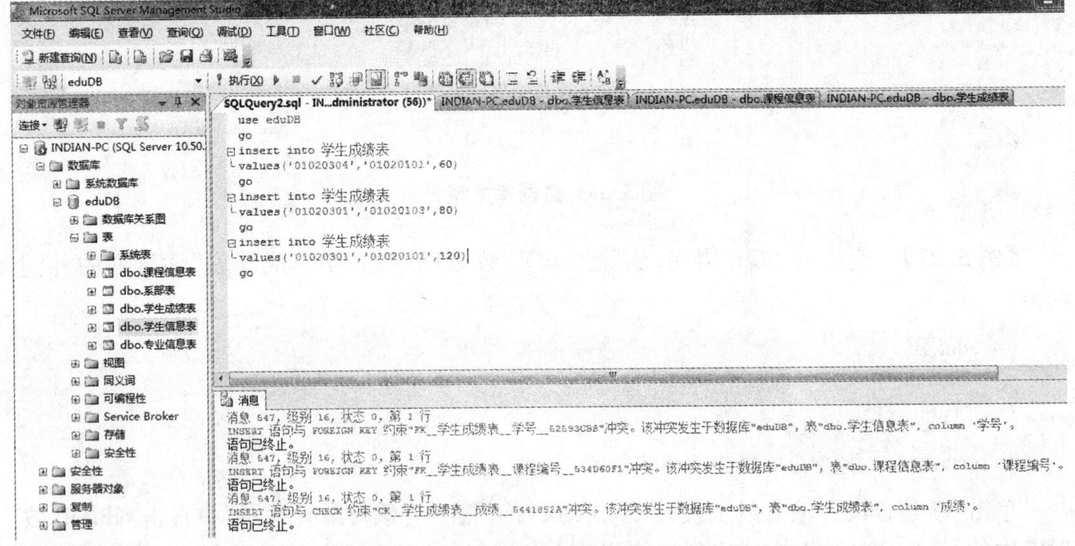

图 5.37 向“学生成绩表”中插入数据

学号	姓名	性别	生日	电话	家庭住址	专业编号
01020301	张小	True	2000-01-01	18912617171	南京市玄武区	010203
01020303	陶玲	False	2000-01-04	17763546789	扬州市	010203
01020306	李磊	True	2001-01-04	13234433339	徐州市	010203
NULL	NULL	NULL	NULL	NULL	NULL	NULL

图 5.38 学生信息表

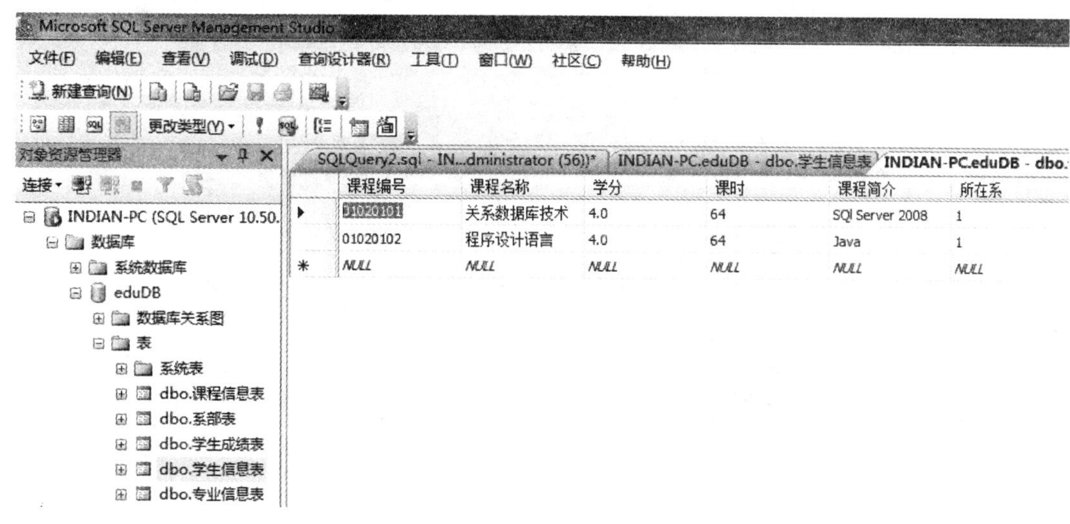

图 5.39　课程信息表

```
use eduDB
go
alter table 学生成绩表
nocheck constraint FK_学生成绩表_学号_52593CB8,FK_学生成绩表_课程编号_534D60F1,CK_学生成绩表_成绩_5441852A
```

单击“新建查询”,输入以上代码,单击“执行”,“学生成绩表”中的外键约束和 CHECK 约束均被禁用。再次输入图 5.37 中的代码,结果如图 5.40 所示,三行数据均成功插入,在“对象资源管理器”中右击 eduDB 数据库中的“学生成绩表”,在弹出的快捷菜单中单击“编辑前 200 行”,结果如图 5.41 所示。

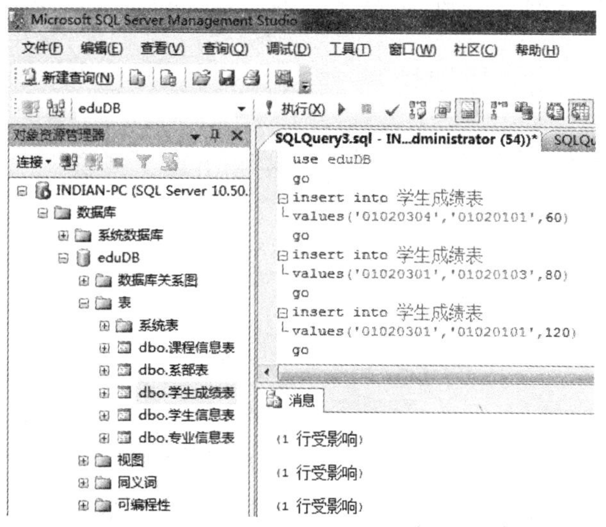

图 5.40　向“学生成绩表”中插入数据

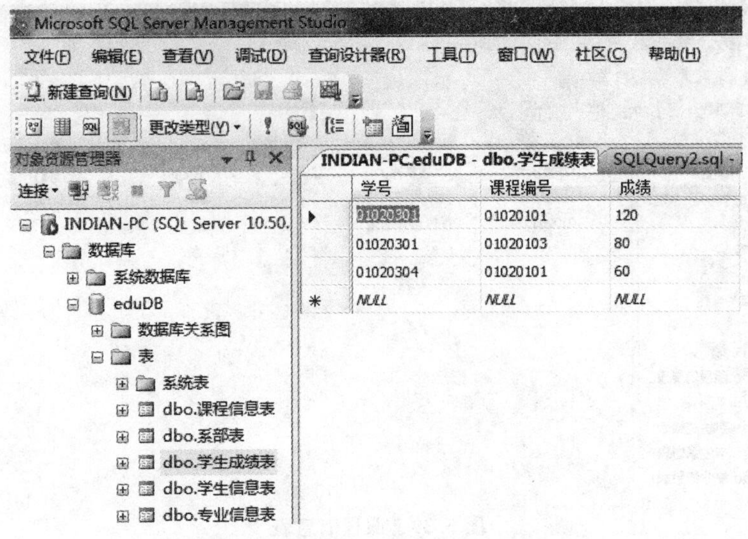

图 5.41　学生成绩表

5.2.8　启用约束

数据表中被禁用的约束需要继续使用时，SQL Server 提供了启用用约束的功能，可通过 SSMS 界面或 T-SQL 语句实现。

【例 5.23】 使用 SMSS 界面启用 eduDB 数据库中的“学生成绩表”中的外键约束和 CHECK 约束。

在“对象资源管理器”中右击 eduDB 数据库中的“学生成绩表”，在弹出的快捷菜单中单击“设计”，在右窗口中右击“学号”，在弹出的快捷菜单中单击“关系”，弹出如图 5.42 所示的对话框，在两个外键约束的“强制外键约束”处选择“是”，单击“关闭”即可启用外键约束。

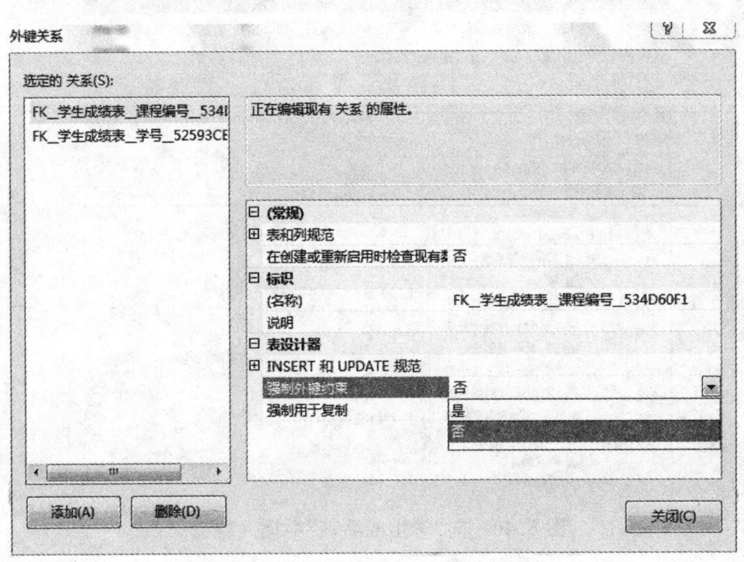

图 5.42　“外键关系”对话框

在右窗口中右击“成绩”，在弹出的快捷菜单中单击“CHECK 约束”，弹出如图 5.43 所示的对话框，在 CHECK 约束的“强制用于 INSERT 和 UPDATE”处选择“是”，单击“关闭”即可启用 CHECK 约束。

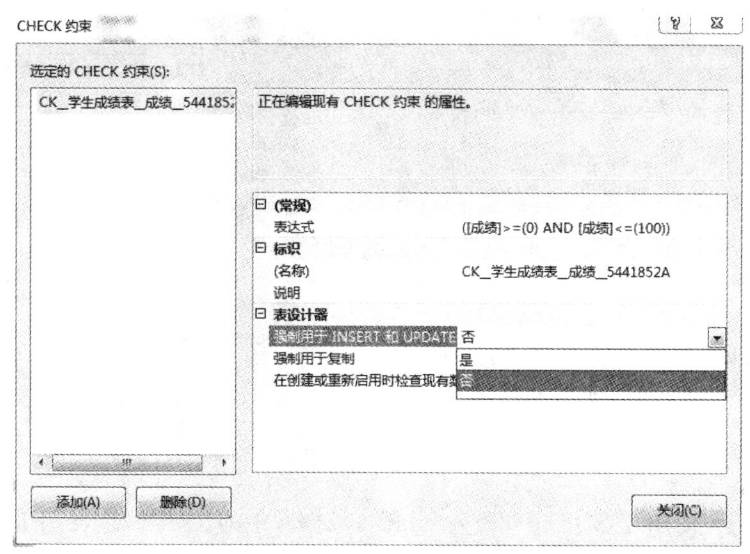

图 5.43　“CHECK 约束”对话框

【例 5.24】 使用 T-SQL 语句，启用 eduDB 数据库中的“学生成绩表”中的外键约束和 CHECK 约束。

```
use eduDB
go
alter table 学生成绩表
check constraint FK_学生成绩表_学号_52593CB8,FK_学生成绩表_课程编号_534D60F1,CK_学生成绩表_成绩_5441852A
```

单击“新建查询”，输入以上代码，单击“执行”即可启用“学生成绩表”中的外键约束和 CHECK 约束。

5.2.8　查看约束

【例 5.25】 使用 SMSS 界面查看 eduDB 数据库中的“学生信息表”中的约束。

在“对象资源管理器”中右击 eduDB 数据库中的“学生信息表”，在弹出的快捷菜单中单击“设计”，在右窗口中右击“学号”，在弹出的快捷菜单中单击“关系”，可查看外键约束；单击“”，可查看主键约束和唯一约束；单击“CHECK 约束”，可查看检查约束，如图 5.44 所示。

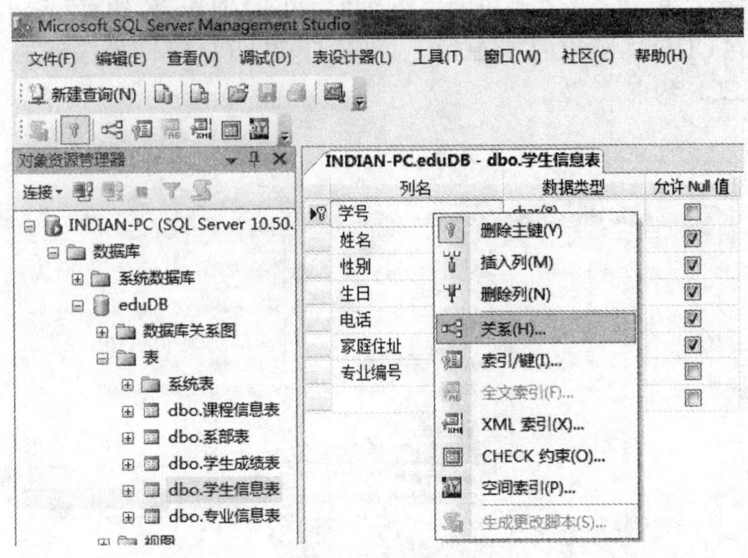

图 5.44　快捷菜单

【例 5.26】 使用 T-SQL 语句查看 eduDB 数据库中的"学生信息表"中的约束。

```
use eduDB
go
sp_helpconstraint 学生信息表
```

单击"新建查询",输入以上代码,单击"执行"即可查看"学生信息表"中的约束,如图 5.45 所示。

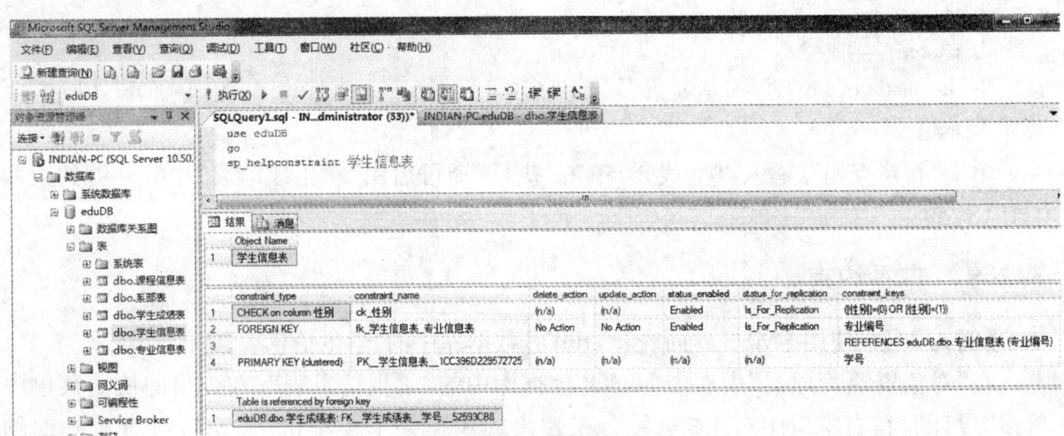

图 5.45　查看表约束

本章习题

一、判断题

1. 一张表可以创建多个主键约束。　　　　(　　)
2. 若将学生表的学号列定义为此表的主键,那么学号列中的值必须为一。　　　　(　　)
3. 若将学生表的学号列定义为此表的主键,那么学号列中的值可以为空。　　　　(　　)
4. 某张表在创建主键约束时,只能基于其中一个属性创建。　　　　(　　)
5. 若给学生表的姓名列创建唯一性约束,那么姓名列中的值可以为空。　　　　(　　)
6. 将两张表通过外键关联是为了保证相关表数据的一致性。　　　　(　　)
7. 列约束作为列定义的一部分只作用于此列本身。表约束作为表定义的一部分,可以作用于多个列。　　　　(　　)
8. 在进行表关联时,外键和主键必须使用相同的列名。　　　　(　　)

二、填空题

1. 关系模型中提供了 3 类完整性规则:__________、参照完整性和自定义完整性。
2. 若要给某个列输入的值进行限制,一般会创建__________约束。
3. 实体完整性是指基本关系的主属性(或主键)必须唯一且不能取__________。
4. 唯一性约束最多可以由________个列组成。

三、操作题(在 gongzi 数据库中使用 T-SQL 语句完成)

1. 在职工表的职工编号字段,创建主键约束'PK_1'。
2. 在工资表的职工编号字段上创建外键'FK_1',关联职工表的职工编号。
3. 向工资表中插入如下一条记录:

职工编号	基本工资	补贴	发放时间
010	850	650	2014－6－10

请写出运行结果,并解释该结果发生的原因。(结果截图)

4. 在职工表的'联系电话'字段,添加 Unique 约束。
5. 在职工表的'性别'字段添加检查约束,限定性别取值为:'男'或'女'。、
6. 在职工表的'联系电话'字段上添加检查约束'ck_电话',限定取 11 位数字。
7. 在职工表的'出生日期'字段上创建约束'ck_出生日期',限制取值范围为 1970.1.1～系统当前时间。(提示:使用系统函数 getdate())
8. 在工资表中添加约束,保证基本工资大于补贴。
9. 在职工表的'家庭住址'字段添加 Default 约束'DF_家庭住址',默认取值为'江宁区'。
10. 向职工表中插入如下一条记录:(验证第 9 题的默认约束)

```
'016','王章军','男','1985-10-10','13596268670'
```

写出 T-SQL 语句。打开表，查看该记录家庭住址的值是不是'江宁区'，并给出的结果截图。

11. 删除约束'ck_出生日期'。
12. 在 gongzi 数据库中，创建"考勤表"，含以下约束

考勤编号	int	自动增长(注意:在运行代码前需要设置职工编号为主键)
职工编号	char(4)	外键:关联职工的职工编号
到达时间	datetime	默认:系统当前时间 GetDate()
考勤状态	nchar(2)	取值范围:缺勤,正常,迟到
考勤日期	datetime	默认:系统当前时间 GetDate

13. 查看约束:查看职工表中的所有约束。(提示:sp_helpConstraint)
14. 禁用职工表的约束'ck_电话'。(提示:nocheck)
15. 禁用职工表的所有约束。
16. 向职工表中插入如下一条记录:(使用部分录入)

```
'017','王军','男','1985-10-10','123456789'
```

该记录是否能插入？为什么？(提示:查看职工表中的所有约束)

17. 启用职工表的约束'ck_电话'。
18. 启用职工表的所有约束。
19. 删除职工表的约束'df_家庭住址'。

第 6 章 数据查询

查询是数据库的核心操作，T-SQL 语言使用 SELECT 实现数据库的查询，既可以实现对单表的数据查询，又可以完成复杂的多表连接查询和嵌套查询。该语句使用灵活功能强大。

本章重点讨论使用 SELECT 语句对数据库进行各种查询的方法。

6.1 查询语句结构

SELECT 语句的作用是从数据库中检索出符合用户需求的数据，并以表格的形式将结果返回给用户。SELECT 语句比较复杂，下面给出一个比较完整的查询语句结构：

```
SELECT 列名                    //指定返回的列。列可以是字段、表达式、常量、函数或 *
[INTO 新表名]                  //指定使用结果集来创建新表。结果将被输出到该新表中
FROM 表名|视图                 //指定一个或多个表名，是查询的数据来源
[WHERE 查询条件]               //指定过滤条件，限制结果只有满足条件才能输出
[GROUP  BY 分组字段]           //可按字段分组，将同一组的数据进行总计函数处理
[HAVING 分组统计条件]          //类似于 where 功能，可以对结果再次过滤
[ORDER  BY 排序表达式[ASC|DESC]]  //可以将查询结果以某字段或运算值排序
[COMPUTE] {AVG|COUNT|MAX|MIN|SUM}(表达式)[,……n][BY 分组表达式]  //按组汇总
```

其中，SELECT 语句的基本结构为

```
SELECT  列名 FROM  表名
```

SELECT 语句的基本结构中含 SELECT 和 FROM 两个子句，即 SELECT 语句至少要含有这两个子句。其中，SELECT 指定要查询的列，FROM 指出要查询的表格。

6.2 简单查询

虽然 SELECT 语句的完整语语法比较复杂，但是大多数的查询语句都只是用到以下四个主要属性：

- 结果集中的列或列的表达式。[SELECT 子句]
- 用于检索数据的表格，以及表之间的关系。[FROM 子句]
- 为了符合查询要求，表格中的行必须满足的条件。[WHERE 子句]

● 结果集中行的排列顺序。[ORDER BY 子句]

6.2.1 SELECT 子句

SELECT 是查询语句中的动词,告诉 SQL Server 要执行什么操作。SELECT 的含义是只能读取数据信息,不能修改数据信息。所要读取的信息由 SELECT 后面的表达式或列列表确定。表 6.1 给出 SELECT 子句中常用的参数。

表 6.1 SELECT 子句中常用的参数

参 数	说 明
*	通配符,返回所有的列值
列名	指定要返回在结果中的部分列,如果是多列用逗号分开
列别名(重命名)	结果中可以为原列重命名,用以替代列的原名。
表达式	可以是列名、常量、函数或他们的表达式
Top n[percent]	指定显示结果的前 n 行[或 n%行],行数取整
Distinct	去除结果中重复的行,重复行只显示一遍,多个空值视为相等
All	与 Distinct 对应。显示所有行,包括重复行,All 是默认值,一般省略不写

只有 SELECT 子句,还不足以从表格中进行数据检索,还需要结合 FROM 子句。

6.2.2 FROM 子句

FROM 子句和 SELECT 子句共同构成查询语句的基本结构,它可以指定要进行查询的单表或多个表。其基本语法格式为:

```
SELECT 列名列表  FROM  {表名|视图}[,{表名|视图},……]
```

1. 查询全部列(*)

在 SELECT 语句中(*)具有特殊意义。当未使用限定符指定时,*表示对 FROM 子句中指定的所有表或视图中的所有列的引用。

【例 6.1】 查询"课程信息表"表全部信息(图 6.1)。

```
select * from 课程信息表
```

	课程编号	课程名称	学分	课时	课程简介	所在系
1	00202028	计算机基础技能应用	7.0	112	计算机类专业基础课程	1
2	00202069	网络技术及应用	4.5	72	计算机专业核心课程,网络基础课程	1
3	00204021	程序设计基础	3.0	48	Java编程基础课程,计算机专业核心课程	1
4	00204022	关系数据库技术	4.5	72	计算机专业核心课程,数据库基础课程	1
5	00310007	会计基础	4.0	64	会计类基础课程	3
6	00310014	中级核算	4.5	72	会计专业职业技能课	3
7	00501002	网络总线技术	2.0	32	汽修专业职业基础课	5
8	00502206	汽车电路维修	4.0	64	汽修专业职业技能课	5
9	02005050	网络设备调试	3.0	48	Java网络专业职业技能课	1
10	02005640	Oracle数据库及应用	4.0	64	数据库高端课程	1
11	02318890	计算机组成原理	4.0	64	计算机专业基础课	1
12	02333890	软件工程	4.0	64	软件技术专业技能课	1
13	04948890	Linux系统及应用	3.0	48	操作系统课程	1
14	07870890	JAVA程序设计	5.0	80	编程类课程,专业核心课	1

图 6.1 课程信息表全部信息

2. 查询部分列

实际应用中,可以根据需要在SELECT子句中指定需要的列名,列之间使用逗号分隔,查询结果中数据列的排列顺序与列名的列表顺序一致。

【例6.2】 查询"课程信息表"中课程编号、课程名称、学分(图6.2)。

```
select  课程编号,课程名称,学分
from 课程信息表
```

	课程编号	课程名称	学分
1	00202028	计算机基础技能应用	7.0
2	00202069	网络技术及应用	4.5
3	00204021	程序设计基础	3.0
4	00204022	关系数据库技术	4.5
5	00310007	会计基础	4.0
6	00310014	中级核算	4.5
7	00501002	网络总线技术	2.0
8	00502206	汽车电路维修	4.0
9	02005050	网络设备调试	3.0
10	02005640	Oracle数据库及应用	4.0
11	02318890	计算机组成原理	4.0
12	02333890	软件工程	4.0
13	04948890	Linux系统及应用	3.0
14	07870890	JAVA程序设计	5.0

图6.2 查询部分列运行结果

【例6.3】 查询系部编号、系部名称、系部简介(图6.3)。

```
select  系部编号,系部名称,系部简介
from 系部表
```

	系部编号	系部名称	系部简介
1	1	电子与信息技术系	电子信息工程、通信技术、计算机
2	3	经管系	会计、物流、营销、国贸
3	5	汽车工程系	汽车维修、汽车服务、轨道交通

图6.3 运行结果

3. 列重命名

在SELECT语句中,可以为所选择的列重命名。命名后的新列名是一个标识符,如果遵循标识符规则就不需分隔符,否则需要使用中括号([])、双引号("")或单引号('')进行分隔。

在查询结果中将结果中的列重命名有三种格式:

```
格式1:列名 AS 新列名
格式2:列名  新列名
格式3:新列名=列名
```

【例6.4】 查询专业名称、专业介绍(重命名为简介)、系别(重名称为所在系)(图6.4)。

```
select  专业名称,简介=专业介绍,系别 as 所在系
from 专业信息表
```

	专业名称	简介	所在系
1	计算机科学与技术	本科班	1
2	计算机应用技术	本专业培养德智体美全面发展、具有良好职业素养、面向公司及企事业单位等应用计算机技术的相关领域，具备...	1
3	软件技术	本专业毕业生主要面向软件开发与服务、软件产品销售领域，包括IT企业、通信公司、政府机关、事业单位、银...	1
4	会计	本专业毕业生主要面向中小企业、金融行业、非营利组织等单位的会计核算、监督、管理、涉税业务办理及会计...	3
5	汽车维修	专业培养汽车维修和销售人员	5

图 6.4　运行结果

若新列名不是常规标识符，则需要使用分隔符。例如，【例 6.4】的代码可以改为：

```
select　专业名称,[简　介]=专业介绍,系别 as 所在系
from 专业信息表
```

结果如图 6.5 所示。

	专业名称	简 介	所在系
1	计算机科学与技术	本科班	1
2	计算机应用技术	本专业培养德智体美全面发展、具有良好职业素养、面向公司及企事业单位等应用计算机技术的相关领域，具备...	1
3	软件技术	本专业毕业生主要面向软件开发与服务、软件产品销售领域，包括IT企业、通信公司、政府机关、事业单位、银...	1
4	会计	本专业毕业生主要面向中小企业、金融行业、非营利组织等单位的会计核算、监督、管理、涉税业务办理及会计...	3
5	汽车维修	专业培养汽车维修和销售人员	5

图 6.5　运行结果(含分隔符)

【例 6.5】　查询“学生信息表”中的姓名(重命名为 name)、性别(重命名为 gender)、生日(重命名为 birthday)(图 6.6)。

```
select　姓名 as name,性别 gender,birthday=生日
from 学生信息表
```

	Name	Gender	Birthday
1	吕新宇	1	1998-10-25
2	王明轩	1	1998-05-08
3	高起航	1	1996-09-14
4	刘明非	0	1998-03-12
5	韩寒	0	1997-09-25
6	刘易	1	1998-06-05
7	孟翔云	1	1997-08-07

图 6.6　运行结果

4. 列的运算(表达式)

SELECT 查询的列表中包含基表中不存在，但是由基表中的值计算而来的值，这时会用到列表达式，也称导出列。

【例 6.6】　查询“课程信息表”中的课程名称、实践学时(占课时的 60%)(图 6.7)。

```
select 课程名称,实践学时=round(课时 * 0.6,0)　　--round()函数用于计算指定精度四舍五入的结果
from 课程信息表
```

	课程名称	实践学时
1	计算机基础技能应用	67.0
2	网络技术及应用	43.0
3	程序设计基础	29.0
4	关系数据库技术	43.0
5	会计基础	38.0
6	中级核算	43.0
7	网络总线技术	19.0
8	汽车电路维修	38.0
9	网络设备调试	29.0
10	Oracle数据库及应用	38.0
11	计算机组成原理	38.0
12	软件工程	38.0
13	Linux系统及应用	29.0
14	JAVA程序设计	48.0

图 6.7　运行结果

【例 6.7】　查询"学生成绩表"所有信息，并将成绩开根号后乘以 10 后再显示，结果取整(图 6.8)。

```
select *,floor(sqrt(成绩)*10) as 新成绩   --floor()函数返回小于或等于表达式的最大整数
from 学生成绩表
```

	序号	课程编号	学号	成绩	新成绩
1	1	00202028	10240105	84	91
2	2	00202028	10240106	98	98
3	3	00204021	10240104	43	65
4	4	00204021	10240105	73.5	85
5	5	00204021	10240106	86	92
6	6	00310007	10330120	56	74
7	7	00310007	10330125	75.5	86
8	8	00310014	10330120	68.5	82
9	9	00310014	10330125	91.5	95
10	10	00501002	10510102	82.5	90

图 6.8　运行结果

【例 6.8】　显示"课程信息表"中课程名称、课时，并将课时数减去 10 后输出，其结果如图 6.9 所示。

```
select 课程名称,课时,'课时-10'=课时-10
from 课程信息表
```

	课程名称	课时	课时-10
1	计算机基础技能应用	112	102
2	网络技术及应用	72	62
3	程序设计基础	48	38
4	关系数据库技术	72	62
5	会计基础	64	54
6	中级核算	72	62
7	网络总线技术	32	22
8	汽车电路维修	64	54
9	网络设备调试	48	38
10	Oracle数据库及应用	64	54
11	计算机组成原理	64	54
12	软件工程	64	54
13	Linux系统及应用	48	38
14	JAVA程序设计	80	70

图 6.9　运行结果

注意:列的运算表达式中只能出现表中原本的字段名或常量,重命名过的新列名不能出现在表达式中。

学生自测:查询"课程信息表"中课程名称及每个学分的课时数(课时数除以学分)。

5. 显示结果的前 n 行或前 n%行(Top n [percent])

SELECT 子句中的"Top n [percent]"选项用于指定只从查询结果中输出的前 n(n%)行。n 是大于 0 的整数,当使用 percent 时,n 必须是介于 0~100 之间的整数。如果查询包含 ORDER BY 子句,则输出由 ORDER BY 子句排序的前 n 行或 n%行;如果查询没有使用 ORDER BY 子句,则行的顺序将按表中存放的顺序显示。

【例 6.9】 显示"课程信息表"中的前 3 行,具体如表 6.10 所示。

```
select top 3 * from 课程信息表
```

	课程编号	课程名称	学分	课时	课程简介	所在系
1	00202028	计算机基础技能应用	7.0	112	计算机类专业基础课程	1
2	00202069	网络技术及应用	4.5	72	计算机专业核心课程,网络基础课程	1
3	00204021	程序设计基础	3.0	48	Java编程基础课程.计算机专业核心课程	1

图 6.10 运行结果

【例 6.10】 显示"课程信息表"中的前 10%行的信息,具体如图 6.11 所示。

```
select top 10 percent * from 课程信息表
```

	课程编号	课程名称	学分	课时	课程简介	所在系
1	00202028	计算机基础技能应用	7.0	112	计算机类专业基础课程	1
2	00202069	网络技术及应用	4.5	72	计算机专业核心课程,网络基础课程	1

图 6.11 运行结果

6. 消除重复行(DISTINCT)

SELECT 语句中的 ALL 和 DISTINCT 选项用于指定显示所有行或指定在结果集中不显示重复行。

【例 6.11】 查询"学生成绩表"中的课程编号,分别显示无重复行和全部行,如图 6.12 所示。

	课程编号
1	00202028
2	00204021
3	00310007
4	00310014
5	00501002
6	00502206
7	02005640
8	02318890
9	02333890
10	04948890
11	07870890

图 6.12 使用 Distinct 的运行结果

	课程编号
1	00202028
2	00202028
3	00204021
4	00204021
5	00204021
6	00310007
7	00310007
8	00310014
9	00310014
10	00501002
11	00501002
12	00502206
13	00502206

图 6.13 使用 ALL 的运行结果

```
select distinct 课程编号 from 学生成绩表
select all 课程编号 from 学生成绩表
```

说明：图 6.13 的结果还有很多行，因篇幅有限，仅显示部分内容。

ALL 是默认关键词，当省略 ALL 时查询的是满足条件的所有行。代码分别为：

```
select 课程编号 from 学生成绩表
select all 课程编号 from 学生成绩表
```

上述两条语句表达的意义与运行结果均相同，如图 6.13 所示。

7. 在结果中显示常数

当字符串连接起来时，为了保证格式的正确性和可读性，需要在其中包含字符串常量，如下面的例题将系部编号、系部名称合并显示且需要用常量（如书名号，冒号等）进行分隔。

【例 6.12】 将系部编号、系部名称以字符串格式连接并输出，例如“1 系：电子与信息技术系”，具体如图 6.14 所示。

```
select cast(系部编号 as char(1))+'系：'+系部名称        --cast(表达式 as 类型)类型转换函数
from 系部表
```

	(无列名)
1	1系:电子与信息技术系
2	3系:经管系
3	5系:汽车工程系

图 6.14 运行结果

学生自测：查询“课程信息表”中课程名称，并加上书名号输出，如《Java 程序设计》。

6.2.3 WHERE 子句

在检索信息时可以通过 Where 子句指定检索的条件，以达到过滤行数据的目的。Where 子句是对行的选择。设定检索条件时，经常会用到一些运算符，SQL Server 支持如表 6.2 所示的几种运算符。

表 6.2 SQL Server 支持的运算符

运算符	关键词
逻辑运算符	Not、And、Or
比较运算符	=、! =、>、>=、<、<=
集合运算符	IN、NOT IN、ANY、ALL
字符串匹配运算符	Like、Not Like
未知值	is [not] Null
值的范围	Between，not Between

1. Like 匹配符

- %:字符匹配符,可匹配任意长度的字符串。
- _:单个字符匹配符,只能匹配一个字符。
- [ ]:匹配符可以指定匹配的范围。

➢ 如[abcdef],表示在 a~f 范围中匹配一个字符;

➢ 也可以用[^]表示不属于这个范围的匹配,如[^abc]表示除了 abc 之外的任一个字符都匹配

【例 6.13】 查询姓“王”的学生信息,用的 LIKE 匹配模式。

```
select  *  from 学生信息表
where 姓名 like  '王%'
```

运行结果如图 6.15 所示。

	学号	姓名	性别	生日	电话	家庭住址	专业编号
1	10240105	王明轩	1	1998-05-08	NULL	NULL	590108
2	15120209	王孝喆	1	1996-10-04	17721527916	安徽省滁州市定远县第三中学	000111
3	15130109	王梓	1	1996-08-10	13337718035	南京市高淳县淳溪镇凯金世家花园8幢301	000111
4	15140102	王玲	1	1998-07-22	15850633737	江苏省盐城市射阳县长荡镇陈林村	000111
5	15140123	王惟宇	0	1997-08-20	17766073101	徐州市鼓楼区沈孟路1号医院	000111
6	15150104	王巍然	1	1994-01-18	18652911609	江苏省南京市雨花台区共青团路五村8幢404室	000111
7	15150112	王海金	0	1996-09-12	17721524995	江苏省淮安市楚州区范集镇富明路2号	000111
8	15150138	王涛	1	1996-04-21	13337718332	江苏省句容市华阳镇新坊一队8-1号	000111
9	15150232	王佩銮	1	1997-12-04	NULL	NULL	000111
10	15150240	王伟健	1	1996-09-06	15162519071	苏州吴江盛泽南环路红洲村11-13号	000111

图 6.15 运行结果

【例 6.14】 运行下面的代码,比较查询条件的差别。

```
--最后一位是 6 或 5
select  *  from 学生信息表
where 电话 like  '%[65]'
--最后两位是 65
select  *  from 学生信息表
where 电话 like  '%[6][5]
```

运行结果如图 6.16 所示。

	学号	姓名	性别	生日	电话	家庭住址	专业编号
1	10240104	吕新宇	1	1998-10-25	18923456776	南京市鼓楼区滨江路28号	590108
2	14120205	盖峻铭	1	1997-08-05	15896105555	江苏省连云港市新浦区新孔南路茗馨花园C3-二单元402室	000111
3	15120108	张文轩	1	1996-06-02	13606187396	江苏省无锡市锡山区新明路蔚蓝都市	000111
4	15120119	袁义	1	1997-08-08	15850602556	安徽省安庆市望江县第二中学	000111
5	15120209	王孝喆	1	1996-10-04	17721527916	安徽省滁州市定远县第三中学	000111
6	15130109	王梓	1	1996-08-10	13337718035	南京市高淳县淳溪镇凯金世家花园8幢301	000111
7	15140127	牛浩然	1	1997-07-01	17768130316	江苏省南京市雨花台区龙凤佳园小高层503	000111
8	15140128	郭力铭	1	1998-07-21	15305167285	江苏省南京市雨花台区铁心桥天隆坊二栋一单元603	000111
9	15140234	冯徐钖	1	1996-03-08	13606284065	启东市吕四港镇闸河村八组	000111
10	15150112	王海金	0	1996-09-12	17721524995	江苏省淮安市楚州区范集镇富明路2号	000111
11	15150235	张雨	1	1996-07-09	13852226866	江苏省徐州市睢宁县睢城镇西柠巷78#	000111

	学号	姓名	性别	生日	电话	家庭住址	专业编号
1	15140234	冯徐钖	1	1996-03-08	13606284065	启东市吕四港镇闸河村八组	000111

图 6.16 运行结果

2. Between…and

判断列值是否满足指定的区间。Between…and 表示的是一个范围的查询，包括两个边界。其不仅可以用于数值型字段，也可用于很多其他类型的数据使用。例如，char，varchar，money，smallmoney，datetime，smalldatetime 等。

【例 6.15】 查询生日在 '1998-9-1' 到 '2000-1-1' 之间的学生信息。运行结果如图 6.17 所示。

```
select * from 学生信息表
where 生日 between '1998-9-1' and '2000 - 1 - 1'
```

	学号	姓名	性别	生日	电话	家庭住址	专业编号
1	10240104	吕新宇	1	1998-10-25	18923456776	南京市鼓楼区滨江路28号	590108
2	15120110	廉政	1	1998-09-03	15850617099	江苏省宿迁市沭阳县花苑小区	000111
3	15140104	苏艺恬	1	1998-10-02	15850629928	江苏省连云港市赣榆县时桥镇九里村	000111

图 6.17　运行结果

3. is null & is not null

判断字段是否为空或非空。null 不可以加单引号，也不能用等号。

【例 6.16】 查询"学生信息表"中家庭住址为 null 的记录。运行结果如图 6.18 所示。

```
select * from 学生信息表
where 家庭住址 is null
```

	学号	姓名	性别	生日	电话	家庭住址	专业编号
1	10240105	王明轩	1	1998-05-08	NULL	NULL	590108
2	10330120	刘明非	0	1998-03-12	17768765434	NULL	630302
3	10510206	孟翔云	1	1997-08-07	NULL	NULL	732509
4	15140117	张峻珲	1	1995-08-03	NULL	NULL	000111
5	15150232	王佩銮	1	1997-12-04	NULL	NULL	000111

图 6.18　运行结果

4. In(Not In)

用 in 字句判断元素是否在集合中。in 后的小括号中依次列出每个元素，用逗号分隔。

【例 6.17】 查询学分为 4 和 4.5 的课程信息。

```
select * from 课程信息表
where 学分 in(4,4.5)
```

not in 的格式，查询学分不是 4 和 4.5 分的课程。

```
select * from 课程信息表
where 学分 not in(4,4.5)
```

具体运行结果如图 6.19 所示。

	课程编号	课程名称	学分	课时	课程简介	所在系	业编号
1	00202069	网络技术及应用	4.5	72	计算机专业核心课程，网络基础课程	1	0108
2	00204022	关系数据库技术	4.5	72	计算机专业核心课程，数据库基础课程	1	0111
3	00310007	会计基础	4.0	64	会计类基础课程	3	0111
4	00310014	中级核算	4.5	72	会计专业职业技能课	3	
5	00502206	汽车电路维修	4.0	64	汽修专业职业技能课	5	
6	02005640	Oracle数据库及应用	4.0	64	数据库高端课程	1	
7	02318890	计算机组成原理	4.0	64	计算机专业基础课	1	
8	02333890	软件工程	4.0	64	软件技术专业技能课	1	

	课程编号	课程名称	学分	课时	课程简介	所在系
1	00202028	计算机基础技能应用	7.0	112	计算机类专业基础课程	1
2	00204021	程序设计基础	3.0	48	Java编程基础课程,计算机专业核心课程	1
3	00501002	网络总线技术	2.0	32	汽修专业职业基础课	5
4	02005050	网络设备调试	3.0	48	Java网络专业职业技能课	1
5	04948890	Linux系统及应用	3.0	48	操作系统课程	1
6	07870890	JAVA程序设计	5.0	80	编程类课程，专业核心课	1

图 6.19　运行结果

6.2.4　ORDER BY 子句

在前面运行的查询示例中，大多数的结果是按照字母顺序输出的，输出的结果是否纯属偶然呢？一般情况下，如果在查询中未指定查询结果的显示顺序，则 SQL Server 通常是从系统开销考虑，按照数据的物理顺序排列输出。

当需要对查询结果排序时，应该在 SELECT 语句中使用 ORDER BY 子句。排序的方式可以是升序的(ASC)，也可以使降序的(DESC)。

基本语句：

```
SELECT 列名 FROM   表名
[ORDER   BY 排序表达式[ASC|DESC]]
```

说明：

◇ 排序表达式可以是一个列名，或者是多个用逗号分隔的列名。查询结果将以某个列的指定顺序或某几个列的指定顺序显示。

◇ ORDER BY 子句必须出现在其他子句之后。

◇ ORDER BY 子句指定多列时，将先按第一列进行排序，再按指定的下一列进行排序，以此类推。

◇ 可以在 ORDER BY 子句中使用 SELECT 子句中出现过的聚合函数或表达式的别名。

【例 6.18】 查询所有的专业信息，并按照专业编号从小到大排序。运行结果如图 6.20 所示。

	专业编号	专业名称	系别	专业介绍
1	000111	计算机科学与技术	1	本科班
2	590101	计算机应用技术	1	本专业培养德智体美全面发展、具有良好职业素养、面向公司及企事业单位等应用计算机技术的相关领域，具备...
3	590108	软件技术	1	本专业毕业生主要面向软件开发与服务、软件产品销售领域，包括IT企业、通信公司、政府机关、事业单位、银...
4	630302	会计	3	本专业毕业生主要面向中小企业、金融行业、非营利组织等单位的会计核算、监督、管理、涉税业务办理及会计...
5	732509	汽车维修	5	专业培养汽车维修和销售人员

图 6.20　运行结果

```
select * from 专业信息表
order by 专业编号
```

【例 6.19】 查询所有的专业信息，按照系别编号从大到小排序。运行结果如图 6.21 所示。

```
select * from 专业信息表
order by 系别 desc
```

	专业编号	专业名称	系别	专业介绍
1	732509	汽车维修	5	专业培养汽车维修和销售人员
2	630302	会计	3	本专业毕业生主要面向中小企业、金融行业、非营利组织等单位的会计核算、监督、管理、涉税业务办理及会计...
3	000111	计算机科学与技术	1	本科班
4	590101	计算机应用技术	1	本专业培养德智体美全面发展、具有良好职业素养、面向公司及企事业单位等应用计算机技术的相关领域，具备...
5	590108	软件技术	1	本专业毕业生主要面向软件开发与服务、软件产品销售领域，包括IT企业、通信公司、政府机关、事业单位、银...

图 6.21　运行结果

6.2.5 INTO 子句

INTO 子句指定使用查询的结果集来创建新表。SELECT 语句查询的结果将被输出到该表中。区别一般的查询语句，含 INTO 子句的查询结果将被存放在新表中，随时可以打开该表查看，而一般的查询结果在语句执行后显示，但结果并不会保存。

```
SELECT 列名 [INTO 新表名] FROM 表名
```

【例 6.20】 查询 1 系的各专业信息，并将结果保存到新表'1 系专业表'。

```
select *
into[1 系专业表]
from 专业信息表
where 系别=1
```

结果：(3 行受影响)

查看[1 系专业表]如图 6.22 所示。

```
select * from[1 系专业表]
```

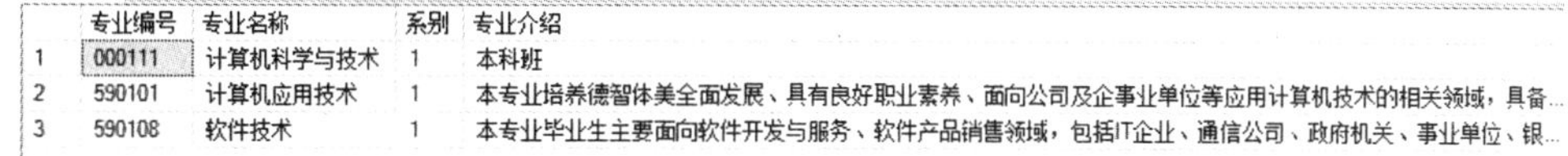

	专业编号	专业名称	系别	专业介绍
1	000111	计算机科学与技术	1	本科班
2	590101	计算机应用技术	1	本专业培养德智体美全面发展、具有良好职业素养、面向公司及企事业单位等应用计算机技术的相关领域，具备...
3	590108	软件技术	1	本专业毕业生主要面向软件开发与服务、软件产品销售领域，包括IT企业、通信公司、政府机关、事业单位、银...

图 6.22　运行结果

建议在执行含 INTO 子句的语句时，先执行不含 INTO 子句的代码，再查看查询的结果是否正确。确认无误后再添加 INTO 子句，并将查询的结果保存在新表中。

复制一张表专业信息表，并将新表保存为专业信息表 1。

```
select *
  into 专业信息表 1
from 专业信息表
```

学生自测：查询所有女生的信息，并存入'女生信息表'中。

6.2.6 无 FORM 子句的 SELECT 语句

无 FROM 子句的 SELECT 语句是对系统变量或常量的操作，不属于从数据库的表格中进行数据检索的范畴，此时 SELECT 只做显示之用，不做检索之用。

【例 6.21】 无 FROM 子句的 SELECT 语句举例(图 6.23)。

```
select 1+2
select @@version
select getdate()
```

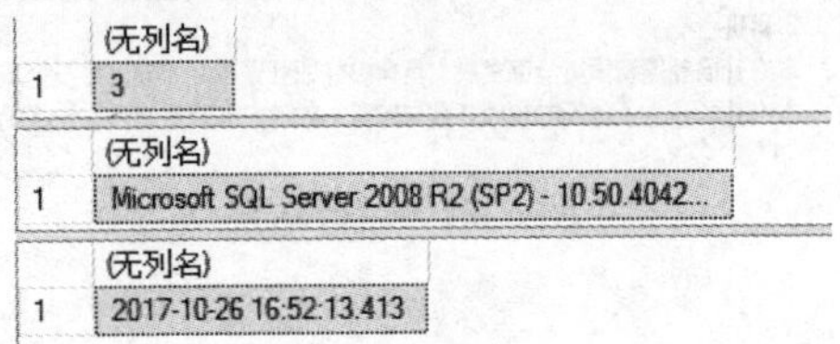

	(无列名)
1	3

	(无列名)
1	Microsoft SQL Server 2008 R2 (SP2) - 10.50.4042...

	(无列名)
1	2017-10-26 16:52:13.413

图 6.23 运行结果

6.3 数据汇总

6.3.1 聚合函数

有些时候，需要对表中的数据作出统计，这时可以使用聚合函数来计算并返回计算结果，聚合函数的功能是对整个表或表中的列组进行汇总计算，如求平均值、总和等。

其语法如下：

```
SELECT 标题=聚合函数名(列名)FROM 表名
```

常见的聚合函数有：

◇ SUM( )，求总和；

◇ AVG( )，求平均值；

◇ MIN( )，求最小值；

◇ MAX( )，求最大值；

◇ COUNT(*)，计算行数目。

【例 6.22】 查询显示"学生信息表"中总人数。

```
select   count(*) as 学生人数 from 学生信息表
```

运行结果如图 6.24 所示。

	学生人数
1	70

图 6.24 运行结果

【例 6.23】 查询显示成绩的最高分、最低分。

```
select max(成绩)as 最高,min(成绩)as 最低
from 学生成绩表
```

运行结果如图 6.25 所示。

	最高	最低
1	98	0

图 6.25　运行结果

【例 6.24】　查询显示"学生成绩表"中的总平均分,并保留 2 位小数。

```
select round(avg(成绩),2)as 总平均分
from 学生成绩表
```

运行结果如图 6.26 所示。

	总平均分
1	63.86

图 6.26　运行结果

6.3.2　GROUP BY 子句

GROUP BY 子句在被查询的数据行的基础上建立比较小的组,即按照分组表达式对某一列或多列的数据进行分组,将分组表达式取值相同的分为一组,并且对每一个组进行聚合函数计算。换句话说,它产生每一组的计算结果。例如,按性别进行分组,即男为一组,女为一组。注意:GROUP BY 子句往往和聚合函数一起使用。GROUP BY 指定分组的字段或表达式。

【例 6.25】　查询每门课程的课程编号、平均分、最高分(图 6.27)。

```
select 课程编号,平均分=avg(成绩),最高分=max(成绩)
from 成绩表
group by 课程编号
```

	课程编号	平均分	最高分
1	00202028	91	98
2	00204021	67.5	86
3	00310007	65.75	75.5
4	00310014	80	91.5
5	00501002	67.5	82.5
6	00502206	73	78
7	02005640	62	62
8	02318890	53.25	83
9	02333890	65.2121212121212	90
10	04948890	63.1395348837209	95
11	07870890	68.7083333333333	94

图 6.27　运行结果

【例 6.26】　查询每个学生的学号、总成绩(每个学生对应的多门课程成绩,分到一个组),运行结果如图 6.28 所示。

```
select 学号,总成绩=sum(成绩)
from 学生成绩表
group by 学号
```

	学号	总成绩
1	10240104	105
2	10240105	157.5
3	10240106	184
4	10330120	124.5
5	10330125	167
6	10510102	160.5
7	10510206	120.5
8	14110111	40
9	14120205	127
10	14120206	189

图 6.28　运行结果(限于篇幅,仅显示部分结果)

GROUP BY 子句后面分组表达式往往是某个字段,这个分组字段通常会出现在 SELECT 后面,作为一个输出显示的列;另一个输出显示的列即为聚合函数计算的列,表示按分组字段进行分组后,对同一个组的数据进行聚合运算,如计算每组的行数或每组中指定一列的总和、最大值、最小值、平均值等。

【例 6.27】 查询每门课程的课程编号、不及格数,并按照人数从小到大排序,运行结果如图 6.29 所示。

```
select 课程编号,不及格数=count(*)
from 学生成绩表
where 成绩<60
group by 课程编号
order by 不及格数
```

	课程编号	不及格数
1	00204021	1
2	00310007	1
3	00501002	1
4	07870890	2
5	02318890	8
6	02333890	10
7	04948890	15

图 6.29　运行结果

6.3.3　HAVING 子句

HAVING 子句用来指定分组或集合的搜索条件,通常和 GROUP BY 子句一起使用,其作用与 WHERE 子句相似。WHERE 和 HAVING 的作用都是对行的选择。

HAVING 和 WHERE 的区别如下:

(1) WHERE 用在 GROUP BY 之前，HAVING 用在 GROUP BY 之后；

(2) HAVING 的条件中可以含有聚合函数，而 Where 不含有。

【例 6.28】 查询每门课程的课程编号、不及格数，要求只显示不及格人数在 3 人以上的。

```
select 课程编号,不及格数=count( * )
from 学生成绩表
where 成绩<60
group by 课程编号
having count( * )>3
```

运行结果如图 6.30 所示。

	课程编号	不及格数
1	02318890	8
2	02333890	10
3	04948890	15

图 6.30　运行结果

【例 6.29】 查询每门课程的课程编号、平均分，要求只显示平均分大于 70 的，并按照分数从大到小排序。

```
select 课程编号,平均分=avg(成绩)
from 学生成绩表
group by 课程编号
having avg(成绩)>70
order by 平均分 desc
```

说明：条件 where 和 having 后不能使用字段的别名，可以用列的表达式；order by 后既可以用列的表达式，也可以用列的别名。

运行结果如图 6.31 所示。

	课程编号	平均分
1	00202028	91
2	00310014	80
3	00502206	73

图 6.31　运行结果

6.3.4　COMPUTE 子句

使用 COMPUTE 子句可以在结果集的最后生成附加的汇总行，因此既可以查看明细行，又可以查看汇总行。

当 COMPUTE 不带 BY 时，查询包含两个结果：

➢ 第一个结果集是包含查询结果的所有明细行；

➢ 第二个结果集有一行，其中包含 COMPUTE 子句中所指定的聚合函数的合计。

【例 6.30】 查询显示“课程信息表”的全部信息，并汇总总学分，其运行结果如图 6.32

所示。

```
select * from 课程信息表
compute sum(学分)
```

	课程编号	课程名称	学分	课时	课程简介	所在系
1	00202028	计算机基础技能应用	7.0	112	计算机类专业基础课程	1
2	00202069	网络技术及应用	4.5	72	计算机专业核心课程，网络基础课程	1
3	00204021	程序设计基础	3.0	48	Java编程基础课程,计算机专业核心课程	1
4	00204022	关系数据库技术	4.5	72	计算机专业核心课程，数据库基础课程	1
5	00310007	会计基础	4.0	64	会计类基础课程	3
6	00310014	中级核算	4.5	72	会计专业职业技能课	3
7	00501002	网络总线技术	2.0	32	汽修专业职业基础课	5
8	00502206	汽车电路维修	4.0	64	汽修专业职业技能课	5

	sum
1	56.5

图 6.32 运行结果

当 COMPUTE 和 BY 一起使用时，COMPUTE 子句可以对结果集进行分组，并在每一个组之后附加汇总行，符合查询条件的每个组都包含：

➤ 每个组的第一个结果集是明细行；

➤ 每个组的第二个结果集有一行，其中，包含 COMPUTE 子句中所指定的聚合函数的小计。

COMPUTE 和 BY 一起使用时，必须结合 ORDER BY 子句，并且 COMPUTE 子句中的表达式必须与在 ORDER BY 后列出的子句相同或是其子集，并且必须按相同的序列。例如，如果 ORDER BY 子句是：

```
ORDER BY a, b, c
```

则 COMPUTE 子句可以是：

```
COMPUTE BY a, b, c
COMPUTE BY a, b
COMPUTE BY a
```

【例 6.31】 查询显示学号、课程编号、成绩，并按照课程编号汇总总成绩和平均成绩。其运行结果如图 6.33 所示。

```
select 学号,课程编号,成绩
from 学生成绩表
order by 课程编号
compute avg(成绩),sum(成绩)  by 课程编号
```

学生自测：查询显示学号、姓名，并按性别汇总人数；查询显示学号、课程代号、成绩，并按照学号汇总每个人的总成绩。

	学号	课程编号	成绩
1	14120205	02318890	6
2	14120206	02318890	0
3	14140220	02318890	62
4	15120108	02318890	27
5	15120119	02318890	83
6	15120134	02318890	65
7	15120209	02318890	82
8	15120225	02318890	20

	avg	sum
1	53.25	1278

	学号	课程编号	成绩
1	14120205	02333890	64
2	14120206	02333890	56
3	14150131	02333890	34
4	15120108	02333890	43
5	15120119	02333890	81
6	15120209	02333890	90
7	15120212	02333890	48
8	15120225	02333890	68

	avg	sum
1	65.2121212121212	2152

图 6.33 运行结果(限于篇幅,截图仅显示部分结果)

6.4 多表查询

数据库本着精简的设计原则,通常将数据存放于不同的表中,最大限度地减少数据冗余。在实际工作中,查找的数据往往需要从多个表中查出,这时就要用到多表查询。

6.4.1 连接类型

在很多情况下,需要从多个表中提取数据,组合成一个结果集。如果一个查询需要对多个表进行操作,则将此查询称为连接查询。

连接查询包括内连接(INNER)、外连接(OUTER)和交叉连接(CROSS)。

1. 内连接

查询返回的是参与连接查询的多个表中所有匹配的行(按 ON 条件匹配)。内连接常使用等号连接每个表共有列的值来匹配两个表中的行。只有每个表中都存在相匹配列值的记录才出现在结果集中。在内连接中,所有表是平等的,没有前后之分。

2. 外连接

(1) 左外连接。返回参与连接查询的表中所有匹配的行和所有来自左表的不符合指定条件的行。左外连接以连接(LEFT OUTER JOIN)子句左侧的表为主表,主表中所有记录都将出现在结果集中。如果主表中的记录在右表中没有匹配的数据,则结果集中右表的列值为 NULL。

(2) 右外连接。返回参与连接查询的表中所有匹配的行和所有来自右表的不符合指定条件的行。右向外连接以连接(RIGHT OUTER JOIN)子句右侧的表为主表,主表中所有记录都将出现在结果集中。如果主表中的记录在左表中没有匹配的数据,则结果集中左表的列值为 NULL。

(3) 完全外连接。返回连接的两个表中的所有行,包括表中所有匹配的行以及左右表中无对应记录的部分,用 NULL 值表示。在 SQL Server 中,可以使用 FULL OUTER JOIN 或 FULL JOIN 关键字定义完整外部连接。(相当于左外连接与右外连接的并集)

图 6.34 给出内外连接各种类型示意图。

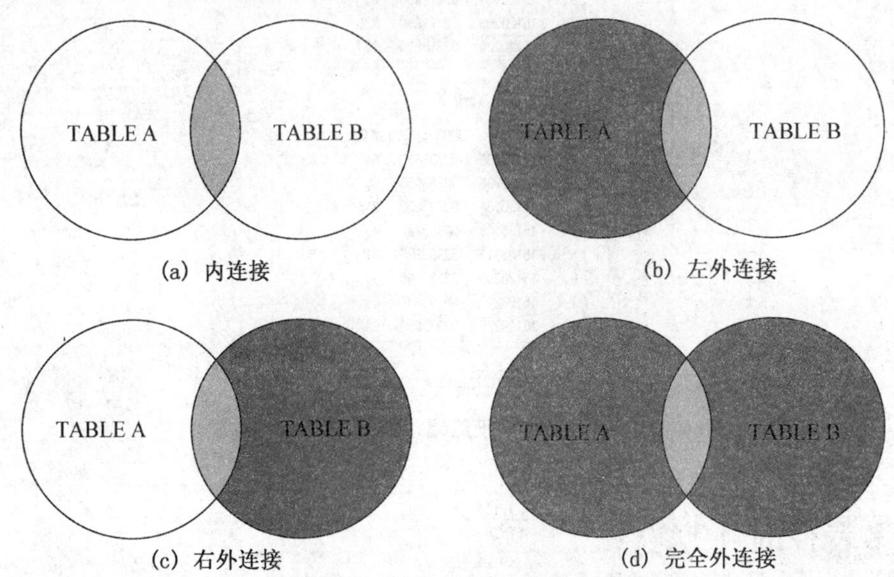

图 6.34 内外连接类型

3. 交叉连接

返回两个表叉乘的结果(即两个表的笛卡儿积),包括两个表连接后的所有行,不需要用 ON 子句来指定两个表之间任何连接的列。

在 SQL Server 中有两种常用的连接查询语法。

(1) ANSI 连接语法

```
SELECT 表名.列名 1[,... n]
FROM{表名 1[连接类型]  JOIN 表名 2  ON 连接条件}
[JOIN 表名 3  ON 连接条件][,... n]
WHERE 查询条件
```

(2) SQL Server 连接语法

```
SELECT 表名.列名 1[,... n]
FROM 表名 1[,... n]
WHERE  {查询条件 AND|OR 连接条件}[,... n]
```

对于不同的连接类型时,关键词 JOIN 可以相应的改变。内连接时,inner join;左外连接,left join;右外连接,right join;完全外连接,full join;交叉连接,cross join。

6.4.2 内连接查询

本节中所有例题没有特殊说明多表连接类型的,均使用内连接。

【例 6.32】 查询"软件技术"专业所有学生信息详情、专业名称,要求使用内连接。

```
select 学生信息表. * ,专业名称
from 学生信息表 join 专业信息表
on 学生信息表. 专业编号=专业信息表. 专业编号
where 专业名称=' 软件技术 '
```

此题用到的字段来源于“学生信息表”和“专业信息表”表，两表的关联字段为“专业编号”，分析题目要求，只显示两表中匹配的信息即可，使用内连接。运行结果如图 6.35 所示。

	学号	姓名	性别	生日	电话	家庭住址	专业编号	专业名称
1	10240104	吕新宇	1	1998-10-25	18923456776	南京市鼓楼区滨江路28号	590108	软件技术
2	10240105	王明轩	1	1998-05-08	NULL	NULL	590108	软件技术
3	10240106	高起航	1	1996-09-14	13876789900	南京市江宁区通淮街159号	590108	软件技术

图 6.35 内连接运行结果

此题，使用 SQL SERVER 语法写为：

```
select 学生信息表. * ,专业名称
from 学生信息表,专业信息表
where 学生信息表. 专业编号=专业信息表. 专业编号
and 专业名称=' 软件技术 '
```

【例 6.33】 查询“陈雪松”同学的‘04948890’号课程的成绩。

```
select 姓名,成绩
from 学生信息表 join 学生成绩表
on 学生信息表. 学号=学生成绩表. 学号
where 姓名=' 陈雪松 'AND 课程编号='04948890'
```

此题用到的字段来源于“学生信息表”和“学生成绩表”，两表的关联字段为“学号”，分析题目要求，只显示姓名、成绩即可，使用内连接。运行结果如图 6.36 所示。

	姓名	成绩
1	陈雪松	64

图 6.36 内连接运行结果

此题，使用 SQL SERVER 语法可写为：

```
select 姓名,成绩
from 学生信息表,学生成绩表
where 学生信息表. 学号=学生成绩表. 学号
and 姓名=' 陈雪松 'and 课程编号='04948890'
```

【例 6.34】 查询“JAVA 程序设计”课程的平均分。

```
select c. 课程名称,平均分=avg(成绩)
from 学生成绩表  s,课程信息表 c
where s. 课程编号=c. 课程编号 and c. 课程名称='java 程序设计 '
group by  c. 课程名称
```

此题用到的字段来源于“课程信息表”和“学生成绩表”，两表的关联字段为“课程编号”，分析题目要求，课程名称为 'JAVA 程序设计 ' 的条件可以写在分组之前的 where 中。值得

注意的是，结果中要求显示课程名称与平均成绩，唯有分组字段可以与聚合函数同时出现在SELECT子句中，因此必须要按课程名称分组。运行结果如图6.37所示。

	课程名称	平均分
1	JAVA程序设计	68.7083333333333

图6.37　内连接运行结果

也可以先按课程名称分组，计算每个课程的平均值，再对结果进行条件选择，只显示“JAVA程序设计”课程的平均分。分组后的条件，只能用HAVING子句。运行结果如图6.38所示。

```
select c.课程名称,平均分=round(avg(成绩),2)
from 学生成绩表 s join 课程信息表 c
on  s.课程编号=c.课程编号
group by c.课程名称
having c.课程名称='JAVA程序设计'
```

	课程名称	平均分
1	JAVA程序设计	68.71

图6.38　内连接运行结果

【例6.35】　查询学分大于5分的所有课程的课程名称，以及对应的学生姓名和成绩。运行结果如图6.39所示。

```
select 课程名称,姓名,成绩  from 课程信息表  join 学生成绩表
on 课程信息表.课程编号=学生成绩表.课程编号
join 学生信息表 on 学生信息表.学号=学生成绩表.学号
where 学分>5
```

	课程名称	姓名	成绩
1	计算机基础技能应用	王明轩	84
2	计算机基础技能应用	高起航	98

图6.39　内连接运行结果

此题，使用SQL SERVER语法写为：

```
select 课程名称,姓名,成绩  from 课程信息表,学生成绩表,学生信息表
where 课程信息表.课程编号=学生成绩表.课程编号
and 学生信息表.学号=学生成绩表.学号 and 学分>5
```

可以为表临时起别名，简化代码：

```
select 课程名称,姓名,成绩  from 课程信息表 a,学生成绩表 b,学生信息表 c
wherea.课程编号=b.课程编号 and c.学号=b.学号 and 学分>5
```

学生自测：查询学号“15”开头的所有学生的“Java程序设计”课程平均分；查询所有不及格的学生的学号、姓名、不及格的课程名称及分数。

6.4.3 外连接查询

与内连接相对，参与外连接的表有主次之分。以主表的每一行数据匹配从表中的数据列，符合连接条件的数据将直接返回到结果集中，而对那些不符合连接条件的列，将被填上 NULL 值后再返回到结果集中。

外连接可以分为左向外连接（LEFT OUTER JOIN）、右向外连接（RIGHT OUTER JOIN）和完整外部连接（FULL JOIN）三种情况。

左向外连接以连接（JOIN）子句左侧的表为主表，主表中所有记录都将出现在结果集中。如果主表中的记录在右表中没有匹配的数据，则结果集中右表的列值为 NULL。

【例 6.36】 查询学生的学号、姓名、课程编号、成绩，要求将"学生信息表"作为主表，使用左外连接查询。结果按课程编号从大到小输出，如图 6.40 所示。

```
select 学生信息表.学号,姓名,课程编号,成绩
from 学生信息表 left outer join 学生成绩表
on 学生信息表.学号=学生成绩表.学号
order by 课程编号 desc
```

	学号	姓名	课程编号	成绩
133	10330120	刘明非	00310007	56
134	10240106	高起航	00204021	86
135	10240104	吕新宇	00204021	43
136	10240105	王明轩	00204021	73.5
137	10240105	王明轩	00202028	84
138	10240106	高起航	00202028	98
139	14110110	赵前	NULL	NULL
140	15120208	沈羿均	NULL	NULL
141	15120219	薄云飞	NULL	NULL
142	15130107	赵浩斐	NULL	NULL
143	15130109	王梓	NULL	NULL

图 6.40　左外连接运行结果（限于篇幅，截图仅显示部分结果）

此题结果，显示"学生信息表"中所有的行，以及"学生成绩表"中对应的行。没有成绩信息关联的，学生信息后自动填 NULL。分析实际数据可知，结果的 139-143 行成绩为 NULL 的学生，均是没有考试、没有成绩的学生。

右向外连接以连接（JOIN）子句右侧的表为主表，主表中所有记录都将出现在结果集中。如果主表中的记录在左表中没有匹配的数据，则结果集中左表的列值为 NULL。

【例 6.37】 查询课程名称、平均成绩，并按平均成绩从小到大输出。要求将"课程信息表"作为主表，使用右连接查询。运行结果如图 6.41 所示。

```
select 课程名称,avg(成绩)平均成绩
from 学生成绩表   right outer join 课程信息表
on 学生成绩表.课程编号=课程信息表.课程编号
group by 课程名称
order by 平均成绩
```

	课程名称	平均成绩
1	关系数据库技术	NULL
2	网络技术及应用	NULL
3	网络设备调试	NULL
4	计算机组成原理	53.25
5	Oracle数据库及应用	62
6	Linux系统及应用	63.1395348837209
7	软件工程	65.2121212121212
8	会计基础	65.75
9	程序设计基础	67.5
10	网络总线技术	67.5
11	JAVA程序设计	68.7083333333333
12	汽车电路维修	73
13	中级核算	80
14	计算机基础技能应用	91

图 6.41　右外连接运行结果

结果中，1～3 行是没有考试成绩的课程。图中显示主表中所有的课程名称行，对于没有匹配成绩的课程用 NULL 填充。

完全外连接包括连接表中的所有行，无论它们是否匹配。在 SQL Server 中，可以使用 FULL OUTER JOIN 或 FULL JOIN 关键字定义完整外部连接。完全外连接相当于左外连接与右外连接的并集。

6.4.4　交叉连接查询

在交叉连接查询中，两个表中的每两行都可能互相组合成为结果集中的一行。交叉连接并不常用，除非需要穷举两个表的所有可能的记录组合。

【例 6.38】　交叉连接"系部表"和专业信息表。

```
select * from 系部表 cross join 专业信息表
```

运行结果如图 6.42 所示。

	系部编号	系部名称	系主任	系部简介	专业编号	专业名称	系别	专业介绍
1	1	电子与信息技术系	王高山		000111	计算机科学与技术	1	本科班
2	1	电子与信息技术系	王高山		590101	计算机应用技术	1	本专业培养德智体...
3	1	电子与信息技术系	王高山		590108	软件技术	1	本专业毕业生主要...
4	1	电子与信息技术系	王高山		630302	会计	3	本专业毕业生主要...
5	1	电子与信息技术系	王高山		732509	汽车维修	5	专业培养汽车维修...
6	3	经济与管理系	蒋宁		000111	计算机科学与技术	1	本科班
7	3	经济与管理系	蒋宁		590101	计算机应用技术	1	本专业培养德智体...
8	3	经济与管理系	蒋宁		590108	软件技术	1	本专业毕业生主要...
9	3	经济与管理系	蒋宁		630302	会计	3	本专业毕业生主要...
10	3	经济与管理系	蒋宁		732509	汽车维修	5	专业培养汽车维修...
11	5	汽车工程系	詹勇虎		000111	计算机科学与技术	1	本科班
12	5	汽车工程系	詹勇虎		590101	计算机应用技术	1	本专业培养德智体...
13	5	汽车工程系	詹勇虎		590108	软件技术	1	本专业毕业生主要...
14	5	汽车工程系	詹勇虎		630302	会计	3	本专业毕业生主要...
15	5	汽车工程系	詹勇虎		732509	汽车维修	5	专业培养汽车维修...

图 6.42　交叉连接运行结果

交叉连接的结果行数＝左表行×右表行。例如，系部表 3 行，专业信息表 5 行，则结果共有 15 行记录。

6.4.5　合并查询

合并查询用于合并多个相似的查询结果集。即将多个 SELECT 语句返回的结果通过 UNION 操作符合并到一个结果集中。等同于将一个表追加到另一个表，从而实现将两个表的查询组合到一起。

【例 6.39】　合并显示专业编号 '590108' 和 '630302' 的学生的学号、姓名，并按学号排序。

```
select 学号,姓名 from 学生信息表 where 专业编号='590108'
union
select 学号,姓名 from 学生信息表 where 专业编号='630302'
order by 学号
```

在合并查询中，结果集的列标题是第一个查询语句中的列标题。如果要对结果集中的行排列，必须在最后一个有 UNION 操作符的语句中使用 ORDER BY 子句指定排列方式，且使用第一个查询语句中的列名、列标题或列序号。运行结果如图 6.43 所示。

	学号	姓名
1	10240104	吕新宇
2	10240105	王明轩
3	10240106	高起航
4	10330120	刘明非
5	10330125	韩寒

图 6.43　合并查询运行结果

6.4.6　子查询

子查询又称嵌套查询，是在一条 SELECT 查询语句的 WHERE 条件子句中，又嵌套有另一个 SELECT 查询语句。子查询中第一层的 SELECT 语句块称为父查询，第二层的 SELECT 语句块称为子查询。在 WHERE 子句和 HAVING 子句中都可以嵌套 SELECT 子查询语句。

【例 6.40】　查询每个女生（性别取值 0）的学号、平均分，要求用子查询。运行结果如图 6.44 所示。

```
select 学号,平均分=avg(成绩)from 学生成绩表
group by 学号
having 学号 in(select 学号   from 学生信息表 where 性别=0)
```

	学号	平均分
1	10330120	62.25
2	10330125	83.5
3	15120134	69
4	15120218	42
5	15150112	44.6666666666667

图 6.44　子查询运行结果

学生自测:用内连接查询每个女生(性别取值 0)的学号、平均分;将 having 换成 where 实现该题目。

【例 6.41】 查询 '07870890' 课程分数高于 80 分学生的信息。

```
select * from 学生信息表
where 学号 in
    (select 学号 from 学生成绩表
    where 课程编号='07870890' and 成绩>80)
```

运行结果如图 6.45 所示。

	学号	姓名	性别	生日	电话	家庭住址	专业编号
1	15120209	王孝喆	1	1996-10-04	17721527916	安徽省滁州市定远县第三中学	000111
2	15130132	李颜旭	1	1998-03-16	15651667138	盐城市大丰区建业居民区66号	000111
3	15140102	王玲	1	1998-07-22	15850633737	江苏省盐城市射阳县长荡镇陈林村	000111
4	15140104	苏艺恬	1	1998-10-02	15850629928	江苏省连云港市赣榆县时桥镇九里村	000111
5	15140114	陈雪松	1	1996-08-14	18066061761	江苏省南京市雨花台区铁心桥春江花园六栋二单元504	000111
6	15140122	林奇枫	1	1997-06-20	17714388550	南京市白下区通宇花园3栋901	000111
7	15140224	虞启乐	1	1997-12-23	17768103934	南京市浦口区文德路金水岸花园	000111
8	15150104	王巍然	1	1994-01-18	18652911609	江苏省南京市雨花台区共青团路五村8幢404室	000111

图 6.45 子查询运行结果

【例 6.42】 查询"Java 程序设计"的成绩高于该课程平均成绩的学生姓名。运行结果如图 6.46 所示。

```
select 姓名 from 学生信息表 s,学生成绩表 sc,课程信息表 c
where s.学号=sc.学号 and  sc.课程编号=c.课程编号
and 课程名称='Java 程序设计 '
and 成绩>(select avg(成绩)from 学生成绩表
        where c.课程编号=课程编号
        and 课程名称='Java 程序设计 ')
```

	姓名
1	陶冶
2	汪轩旻
3	鞠杰
4	鲁昌贤
5	袁义
6	唐家伟
7	王巍然
8	王孝喆
9	王玲
10	苏艺恬
11	陈雪松
12	虞启乐
13	林奇枫
14	李颜旭

图 6.46 子查询运行结果

学生自测:查询软件技术专业的所有学生姓名。

【例 6.43】 查询所有缺考的学生的学号和姓名(缺考的学生没有成绩信息)。

```
select 学号,姓名
from 学生信息表
where not exists(select * from 学生成绩表
where 学号=学生信息表.学号)
```

使用 EXISTS 关键字连接子查询,具体步骤如下:

(1) 父查询传送列值给子查询;

(2) 查询获取父查询传送的列值;

(3) 子查询返回查询值给父查询;

(4) 父查询传送下一行的列值给子查询,重复(1)～(3)步骤。

本章习题

一、简单查询

1. 查询“职工表”所有职工的信息。
2. 查询所有职工的职工编号,姓名和家庭住址。
3. 查询每个职工的职工编号和实际工资(实际工资=基本工资+补贴)。
4. 查询职工基本工资>700 且补贴<400 的职工的职工编号,及基本工资、补贴。
5. 查询所有职工的职工编号、基本工资,并将基本工资增加 200(自命名),并显示出来。
6. 查询“职工表”中家庭住址不在‘玄武区’和‘江宁区’的员工信息(提示:用 not in 关键字)。
7. 查询“职工表”中的前面 2 条记录。
8. 查询基本工资最少的两个员工的职工编号和基本工资。
9. 查询出生日期在 1982－1－1 到 1983－12－20 之间的员工编号、姓名、出生日期。
10. 查询所有姓‘李’的职工的信息。
11. 查询姓“王”并且名字共 3 个字的职工信息。
12. 查询职工信息中出生日期为 NULL 的职工记录。
13. 查询“工资表”所有的职工编号和补贴,并存入一张新表‘补贴信息表’。
14. 查询所有职工的职工编号、姓名和家庭住址,并按职工编号排序。
15. 查询所有职工的职工编号、姓名和家庭住址,并按职工编号排序只显示前面 3 行。
16. 查询实际工资大于 1 200 的工资记录(提示:where 条件中不能使用新创建的字段名)。
17. 查询基本工资为 1 400、1 600 或者 1 800 的职工的职工编号、个人总工资。
18. 复制“工资表”,并保存为“薪资表”。

二、聚合函数

1. 查询所有职工实际工资(即基本工资和补贴的和)的最高值,最低值。
2. 查询基本工资的平均值。
3. 查询基本工资大于 800 的人数。(提示:使用 count(*))

4. 查询基本工资平均值(同一个人在不同月份发的工资求平均)大于 1 800 的职工编号和平均基本工资。

5. 查询实际平均工资>2 000 的职工编号和平均工资。

6. 查询每个职工的最高基本工资、最低基本工资和平均基本工资。

7. 统计所有员工的实际总工资、实际平均工资。

8. 查询每个部门的情况(包括部门号、职工人数)。

9. 查询每次工资发放中最高工资与最低工资的差距(提示:发放时间相同的为同一次发放)

10. 查询个人平均工资>2 000 的职工编号、个人总工资。

三、多表查询

1. 查询每个部门的人数(包括部门号、职工人数)。

2. 查询每个部门的人数(包括部门名称、职工人数)。

3. 查询所有男员工的姓名和基本工资。

4. 查询所有员工的姓名和基本工资,要求只显示 2014 年 3 月的工资,用左连接实现。

5. 家住'江宁区'的职工的平均基本工资。

6. 查询每个区(如江宁区.玄武区等)的平均工资。

7. 查询家住不同地区的职工的平均基本工资,要求只显示平均基本工资在 1 500 元以上的(Having)。

8. 查询不同部门的职工实际工资的平均值。

9. 查询出生日期为 null 的职工的编号、姓名、性别和个人实际工资。

10. 查询出生日期在 1980 - 01 - 01 之后的职工的工资记录。(子查询)

11. 查询基本工资高于职工编号为 005 的职工基本工资的职工姓名、性别、个人实际工资。(子查询)

12. 查询部门人数大于 2 人的部门名称、负责人。(子查询)

13. 将职工表和工资表表中所有职工编号合并到一张表中 empsa 中。

(提示:select 字段名 into empsa from 表名 union…)

第7章 视图

与基表不同，视图是一个虚表，数据库中只存储视图的定义，而不存储视图对应的数据，这些数据仍然存放在原来的基表中。本章将介绍视图的概念、分类以及创建、修改和删除视图的方法等。

7.1 视图概述

视图(View)作为一种数据库对象，为用户提供了一种检索表数据的方式，是查询一个表或多个表的另一种方法。为了得到所需要的行列组合，视图可以根据选择条件用SELECT语句从一个或多个表导出的。用户通过视图浏览数据表中的部分或全部数据，而数据的物理存放位置仍然在基表中。

7.1.1 视图的概念

视图是由一个或多个数据表(基表)或视图导出的虚拟表或查询表，是关系数据库系统提供给用户以多种角度观察数据库中数据的重要机制。和表一样，视图也包括几个被定义的数据列和多个数据行，视图中的数据列和数据行来源于其所引用的表，所以视图不是真实存在的基表，而是一张虚表。视图所对应的数据并不以实际视图结构存储在数据库中，而是基表中数据的一个映射。

对视图中的数据进行操作时，系统根据视图的定义来操作与视图相关联的基表。如果基表中的数据发生变化，那么从视图查询出的数据也随之发生变化。

视图一经定义，就可以像表一样被查询、修改、删除和更新。

7.1.2 视图的优缺点

1. 视图的优点

视图有很多优点，主要体现在以下几个方面：

(1) 简化数据操作。视图不仅可以简化用户对数据的理解，而且可以简化操作，那些经常使用的查询可以被定义为视图，从而使用户不必为以后的操作每次都指定全部的条件。

(2) 提供安全保护功能。视图可以作为一种安全机制。通过视图，用户只能查看和修改所能看到的数据，其他数据库和表既不可见也不可访问。如果某一用户想要访问视图的结果集,就必须被授予访问权限。视图所引用表的访问权限与视图权限的设置互不影响。

(3) 定制数据。视图能实现让不同的用户以不同的方式看到不同或相同的数据集。因此,当有许多不同水平的用户共用同一个数据库时,这就显得极为重要。

(4) 有利于数据交换操作。通过将需要交换的数据集中到一个视图中,可以实现 SQL Server 与其他数据源之间交换数据,从而简化数据交换操作。

(5) 易于合并或分割数据。有些情况下,由于表中数据量太大,故在表的设计时将表进行水平分割或者垂直分割,但表结构的变化将对应用程序产生不良的影响。如果使用视图就可以重新保持表原有的结构关系,从而使外模式保持不变,原有的应用程序仍可以通过视图来使用和管理数据。

(6) 逻辑数据独立性。视图可以使应用程序和数据库在一定程序上独立。如果没有视图,应用一定是建立在表上。有了视图之后,程序可以建立在视图之上,从而程序与数据库表被视图分割开来。

2. 视图的缺点

(1) 性能降低。SQL Server 必须把视图的查询转化成对基表的查询,如果这个视图是由一个复杂的多表查询所定义,那么,即使是对视图的一个简单查询,SQL Server 也把它变成一个复杂的结合体,需要花费一定的时间。

(2) 修改限制。由于视图是一张虚表,当用户试图更新视图的某些行时,SQL Server 必须把它转化为对基表的某些行的更新。事实上,当用户从视图中插入或删除数据时,情况也是这样。对于简单视图来说,这是很方便的,但是对于相对较为复杂的视图,可能是不可以修改的。

7.1.3 视图的分类

视图是一个由 SELECT 语句指定,用以检索数据库表中某些行或列数据的语句的存储定义。从本质上说,视图是一种 SQL 查询。根据创建视图时给定的查询条件。视图可以是数据表的一部分,也可以是多个表的联合。和表一样,在一个视图中,最多可以定义一个或多个基表的 1024 个字段。视图的种类有很多种,可分为以下几种:

(1) 标准视图。标准视图是最常用的普通视图。标准视图组合一个或多个表中的数据,用户可获得使用视图的大多数好处,包括将重点放在特定数据上及简化数据操作。

(2) 索引视图。在 SQL Server 2008 中可以在视图上创建唯一的聚集索引,改进最复杂查询的数据访问性能。这种拥有一个聚集索引的视图被称为索引视图。

(3) 分区视图。分区视图与标准视图相似,只是分区视图在一个或多个服务器间水平连接一组成员表中的分区数据,使数据看起来就像来自一个表。连接同一实例中成员表的视图是一个本地分区视图。

(4) 分布式分区视图。若视图在服务器间连接表中的数据,则它是分布式分区视图,主要用于实现数据库服务器分开管理的有机联合,它们相互协作分担系统的处理负荷。

7.2 使用图形化工具创建和管理视图

使用图形化工具创建和管理视图,一般通过向导方式进行创建和管理,操作简单易掌握。

7.2.1 创建视图

在创建视图前,需要考虑以下的基本原则:

(1) 只能在当前数据库中创建视图,即使被引用的表或视图可以存在其他的数据库内;

(2) 视图名称必须遵循标识符的规则,且对每个用户必须唯一,不能与表名相同;

(3) 必须获取由数据库所有者授予的创建视图的权限;

(4) 可以在其他视图或引用视图的基础上再建立视图;

(5) 不能将规则或默认定义绑定在视图上;

(6) 定义视图的查询语句中不可以包括 ORDER BY、COMPUTE 或 COMPUTE BY 子句或 INTO 关键字;

(7) 不能在视图上定义全文索引;

(8) 不能创建临时视图,也不能在临时表上创建视图;

(9) 不能除去参与到用 SCHEMABINDING 子句创建的视图中的表或视图,除非该视图已被除去或更改而不再具有架构绑定;

(10) 不能对视图执行全文查询,但是如果查询所引用的表被配置为支持全文索引,就可以在视图定义中包含全文查询。

【例 7.1】 在"eduDB"数据库中创建基于基本表"课程信息表"下的视图 V_student1,要求显示课程编号、课程名称、学分和课时。

具体操作步骤如下:

(1) 打开 SQL Server Management Studio,连接到数据库服务器。

(2) 在"对象资源管理器"中依次展开"数据库"→"eduDB"→"视图"。

(3) 右键单击"视图",在弹出的快捷菜单中选择"新建视图"命令,如图 7.1 所示,打开"添加表"对话框。

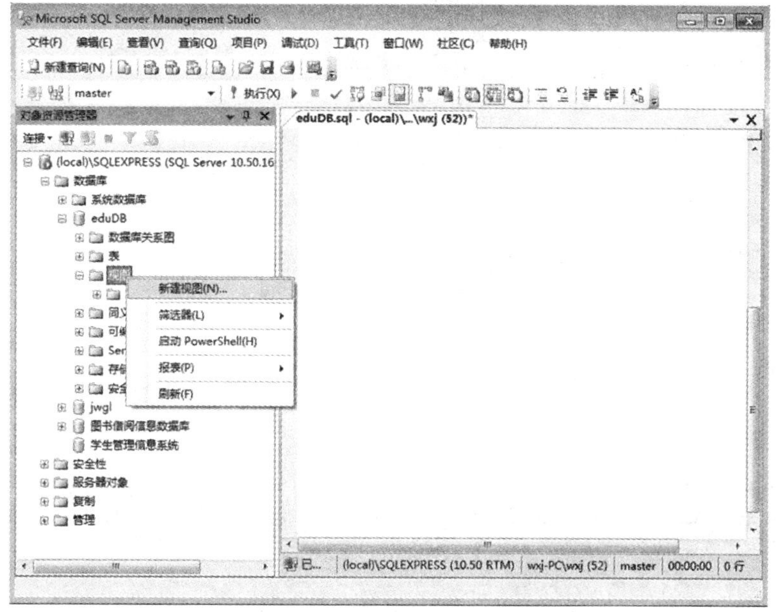

图 7.1 "新建视图"窗口

(4) 在打开的“添加表”对话框中选择要添加到新视图中的“课程信息表”，如图 7.2 所示，单击“添加”按钮，完成表的添加，然后再单击“关闭”按钮。

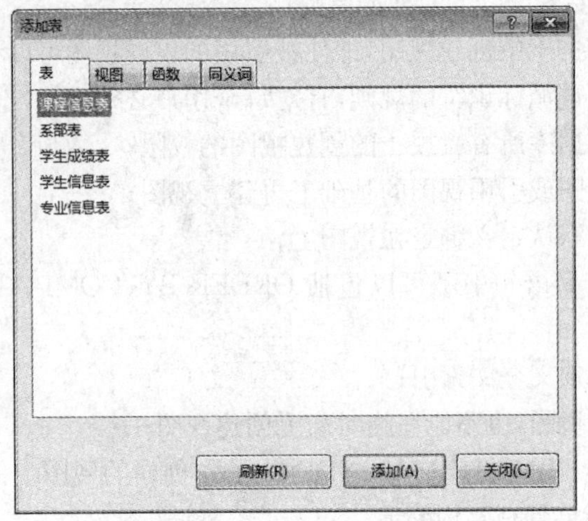

图 7.2 “添加表”对话框

(5) 如果要再添加表，可以在该选项卡空白区域单击右键，在弹出的快捷菜单中选择“添加表”命令，如图 7.3 所示。

图 7.3 向已有的视图中“添加表”窗口

(6) 在打开的视图选项卡中勾选要添加到视图的列，设置列的别名，并指定筛选条件和排序方式，如图 7.4 所示。

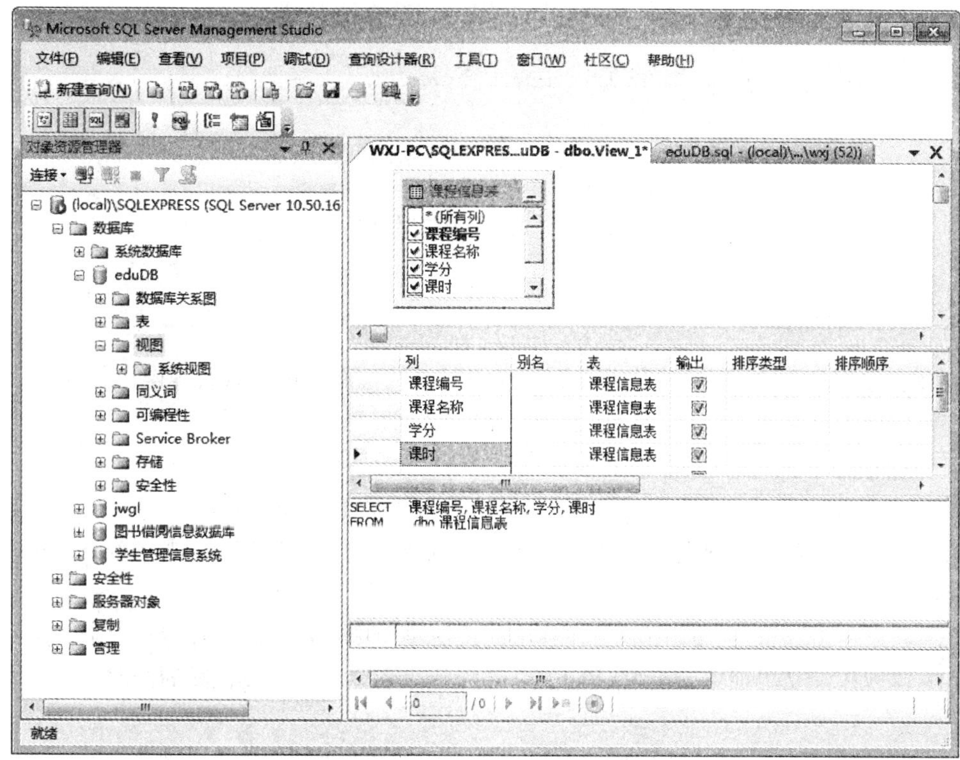

图 7.4 设置视图显示字段窗口

(7) 单击视图设计器工具栏中的“”按钮，在窗口的下方可以查看到视图对应的结果集，如图 7.5 所示。

	课程编号	课程名称	学分	课时
▶	00202028	计算机基础技...	7.0	112
	00202069	网络技术及应用	4.5	72
	00204021	程序设计基础	3.0	48
	00204022	关系数据库技术	4.5	72
	00310007	会计基础	4.0	64
	00310014	中级核算	4.5	72
	00501002	网络总线技术	2.0	32
	00502206	汽车电路维修	4.0	64
	02005050	网络设备调试	3.0	48
	02005640	Oracle数据库及...	4.0	64
	02318890	计算机组成原理	4.0	64
	02333890	软件工程	4.0	64
	04948890	Linux系统及应用	3.0	48
	07870890	JAVA程序设计	5.0	80
*	NULL	NULL	NULL	NULL

1 / 14

图 7.5 视图的结果集

(8) 单击标准工具栏中的“”按钮，打开“选择名称”对话框。

(9) 在“选择名称”对话框中输入视图名称 V_course1，如图 7.6 所示，单击“确定”按钮保存视图，完成视图的创建。

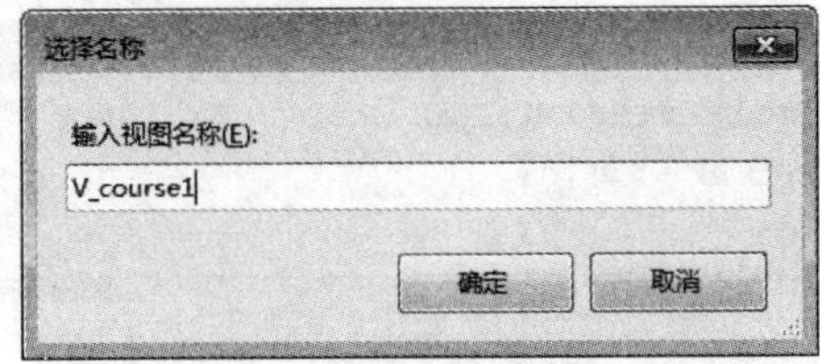

图 7.6 “选择名称”对话框

7.2.2 修改视图

视图在使用过程中，常常涉及因查询信息的要求变化而要进行修改等操作。

【例 7.2】 在视图 V_course1 中，添加“所在系”列。

具体操作如下：

(1) 打开 SQL Server Management Studio，连接到数据库服务器。

(2) 在“对象资源管理器”中依次展开“数据库”→“eduDB”→“视图”→“dbo. V_course1”。

(3) 右键单击“dbo. V_course1”，在弹出的快捷菜单中选择“设计”命令。

(4) 在视图定义界面中，在列字段下方选中“所在系”字段，完成视图的修改。

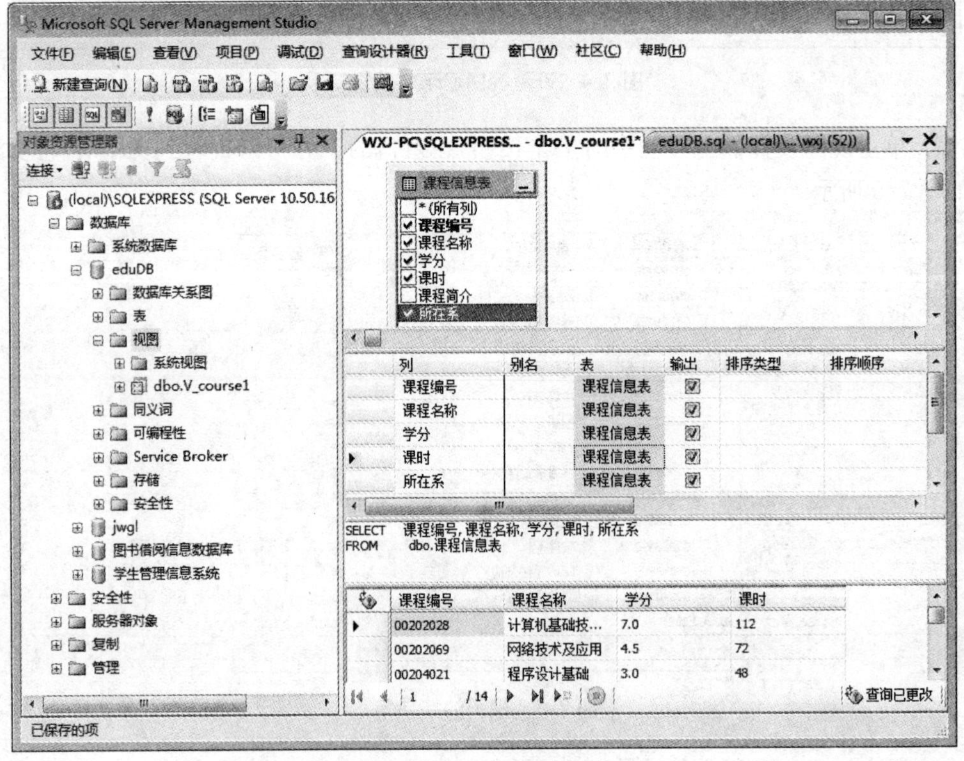

图 7.7 修改视图窗口

(5) 单击视图设计器工具栏中的“!”按钮，在窗口的下方可以查看到视图对应的结果集，如图 7.7 所示。

(6) 保存修改后的视图定义。

> **提示**：若视图名称前带有锁标记，如⊞ INFORMATION，这表示该视图已被加密，不能修改。

7.2.3　使用视图管理表中的数据

视图创建之后，在 SQL Server 中不仅可以通过视图检索基表中的数据，而且可以通过视图对基表数据进行查询、添加、修改和删除等操作。

1. 使用视图查询数据

视图与表具有相似的结构，当定义视图以后，用户就可以像基表一样对视图进行查询操作。

【例 7.3】　要查看视图 V_course1 中“关系数据库技术”图书的信息。

具体操作步骤如下：

(1) 打开 SQL Server Management Studio，连接到数据库服务器。

(2) 在“对象资源管理器”中依次展开“数据库”→“eduDB”→“视图”→“dbo. V_course1”。

(3) 右键单击“dbo. V_course1”，在弹出的快捷菜单中选择“设计”命令。

(4) 在“课程名称”字段对应的“筛选器”中输入“关系数据库技术”，如图 7.8 所示。

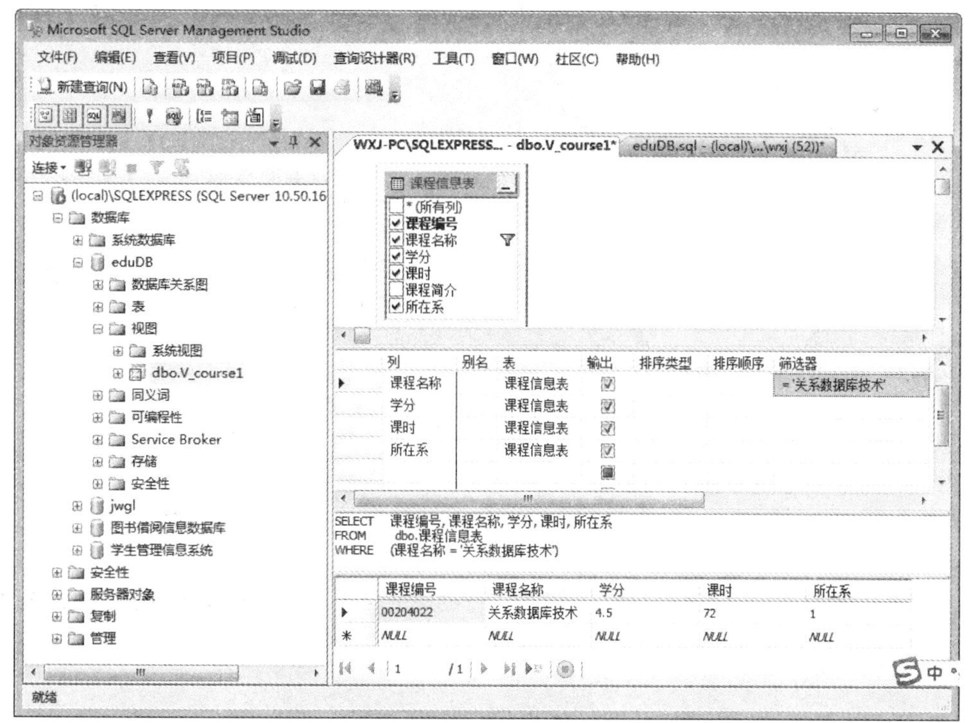

图 7.8　使用视图查询数据

(5) 单击视图设计器工具栏中的“ ! ”按钮，在窗口的下方可以查看到视图对应的结果集，如图 7.8 所示。

(6) 删除筛选器中的筛选条件，单击“保存”按钮。

2. 使用视图插入数据

【例 7.4】 通过图形化界面向视图 V_course1 增加一条记录：课程编号，00204023；课程名称，网络操作系统；学分，4.5；课时，72；所在系，1。

具体操作步骤如下：

(1) 打开 SQL Server Management Studio，连接到数据库服务器。

(2) 在“对象资源管理器”中依次展开“数据库”→“eduDB”→“视图”→“dbo. V_course1”。

(3) 右键单击“dbo. V_course1”，在弹出的快捷菜单中选择“编辑前 200 行”命令。

(4) 在数据窗口中输入新纪录，输入新纪录各字段的值(如图 7.9 所示)。

课程编号	课程名称	学分	课时	所在系
00202028	计算机基础技...	7.0	112	1
00202069	网络技术及应用	4.5	72	1
00204021	程序设计基础	3.0	48	1
00204022	关系数据库技术	4.5	72	1
00310007	会计基础	4.0	64	3
00310014	中级核算	4.5	72	3
00501002	网络总线技术	2.0	32	5
00502206	汽车电路维修	4.0	64	5
02005050	网络设备调试	3.0	48	1
02005640	Oracle数据库及...	4.0	64	1
02318890	计算机组成原理	4.0	64	1
02333890	软件工程	4.0	64	1
04948890	Linux系统及应用	3.0	48	1
07870890	JAVA程序设计	5.0	80	1
00204023	网络操作系统	4.5	72	1
NULL	NULL	NULL	NULL	NULL

图 7.9 通过视图插入数据

3. 使用视图更新数据

【例 7.5】 将课程编号为“0020423”的课程名称改为“Linux 操作系统”。

具体操作步骤如下：

定位至需要修改的课程编号为“0020423”行的课程名称字段，删除原来的数值，输入新值“Linux 操作系统”(如图 7.10 所示)。

	课程编号	课程名称	学分	课时	所在系
	00202028	计算机基础技...	7.0	112	1
	00202069	网络技术及应用	4.5	72	1
	00204021	程序设计基础	3.0	48	1
	00204022	关系数据库技术	4.5	72	1
	00310007	会计基础	4.0	64	3
	00310014	中级核算	4.5	72	3
	00501002	网络总线技术	2.0	32	5
	00502206	汽车电路维修	4.0	64	5
	02005050	网络设备调试	3.0	48	1
	02005640	Oracle数据库及...	4.0	64	1
	02318890	计算机组成原理	4.0	64	1
	02333890	软件工程	4.0	64	1
	04948890	Linux系统及应用	3.0	48	1
	07870890	JAVA程序设计	5.0	80	1
▶	00204023	Linux操作系统	4.5	72	1
*	NULL	NULL	NULL	NULL	NULL

图 7.10 通过视图更新数据

4. 使用视图删除数据

【例 7.6】 删除课程编号为“0020423”的课程记录。

具体操作步骤如下：

定位至需要删除的课程编号为“0020423”的行，右键单击该行，在弹出的快捷菜单中选择“删除”，弹出确认删除对话框，如图 7.11 所示，单击“是”按钮完成删除数据行操作。

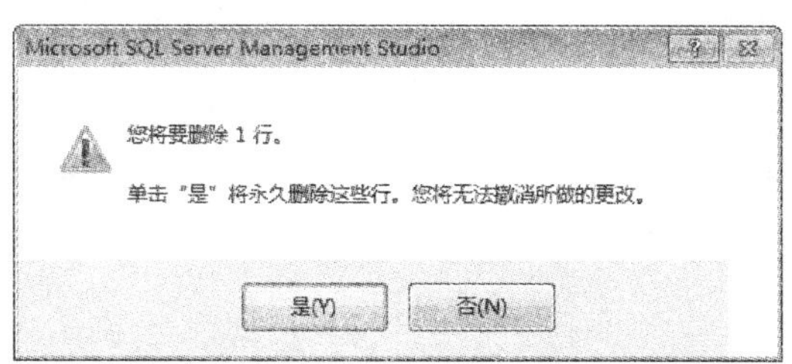

图 7.11 确认删除对话框

7.2.4 重命名与删除视图

1. 重命名视图

在完成视图定义后，可以在不除去和重新创建视图的条件下更改视图名称。重命名视图时，需要遵循以下几点原则：

(1) 需要重命名的视图必须位于当前数据库中，且只能重命名用户自己拥有的视图；

(2) 新视图名称必须遵循标识符规则，数据库所有者可以更改任何用户视图的名称。

【例 7.7】 将视图“V_course1”的名称重命名为“V_course”。

具体操作步骤如下：

(1) 定位至需要重命名的视图 V_course1，右键单击视图 V_course1，在弹出的快捷菜单中选择“重命名”命令，如图 7.12 所示。

(2) 视图名称呈反显状态，直接输入新的视图名 V_course，按回车键完成重命名。

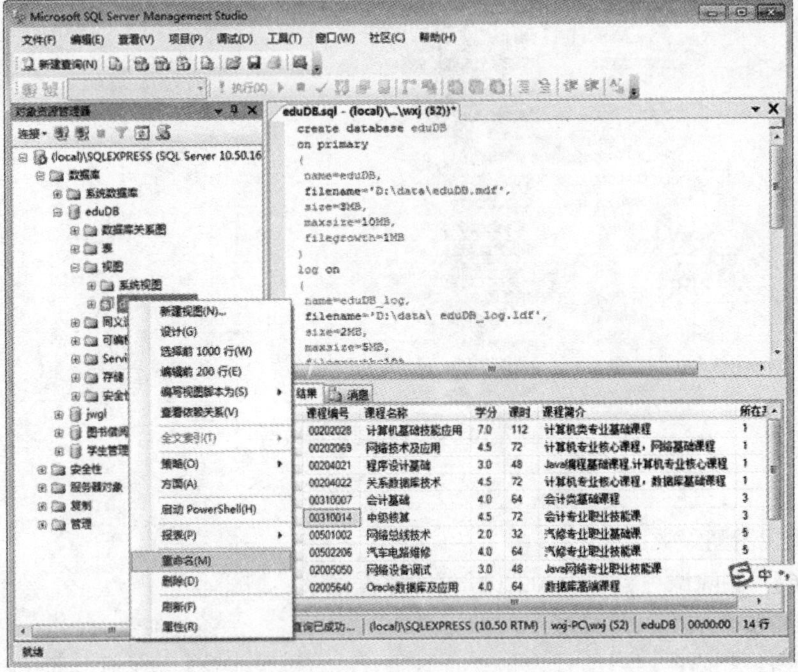

图 7.12 “重命名”视图窗口

2. 删除视图

【例 7.8】 将视图“V_course”删除。

(1) 定位至需要删除的视图 V_course，右键单击视图 V_course，在弹出的快捷菜单中选择“删除”命令(如图 7.13 所示)。

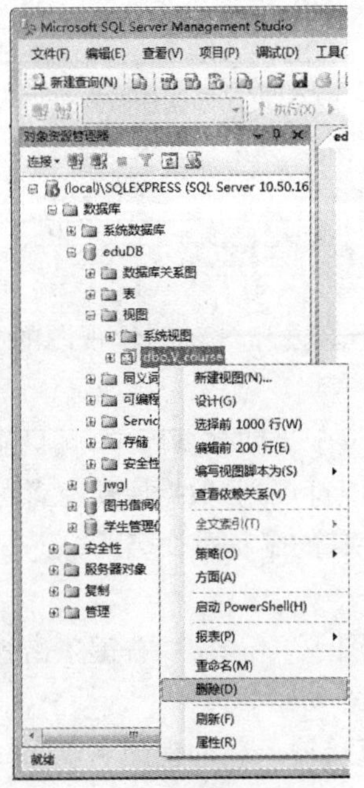

图 7.13 “删除”视图窗口

(2) 弹出“删除对象”对话框,如图 7.14 所示。

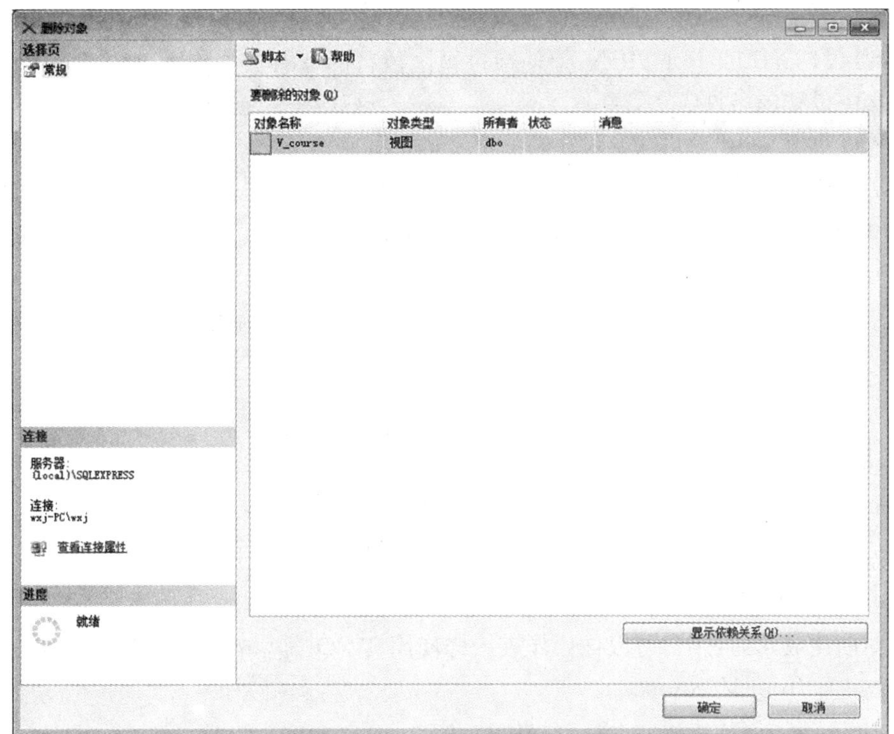

图 7.14　“删除对象”对话框

(3) 单击“确定”按钮,完成删除视图操作。

7.3　使用 T-SQL 命令创建和管理视图

使用 T-SQL 命令创建和管理视图,要求用户需要掌握一定的语法结构。

7.3.1　创建视图

使用 T-SQL 命令的 CREATE VIEW 语句可以创建视图,其基本语句格式如下:

```
CREATE VIEW [<OWNER>.] VIEW_NAME [(COLUMN_NAME[,... N])]
[WITH ENCRYPTION]
AS
SELECT_STATEMENT
FROM TABLE_NAME WHERE SEARCH_CONDITION
[WITH CHECK OPTION]
```

参数说明

- VIEW_NAME:为新创建的视图指定视图名,视图名称必须符合标识符规则。
- COLUMN_NAME:在视图中包含的列名,也可以在 SELECT 语句中指定列名。
- TABLE_NAME:视图基表的名字。

◆ SELECT_STATEMENT：选择哪些列进入视图的 SELECT 语句。

◆ WHERE SEARCH_CONDITION：基表数据进入视图所应满足的条件。

◆ WITH CHECK OPTION：迫使通过视图执行的所有数据修改语句必须符合视图定义中设置的条件。

◆ WITH ENCRYPTION：对视图的定义进行加密。

【例 7.9】 使用 T-SQL 语句，在“eduDB”数据库中，基于基表“课程信息表”创建一个名为“V_course1”的视图，要求该视图仅包含“1”系的课程。

代码如下：

```
use eduDB
go
create view V_course1
as
select * from 课程信息表
where 所在系='1'
go
```

单击“! 执行(X)”按钮，完成视图的创建。

视图创建成功后，用户可以像操作表一样使用 T-SQL 语句查询视图中的数据。

select * from V_course1

单击“! 执行(X)”按钮，程序执行结果如图 7.15 所示。

	课程编号	课程名称	学分	课时	课程简介	所在系
1	00202028	计算机基础技能应用	7.0	112	计算机类专业基础课程	1
2	00202069	网络技术及应用	4.5	72	计算机专业核心课程，网络基础课程	1
3	00204021	程序设计基础	3.0	48	Java编程基础课程,计算机专业核心课程	1
4	00204022	关系数据库技术	4.5	72	计算机专业核心课程，数据库基础课程	1
5	02005050	网络设备调试	3.0	48	Java网络专业职业技能课	1
6	02005640	Oracle数据库及应用	4.0	64	数据库高端课程	1
7	02318890	计算机组成原理	4.0	64	计算机专业基础课	1
8	02333890	软件工程	4.0	64	软件技术专业技能课	1
9	04948890	Linux系统及应用	3.0	48	操作系统课程	1
10	07870890	JAVA程序设计	5.0	80	编程类课程，专业核心课	1

图 7.15 查询视图“V_course1”结果

【例 7.10】 使用 T-SQL 语句，在“eduDB”数据库中，基于基表“course”创建一个名为“V_course2”的视图，要求其中显示课时低于 70 的课程信息，并加密视图的定义。

代码如下：

```
use eduDB
go
create view V_course2
with encryption
as
select * from 课程信息表
where 课时<70
go
```

单击"执行(X)"按钮，完成视图的创建。

使用T-SQL语句查询视图"V_course2"结果。

select * from V_course2

单击"执行(X)"按钮，程序执行结果如图7.16所示。

	课程编号	课程名称	学分	课时	课程简介	所在系
1	00204021	程序设计基础	3.0	48	Java编程基础课程,计算机专业核心课程	1
2	00310007	会计基础	4.0	64	会计类基础课程	3
3	00501002	网络总线技术	2.0	32	汽修专业职业基础课	5
4	00502206	汽车电路维修	4.0	64	汽修专业职业技能课	5
5	02005050	网络设备调试	3.0	48	Java网络专业职业技能课	1
6	02005640	Oracle数据库及应用	4.0	64	数据库高端课程	1
7	02318890	计算机组成原理	4.0	64	计算机专业基础课	1
8	02333890	软件工程	4.0	64	软件技术专业技能课	1
9	04948890	Linux系统及应用	3.0	48	操作系统课程	1

图7.16　查询视图"V_BookInfo2"结果

【例7.11】 使用T-SQL语句，在"eduDB"数据库中，基于基本表学生信息表、课程信息表和学生成绩表三张表，创建一个名为"V_score"的视图，要求其中内容包括学号、姓名、课程名称、成绩，其中成绩在85分以上。

代码如下：

```
use eduDB
go
create view V_score
as
select c.学号,姓名,课程名称,成绩
from 学生信息表 as a,课程信息表 as b,学生成绩表 as c
where a.学号=c.学号 and b.课程编号=c.课程编号
      and 成绩>=85
```

单击"执行(X)"按钮，完成视图的创建。

使用T-SQL语句查询视图"V_score"结果。

```
select * from V_score
```

单击"执行(X)"按钮，程序执行结果如图7.17所示。

	学号	姓名	课程名称	成绩
1	10240106	高起航	计算机基础技能应用	98
2	10240106	高起航	程序设计基础	86
3	10330125	韩寒	中级核算	91.5
4	15120209	王孝喆	软件工程	90
5	15140102	王玲	软件工程	85
6	15140104	苏艺恬	软件工程	86
7	15150141	唐家伟	软件工程	90
8	15130132	李颜旭	Linux系统及应用	89
9	15140120	汪轩旻	Linux系统及应用	88
10	15150104	王巍然	Linux系统及应用	90
11	15150141	唐家伟	Linux系统及应用	95
12	15130132	李颜旭	JAVA程序设计	94
13	15140122	林奇枫	JAVA程序设计	93
14	15140224	虞启乐	JAVA程序设计	92

图7.17　查询视图"V_BBR"结果

7.3.2 修改视图

当视图建立后，可以使用 ALTER VIEW 语句修改视图定义，不影响相关的存储过程或触发器，也不更改权限。ALTER VIEW 语句的语法格式如下：

```
ALTER VIEW VIEW_NAME
[(COLUMN[,... N])]
[WITH ENCRYPTION]
AS SELECT_STATEMENT [WITH CHECK OPTION]
```

【例 7.12】 使用 T-SQL 语句中的 ALTER VIEW 语句修改视图“V_course2”，要求显示课时小于 60 的课程信息。

代码如下：

```
use eduDB
go
alter view V_course2
with encryption
as
select * from 课程信息表
where 课时<60
go
```

单击“! 执行(X)”按钮，完成视图的修改。

用户通过 T-SQL 语句查询视图“V_course2”结果，如图 7.18 所示。

```
select * from V_course2
```

	课程编号	课程名称	学分	课时	课程简介	所在系
1	00204021	程序设计基础	3.0	48	Java编程基础课程,计算机专业核心课程	1
2	00501002	网络总线技术	2.0	32	汽修专业职业基础课	5
3	02005050	网络设备调试	3.0	48	Java网络专业职业技能课	1
4	04948890	Linux系统及应用	3.0	48	操作系统课程	1

图 7.18 修改视图后的查询结果

将图 7.18 中的查询结果与图 7.16 中的数据对比，查看一下修改视图是否成功。

7.3.3 使用视图管理表中的数据

用户掌握一定的 T-SQL 语法后，可以通过命令方式对视图进行查询、添加、更新和删除操作。

1. 使用视图查询数据

用户可以通过 T-SQL 语句对视图进行查询，其基本语法是：

```
SELECT * FROM VIEW_NAME
```

具体案例请参考 7.3.1 节和 7.3.2 节。

2. 使用视图插入数据

当向视图中进行插入或更新数据时，实际上就是对视图所基于的表执行数据的插入和更新，但通过视图进行插入和更新操作时有如下一些限制：

（1）在一个语句中，一次不能修改一个以上的视图基表；

（2）对视图中所有列的修改必须遵守视图基表中所定义的各种数据约束条件；

（3）不允许对视图中的计算列进行修改，也不允许对视图定义中包含有聚合函数或GROUP BY子句的视图进行插入或修改操作。

【例7.13】 使用T-SQL语句，向视图V_course2增加一条记录：课程编号，00204023；课程名称，网络操作系统；学分，3.0；学时，48；课程简介，网络专业课程；所在系，1。

代码如下：

```
insert into V_course2
values('00204023','网络操作系统','3.0','48','网络专业课程','1')
go
```

单击"! 执行(X)"按钮，完成插入记录操作。成功地通过视图V_course2向course表中插入一条记录，但是并不是基表中的所有的数据变化都会反应在视图中，只有符合视图定义的基表中数据的变化才会出现在视图中。

> **提示**：如果不想让不满足视图定义的数据插入基表中，可以在定义视图时加上WITH CHECK OPTION选项，这样在通过视图插入记录时，那些不符合视图定义条件的记录将无法插入到基表中，更无法映射到视图中。

用户通过T-SQL语句查询基表"课程信息表"结果，检查记录是否成功添加。

代码如下：

```
select * from 课程信息表
```

单击"! 执行(X)"按钮，完成查询操作。执行结果如图7.19所示。

	课程编号	课程名称	学分	课时	课程简介	所在系
1	00202028	计算机基础技能应用	7.0	112	计算机类专业基础课程	1
2	00202069	网络技术及应用	4.5	72	计算机专业核心课程，网络基础课程	1
3	00204021	程序设计基础	3.0	48	Java编程基础课程,计算机专业核心课程	1
4	00204022	关系数据库技术	4.5	72	计算机专业核心课程，数据库基础课程	1
5	00204023	网络操作系统	3.0	48	网络专业课程	1
6	00310007	会计基础	4.0	64	会计类基础课程	3
7	00310014	中级核算	4.5	72	会计专业职业技能课	3
8	00501002	网络总线技术	2.0	32	汽修专业职业基础课	5
9	00502206	汽车电路维修	4.0	64	汽修专业职业技能课	5
10	02005050	网络设备调试	3.0	48	Java网络专业职业技能课	1
11	02005640	Oracle数据库及应用	4.0	64	数据库高端课程	1
12	02318890	计算机组成原理	4.0	64	计算机专业基础课	1
13	02333890	软件工程	4.0	64	软件技术专业技能课	1
14	04948890	Linux系统及应用	3.0	48	操作系统课程	1
15	07870890	JAVA程序设计	5.0	80	编程类课程，专业核心课	1

图7.19 使用视图修改基表后的查询结果

3. 使用视图更新数据

【例7.14】 使用T-SQL语句修改视图"V_course2"中的数据，将课程编号为"00204023"的课程名称改为"Linux操作系统"。

代码如下：

```
update V_course2
set 课程名称='Linux 操作系统 '
where 课程编号='00204023'
```

单击"❗ 执行(X)"按钮,完成更新数据操作。

通过 T-SQL 语句查看"V_course2"视图就会发现,课程编号为"00204023"的课程名称已改为"Linux 操作系统"。视图数据更新成功。因此,在基表"课程信息表"中的数据也同时被更新。

```
select * fromV_course2
```

单击"❗ 执行(X)"按钮,完成查询操作。执行结果如图 7.20 所示。

	课程编号	课程名称	学分	课时	课程简介	所在系
1	00204021	程序设计基础	3.0	48	Java编程基础课程.计算机专业核心课程	1
2	00204023	Linux操作系统	3.0	48	网络专业课程	1
3	00501002	网络总线技术	2.0	32	汽修专业职业基础课	5
4	02005050	网络设备调试	3.0	48	Java网络专业职业技能课	1
5	04948890	Linux系统及应用	3.0	48	操作系统课程	1

图 7.20　更新后的视图数据

4. 使用视图删除数据

【例 7.15】 使用 T-SQL 语句删除视图 V_course2 中课程编号为"00204023"的课程信息。

代码如下:

```
delete from V_course2
where 课程编号='00204023'
```

单击"❗ 执行(X)"按钮,完成删除数据操作。

通过 T-SQL 语句查看"V_course2"视图就会发现,课程编号为"00204023"的数据已被成功删除。因此,在基表"课程信息表"中的数据也同时被删除。

```
select * fromV_course2
```

单击"❗ 执行(X)"按钮,完成查询操作。执行结果如图 7.21 所示。

	课程编号	课程名称	学分	课时	课程简介	所在系
1	00204021	程序设计基础	3.0	48	Java编程基础课程.计算机专业核心课程	1
2	00501002	网络总线技术	2.0	32	汽修专业职业基础课	5
3	02005050	网络设备调试	3.0	48	Java网络专业职业技能课	1
4	04948890	Linux系统及应用	3.0	48	操作系统课程	1

图 7.21　删除数据后的视图记录

7.3.4　重命名与删除视图

1. 重命名视图

可以使用系统存储过程 sp_rename 来修改视图的名称,语法形式如下:

```
EXEC SP_RENAME OLD_NAME,NEW_NAME
```

【例 7.16】　使用系统存储过程 sp_rename，将创建的“V_score”重命名为“V_score2”。

代码如下：

```
exec sp_rename V_score,V_score2
```

单击“❗执行(X)”按钮，完成重命名操作。执行结果如图 7.22 所示。

图 7.22　重命名后的视图

2. 删除视图

用户可以对创建成功的视图进行删除操作，使用 T-SQL 语句中的 DROP VIEW 命令删除视图，语法格式如下：

```
DROP VIEW {VIEW_NAME}[,…n]
```

【例 7-17】　使用 T-SQL 语句删除视图“V_score2”。

代码如下：

```
drop view V_score2
```

单击“❗执行(X)”按钮，完成删除视图的操作。

如果要同时删除多个视图，只需在删除视图的视图名之间用逗号隔开即可。例如，要删除 V_course1 和 V_course2 两个视图，其代码为：

```
drop view V_course1,V_course2
```

> **提示**：删除视图时，只是删除视图结构的定义，对于视图所包含的数据，并不会随着视图的删除而被删除，依然存储在与视图相关的基表中。

本章习题

一、填空题

1. 视图是一个＿＿＿＿＿＿表，从一个或多个表中导出，也可以从＿＿＿＿＿＿中导出，其内容由查询语句定义生成。

2. 在 T-SQL 语句中，使用＿＿＿＿＿＿命令可以修改视图。

3. 在 T-SQL 语句中，对视图进行加密的关键字是＿＿＿＿＿＿。

4. 若在创建视图时定义了＿＿＿＿＿＿＿＿选项，使用视图修改基表中的数据时，必须保证修改后的数据满足定义视图的限制条件。

5. 使用视图插入、更新或删除数据，执行 update 或 delete 命令时，所更新或删除的数据必须包含在＿＿＿＿＿＿的结果集中。

6. 若使用 insert 或 update 语句对视图进行操作时，被插入或更新的列必须属于同一个＿＿＿＿。

7. 删除视图所引用的数据用＿＿＿＿＿命令，而删除一个视图则用＿＿＿＿＿＿命令。

8. 加密视图无法通过右击修改视图，只能在“新建查询”中使用＿＿＿＿＿＿命令完成。

二、操作题（提示：附加数据库 gongzi。）

1. 创建视图 v_sex，查询所有男员工的姓名、联系电话、部门。

2. 修改 v_sex，显示所有男员工的姓名、联系电话、部门名称。并向视图 v0 中插入一条数据。（刘新民，人事部），分析结果并写出结论。

3. 建立视图 v_department，能查询到每个部门的部门、部门平均工资。

4. 修改 v_department，查询部门号为‘D1’的部门所有职工的部门，职工编号，姓名，并指定 with check option。

5. 通过 v_department 修改数据，将部门‘D1’改为‘D4’。写出 T-SQL 语句，并对结果做分析，视图修改是否成功，并解释为什么？

6. 通过 v_department 修改数据，将职工编号为‘E003’的职工的姓名改为‘王铮’。写出 T_SQL 语句，查看职工表的内容是否被修改，并解释为什么？

7. 查看 v_department 的定义信息。

8. 重命名 v_department，改为 V_department1。

9. 删除视图 v_department1。

10. 创建视图 V_staff，要求显示：“职工表”中各“家庭住址”对应的人数，要求显示的字段名为：[地区]、[人数]。

11. 修改 V_staff，要求显示：“职工表”中各“家庭住址”对应的人数，且显示对应的家庭住址，要求只统计人数大于等于 V_staff 人的区。并为视图加密。修改后查询 V_staff 中的内容。

12. 通过 V_staff 修改:将家庭住址为'玄武区'的人数改为(写出 T-SQL 代码)。请问可以修改么? 为什么?

13. 查看 v_staff 的定义信息(写出 T-SQL 代码),写出结果,并解释原因。

三、简答题

1. 视图与表的区别是?
2. 视图的优点是什么?
3. 创建或使用视图时应该注意哪几方面?

第 8 章 索 引

如果把数据表比作一本书，那么表的索引就是书的目录，目录可以让读者很方便的查找书中的相关内容，而通过索引用户也可以很快地找到表中要查找的记录，而无需扫描整个表。

8.1 索引概述

在数据库中，用户经常要进行数据查询。一般情况下，没有索引的数据库在进行查询操作时需要扫描整个表，当表中的数据很多时，搜索就需要很长的时间。如果建立了索引，就可以通过索引快速地定位到结果，大大提高了服务器的查询效率。

8.1.1 索引的概念

索引是数据库的一个表中所包含的一列或若干列值的列表，其中注明各个值所在行存储在表中的位置。创建索引后，一个单独的数据结构被生成，即索引页。此后，存储表格包括两部分：一部分是存放数据的数据页面，另一部分是存放索引的索引页面。

索引就是一把双刃剑，一方面利用索引可以带来检索速率的提升，另一方面创建索引和维护索引需要时间和空间上的额外开销，所以，索引不是越多越好。

有些情况不适合创建索引：

(1) 查询中很少用或从来不用的列；

(2) 只有两个或很少值的列(如：性别男/女)；

(3) 记录数目很少的表。

考虑建立索引的情况有：

(1) 定义有主键或外键的列；

(2) 需要在指定范围内快速和频繁查询的列；

(3) 需按排序顺序快速查找的列。

8.1.2 索引的分类

根据索引的顺序与数据的物理顺序是否相同，将索引分为两类：聚集索引(Clustered Index)和非聚集索引(Nonclustered Index)。和表及视图一样，索引也是数据库对象。

1. 聚集索引

聚集索引的索引顺序与数据物理顺序相同,数据页的一部分直接充当索引页。聚集索引会按索引的顺序对表中的数据进行排序,因此,聚集索引查找数据很快。但由于需要重新排列数据,所需要的空间也很大。

表中的数据只能以某一种排序方式存储在磁盘上,所以一个表只能有一个聚集索引。聚集索引结构图如图 8.1 所示。

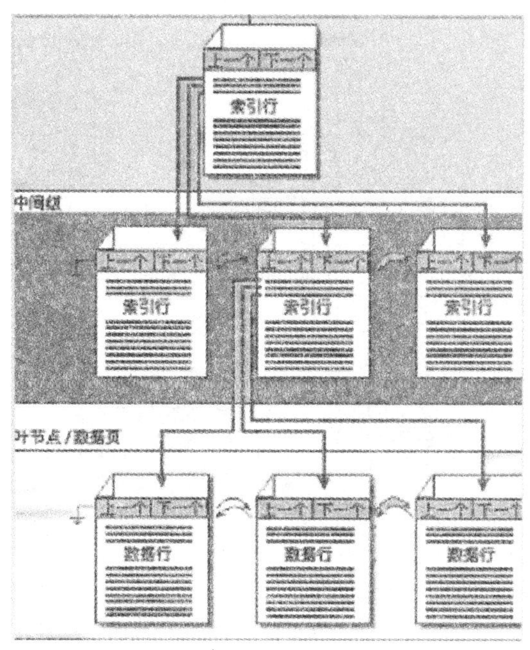

图 8.1 聚集索引结构图

在默认情况下,SQL Server 将为主键约束所对应的列创建聚集索引,并且这个聚集索引不能直接删除,而是需要删除主键约束,对应的索引自动删除。

2. 非聚集索引

非聚集索引的索引顺序与数据物理顺序不相同。非聚集索引是默认索引,索引创建时不重新组织表中的数据,而使用单独的索引页进行存储。换句话说,非聚集索引具有与表的数据完全分离的结构,其索引页是独立于数据页的。

一个表只能建立一个聚集索引,当用户需要建立多个索引时就需要使用非聚集索引。每个非聚集索引可以提供访问数据的不同排序顺序。

非聚集索引结构图如图 8.2 所示。

以下给出聚集索引和非聚集索引的例子。

汉语词典的"按拼音查找"法(图 8.3),提供了一个聚集索引,音节表作为聚集索引的索引页与汉字在字典中的排列顺序是先后一致的。如音节表中 ba 排序在 cai 之前,对应的文字数据"吧"60 页排在"猜"150 页之前。

汉语词典的"按部首查找"法(图 8.4),提供了一个非聚集索引,部首目录、检字表构成了独立的索引页,其索引顺序与汉字在字典中的物理顺序不一致。如汉字"张"和"弦",检字表的"弓"字部首下,"张"7 画,"弦"8 画,"张"在"弦"的前面,但汉字"张"1455 页,"弦"1247

页，“张”在“弦”的后面，索引顺序与数据顺序不同。

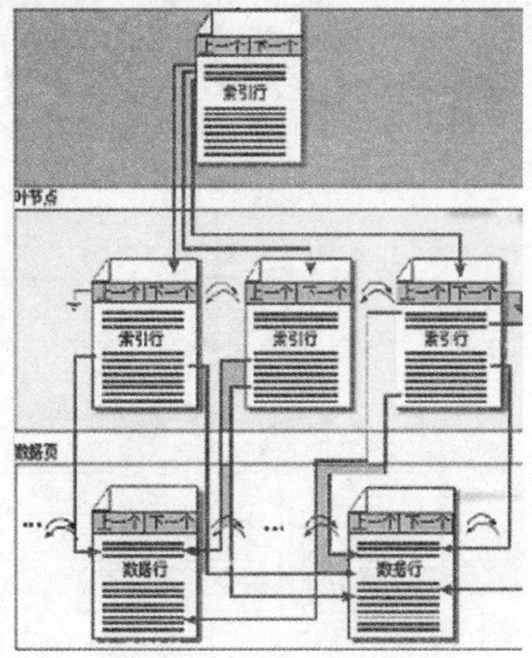

图 8.2 非聚集索引结构图

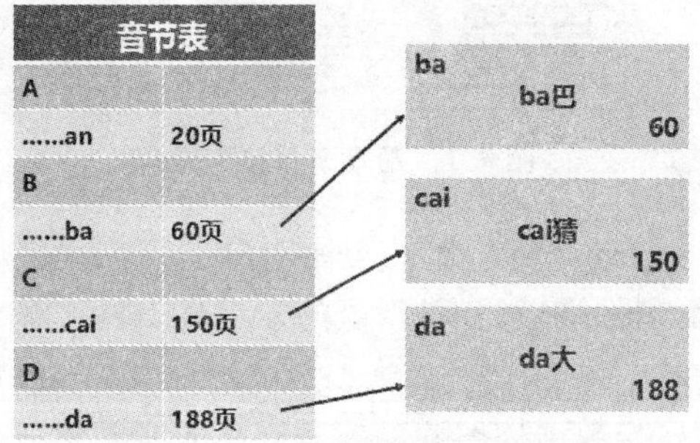

图 8.3 “按拼音查找”法

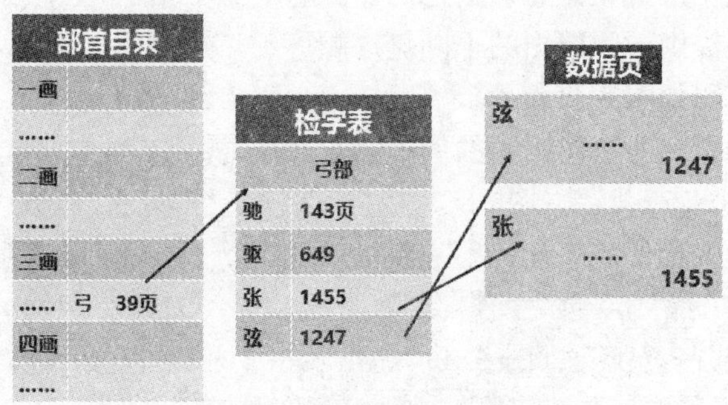

图 8.4 “按部首查找”法

3. 唯一索引和非唯一索引

当为表中的某字段添加唯一(Unique)约束时,系统将基于这个字段自动创建一个非聚集的唯一索引。当在表中添加主键(Primary key)时,系统将自动创建一个聚集的唯一索引。其他情况下,没有特殊说明的索引默认为非唯一索引。唯一索引要求索引所对应的列在表中所有行上不能有重复取值。因此,在创建唯一索引时,系统会自动检查表中已有数据是否存在重复,若存在立即停止创建,并报告错误。

8.2 界面中索引的操作

8.2.1 索引的创建

【例 8.1】 使用 SQL Server Management Studio 图形化工具为“课程信息表”的“课程编号”字段建立聚集唯一索引。

具体操作步骤如下:

(1) 在 SSMS 中,展开“数据库”节点,展开“cduDB”,找到“表”节点,展开要创建索引的“课程信息表”表,右键单击“索引”,选择“新建索引”命令。

(2) 在弹出的“新建索引”对话框中,输入索引名称“index_课程编号”,选择“聚集”索引类型,选中“唯一”,单击“添加”按钮,勾选“课程编号”列(如图 8.5 所示)。

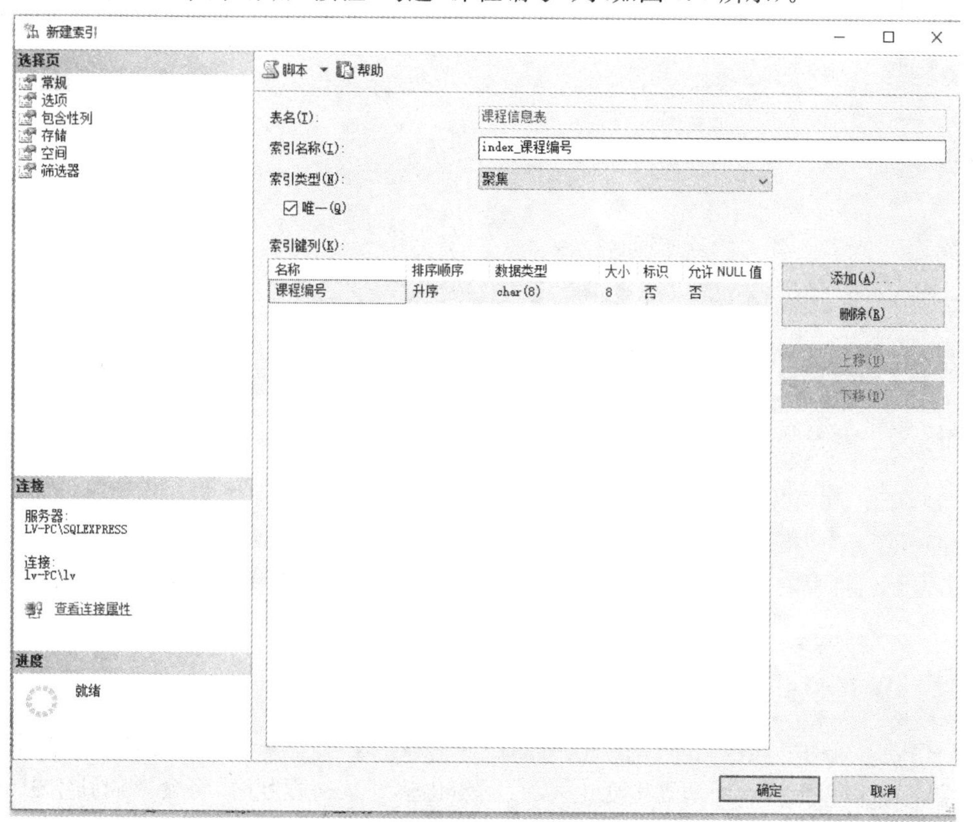

图 8.5 新建聚集唯一索引图

(3) 单击"确定"按钮,索引创建成功。

【例 8.2】 使用 SQL Server Management Studio 图形化工具为"课程信息表"的"课程名称"字段建立非聚集索引。

具体操作步骤如下:

(1) 在 SSMS 中,展开"数据库"节点,展开"eduDB",找到"表"节点,展开要创建索引的"课程信息表"表,右键单击"索引",选择"新建索引"命令。

(2) 在弹出的"新建索引"对话框中,输入索引名称"index_课程名称",选择"非聚集"索引类型,单击"添加"按钮,勾选"课程名称"列(如图 8.6 所示)。

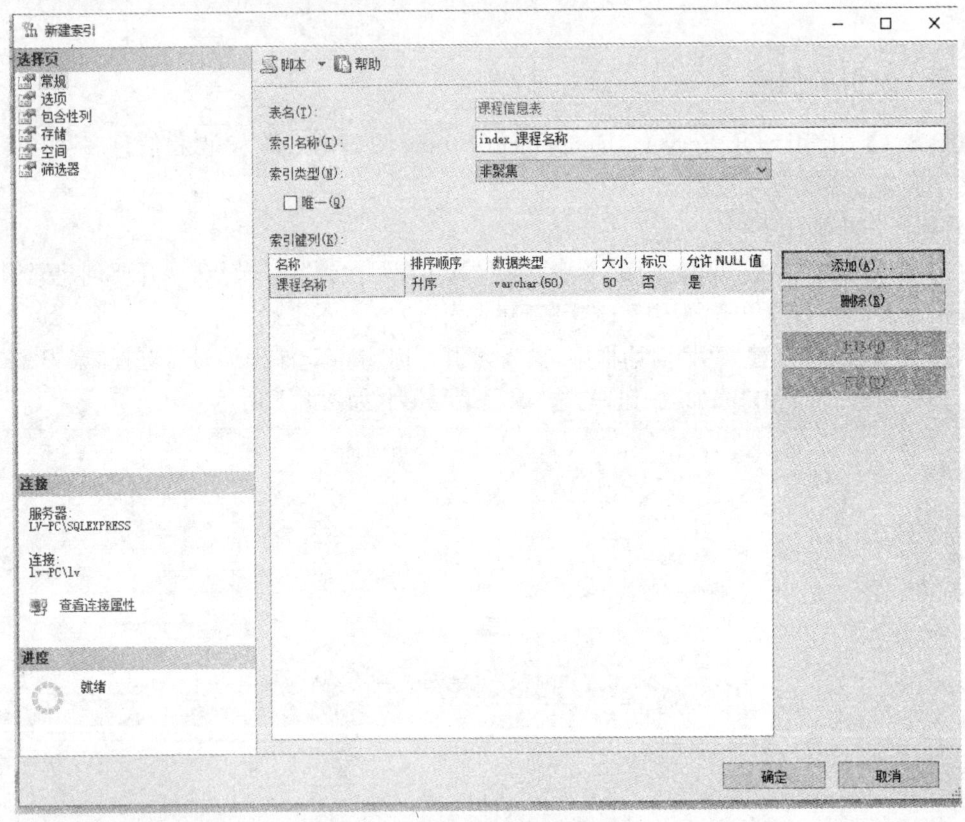

图 8.6 新建非聚集索引图

(3) 单击"确定"按钮,索引创建成功。

此时,展开"课程信息表"表的"索引"文件夹,可以查看到刚刚创建的两个索引。鼠标右键点击索引名称,选择"属性"命令,在弹出的"索引属性"对话框中可以查看索引的具体信息。

8.2.2 重建索引

对建立了索引的表执行数据插入、更新或删除操作,SQL Server 都会自动维护索引。随着系统的运行,数据不断地发生变化,当数据变化达到某一程度时,将会影响到索引的使用。此时,需要考虑重建索引。

重建索引实际上是重新组织B树空间。例如，数据和使用模式大幅度变化；排序的顺序发生改变；要进行大量插入操作或已经完成；大量修改数据，使得数据页和索引页没有充分使用而导致空间浪费等情况，都需要考虑重建索引。

当重建聚集索引时，这张表的所有非聚集索引将被重建。

【例8.3】 使用SQL Server Management Studio图形化工具为"课程信息表"表的"课程编号"字段重建聚集索引。

具体操作步骤如下：

(1) 在SSMS中，展开"数据库"节点，展开"eduDB"，找到"表"节点，展开要创建索引的"课程信息表"表，打开"索引"文件夹，找到要重建的索引"index_课程编号"，右键选择"重新生成"。

(2) 在弹出的"重新生成索引"对话框中，选择"确定"，索引重新生成。

8.2.3 索引的删除

使用SQL Server Management Studio图形化工具删除索引的具体步骤如下：

(1) 在SSMS中，展开"数据库"节点，展开"eduDB"，找到"表"节点，展开要创建的索引的表，打开"索引"文件夹，找到要删除的索引，右键选择"删除"。

(2) 在弹出的"删除对象"对话框中单击"确定"按钮即可删除该索引。

8.3 用代码实现索引的操作

8.3.1 索引的创建

使用T-SQL语句创建索引，使用CREATE INDEX关键词。其语法格式如下：

```
CREATE [UNIQUE] [CLUSTERED | NONCLUSTERED] INDEX 索引名
ON 表名|视图名(字段名[ASC|DESC])
```

其中，UNIQUE表示创建唯一索引，即索引的键值不重复，省略此项时，默认创建非唯一索引，应注意包含重复值的列，不能创建唯一索引；CLUSTERED表示聚集索引，此选项省略时，则创建的是非聚集索引；NONCLUSTERED表示创建非聚集索引；索引名称在一个表中应是唯一的，但在同一数据库中可以重复；ASC|DESC指出索引列的排序方式。默认是升序(ASC)。

【例8.4】 为表"学生信息表"的"学号"字段创建一个唯一聚集索引"index_学号"。

```
create unique clustered index index_学号
on 学生信息表(学号)
```

需要注意的是，主键约束的列会自动创建索引，不能在同一个列重复创建索引。

【例8.5】 为表"学生信息表"中的"姓名"列创建一个非聚集索引"index_姓名"。

```
create nonclustered index index_姓名
on 学生信息表(姓名)
```

【例8.6】 为表"学生成绩表"中的"课程编号"和"学号"创建一个复合非聚集索引。

```
create nonclustered index index_课程编号_学号
on 学生成绩表(课程编号,学号)
```

复合索引是指对一个表中的两列或多列的组合进行索引,复合索引的列必须位于同一个表中。复合索引中的顺序可以与表中的顺序不同。

8.3.2 系统自动创建的索引

有些索引不需要用户自行创建,建立或修改数据表时,如果创建或添加了主键约束或唯一约束,系统会为添加的约束字段自动创建 Unique 索引。

1. 主键约束字段(PRIMARY KEY)

当在表中的某个字段上设置主键约束时,系统将在该字段上自动创建唯一索引,该索引一般是聚集索引。

【例 8.7】 创建关系表 product(productID,productName),并为 productID 字段添加主键。

```
create table product
(
    productID   int   primary key,
    productName   varchar(20)
)
```

执行代码后,在表格 product 下找到索引文件夹,打开文件夹看到 PK_product 开头的一个索引,就是主键约束自动添加的聚集索引。

2. 唯一约束字段(UNIQUE)

若为表中的某字段添加了 unique 约束,系统将基于这个字段自动创建一个非聚集 Unique 索引。

【例 8.8】 为 product 表的 productName 字段添加唯一约束 uq_proName。

```
alter table product
add constraint uq_proName
unique(productName)
```

执行代码后,在表格 product 下找到索引文件夹,打开文件夹看到索引 uq_proName,是唯一约束自动添加的非聚集索引,与约束同名。

8.3.3 查看索引

使用 sp_helpindex 存储过程,可以查看表格中的索引。

【例 8.9】 查看 product 表的索引。

```
Sp_helpindex product
```

运行结果如图 8.7 所示。

	index_name	index_description	index_keys
1	PK__product__2D10D14A0F975522	clustered, unique, primary key located on PRIMARY	productID
2	uq_proName	nonclustered, unique, unique key located on PRIMARY	productName

图 8.7 查看 product 表格的索引

8.3.4 重建索引

【例 8.10】 重新生成“学生信息表”上的索引 index_学号。

```
alter index index_学号  on 学生信息表
rebuild
```

【例 8.11】 重新生成“学生信息表”上的所有索引。

```
alter index all on 学生信息表
rebuild
```

8.3.5 索引的删除

使用 T-SQL 语句删除索引用 DROP INDEX 命令，该命令可以删除一个或多个索引。其语法如下：

```
DROP INDEX '表名.索引名'[,... n]
```

【例 8.12】 删除表“学生成绩表”中的索引 index_课程编号_学号。

```
drop index 学生成绩表.index_课程编号_学号
```

【例 8.13】 删除表“学生信息表”中的索引 index_学号和 index_姓名

```
drop index 学生信息表.index_学号,index_姓名
```

注意：DROP INDEX 命令不能删除由 PRIMARY KEY 或 UNIQUE 约束自动生成的索引，也不能删除系统表中的索引。由 PRIMARY KEY 或 UNIQUE 约束自动生成的索引，在删除约束后，索引随即消失。

本章习题

一、选择题

1. 下列哪类数据不适合创建索引？ ( )
   A. 经常被查询搜索的列，如经常在 Where 子句中出现的列。
   B. 在 ORDER BY 子句中使用的列。
   C. 是外键或主键的列。
   D. 包含太多重复值的列。
2. 下列关于索引的描述错误的是________。 ( )
   A. 对表中的任何数据列都可以添加索引。
   B. 创建索引的列尽量不要含有许多重复的值。
   C. 数据库中的聚集索引越多，搜索效率不一定越高。
   D. 不给很少使用的列添加索引。
3. ________要求索引键不包含重复的值。 ( )
   A. 聚集索引 B. 非聚集索引
   C. 索引视图 D. 唯一索引

二、简答题

1. 什么是聚集索引？举例说明。

2. 什么是非聚集索引？举例说明。

3. 在一个表中可以建立多个聚集索引吗？可以建立多个非聚集索引吗？

三、操作题

1. 创建“工资表”，包含如下字段：

字段名	类型	说明
职工编号	char(4)	非空
基本工资	money	
补贴	money	
发放时间	datetime	

2. 在职工编号字段上创建非聚集索引，索引名为 index_No。

3. 在‘职工编号’和‘发放时间’字段上创建非聚集复合索引，索引名为 index_No_Time。

4. 查询工资表上的索引。

5. 删除工资表字段上的索引 index_No_Time。

6. 重新生成“工资表”的全部索引。

第 9 章 Transact-SQL 语言

SQL(Structure Query Language 结构化查询语言)是用于数据库的查询和编程语言,其结构简单、功能强大、简单易学的特点,使得 SQL 语言发展迅速并广泛应用。许多成熟的关系型数据库都支持 SQL,如 Visual Foxpro、Access、Oracle 等等。Transact-SQL(简称 T-SQL)是 Microsoft 公司为 SQL Server 量身定做的 SQL 增强版,是对 SQL 的扩展。T-SQL 具有 SQL 的主要特点,同时增加了变量、运算符、函数、流程控制和注释等语言元素,功能比 SQL 更强大。

9.1 T-SQL 语言概述

T-SQL 对 SQL Server 十分重要,使用 T-SQL 进行程序设计是 SQL Server 的主要形式之一。SQL Server 使用图形界面能够完成的所有功能,都可以利用 T-SQL 来实现。常见的 B/S 或 C/S 应用程序要与 SQL Server 服务器进行通信,都需要通过 T-SQL 语句来实现,完成数据的传递和处理。

T-SQL 语句可以建立、修改、查询和管理关系数据库,也可以将 T-SQL 语句嵌入到高级程序语言(如 VB、C#、Java)中,实现应用程序与 SQL Server 数据库的通信。

T-SQL 语言具有数据定义、数据操作、数据控制以及事务管理的能力。

(1) 数据定义语言(DDL,Data Definition Language),包括:创建,修改,删除(create,alter,drop)语句。

(2) 数据操作语言(DML,Data Manipulation Language),包括:插入,修改,删除及查询数据(insert,update,delete,SELECT)等操作。

(3) 数据控制语言(DCL,Data Control Language),主要用于执行与安全管理相关的操作,包括,grant、revoke、deny 语句。

(4) 事务管理语言(TML,Transaction Management Language)

在 Microsoft SQL Server 系统中,可以使用 BEGIN TRANSACTION、COMMIT TRANSACTION 及 ROLLBACK TRANSACTION 等事务管理语言(TML)的语句来管理显式事务。

除了上述语言之外,T-SQL 还包含以下附加的语言,主要有注释语句、标识符、变量常量、运算符、数据类型、函数、流程控制语句及错误处理语言等。

9.2 T-SQL 基本要素

本节主要阐述 T-SQL 基本要素，是 T-SQL 附加语言中的批处理、注释、标识符。

9.2.1 批处理

批处理就是分多个批次执行的 T-SQL 语句组。每个 T-SQL 语句组可以包含一条或多条 T-SQL 语句。每个组之间用 GO 来分隔，GO 表示一组 T-SQL 语句结束的信号，GO 本身不是 T-SQL 语句，而是 SSMS 代码编辑器识别的命令，从一个 GO 到下一个 GO 之间所有语句为一个批次，被一次性地发送到 SQL Server 2008 服务器执行。这一组 T-SQL 语句被 SQL Server 编译为一个可执行单元，也称执行计划。

GO 和 T-SQL 语句不能在同一行执行，但 GO 命令行可以包含注释。

```
use eduDB
create view v_stuinfo
as
select * from 学生信息表
where 专业编号='000111'
```

以上这段代码执行后，提示错误消息如图 9.1 所示。

```
消息
消息 111，级别 15，状态 1，第 2 行
'CREATE VIEW' 必须是查询批次中的第一个语句。
```

图 9.1 错误消息

如果将代码改成：

```
use eduDB
go
create view v_stuinfo
as
select * from 学生信息表
where 专业编号='000111'
```

此时命令已成功完成，并在 eduDB 中创建了一个名为 v_stuinfo 的视图。此题说明 CREATE VIEW 语句前面必须添加 GO，使得“use eduDB”成为一个批次，而 CREATE VIEW 成为另一个批次的第一句，才符合 T-SQL 的语法规范。

再看一个例子：

```
declare @Number int   --声明变量
go
set @Number =33       --为变量赋值
```

运行后提示错误消息如图 9.2 所示。

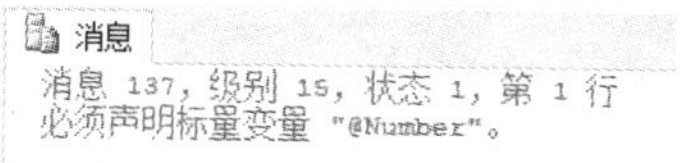

```
消息
消息 137，级别 15，状态 1，第 1 行
必须声明标量变量 "@Number"。
```

图 9.2　错误消息

而将 Go 去掉后，再执行下面代码，则提示命令已成功完成。

```
declare @Number int   --声明变量
set @Number =33       --为变量赋值
```

此题中，@Number 作为一个局部变量，它的声明和赋值必须在同一个批次中进行。

9.2.2　注释

注释的内容是用户提供的文本，服务器不对注释进行计算。可以将注释插入单独行中、嵌在 T-SQL 命令行的结尾或嵌套在 T-SQL 语句中。

SQL Server 中有两种注释：--行注释，/ * …… * /段注释。

(1) 将两个连字符(--)用于单行注释。用--插入的注释由换行符终止。注释没有最大长度限制。

【例 9.1】　在变量的声明和赋值语句后添加行注释。

```
--注释：T-SQL 中的变量：
declare @Number int      --声明变量
set @Number =33          --为变量赋值
```

(2) 多行的注释必须用/ * 和 * /指明。用于多行注释的样式规则是，第一行用/ * 开始，并且用 * /结束注释。注释没有最大长度限制。

【例 9.2】　在下面的代码段中使用/ * …… * /段注释。

```
/*
这是一个批处理的错误实例，
消息提示：
CREATE VIEW 必须是查询批次中的第一个语句
*/
use eduDB
go
create view v_stuinfo   /* 此语句前需要插入 go */
as
select * from 学生信息表
where 专业编号='000111'
```

9.2.3　标识符

在 SQL Server 中，服务器、数据库和数据库对象(如表、列、视图、索引、存储过程、触发器、约束和规则等)都有标识符，数据库对象的名称被看成是该对象的标识符。对象标识符是在定义对象时创建的，标识符随后用于引用该对象。

SQL Server 的标识符分为标准标识符和分隔标识符两类。

1. 标准标识符

标准标识符也称常规标识符，它是字母、数字和下划线字符的序列。定义标识符时必须遵守以下规定：

(1) 首字符。标识符必须以字母(包括 a～z 和 A～Z)、下划线“_”、符号“@”或者符号“#”开头。

(2) 后续字符。标识符的首字符后可以跟字母、数字、“@”符号、美元符号“$”、符号“#”或下划线“_”。注意，不能全为下划线“_”、@”或“#”。

(3) 标识符不允许是 T-SQL 的保留字，如 SELECT、CREATE 等。

(4) 不允许嵌入空格或其他特殊字符。

2. 分隔标识符

包含在双引号(“”)或者方括号([])内的标识符称为分隔标识符。该标识符可以不符合标识符的格式规则，如[Reader Card]，Reader 和 Card 之间含有空格，但因为使用方括号，所以空格视为分隔标识符。

【例 9.3】 找出不合法的标识符。

```
view1, myTable, update, @procname , user name,“my password”, A&BC, ###
```

不合法的标识符有：update，user name，###

9.3 常量与变量

常量是指在程序运行中始终不变的量，而变量则是在程序运行中值可以变化的量。

9.3.1 常量

任何程序设计语言中都不能缺少常量，T-SQL 中常量分为字符串常量、数值常量、日期时间常量三种。

1. 字符串常量

字符串常量在一对单引号中，由字母、数字以及特殊字符组成。例如，‘欢迎学习 SQL Server 2008’。如果需要在字符串中使用单引号，则用两个单引号替代，如‘I”m a Teacher’，打印结果：I'm a Teacher。如图 9.3 所示。

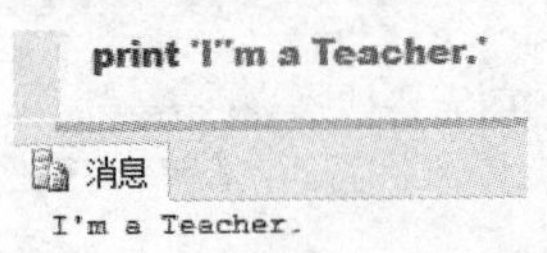

图 9.3 打印字符串常量

2. 数值常量

数字常量可以是整数和浮点数类型的数据，不需要单引号括起来。整数型常量是不包含小数点的整数数字，如 100。浮点型常量用包含小数点的浮点数字来表示，如 3.14。float 和 real 类型的数值常量用科学计数法来表示，如 3.4E3，相当于 3.4×10^3 。

```
declare @m float
set @m=4.2E3              --float 类型的数值常量:4.2E3
go
select * from 课程信息表
Where 课时<30            --int 类型的数值常量:30
```

3. 日期时间常量

日期时间常量是 date、datetime、smalldatetime 等类型的数据，其取值需要使用单引号括起来，如'19800221'，'1987/5/3'，'22:30:32'，'1988.5.4'，'2003-5-6 22:30:32'。

9.3.2 变量

变量是内存中的一块空间，与常量不同的是，变量的值可以在程序执行过程中不断发生变化。变量分为局部变量和全局变量两种。

1. 局部变量

局部变量以@开头，且只在定义的程序范围内有效。定义局部变量需要使用 declare 关键词，如 declare @num int。

(1) 局部变量的声明

在使用局部变量以前，必须使用 DECLARE 语句来声明这个局部变量。DECLARE 语句的语法格式如下：

```
DECLARE @局部变量名  数据类型[,…n]
```

【例 9.4】 本例使用 DECLARE 语句声明一个用于保存数值的整型变量。

```
declare @cnt int
```

【例 9.5】 本例使用一条 DECLARE 语句同时声明多个变量。

```
declare @empid char(6),@empname char(8),@tel varchar(20)
```

(2) 局部变量的赋值

给局部变量赋值有两种方法，可以使用 SET 语句赋值，也可以使用 SELECT 语句赋值。

使用 set 语句赋值的语法格式为，set 一次只能为一条语句赋值：

```
set { @局部变量名=表达式}
```

使用 SELECT 语句赋值的语法格式为，SELECT 可以同时为多个变量赋值：

```
SELECT @局部变量名=表达式[,…n]
```

(3) 局部变量的输出

使用 PRINT，在消息框中打印输出：

```
PRINT @局部变量名
```

使用 SELECT，以表格形式显示在结果框：

```
SELECT @局部变量名
```

【例 9.6】 声明一个名为 now 的局部变量并赋值，用此变量返回当前系统的日期和时间。见图 9.4。

```
declare   @now   datetime
set   @now=getdate()
print   @now
```

【例 9.7】 演示使用查询给变量赋值的方法(如图 9.5 所示)。

```
declare @cnt int
set @cnt=(select count( * ) from 学生信息表)
select @cnt   as 学生总数
```

消息
11 6 2017 5:54PM

图 9.4 print 输出结果

	学生总数
1	70

图 9.5 SELECT 输出结果

2. 全局变量

全局变量以@@开头,可以在程序的任何位置使用。每个全局变量由系统已定义好,代表不同含义,全局变量的值只能使用不能修改。表 9.1 为常用的全局变量表。

表 9.1 常用的全局变量

全局变量	功　　能
@@ROWCOUNT	返回受上一条语句影响的行数
@@ERROR	用于返回最后执行的 T-SQL 语句的错误代码,为 INT 型。
@@SERVERNAME	返回本地服务器的名称
@@VERSION	返回当前安装的 SQL SERVER 版本、日期及处理器类型
@@IDENTITY	返回上次 INSERT 操作中插入到 IDENTITY 列的值
@@LANGUAGE	返回当前所用语言的名称

9.4 运算符与表达式

9.4.1 运算符

运算符是一种符号,用来指定要在一个或多个表达式中执行的操作。SQL Server 2008 所使用的运算符有:算术运算符、赋值运算符、按位运算符、比较运算符、逻辑运算符、作用域解析运算符、字符串串联运算符、一元运算符。

下面对部分运算符进行介绍。

1. 算术运算符

算术运算符对两个表达式执行数学运算,这两个表达式可以是数值数据类型的一个或多个数据表达式(如表 9.2 所列)。

表 9.2　算术运算符

运算符	含　义
+(加)	加。例如,12+5=17
-(减)	减。例如,12-5=7
*(乘)	乘。例如,12*5=60
/(除)	除。例如,12/5=2,根据 12 和 5 的类型,按照整数除法计算,结果为整数。例如,12/5.0=2.4,根据 12 和 5.0 的类型,按照浮点除法计算,结果为小数
%(取模)	返回一个除法运算的整数余数。例如,12%5=2,这是因为 12 除以 5,余数为 2

2. 赋值运算符

等号(=)是 T-SQL 中唯一的赋值运算符。

下面示例中,声明一个@m 变量,然后使用赋值运算符将 int 类型常量 12 赋给变量@m。

【例 9.8】 使用赋值运算符为变量赋值。

```
declare @mint
set @m=12
print @m+10
```

运行结果,在消息框输出:22

3. 比较运算符

比较运算符测试两个表达式是否相同。除了 text、ntext 或 image 数据类型的表达式外,比较运算符可以用于所有的表达式。表 9.3 列出 T-SQL 比较运算符。

表 9.3　比较运算符

比较运算符	含　义
=(等于)	等于
>(大于)	大于
<(小于)	小于
>=(大于等于)	大于等于
<=(小于等于)	小于等于
<>(不等于)	不等于
! =(不等于)	不等于(非 ISO 标准)
! <(不小于)	不小于(非 ISO 标准)
! >(不大于)	不大于(非 ISO 标准)

【例 9.9】 本例使用比较运算符实现条件查询。

```
declare @stock int
set @stock=50
if (@stock>0)
  select *
  from 课程信息表
  where 课时>@stock
else
  print '赋值有误! '
```

此题,根据变量@stock 的赋值是否大于 0,判断是执行查询或是打印错误提示。如 set @stock=－2,结果打印“赋值有误!”

4. 逻辑运算符

逻辑运算符对某些条件进行测试,以获得其真实情况。逻辑运算符和比较运算符一样,返回带有 TRUE、FALSE 或 UNKNOWN 值的 Boolean 数据类型,具体如表 9.4 所列。

表 9.4 逻辑运算符

逻辑运算符	运算规则
AND	如果两个布尔表达式值都为 TRUE,则运算结果为 TRUE
OR	如果两个表达式中有一个值为 TRUE,则运算结果为 TRUE
NOT	对表达式的值取反
ALL	如果一组的比较值都为 TRUE,则运算结果为 TRUE
ANY	在一系列的操作数比较中只要有一个值为 TRUE,则结果为 TRUE
BETWEEN	如果操作数的值在指定的范围内,则运算结果为 TRUE
EXISTS	如果子查询包含一些记录,则为 TRUE
IN	如果操作数是表达式列表中的某一个,则运算结果为 TRUE
LIKE	如果操作数与一种模式相匹配,则为 TRUE
SOME	如果在一系列的操作数比较中,有一些为 TRUE,则结果为 TRUE

逻辑运算符主要用在表示条件的 T-SQL 语句中,如 SELECT 语句的 WHERE 条件子句。

5. 字符串串联运算符

SQL Server 提供了以下字符串运算符。字符串串联运算符可以将两个或更多字符串、列或字符串和列名的组合串联到一个表达式中。通配符字符串运算符可匹配字符串比较操作(如 LIKE 或 PATINDEX)中的一个或多个字符。

◇ 字符串串联运算符:+

【例 9.10】 本例使用字符串串联运算符+,实现字符串的连接。运行结果如图 9.6 所示。

```
declare @var1 char(5),@var2 char(10),@var3 int
set @var1='sql'
select @var2='server',@var3=2008
select @var1+@var2+cast(@var3 as varchar(5))
```

图 9.6 字符串串联

注意：转换函数 Convert()和 Cast()函数的用法及定长字符 char(n)和可变长字符 varchar(n)的区别：

```
declare @var1 char(15), @var2 char(15)
set @var1='sql'
set @var2='server'
select @var1+@var2
select convert(varchar(3),@var1)+''+convert(varchar(15),@var1)
select cast(@var1 as varchar(5))+''+cast(@var1 as varchar(15))
```

运行结果如图 9.7 所示。

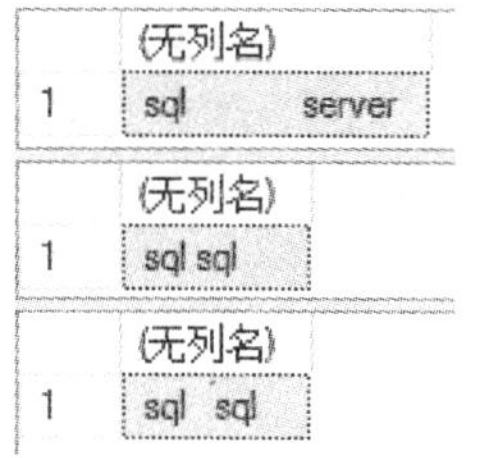

图 9.7 字符串串联

◇ 字符串串联运算符：+=

将两个字符串串联起来并将一个字符串设置为运算结果。例如，如果变量@x 等于 'Adventure'，则@x+='Works' 会接受@x 的原始值，将 'Works' 添加到该字符串中并将@x 设置为该新值 'AdventureWorks'。

```
declare @v1 varchar(40)
set @v1='This is the original. '
set @v1+='More text. '
print @v1
```

结果：This is the original. More text.

6. 按位运算符

位运算符的操作数可以是整数或二进制字符串数据类型类别中的任何数据类型(image 数据类型除外)，但两个操作数不能同时是二进制字符串数据类型类别中的某种数据类型。

(1) &(与)

& 位运算符在两个表达式之间执行位与逻辑运算，从两个表达式取对应的位。当且仅当输入表达式中两个位(正在被解析的当前位)的值都为 1 时，结果中的位才被设置为 1；否则，结果中的位被设置为 0。

```
select 170 & 75
```

输出结果:10

170(A)的二进制表示形式为 0000 0000 1010 1010。75(B)的二进制表示形式为 0000 0000 0100 1011。对这两个值执行位与运算产生的二进制结果为 0000 0000 1110 1011,即十进制数 10。具体运算如表 9.5 所示。

表 9.5　按位运算符的使用

(A&B)	(A|B)	(A^B)
0000 0000 1010 1010 0000 0000 0100 1011 ———————— 0000 0000 0000 1010	0000 0000 1010 1010 0000 0000 0100 1011 ———————— 0000 0000 1110 1011	0000 0000 1010 1010 0000 0000 0100 1011 ———————— 0000 0000 1110 0001

注:A=170,B=75。

(2) |(或)

在 T-SQL 语句中,两个指定的整数值转换为二进制表达式后执行逻辑位或运算。或运算的表达式可以是整数数据类型、bit、binary 或 varbinary 数据类型的任何有效表达式。表达式被当成用于位运算的二进制数字处理。如果输入值为 int 则返回 int;如果输入值为 smallint,则返回 smallint;如果输入值为 tinyint,则返回 tinyint。

```
select 170|75
```

输出结果:235

对这两个值执行位或运算产生的二进制结果为 0000 0000 1110 1011,即十进制数 235。具体运算结果如表 9.5 所示。

(3) ^(异或)

两个整数值可以执行"位异或"运算。运算的表达式可以是整数数据类型类别的任一数据类型、bit、binary 或 varbinary 数据类型的任何有效表达式。表达式被视为用于进行位运算的二进制数。

通过从两个表达式中取对应的位,^位运算符对两个表达式执行按位逻辑异或运算。如果在输入表达式的对应位中,任意一位(但不是两个位)的值为 1,则结果中该位的值被设置为 1;如果相对应的两个位的值都为 0 或者都为 1,那么结果中该位的值被清除为 0。如果左侧和右侧的表达式具有不同的整数数据类型(例如,左侧的数据类型为 smallint,右侧的数据类型为 int),则会将较小数据类型的参数转换为较大数据类型。在这种情况下,smallint 转换为 int。

```
select 170|75
```

输出结果:225

7. 一元运算符

一元运算符只对一个表达式执行操作,该表达式可以是 numeric 数据类型类别中的任何一种数据类型。一元运算符有三个:+(正)、-(负)、~(按位 NOT 运算)。+(正)和-(负)运算符可以用于 numeric 数据类型类别中任一数据类型的任意表达式。~(位非)运算符只能用于整数数据类型类别中任一数据类型的表达式。

~运算符对整数值执行逻辑位非运算。~位运算符对运算表达式逐位执行逻辑位非运

算。如果表达式的值为 0，则结果集中的位将设置为 1；否则，结果中的位将清零。换句话说，1 改成 0，而 0 则改成 1。表 9.6 为一元运算符的使用。

表 9.6　一元运算符的使用

＋正	－(负)	～(非)
DECLARE @MYNUMBER DECIMAL(10,2)； SET @MYNUMBER=＋123.45； SELECT @MYNUMBER； 输出：123.45	DECLARE @MYNUMBER DECIMAL(10,2)； SET @MYNUMBER=－123.45； SELECT @MYNUMBER； 输出：－123.45	A：0000 0000 1010 1010 —————————— ～A：1111 1111 0101 0101

表 9.7 为运算符的优先级。

表 9.7　运算符的优先级

<table>
<tr><th>级别</th><th>运算符</th></tr>
<tr><td>1</td><td>～(位非)</td></tr>
<tr><td>2</td><td>*,/,%</td></tr>
<tr><td>3</td><td>+,-,&(位与)</td></tr>
<tr><td>4</td><td>=,>,<,>=,<=,<>,! =,! >,! <</td></tr>
<tr><td>5</td><td>^(位异或),(|位或)</td></tr>
<tr><td>6</td><td>NOT</td></tr>
<tr><td>7</td><td>AND</td></tr>
<tr><td>8</td><td>ALL,ANY,BETWEEN,IN,LIKE,OR</td></tr>
<tr><td>9</td><td>=(赋值)</td></tr>
</table>

9.4.2　表达式

表达式是符号和运算符的一种组合，SQL Server 数据库引擎将处理该组合以获得单个数据值。简单表达式可以是一个常量、变量、列或标量函数。可以用运算符将两个或更多的简单表达式连接起来组成复杂表达式。表达式一般用于 SELECT 语句和 WHERE 语句中。

9.5　流程控制语句

9.5.1　BEGIN…END 语句块

BEGIN…END 常用于 IF 语句体、ELSE 语句体和 WHILE 语句体，将多条语句封装为一个语句块。BEGIN…END 中可以包括一系列的 T-SQL 语句，满足复杂的程序设计要求。BEGIN 和 END 是控制流语言的关键字。

【例 9.11】 使用 BEGIN…END 语句块实现 1+2+……+10 的计算。

```
declare @num int,@sum int
select @num=0,@sum=0
while @num<10
begin
      set @num=@num+1              --计数器循环累加
      set @sum=@sum+@num           --累加和
      print @num                   --将计数器的值显示出屏幕来
end
print '1+2+……+10='+convert(char(10),@sum)      --显示出结果,convert 实现类型转换
```

输出结果:1+2+……+10=55

9.5.2 条件语句

IF…[ELSE…]条件语句指定 T-SQL 语句的执行条件。如果满足条件,则在 IF 关键字及其条件之后执行 T-SQL 语句:此时条件的布尔表达式返回 TRUE。可选的 ELSE 关键字引入另一个 T-SQL 语句,当不满足 IF 条件时就执行该语句:此时 IF 条件的布尔表达式则返回 FALSE。

【例 9.12】 使用 IF…[ELSE…]条件语句实现学生成绩的查询,并提示要补考的信息。图 9.8 给出条件语句示例结果。

```
declare @不及格人数 int
set @不及格人数=(select count(*)from  学生成绩表 where 成绩<60)
if @不及格人数>0
      begin
            select '以下需要补考!'
            select 学号,课程编号 from 学生成绩表
                  where 成绩<60
      end
else
      begin
            print '全部通过考试!'
      end
```

	(无列名)
1	以下需要补考!

	学号	课程编号
1	10240104	00204021
2	10330120	00310007
3	10510206	00501002
4	14120205	02318890
5	14120206	02318890
6	15120108	02318890
7	15120225	02318890
8	15140121	02318890
9	15140138	02318890
10	15150112	02318890

图 9.8 条件语句示例结果(限篇幅,截图只显示部分内容)

9.5.3　CASE 语句

CASE 语句用于计算条件列表并返回多个可能结果表达式之一。CASE 语句使用户能够方便的实现多重选择的情况。

CASE 表达式有两种格式：

(1) CASE 简单表达式，通过将表达式与一组简单的表达式进行比较来确定结果。

(2) CASE 搜索表达式，通过计算一组布尔表达式来确定结果。

这两种格式都支持可选的 ELSE 参数。

1. CASE 简单表达式

【例 9.13】 将“学生信息表”中的所有性别显示为“先生”“女士”。(CASE 简单表达式)

```
select 学号,姓名,性别=case 性别
    when 1 then '先生'
    when 0 then '女士'
    end
from 学生信息表
order by 性别
```

结果如图 9.9 所示。

2. CASE 搜索表达式

【例 9.14】 显示“学生成绩表”中所有考试通过的状态。(CASE 搜索表达式)

```
select 学号,姓名,提示=case
  when datediff(year,生日,getdate())<18 then '未成年!'
  when datediff(year,生日,getdate())<20 then '成年,不超过 20 岁'
  else  '中青年'
end
from 学生信息表
```

结果如图 9.10 所示。代码中 GETDATE()函数表示系统运行的当前时间，由于运行时间的不同，显示的结果也会不同。

	学号	姓名	性别
1	10330120	刘明非	女士
2	10330125	韩寒	女士
3	15120218	赵海涛	女士
4	15140123	王惟宇	女士
5	15150112	王海金	女士
6	15120134	汤晨阳	女士
7	15120205	刘磊	先生
8	15120208	沈羿均	先生
9	15120209	王孝喆	先生
10	15120212	刘锴	先生
11	10240104	吕新宇	先生
12	10240105	王明轩	先生

图 9.9　CASE 简单表达式运行结果

	学号	姓名	提示
1	10240104	吕新宇	成年，不超过20岁
2	10240105	王明轩	成年，不超过20岁
3	10240106	高起航	中青年
4	10330120	刘明非	成年，不超过20岁
5	10330125	韩寒	中青年
6	10510102	刘易	成年，不超过20岁
7	10510206	孟翔云	中青年
8	14110110	赵前	中青年
9	14110111	孙立立	中青年
10	14120205	盖峻铭	中青年
11	14120206	俞祖杨	中青年
12	14140220	曹凯雷	中青年

图 9.10　CASE 搜索表达式运行结果

注意,CASE……END 的结构中不能缺少 END。

9.5.4 GOTO 无条件转移语句

GOTO 语句将执行流更改到某个指定的标签处,跳过 GOTO 后面的 T-SQL 语句,并从标签位置继续处理。GOTO 语句和标签可在过程、批处理或语句块中的任何位置使用。GOTO 语句可嵌套使用。

【例 9.15】 GOTO 语句的使用。

```
declare @n int
set @n=4
  if (@n>3)
  goto label
print'这里不会执行'
label: print '>3'
```

结果显示:>3。

9.5.5 WHILE 循环语句

WHILE 语句设置重复执行 SQL 语句或语句块的条件。只要指定的条件为真,就重复执行语句。可以使用 BREAK 和 CONTINUE 关键字在循环内部控制 WHILE 循环中语句的执行。BREAK 语句退出最内层的 WHILE 循环,CONTINUE 语句则重新开始 WHILE 循环。

【例 9.16】 使用 WHILE 循环语句实现奇数 1+3+……+99 的计算。(对比[例 9.11])

```
declare @num int,@sum int
select @num=-1,@sum=0
while @num<100
begin
    set @num=@num+2          --计数器循环累加
    set @sum=@sum+@num       --累加和
end
print '1+3+……+99='+convert(char(10),@sum)     --显示出结果,CONVERT 实现类型转换
```

运行结果:1+3+……+99=2 550。

9.5.6 RETURN 返回语句

RETURN 语句用来实现从一个查询或过程中无条件退出,RETURN 之后的语句是不执行的。RETURN 语句可以返回一个整数。

【例 9.17】 创建一个用户存储过程,根据输入的参数值返回不同的用户自定义的返回值。

```
create proc my_proc
@input_year int
as
if (@input_year<=2000)
  return 1
else
  return 2
```

调用上面的存储过程:

```
declare @return_status int  --定义一个变量来接收过程返回的值
exec @return_status=my_proc 1996
if @return_status=1
print'The input year is before 2000'
if @return_status=2
print'The input year is after 2000'
```

结果显示:The input year is before 2000

9.5.7 WAITFOR 等待语句

在达到指定时间或时间间隔之前,先将执行挂起,待达到指定时间或时间间隔时继续执行。

WAITFOR 等待语句常用的格式:

```
WAITFOR {  DELAY '时间间隔'  |TIME '继续执行的时间'}
```

1. 使用 WAITFOR TIME 在 16:49 执行代码

【例 9.18】 使用 WAITFOR TIME 等待语句在指定时间 '16:49' 执行下面代码。

```
begin
    waitfor time '16:49'
    print '当前时间:'+cast(getdate() as char(30))
end
```

2. 使用 WAITFOR DELAY

【例 9.19】 使用 WAITFOR DELAY 等待语句在 3 秒延迟后执行存储过程。

```
begin
    waitfor delay '00:00:03'
    execute sp_helpdb
end
```

9.5.8 TRY…CATCH 异常处理语句

TRY…CATCH 异常处理语句对 T-SQL 实现与 C#、Java 和 C++语言中的异常处理类似的错误处理。T-SQL 语句组可以包含在 TRY 块中。如果 TRY 块内部发生错误,则会将控制传递给 CATCH 块中包含的另一个语句组。

如果 TRY 块所包含的代码中没有错误,则当 TRY 块中最后一个语句完成运行时,会将控制传递给紧跟在相关联的 END CATCH 语句之后的语句。如果 TRY 块所包含的代码中有错误,则会将控制传递给相关联的 CATCH 块的第一个语句。如果 END CATCH 语句是存储过程或触发器的最后一个语句,控制将回到调用该存储过程或运行该触发器的语句。

【例 9.20】 使用 TRY…CATCH 异常处理语句。

```
begin try
    select 'try:',1/1      --发生异常
end try
begin catch
    select 'catch:',
        error_number() as errornumber
        'error_message() as errormessage;
end catch
select 'end'
```

语句 SELECT 1/0,由于 1 除以 0 必然会引发异常,所以发生异常后,将控制传递给 CATCH,结果如图 9.11 所示;若将 SELECT 1/0 改为 SELECT 1/1,不会发生异常,则 TRY 语句块执行后直接进入 END CATCH 语句后,结果如图 9.12 所示。无论有没有异常,最后的 PRINT 'END' 在 TRY CATCH 结构后面,都会被执行。

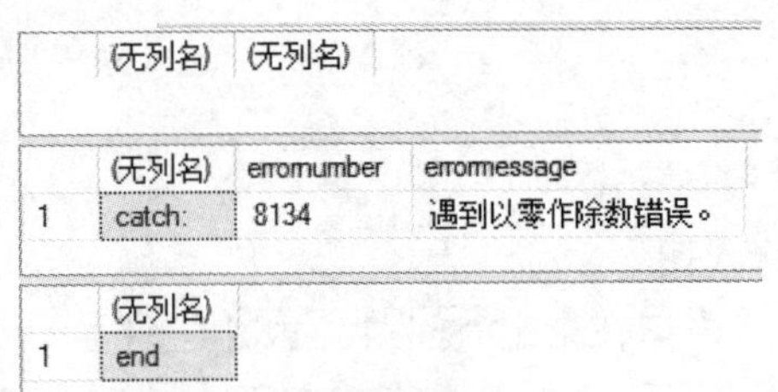

图 9.11 发出并捕捉到异常

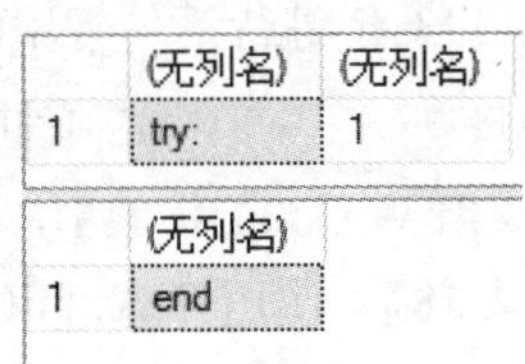

图 9.12 未发生异常

9.6 事 务

事务是个最小的工作单元。尽管经常使用事务,但是有些人们并不知道它们。如果你从自动取款机取钱,当密码正确输入之后,屏幕显示交易正在处理中……,这个时候忽然屏幕提示"本次交易失败",那么钱到底还在不在账户上呢?

很多人遇到此事,都会紧张自己的钱可能就不翼而飞了,其实不必担心,因为交易一旦失败,整个提款的过程将被回滚,回到插卡前的状态,这个取款过程要么成功完成,要么回到起点,不会执行单元的一部分,这就是一个事务。

9.6.1 事务概念

事务可以用来确保数据正确的被修改,而避免造成数据只修改一部分而导致数据不完整,或是在修改途中受到其他用户的干扰。每个事务的工作单元必须有四个属性:原子性、一致性、隔离性和持久性(ACID)属性,只有这样才能称为一个事务。

事务的 ACID 特性如下：

(1) 原子性(ATOMIC)。事务是原子的，要么完成整个操作，要么退出所有操作。如果任何语句失败，则所有作为事务一部分的语句都不会被运行。

(2) 一致性(CONDEMOLTENT)。在事务完成或失败时，要求数据库处于一致状态。由事务引发的从一种状态到另一种状态的变化是一致的。即提款前帐户的总额和提款后帐户＋提款现金总额是一致的。

(3) 独立性(ISOLATED)。事务是独立的，它不与数据库的其他事务交互或冲突。

(4) 持久性(DURABLE)。事务是持久的，事务完成之后，它对于系统的影响是永久性的，无需再考虑数据库可能发生的任何事情。如果系统掉电数据库服务器崩溃，事务保证在服务器重启后仍是完整的。

9.6.2 事务语句

1. 显示事务

显式事务就是可以显式地在程序中定义事务的开始和结束的事务，是用手工配置的事务。T-SQL 脚本使用 BEGIN TRANSACTION、COMMIT TRANSACTION、ROLLBACK TRANSACTION或语句定义显式事务。

(1) BEGIN TRANSACTION。明确地定义事务的开始。

(2) COMMIT TRANSACTION。如果没有遇到错误，可使用该语句明确地提交完成的事务。该事务中的所有数据修改在数据库中都将永久有效。事务占用的资源将被释放。

(3) ROLLBACK TRANSACTION。如果事务中出现了错误，那么可以使用 ROLLBACK TRANSACTION 语句明确地取消定义的事务。该事务修改的所有数据都返回到事务开始时的状态。事务占用的资源将被释放。

【例 9.21】 通过事务保证在 eduDB 中表“专业信息表”和“学生信息表”上的所有专业编号信息一致：此处将软件技术专业的编号改为“690108”，并同时将“学生信息表”表中所有对应的专业编号一起修改，以达到保持数据一致的目的。

```
use eduDB
go
begin transaction my_transaction
update 学生信息表
set 专业编号='690108'
where 专业编号=(select 专业编号 from 专业信息表 where 专业名称='软件技术')

update 专业信息表
set 专业编号='690108'
where 专业名称='软件技术'
commit transaction
```

通过以上事务，保证在“专业信息表”中专业编号修改后，与“学生信息表”的学生对应的相关专业编号值同步修改。事务结束前任何中断，都会保证退回到事务的起点。避免数据的不一致。

【例 9.22】 通过事务保证在学生选修课的学分不能超过 15 分，如果超过则提示学分超过 15，并事务回滚到起点，否则操作成功。此题以“学生成绩表”中“15120119”学生为例，运行题目前，先运行下面的查询代码，结果如图 9.13 所示。“15120119”学生共选修 3 门课，共 12 个学分(可运行下面代码段(2)得到)。

```
use eduDB
go
begin transaction                --事务开始
--(1) 插入成绩记录
insert into 学生成绩表(课程编号,学号,成绩)
values('02333890','15120119',0)

--(2) 声明变量,并计算该生选修的总学分
declare @n int
select  @n=sum(学分)  from  课程信息表  where 课程编号
in(select 课程编号 from 学生成绩表 where 学号='15120119')

--(3) 根据学分,输出结果
if(@n>15)                        --全局变量@@rowcount 的值是 select 查询结果的行数
  begin
    rollback transaction         --事务回滚
    print '学分超过 15,录入失败! '
  end
else
  begin
    commit transaction           --提交事务
    print '添加成功! '
end
```

结果在消息框中显示：学分超过 15，录入失败！

分析代码：

代码段(1)向成绩表录入一条成绩记录。

代码段(2)查询该生对应的总学分数，并赋值给变量@n

代码段(3)判断@n 的值，大于 15 则提示学分超出，录入失败，同时事务回滚到起始点；小于 15 则事务提交，提示添加成功。

此题中，插入的 '02333890' 课程共 4 个学分，插入后“15120119”学生共 16 个学分，超出 15 学分，事务回滚撤销插入。

运行代码：

```
select * from 学生成绩表
where 学号='15120119'
```

其运行结果如图 9.13 所示。

	序号	课程编号	学号	成绩
1	19	02318890	15120119	83
2	79	04948890	15120119	74
3	117	07870890	15120119	77

图 9.13　运行结果

运行后，查询该学生的选修课程仍然是 3 门，插入语句已被撤销。

2. 隐式事务

有时看起来没有使用事务，但它们可能隐藏在幕后。每次执行 T-SQL 的任何数据修改语句时，它都是一个隐式事务。

下列批处理中，每个 T-SQL 语句是一个独立的事务，从而，这个批处理实际上是 3 个独立的事务，如果任何语句失败，它不会影响其他的语句。每个语句的成功与失败只与自己有关。

```
insert into 专业信息表(专业编号,专业名称,系别,专业介绍)
values('311222','物流 ',3,'物流专业 ')
update 专业信息表 set 专业编号='320102' where 专业名称='物流 '
deletefrom 专业信息表 where 专业名称='物流 '
```

本章习题

一、选择题

1. 以下正确的是　　　　　　　　　　　　　　　　　　　　（　　）

   A. 在批处理中，当前批处理语句由上一个 GO 命令后输入的所有语句组成

   B. 变量声明 Declare int @n

   C. 变量赋值语句@n=23

   D. 语句 WARTFOR DELAY '22:04:30'表示在'22:04:30'时间执行语句

2. 打印字符串 Let's Go！下面的代码正确的是　　　　　　　　（　　）

   A. print'Let's Go!'

   B. print'Let's Go!'

   C. print Let's Go!

   D. print"Let's Go!"

3. 以@@开头的变量是________(多选)　　　　　　　　　　（　　）

   A. 全局变量　　　　　　B. 局部变量

   C. 可以改变它的值　　　D. 不能改变它的值

二、简答题

1. CASE 语句有哪两种形式？
2. 在 WHILE 循环中 BREAK 和 CONTINUE 的作用有什么不同？

3. 什么是事务？事务的提交和回滚是何含义？

4. 事务具有哪些特性？

三、操作题

1. 用 T-SQL 编程显示你自己的年龄，要求使用变量。

2. 为显示需要增加工资的职工信息，如果有基本工资小于 1200 的，显示这些名单，否则显示 '无人要涨工资 '。运行结果如下图所示。

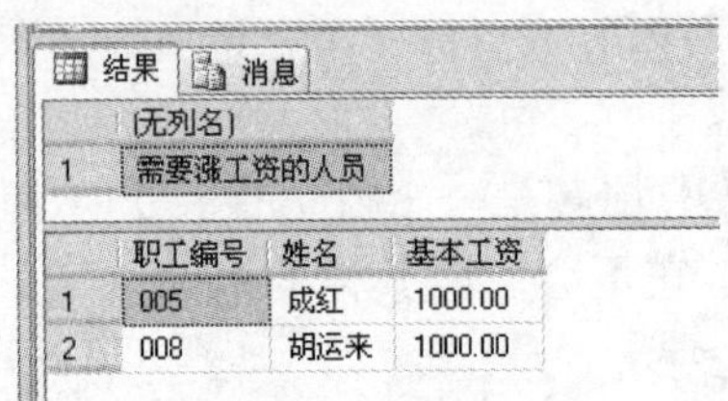
结果 消息

	(无列名)
1	需要涨工资的人员

	职工编号	姓名	基本工资
1	005	成红	1000.00
2	008	胡运来	1000.00

3. 显示职姓名、姓名、部门，并根据部门号显示部门名称信息，即部门 D1 显示‘生产部’，部门 D2 显示‘人事部’，其他部门均显示‘其他’。其运行结果如下图所示。

结果 消息

	姓名	性别	部门
1	王海	男	生产部
2	梅俊	女	销售部
3	帅凡	男	生产部
4	王争	男	销售部
5	成红	女	其他
6	王雪峰	男	销售部
7	刘美玉	女	生产部
8	胡运来	男	其他
9	王笑笑	女	其他

4. 用 T-SQL 编程实现累加：22＋42＋62＋……＋102 的和。

第 10 章 存储过程

在数据库系统中，存储过程(STORED PROCEDURE，SPROC)的作用非常重要。存储过程是 SQL Server 数据库服务器上一组 T-SQL 语句，它被预先编译好并以一个名称存储在数据库中作为一个独立的数据库对象，用户可以在应用程序中多次使用存储过程而无需再次编译。

10.1 存储过程概述

10.1.1 存储过程的概念

T-SQL 如同一门程序设计语言，介于应用程序和 SQL Server 数据库之间，包含数据类型、流程控制、输入、输出和其自己的函数库。而存储过程就如同用 T-SQL 语言写出的函数，可以被用户反复调用，实现它所定义的操作。当然，存储过程又区别于函数，因为存储过程并不返回取代其名称的值，也不能直接在表达式中使用。

存储过程包含一组 T-SQL 语句，这组语句包含一些固定的操作，可以实现某个具体任务。它被 SQL Server 服务器集中编译处理后，存储在数据库服务器中，可以接受输入参数、输出参数、返回状态值和嵌套调用。存储过程只在第一次执行时检查语法并编译，以后可随时调用，所以存储过程的执行效率很高。

存储过程存在以下优点：

(1) 提供安全机制。用户可以通过存储过程实现对表、视图等数据库对象的操作，避免把数据直接暴露给用户，保证了数据的安全。

(2) 改善执行性能，执行速度快。存储过程是预编译的，一次编译，随时调用。

(3) 减少网络流量。用一条存储过程代替几十条甚至几百条 T-SQL 语句实现的复杂操作，减少服务器和客户端的传递语句的数量，减少服务器负担。

(4) 增强代码重用性。存储过程一旦创建可以被应用程序多次调用，而不必重复编写，且存储过程独立于应用程序可以随意修改，提高代码的重用性。

10.1.2 存储过程分类

存储过程可以分为：系统存储过程、扩展存储过程、用户自定义存储过程等三种类型。

1. 系统存储过程

以 sp_开头，由 SQL Server 内建，存储在 master 数据库中。系统存储过程主要从系统表中查询信息或完成与更新数据库表相关的管理任务或其他的系统管理任务。系统存储过程可以在任何一个数据库中执行。表 10.1 列出一些常见的系统存储过程。

表 10.1 常见的系统存储过程

存储过程名	功 能
SP_STORED_PROCEDURES	用于返回当前数据库中的存储过程的清单。
SP_HELP	用于显示参数清单和其数据类型。
SP_DEPENDS	用于显示存储过程依据的对象或者依据存储过程的对象。
SP_HELPTEXT	用于显示存储过程的定义文本。
SP_RENAME	用于修改当前数据库中用户对象的名称
SP_RENAMEDB	用于修改指定数据库的名称

2. 扩展存储过程

扩展存储过程是在 SQL Server 环境之外执行的动态链接库，可以扩展 SQL Server 的功能，通常以 xp_开头。使用扩展存储过程时，需要先加载到 SQL Server 系统中，并按照存储过程的方式执行。

3. 用户自定义存储过程

用户自定义存储过程是指在用户数据库中创建的存储过程，可以完成特定的数据库操作任务，其前缀不能是 sp_。

本章后面主要阐述用户自定义的存储过程。

10.2 界面中操作存储过程

10.2.1 创建存储过程

本节中创建的存储过程都是用户自定义存储过程。根据存储过程的由简单到复杂，将其分为以下几类。

1. 简单的存储过程

简单存储过程直接完成一个程序段的运行，不含任何输入输出参数和返回值。

【例 10.1】 使用 SQL Server Management Studio 图形化工具创建一个简单的没有参数的存储过程 proc_AllCourses，在数据库中查询“课程信息表”(表 4.5)中所有课程信息。

具体的操作步骤如下：

(1) 在 SSMS 中，展开“数据库”节点，展开“eduDB”，找到“可编程性”—“存储过程”节点，右键单击“新建存储过程”，如图 10.1 所示。

图 10.1 在对象资源管理器中新建存储过程

(2) 在查询窗口中自动生成如图 10.2 所示的代码，即“创建存储过程模板”，其中包含创建存储过程的代码格式。

```
-- ================================================
-- Author:      <Author,,Name>
-- Create date: <Create Date,,>
-- Description:  <Description,,>
-- ================================================
CREATE PROCEDURE <Procedure_Name, sysname, ProcedureName>
    -- Add the parameters for the stored procedure here
    <@Param1, sysname, @p1> <Datatype_For_Param1, , int> = <Default_Value_For_Param1, , 0>,
    <@Param2, sysname, @p2> <Datatype_For_Param2, , int> = <Default_Value_For_Param2, , 0>
AS
BEGIN
    -- SET NOCOUNT ON added to prevent extra result sets from
    -- interfering with SELECT statements.
    SET NOCOUNT ON;

    -- Insert statements for procedure here
    SELECT <@Param1, sysname, @p1>, <@Param2, sysname, @p2>
END
```

图 10.2 创建存储过程模板

(3) 为存储过程模板修改参数。在 SSMS 工具条中选择“查询”—“指定模板参数的值”选项，打开“指定模板参数的值”对话框，如图 10.3 所示。

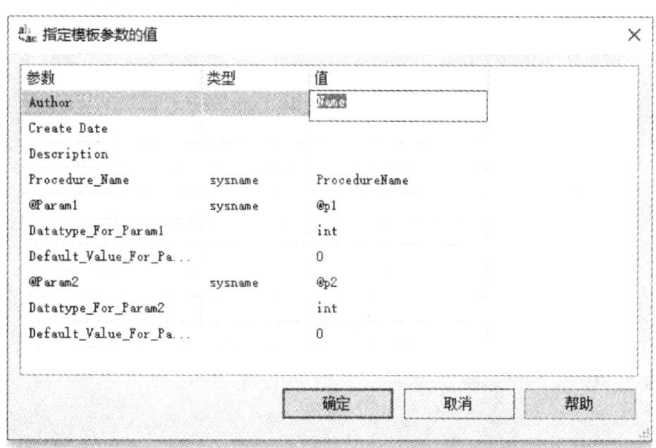

图 10.3 “指定模板参数的值”对话框

图中 Author、Create Date、Description 三个参数表示作者、创建时间、说明信息，设置后将会在代码的注释部分出现，而不作为代码执行。Procedure_Name 是存储过程的名称，后面是两组参数的信息：其中，@Param1、dataType_For_Param1、Default_Value_For_Param1 分别指第一组参数的名称、数据类型、默认值，而第二组参数与第一组参数类似。

按照题目要求设置存储过程的名称为 proc_AllCourses，其余信息可以默认不设置，然后点击“确定”按钮，如图 10.4 所示。

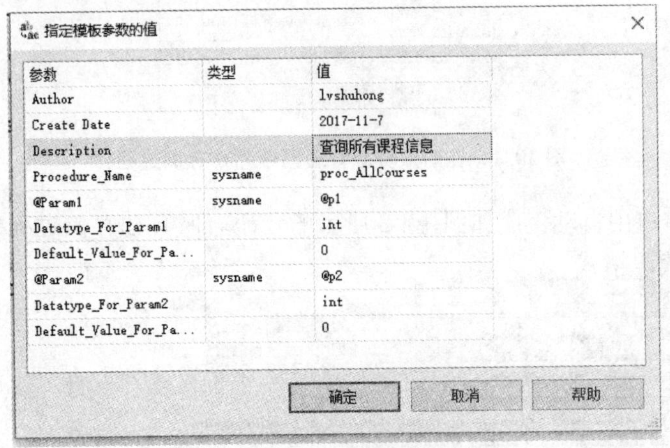

图 10.4　设置“指定模板参数的值”

(4) 确定后，查询窗口中的代码自动生成如图 10.5 所示的代码。

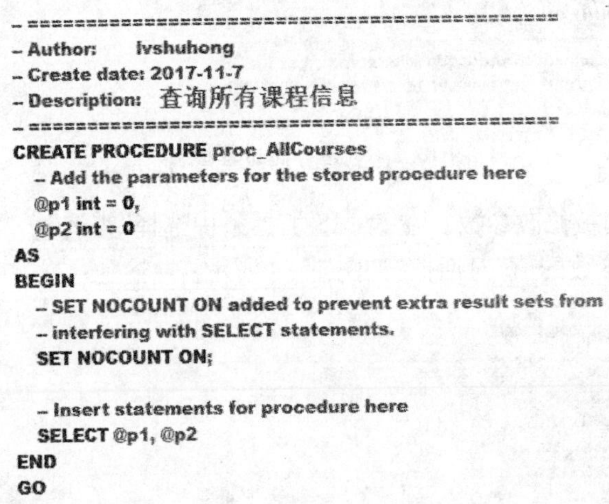

```
-- ================================================
-- Author:        lvshuhong
-- Create date: 2017-11-7
-- Description:  查询所有课程信息
-- ================================================
CREATE PROCEDURE proc_AllCourses
    -- Add the parameters for the stored procedure here
    @p1 int = 0,
    @p2 int = 0
AS
BEGIN
    -- SET NOCOUNT ON added to prevent extra result sets from
    -- interfering with SELECT statements.
    SET NOCOUNT ON;

    -- Insert statements for procedure here
    SELECT @p1, @p2
END
GO
```

图 10.5　自动生成的存储过程代码

此时，根据题目的具体要求，删除两个参数，并将查询语句修改为 SELECT * FROM 课程信息表，如图 10.6 所示。

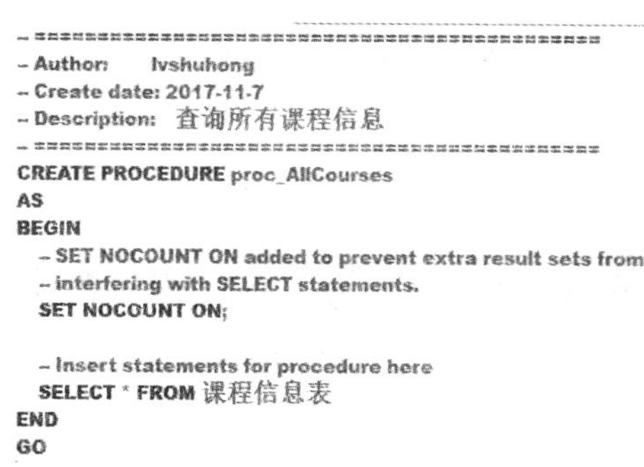

```
-- =============================================
-- Author:      lvshuhong
-- Create date: 2017-11-7
-- Description: 查询所有课程信息
-- =============================================
CREATE PROCEDURE proc_AllCourses
AS
BEGIN
    -- SET NOCOUNT ON added to prevent extra result sets from
    -- interfering with SELECT statements.
    SET NOCOUNT ON;

    -- Insert statements for procedure here
    SELECT * FROM 课程信息表
END
GO
```

图 10.6　修改后的存储过程代码

(5) 单击工具条中的“执行”按钮，如果代码书写正确，消息框中会提示“命令已成功完成”，即已完成存储过程的创建，此时刷新对象资源管理器中的 eduDB 文件夹，可以看到建好的存储过程。

2. 含输入参数的存储过程

【例 10.2】 使用 SQL Server Management Studio 图形化工具创建一个含输入参数的存储过程 proc_partCourse，要求查询“课程信息表”(表 4.5)中课时小于某值的课程信息。

按照【例 10.1】的步骤完成此题。在第(3)步骤中如图 10.7 如示设置参数，注意参数@ClassHour 用于存储课时的值，该字段创建时是 int 类型，不需要修改类型。

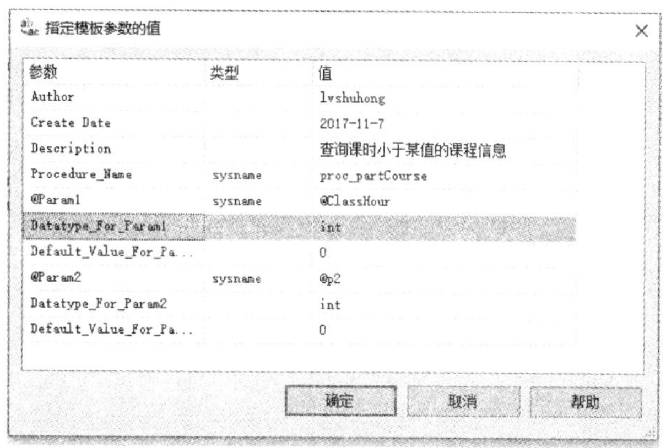

图 10.7　创建含参数的存储过程参数

在生成的代码中，删除不需要的参数，并修改对应的语句，指定参数课时默认值 50。完整代码如图 10.8 所示。

```
CREATE PROCEDURE proc_partCourse
    -- Add the parameters for the stored procedure here
    @ClassHour int = 50
AS
BEGIN
    -- SET NOCOUNT ON added to prevent extra result sets from
    -- interfering with SELECT statements.
    SET NOCOUNT ON;

    -- Insert statements for procedure here
    SELECT * FROM 课程信息表 WHERE 课时<@ClassHour
END
```

图 10.8　创建含参数的存储过程代码

执行代码，含参数的存储过程创建完成，在对象资源管理器中刷新存储过程文件夹，可以看到新建的存储过程。

10.2.2 执行存储过程

存储过程创建以后，需要执行才能产生效果。执行存储过程有两种常用的方法，一种是用 Exec 语句来执行(参见 10.3 节)，另一种方法是用图形化工具执行存储过程。本节例题均采用图形化工具执行存储过程。

【例 10.3】 使用 SQL Server Management Studio 图形化工具执行简单的存储过程 proc_AllCourses。

具体操作的步骤如下：

(1) 在 SSMS 中，展开"数据库"节点，展开"eduDB"→"可编程性"→"存储过程"，找到 proc_AllCourses，右键选择"执行存储过程"。

(2) 在弹出的"执行过程"对话框中，选择"确定"，即执行存储过程。需要说明的是，因为 proc_AllCourses 存储过程不含任何参数，所以在弹出的"执行过程"对话框中没有需要填写的参数信息(图 10.9)。执行后的结果如图 10.10 所示。

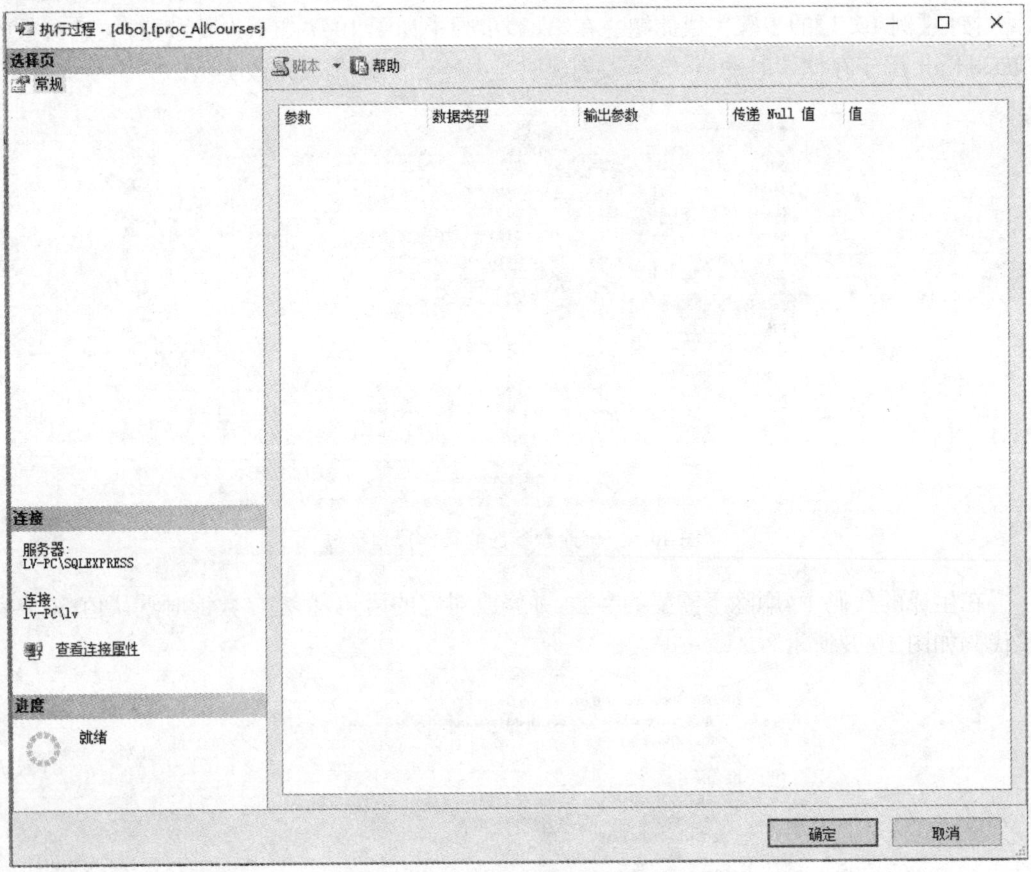

图 10.9　执行不含参数的存储过程

	课程编号	课程名称	学分	课时	课程简介	所在系
1	00202028	计算机基础技能应用	7.0	112	计算机类专业基础课程	1
2	00202069	网络技术及应用	4.5	72	计算机专业核心课程，网络基础课程	1
3	00204021	程序设计基础	3.0	48	Java编程基础课程.计算机专业核心课程	1
4	00204022	关系数据库技术	4.5	72	计算机专业核心课程，数据库基础课程	1
5	00310007	会计基础	4.0	64	会计类基础课程	3
6	00310014	中级核算	4.5	72	会计专业职业技能课	3
7	00501002	网络总线技术	2.0	32	汽修专业职业基础课	5
8	00502206	汽车电路维修	4.0	64	汽修专业职业技能课	5
9	02005050	网络设备调试	3.0	48	Java网络专业职业技能课	1
10	02005640	Oracle数据库及应用	4.0	64	数据库高端课程	1
11	02318890	计算机组成原理	4.0	64	计算机专业基础课	1
12	02333890	软件工程	4.0	64	软件技术专业技能课	1
13	04948890	Linux系统及应用	3.0	48	操作系统课程	1
14	07870890	JAVA程序设计	5.0	80	编程类课程，专业核心课	1

	Return Value
1	0

图 10.10　存储过程执行结果

【例 10.4】 使用 SQL Server Management Studio 图形化工具执行含参数的存储过程 proc_partCourse。

具体操作步骤如下：

(1) 在 SSMS 中，展开"数据库"节点，展开"eduDB"→"可编程性"→"存储过程"，找到 proc_partCourse，右键选择"执行存储过程"。

(2) 在弹出的"执行过程"对话框中(图 10.11)，有一个参数@value，需要设置它的值。此处以 50 为例，即表示"查询学时在 50 以下的课程信息"(可参照例 10.2 创建的存储过程)。选择"确定"，即执行存储过程。执行后的结果如图 10.12 所示。

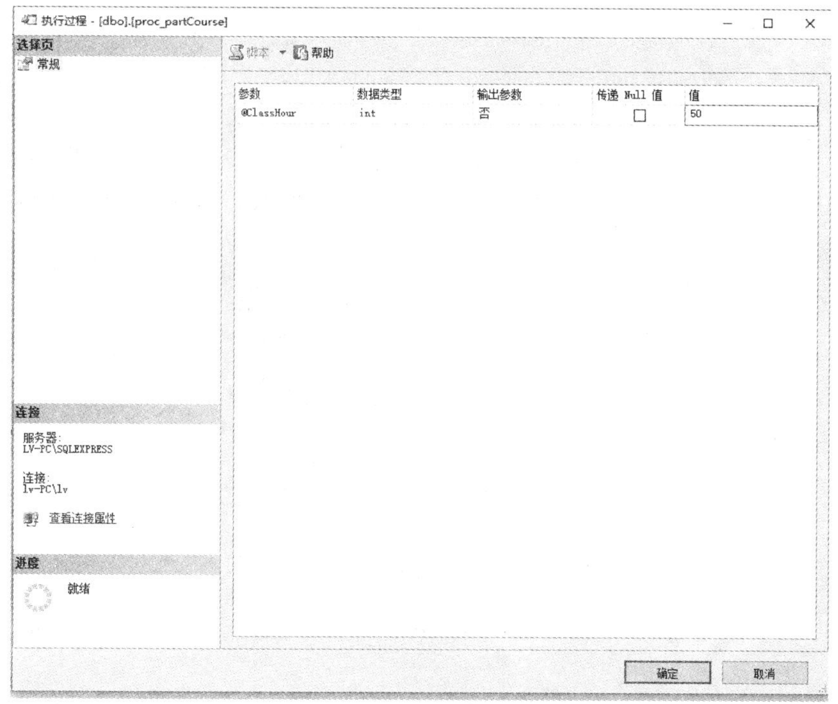

图 10.11　执行含参数的存储过程

	课程编号	课程名称	学分	课时	课程简介	所在系
1	00204021	程序设计基础	3.0	48	Java编程基础课程,计算机专业核心课程	1
2	00501002	网络总线技术	2.0	32	汽修专业职业基础课	5
3	02005050	网络设备调试	3.0	48	Java网络专业职业技能课	1
4	04948890	Linux系统及应用	3.0	48	操作系统课程	1

	Return Value
1	0

图 10.12　含参数存储过程的执行结果

10.2.3　修改和删除存储过程

存储过程创建之后,可以对其内容进行修改,也可删除已有的存储过程。本节主要阐述用图形界面修改和删除存储过程的方法。

【例 10.5】　使用 SQL Server Management Studio 图形化工具修改存储过程 proc_partCourse,将其功能修改为“查询课时大于某数值的课程信息”。

具体操作步骤如下:

(1) 在 SSMS 中,展开“数据库”节点,展开“eduDB”—“可编程性”—“存储过程”,找到 proc_partCourse,右键选择“修改”。

(2) 在查询窗口中修改代码。根据题目要求,需要将语句

```
select * from 课程信息表 where 课时<@classhour
```

修改为

```
select * from 课程信息表 where 课时>@classhour
```

其余代码不变,选择“确定”,即修改存储过程。

需要注意的是,代码中的关键词 CREATE PROCEDURE 变成 ALTER PROCEDURE,即从创建存储过程变为修改存储过程。

修改后,再次执行存储过程 proc_partCourse,并将@ClassHour 的值设置为 50,执行后的结果如图 10.13 所示。结果列出的是课时大于 50 的课程信息,说明存储过程修改成功。

	课程编号	课程名称	学分	课时	课程简介	所在系
1	00202028	计算机基础技能应用	7.0	112	计算机类专业基础课程	1
2	00202069	网络技术及应用	4.5	72	计算机专业核心课程,网络基础课程	1
3	00204022	关系数据库技术	4.5	72	计算机专业核心课程,数据库基础课程	1
4	00310007	会计基础	4.0	64	会计类基础课程	3
5	00310014	中级核算	4.5	72	会计专业职业技能课	3
6	00502206	汽车电路维修	4.0	64	汽修专业职业技能课	5
7	02005640	Oracle数据库及应用	4.0	64	数据库高端课程	1
8	02318890	计算机组成原理	4.0	64	计算机专业基础课	1
9	02333890	软件工程	4.0	64	软件技术专业技能课	1
10	07870890	JAVA程序设计	5.0	80	编程类课程,专业核心课	1

图 10.13　含参数存储过程的执行结果

【例 10.6】　使用 SQL Server Management Studio 图形化工具删除存储过程 proc_AllCourses。

在 SSMS 中,展开“数据库”节点,展开“eduDB”→“可编程性”→“存储过程”,找到 proc_AllCourses,右键选择“删除”。在弹出的确认对话框中选中“确定”,即删除存储过程。

10.3　用代码操作存储过程

10.3.1　创建与执行存储过程

使用 T-SQL 语句创建存储过程是最常见的方法，可以使用 CREATE PROC 关键词来实现。其语法格式如下：

```
CREATE PROC[EDURE]存储过程名
[{@参数 数据类型}[=默认值][OUTPUT][,...N]]
[WITH ENCRYPTION]
AS
        {SQL 语句}
```

CREATE PROC[EDURE]是创建存储过程的关键词，PROCEDURE、PROC 分别是存储过程的英文全拼和缩写，两者都可以使用；存储过程的名称不能被省略；中括号内的参数不是必要的，根据题目的要求可有可无，参数分为输入参数和输出参数两种，输出参数的末尾需要加 OUTPUT 来标识，输入参数后有"=默认值"表示为该输入参数设置了一个初始默认值；WITH ENCRYPTION 在对存储过程的定义代码进行加密，加密后不能查看其定义信息。

用 T-SQL 创建存储过程一般遵循以下步骤：

(1) 编写 SQL 语句；

(2) 测试 SQL 语句是否正确，并能实现功能要求；

(3) 若得到的结果数据符合预期要求，则按照存储过程的语法，创建该存储过程；

(4) 执行该存储过程，验证其正确性。

1. 简单的存储过程

【例 10.7】 使用 T-SQL 语句创建一个简单的存储过程 proc_AllStudent，要求查询"学生信息表"(表 4.4)中所有学生信息。

```
use eduDB
go
create proc proc_AllStudent
as
select * from 学生信息表
```

创建好的存储过程需要执行后才能产生效果。执行存储过程最常用的方法是 Exec 语句。

【例 10.8】 使用 T-SQL 语句执行简单的存储过程 proc_AllStudent，显示所有学生信息。其运行结果如图 10.14 所示。

```
Exec proc_AllStudent
```

	学号	姓名	性别	生日	电话	家庭住址	专业编号
1	10240104	吕新宇	1	1998-10-25	18923456776	南京市鼓楼区滨江路28号	690108
2	10240105	王明轩	1	1998-05-08	NULL	NULL	690108
3	10240106	高起航	1	1996-09-14	13876789900	南京市江宁区通淮街159号	690108
4	10510102	刘易	1	1998-06-05	18856765432	杭州市西湖区广茂大道79号	732509
5	10510206	孟翔云	1	1997-08-07	NULL	NULL	732509
6	14110110	赵前	1	1996-05-10	18795888263	江苏省宿迁市沭阳县怡华苑4号楼一单元102	000111
7	14110111	孙立立	1	1997-03-23	18795888169	江苏省宿迁市沭阳县中医大厦b单元21楼	000111
8	14120205	盖峻铭	1	1997-08-05	15896105555	江苏省连云港市新浦区新孔南路茗馨花园C3-二单元402室	000111
9	14120206	俞祖杨	1	1996-10-19	18851021117	江苏省南京市江宁区黄金海岸上海明珠花园9幢204	000111
10	14140220	曹凯雷	1	1997-01-26	15195959673	上海市普陀区定边路377弄	000111
11	14150131	朱梓宁	1	1997-09-02	13225271232	江苏省徐州市睢宁县南苑小区46栋3单元106	000111
12	15120108	张文轩	1	1996-06-02	13606187396	江苏省无锡市锡山区新明路蔚蓝都市	000111

图 10.14　简单存储过程的执行结果

此外，关键词 Exec 可以使用 Execute 来替代，也可以被省略。即以下三条语句效果是一样的：

```
Exec proc_AllStudent
Go
Execute proc_AllStudent
Go
proc_AllStudent
```

2. 含输入参数的存储过程

创建含参数的存储过程，其重要的目的是通过使用参数向存储过程输入和输出信息，从而扩展存储过程的功能。

【例 10.9】 使用 T-SQL 语句创建一个含输入参数的存储过程 proc_MorFStudent，要求查询“学生信息表”（表 4.4）中指定性别的学生信息。

```
use eduDB
go
create proc proc_MorFStudent
@sex nchar(1)      --输入参数
as
select * from 学生信息表
where 性别=@sex --使用输入参数
```

【例 10.10】 使用 T-SQL 语句执行含输入参数的存储过程 proc_MorFStudent，显示所有女生的信息。图 10.15 所示为运行结果。

```
Exec proc_MorFStudent 0
```

	学号	姓名	性别	生日	电话	家庭住址	专业编号
1	10330120	刘明非	0	1998-03-12	17768765434	NULL	630302
2	10330125	韩寒	0	1997-09-25	NULL	苏州市平江区花园路23号	630302
3	15120134	汤晨阳	0	1997-01-20	15850623518	江苏省东台市金海世纪花园	000111
4	15120218	赵海涛	0	1997-08-04	18994124287	江苏省南京市双龙嘉园	000111
5	15140123	王惟宇	0	1997-08-20	17766073101	徐州市鼓楼区沈孟路1号医院	000111
6	15150112	王海金	0	1996-09-12	17721524995	江苏省淮安市楚州区范集镇富明路2号	000111

图 10.15　含输入参数的存储过程执行结果

【例 10.11】 使用 T-SQL 语句创建一个含输入参数的存储过程 proc_GetScore，要求根据‘学号’和‘课程名称’，查询成绩，如果成绩及格输出“pass”否则输出“failed”（应还书时间＝续借时间＋可续借的天数）。

```
create proc proc_GetScore
@学号 char(8),@课程名称 varchar(50)
as
declare @成绩 int
select @成绩=成绩 from 课程信息表,成绩表
where 课程信息表.课程编号=成绩表.课程编号
and 课程名称=@课程名称 and 成绩表.学号=@学号

if @成绩<60 print 'failed'
else print 'pass'
```

执行存储过程 proc_GetScore，查询学号“10240106”对应“Java 程序设计”的分数。

```
exec proc_GetScore  '10240106','Java 程序设计 '
```

运行结果：pass

【例 10.12】 使用 T-SQL 语句创建一个含输入参数的存储过程 proc_GetScoreAndReExam，要求根据‘学号’和‘课程名称’，查询成绩，如果成绩不及格，将成绩记录添加至重修表。

```
create proc proc_GetScoreAndReExam
@学号 char(8),@课程名称 varchar(50)
as
declare @成绩 int,@课程编号 char(8)
SELECT @成绩=成绩 FROM 课程信息表,学生成绩表
where 课程信息表.课程编号=学生成绩表.课程编号
And 课程名称=@课程名称 and 学生成绩表.学号=@学号

select @课程编号=课程编号 from 课程信息表
where 课程名称=@课程名称

If @成绩<60
INSERT INTO 重修表 VALUES(@学号,@课程编号,@成绩)
```

执行存储过程 proc_GetScoreAndReExam，查询学号“14120205”对应“Java 程序设计”的分数。

```
exec proc_GetScoreAndReExam '14120205','Java 程序设计 '
```

运行结果：1 行受影响。

打开“重修表”，其中多了一行成绩记录（图 10.16）。

序号	课程编号	学号	成绩
139	14120205	07870890	12

图 10.16 含输入参数的存储过程执行结果

3. 含输出参数的存储过程

【例 10.13】 使用 T-SQL 语句创建一个含输出参数的存储过程 proc_StudentsNum，要求查询"学生信息表"(表 4.4)中指定性别的学生数量，并返回数量的值。

```
use eduDB
go
create proc proc_StudentsNum
@sex nchar(1)=1,          --输入参数,并指定了默认值
@num int output           --输出参数
as
SELECT @num=count(*) FROM 学生信息表     --输出参数被赋值
where 性别=@sex           --使用输入参数
```

执行含输出参数的存储过程 proc_StudentsNum，显示所有男学生的数量(图 10.17)。

```
declare @num int
Exec proc_StudentsNum 1,@num output
print '男学生的数量:'+cast(@num as char(10))
```

运行结果:男学生的数量:64

有默认值的输入参数也可用 default 替代，代码也可以为：

```
declare @num int
Exec proc_StudentsNum default,@num output
print '男学生的数量:'+cast(@num as char(10))
```

```
消息
男学生的数量:63
```

图 10.17 含输出参数的存储过程执行结果

4. 含有参数和返回值的存储过程

【例 10.14】 使用 T-SQL 语句创建一个含返回值的存储过程 proc_StudentsNumInfo，要求查询"学生信息表"(表 4.4)中指定性别的学生数量，并返回学生人数信息。

```
use eduDB
go
create proc proc_StudentsNumInfo
@famale nchar(1)='女',@male nchar(1) ='男',        --输入参数
@f_num int output,@m_num int output                 --输出参数
as
declare @n int                                      --声明返回值
set @n=1                                            --为返回值赋值
select @f_num=count(*) from 学生信息表              --输出参数被赋值
where 性别=@famale                                  --使用输入参数
select @m_num=count(*) from 学生信息表              --输出参数被赋值
where 性别=@male                                    --使用输入参数
if (@f_num >@m_num)
```

```
set @n=0
else
set @n=1
return @n                 --返回返回值
```

输入参数、输出参数、返回值可以同时存在于存储过程中；输入参数在使用时一定出现在“=”右边，输出参数一定在“=”左边；返回值一定要在程序中：声明-赋值-返回。

执行含返回值及输入输出参数的存储过程 proc_ StudentsNumInfo，显示学生的数量信息(图 10.18)。

```
declare @Fnum int,@Mnum int,@Str int
Exec @Str=proc_StudentsNumInfo default,default,@Fnum output,@Mnum output
print '男学生的数量:'+cast(@Mnum as char(10))
print '女学生的数量:'+cast(@Fnum as char(10))
if @str=0
print '女学生多'
else
print '女学生不多于男学生'
```

消息
男学生的数量:64
女学生的数量:6
女学生不多于男学生

图 10.18　含返回值的存储过程执行结果

其中执行存储过程的代码行也可写成：

```
Exec @Str=proc_StudentsNumInfo 0,default,@Fnum output,@Mnum output
```

或

```
Exec @Str=proc_StudentsNumInfo 0, 1,@Fnum output,@Mnum output
```

Exec 语句除了执行存储过程之外，还可以执行字符串。可以将 T-SQL 语句放在字符串中，使用 Exec 语句来执行字符串。

【例 10.15】 使用 Exec 语句执行字符串实例。

```
declare @str varchar(40)
set @str='SELECT * FROM 学生信息表'
Exec (@str)
```

注意，Exec 执行字符串时，后面的括号不能省略。

10.3.2　查看存储过程

(1) 查看存储过程的定义文本

```
EXEC sp_helptext 存储过程名
```

(2) 查看存储过程的依赖关系

```
EXEC sp_depends 存储过程名
```

(3) 查看存储过程的参数

```
EXEC sp_help 存储过程名
```

(4) 查看数据库中全部存储过程

```
EXEC sp_stored_procedures
```

【例 10.17】 使用相关的系统存储过程查看存储过程 proc_StudentsNumInfo 的定义、相关性和参数。

```
EXEC sp_helptext proc_StudentsNumInfo       --查看存储过程的定义
EXEC sp_depends proc_StudentsNumInfo        --查看存储过程的相关性
EXEC sp_help proc_StudentsNumInfo           --查看存储过程的参数
EXEC sp_stored_procedures                   --查看全部存储过程
```

上述四条语句的执行结果，依次如图 10.19～图 10.22 所示：

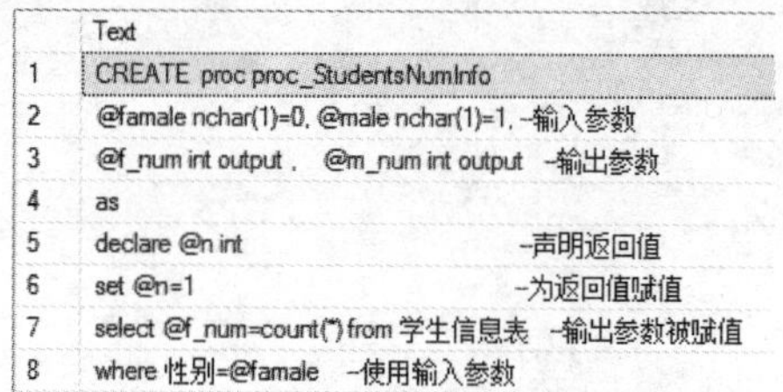

	Text
1	CREATE proc proc_StudentsNumInfo
2	@famale nchar(1)=0, @male nchar(1)=1, --输入参数
3	@f_num int output , @m_num int output --输出参数
4	as
5	declare @n int --声明返回值
6	set @n=1 --为返回值赋值
7	select @f_num=count(*) from 学生信息表 --输出参数被赋值
8	where 性别=@famale --使用输入参数

图 10.19 查询存储过程的定义信息

	name	type	updated	selected	column
1	dbo.学生信息表	user table	no	yes	性别

图 10.20 查询与存储过程关联的表及字段信息

	Name	Owner	Type	Created_datetime
1	proc_StudentsNumInfo	dbo	stored procedure	2017-11-08 19:14:51.367

	Parameter_name	Type	Length	Prec	Scale	Param_order	Collation
1	@famale	nchar	2	1	NULL	1	Chinese_PRC_CI_AS
2	@male	nchar	2	1	NULL	2	Chinese_PRC_CI_AS
3	@f_num	int	4	10	0	3	NULL
4	@m_num	int	4	10	0	4	NULL

图 10.21 存储过程相关参数

	PROCEDURE_QUALIFIER	PROCEDURE_OWNER	PROCEDURE_NAME	NUM_INPUT_PARAMS	NUM_OUTPUT_PARAMS	NUM_RESULT_SETS	REMARKS	PROCEDU
1	eduDB	dbo	proc_AllCourses;1	-1	-1	-1	NULL	2
2	eduDB	dbo	proc_AllStudent;1	-1	-1	-1	NULL	2
3	eduDB	dbo	proc_GetScore;1	-1	-1	-1	NULL	2
4	eduDB	dbo	proc_GetScoreAnd...	-1	-1	-1	NULL	2
5	eduDB	dbo	proc_MorFStudent;1	-1	-1	-1	NULL	2
6	eduDB	dbo	proc_partCourse;1	-1	-1	-1	NULL	2
7	eduDB	dbo	proc_StudentsNum;1	-1	-1	-1	NULL	2
8	eduDB	dbo	proc_StudentsNumI...	-1	-1	-1	NULL	2
9	eduDB	sys	dm_cryptographic_p...	-1	-1	-1	NULL	2
10	eduDB	sys	dm_cryptographic_p...	-1	-1	-1	NULL	2
11	eduDB	sys	dm_cryptographic_p...	-1	-1	-1	NULL	2
12	eduDB	sys	dm_db_index_opera...	-1	-1	-1	NULL	2

图 10.22 查询当前数据库中全部的存储过程

需要说明的是，加密的存储过程不能用该方法查询到定义信息代码，加密的方法见【例10.18】。

10.3.3　修改和删除存储过程

存储过程创建后，可以通过 T-SQL 语句进行修改和删除。修改后的存储过程和原存储过程使用相同的名称，而内容可以丝毫没有关系。删除后的存储过程不能再恢复。

修改存储过程的语法如下：

```
ALTER PROC[EDURE]存储过程名
[{@参数 数据类型}[= 默认值][OUTPUT][,... N]
[WITH ENCRYPTION]
AS
      {SQL 语句}
```

修改存储过程和创建存储过程的格式类似，唯一区别是关键词 alter proc 和 create proc。

【例 10.18】 使用 T-SQL 语句修改存储过程 proc_StudentsNum，能够显示不同类型的学生信息，并加密。执行存储过程，显示学生学生的信息。

```
alter proc proc_StudentsNum
@专业编号 char(6) = '000111',          --输入参数，并指定了默认值
@num int output                         --输出参数
with encryption                         --加密
as
select @num=count( * ) from 学生信息表--输出参数被赋值
where 专业编号=@专业编号                --使用输入参数
```

执行存储过程，显示学生学生的信息：

```
declare @num int
Exec proc_StudentsNum '000111',@num output
print  '000111 专业学生的数量：'+cast(@num as char(10))
```

运行结果：000111 专业学生的数量：63

删除存储过程的语法如下：

```
DROP PROC[EDURE]存储过程名
```

【例 10.19】 删除存储过程 proc_StudentsNum。

```
drop procproc_StudentsNum
```

本章习题

一、选择题

1. ________是用来创建存储过程的语句。　　　　(　　)

A. create table

B. create view

C. create index

D. create procedure

2. 删除存储过程 proc1 使用的语句是________。 ( )

A. delete proc1 B. drop proc1

C. delete proc proc1 D. drop proc proc1

3. 在用 create proc 创建存储过程时，使用________选项可以加密存储过程的定义文本。 ( )

A. with recompile B. with encryption

C. with as D. with procedure

二、简答题

1. 什么是存储过程?

2. 存储过程分为哪几类? sp_hehptext 属于哪类存储过程?

3. 执行存储过程使用什么关键词，有几种写法?

三、操作题

（一）简单的存储过程

1. 创建简单存储过程，名为 my_proc1，要求能查询到全部职工的部门号、职工编号、姓名、性别。

2. 执行上述 my_proc1 存储过程。

3. 创建简单存储过程 my_proc2，查询职工编号、总工资(基本工资＋补贴)、发放时间。

4. 执行存储过程 my_proc2。

5. 查询 my_proc2 的定义信息。

6. 查询 gongzi 数据库中的全部存储过程。

7. 修改存储过程名 my_proc2 为 proc2。

（二）带参数的存储过程

1. 创建有输入参数的存储过程：存储过程名为 pro_DeptInfoByDepID，要求实现如下功能：输入部门号@depid，就能查询到该部门的部门号、负责人的职工编号、姓名、性别。

2. 执行 pro_DeptInfoByDepID 存储过程，参数部门号为“D1”，要求通过调用上题中的存储过程查询出该部门职工的信息。

3. 创建有输出参数的存储过程：创建存储过程 pro_EmpCountByDepID，含输入变量@depid 及输出变量@scount，能够返回指定部门的员工数。

4. 执行 pro_EmpCountByDepID 存储过程，查询部门号为“D2”的部门信息，并返回该部门的员工总数，打印该数据。

5. 修改存储过程 pro_EmpCountByDepID：含输入变量@depid、输出变量@scount、返回值@ren，能够查询指定部门(@depid)的员工数(@scount)，并返回影响的行数(@ren)。

6. 执行 pro_EmpCountByDepID，查询部门号为“D2”的部门员工数，并返回影响的行数。

7. 创建存储过程 pro_InsertEmp:向职工表表中添加记录,包括:职工编号,姓名,性别,出生日期。

8. 执行 pro_InsertEmp,插入一条记录:'E012','张三','男','1982-6-6'。

9. 创建存储过程 pro_DelEmpByID:要求根据'职工编号',删除职工表中一条相应的记录。

10. 执行 pro_DelEmpByID,删除职工编号为'E012'的记录。

11. 创建存储过程 pro_UpdEmpByID:要求根据'职工编号',修改职工表中对应的职工姓名。

12. 执行存储过程 pro_UpdEmpByID,将'E003'号职工的姓名改为'帅峰'。

13. 删除存储过程 my_proc1。

14. 创建一个存储过程 proc_StudentForName,查询指定姓名的学生信息。执行存储过程,查询'谭宇'的信息。

15. 修改存储过程 proc_StudentForName,要求添加输出参数,输出该学生的平均成绩。执行存储过程,查询'谭宇'的信息并输出平均成绩。

16. 删除存储过程 proc_StudentForName。

第 11 章 触发器

触发器是 SQL Server 提供给程序员和数据分析员来保证数据完整性的一种方法，我们在前一章介绍了存储过程，与存储过程类似，触发器也是 SQL 语句集。两者主要的区别是触发器不能用 EXECUTE 语句调用，而是在用户执行 Transact-SQL 语句时自动触发（激活）执行，所以触发器就是一种与表事件相关的特殊存储过程，经常用于加强数据的完整性约束和业务规则等。

11.1 触发器概述

11.1.1 触发器的概念

前一章介绍了存储过程，与存储过程类似，触发器也是 SQL 语句集，两者唯一的区别是触发器不能用 EXECUTE 语句调用，而是在用户执行 T-SQL 语句时自动触发（激活）执行，所以触发器就是一种特殊的存储过程。

触发器是一个在修改指定表中的数据时执行的存储过程。经常通过创建触发器来强制实现不同表中的逻辑相关数据的引用完整性或者一致性。当对某一表进行诸如 UPDATE、INSERT、DELETE 这些操作时，SQL Server 就会自动执行触发器定义的 SQL 语句，从而确保对数据的处理必须遵循由这些 SQL 语句所定义的规则。

触发器基于一个表创建，但是可以针对多个表进行操作，所以触发器可以用来对表实施复杂的完整性约束。

11.1.2 触发器的类型

在 SQL Server 2008 中，根据触发事件的不同将触发器分成两大类：DML 触发器和 DDL 触发器。

DML 触发器是当数据库服务器中发生数据操作语言（DML）事件时要执行的操作。DML 触发器分为 AFTER 触发器和 INSTEAD OF 触发器两种，其中，AFTER 触发器是在 INSERT、UPDATE、DELETE 语句执行后执行；而 INSTEAD OF 触发器是在 INSERT、UPDATE、DELETE 语句执行时替代执行。

DML 触发器既可以查询其他表，又可以包含复杂的 Transact-SQL 语句。将触发器和触发其语句作为可在触发器内回滚的单个事务对待。如果检测到错误，则整个事务自动回滚。

DML触发器在以下方面非常有用：

(1) DML触发器可通过数据库中的相关表实现级联更改。不过，通过级联引用完整性约束可以更有效地进行级联更改。

(2) DML触发器可以防止恶意或者错误的INSERT、UPDATE和DELETE操作，并强制执行比CHECK约束定义的限制更为复杂的其他限制。DML触发器能够引用其他表中的列。

(3) DML触发器可以评估数据修改前后表的状态，并根据该差异采取措施。

(4) 一个表中的多个同类DML触发器(INSERT、UPDATE和DELETE)允许采取多个不同的操作来响应同一个修改语句。

SQL Server 2008为每个触发器语句都创建了两种特殊的表：DELETED表和INSERTED表。这是两个逻辑表，由系统来自创建和维护，用户不能对它们进行修改。这两个表存放在内存而不是存放数据库中。这两个表的结构总是与被该触发器作用的表的结构相同。触发器执行完成后，与该触发器相关的这两个表也会被删除。

DELETED表存放由执行DELETE或者UPDATE语句而要从表中删除的所有行。在执行DELETE或者UPDATE操作时，被删除的行要从触发触发器的表中被移动到DELETED表，因此，这两个表不会有共同的行。

INSERTED表存放由执行INSERET或者UPDATE语句而要向表中插入的所有行。在执行INSERT或者UPDATE事务中，新的行同时添加到触发触发器的表和INSERTED表中，INSERTED表的内容是触发触发器的表中新行的副本。

DDL触发器是2005版本后新增的一种触发器，它是响应数据定义语言(DDL)事件时执行的存储过程，主要应用于数据审计等工作，不属于数据库基础的使用范围，因此本书不做详细介绍。

11.2 界面中创建和使用触发器

11.2.1 创建触发器

【例11.1】 创建一个简单的DML触发器。

具体操作步骤如下：

(1) 启动SSMS，在“对象资源管理器”中展开数据库实例。

(2) 在“对象资源管理器”中，展开数据库目录，找到需要建立触发器的表，展开表目录，右击“触发器”节点，在弹出的快捷菜单中单击“新建触发器”命令，如图11.1所示。

(3) 此时在右边打开查询编辑器，其中包含新建触发器模板的代码，如图11.2所示。

(4) 在“新建触发器”模板中，直接修改代码，或者单击“查询”菜单中的“指定参数的模板”选项，打开“指定模板参数的值”对话框，如图11.3所示，修改其中的参数。

(5) 在图11.2所示的“新建触发器”模板中最终完成触发器代码的编写，单击“执行”按钮，在出现“命令已成功完成”提示后，即完成触发器的创建。

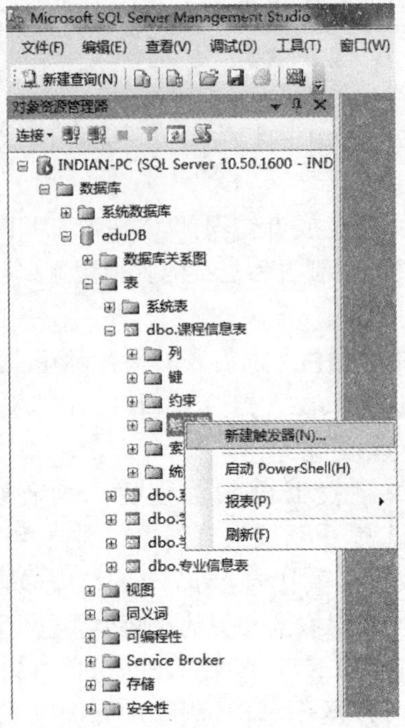

图 11.1　新建触发器

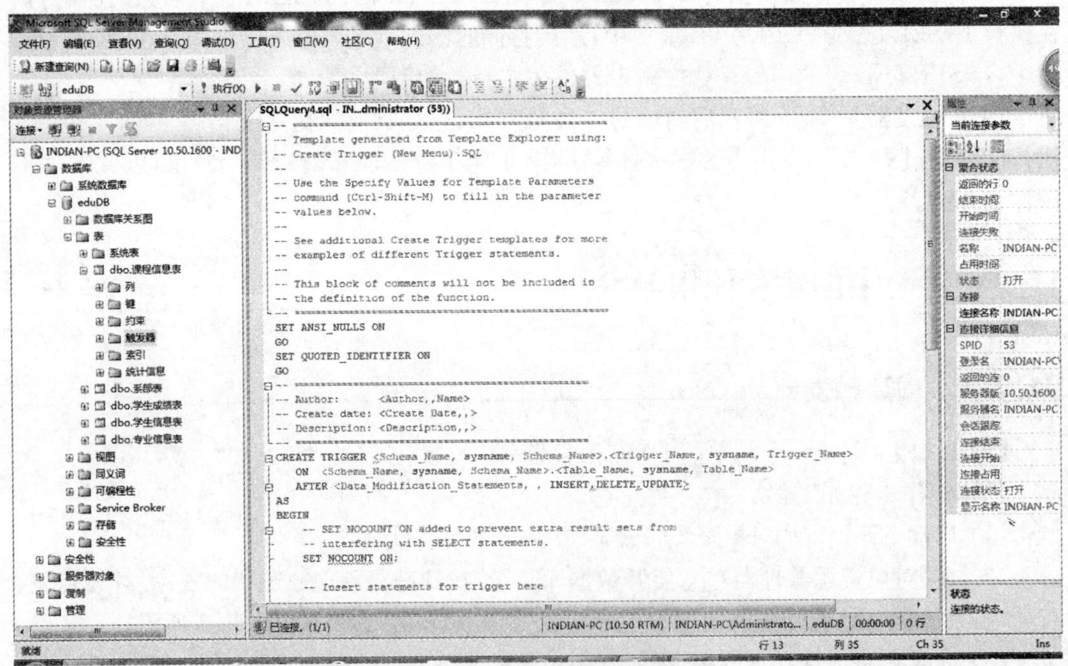

图 11.2　新建触发器模板的代码

指定模板参数的值

参数	类型	值
Author		Name
Create Date		
Description		
Schema_Name	sysname	Schema_Name
Trigger_Name	sysname	Trigger_Name
Table_Name	sysname	Table_Name
Data_Modification_St...		INSERT, DELETE, UPDATE

确定　取消　帮助

图 11.3　“指定模板参数的值”对话框

11.2.2　修改触发器

很多时候，当用户编写好一个触发器代码，然后单击“执行”按钮，出现“命令已成功完成”提示后，即完成触发器的创建，但这并不代表触发器可以达到用户预想的效果，有时甚至还会出错。当触发器发生错误时，需要对其进行修改。

修改触发器具体操作步骤如下：

(1) 在“对象资源管理器”中，展开数据库目录，找到需要修改触发器的表，展开表目录，展开触发器节点目录，右击需要修改的触发器，如图 11.4 所示，单击快捷菜单中的“修改”命令。

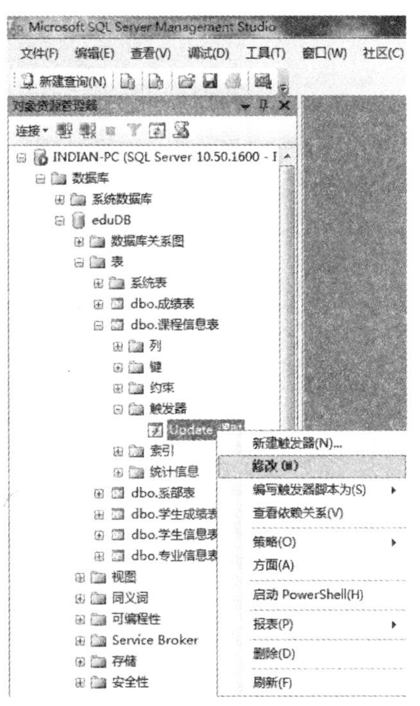

图 11.4　修改触发器

(2) 在如图 11.5 所示的窗口,修改触发器代码。

(3) 修改后,单击“执行”按钮,在出现“命令已成功完成”提示后,即完成触发器的修改。

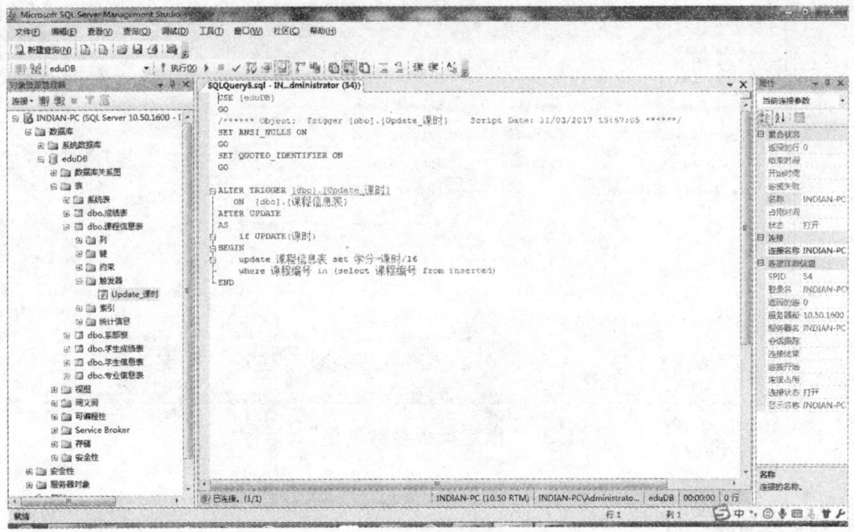

图 11.5 “修改触发器代码”窗口

11.2.3 删除触发器

当用户不需要使用某些触发器,或者想要重新创建已存在的触发器,可将此触发器删除。在“对象资源管理器”中,展开数据库目录,找到需要删除触发器的表,展开表目录,展开触发器节点目录,右击需要删除的触发器,如图 11.6 所示,单击快捷菜单中的“删除”命令。

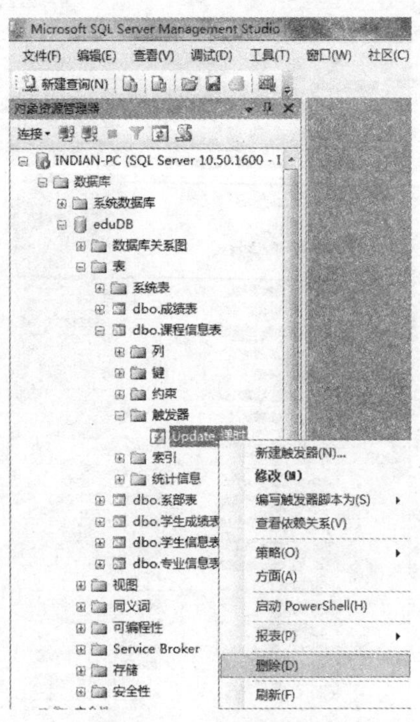

图 11.6 删除触发器

11.3　用代码创建和使用触发器

11.3.1　创建触发器

对于不同的触发器，其创建的语法多数相似，其区别与定义表示触发器的特性有关。创建一个触发器定义的基本语法如下：

```
CREATE TRIGGER trigger_name
ON { TABLE | VIEW }
{ {
{ FOR | AFTER | INSTEAD OF }
{ [ DELETE ] [,] [ INSERT ] [,] [ UPDATE ] }
AS
SQL_statement
} }
```

在创建触发器的语法中，各主要参数含义如下：

(1) trigger_name 是要创建的触发器的名称。

(2) TABLE|VIEW 是在触发器上执行触发器的表或视图，有时称为触发器表或触发器视图。可以选择是否指定表或视图的所有者名称。

(3) FOR，AFTER，INSTEAD OF 表示指定触发器触发的时机，其中 FOR 也创建 AFTER 触发器。

(4) DELETE，INSERT，UPDATE 是指定在表或视图上执行哪些数据修改语句时将触发触发器的关键字。必须至少指定一个选项。在触发器定义中允许使用以任意顺序组合的这些关键字。如果指定的选项多于一个，需用逗号分隔这些选项。

(5) SQL_statement 指定触发器所执行的 T-SQL 语句。

【例 11.2】 在 eduDB 数据库的“课程信息表”中创建一个名为“update_课时”的 DML 触发器，当课程的课时发生变化时，课程的学分相应的更新，每 16 课时一个学分。

```
use eduDB
go
create trigger update_课时
on 课程信息表
after update
as
    if update(课时)
    begin
      update 课程信息表 set 学分=课时/16
      where 课程编号 in (select 课程编号 from inserted)
    end
```

单击“新建查询”，输入以上代码，单击“执行”。在“对象资源管理器”中，展开 eduDB 数据库目录，找到“课程信息表”，展开表目录，展开触发器节点目录，查看已创建的触发器。

触发器创建完成后，需测试触发器是否作用于表，“课程信息表”中的部分数据如图 11.7 所示。

INDIAN-PC.eduDB - dbo.课程信息表 | SQLQuery11.sql - I...ministrator (53))* | SQLQuery10.sql - I...minist

课程编号	课程名称	学分	课时	课程简介	所在系
00202028	计算机基础技...	7.0	112	计算机类专业...	1
00202069	网络技术及应用	4.5	72	计算机专业核...	1
00204022	关系数据库技术	4.5	72	计算机专业核...	1
00233455	Android程序设计	4.0	64	编程类课程	NULL

图 11.7　课程信息表中部分数据

```
use eduDB
go
update 课程信息表
set 课时=80
where 课程编号='00202069'
go
update 课程信息表
set 课时=112
where 课程编号='00204022'
```

单击“新建查询”，输入以上代码，单击“执行”，如图 11.8 所示，显示“1 行受影响”，说明课时更新成功。打开课程信息表查看数据，其中第二行和第三行数据，课时更新后，学分也发生相应的变化，如图 11.9 所示，说明触发器已作用于课程信息表。

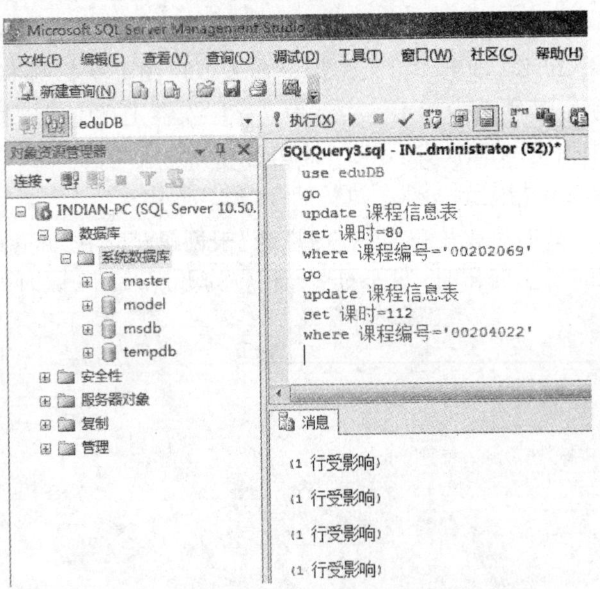

图 11.8　更新“课程信息表”中部分“课时”数据

	课程编号	课程名称	学分	课时	课程简介	所在系
▶	00202028	计算机基础技...	7.0	112	计算机类专业...	1
	00202069	网络技术及应用	5.0	80	计算机专业核...	1
	00204022	关系数据库技术	7.0	112	计算机专业核...	1
	00233455	Android程序设计	4.0	64	编程类课程	NULL

图 11.9 课程信息表

11.3.2 修改触发器

修改触发器的语法与创建触发器基本类似，其区别就是将 CREATE 更换成 ALTER。创建一个触发器定义的基本语法如下：

```
ALTER TRIGGER trigger_name
ON { TABLE | VIEW }
{ {
{ FOR | AFTER | INSTEAD OF }
{ [ DELETE ] [,] [ INSERT ] [,] [ UPDATE ] }
AS
SQL_statement
} }
```

【例 11.3】 修改触发器"update_课时"，当课程的课时发生变化时，课程的学分相应的更新，每 12 课时一个学分。

```
use eduDB
go
alter trigger update_课时
on 课程信息表
after update
as
    if update(课时)
    begin
      update 课程信息表 set 学分=课时/12
      where 课程编号 in(select 课程编号 from inserted)
    end
```

单击"新建查询"，输入以上代码，单击"执行"。在"对象资源管理器"中，展开 eduDB 数据库目录，找到"课程信息表"，展开表目录，展开触发器节点目录，查看已修改的触发器。

11.3.3 删除触发器

当用户不需要使用某些触发器，或者想重新创建已存在的触发器，可使用 DROP TRIGGER 命令将触发器删除。

【例 11.4】 删除一个名为"update_课时"的 DML 触发器。

```
use eduDB
go
drop trigger update_课时
```

单击“新建查询”,输入以上代码,单击“执行”即可删除。

11.3.4 管理触发器

前面介绍了关于触发器的创建方面,下面将介绍如何对已存在的触发器进行管理。例如,查看、禁用、启用触发器等。

1. 查看触发器

可以把触发器看做是特殊的存储过程,因此所有适用于存储过程的管理方式都适用于触发器。可以用像 SP_HELPTEXT、SP_HELP 和 SP_DEPENDS 等系统存储过程来查看触发器的有关信息,也可以用 SP_RENAME 系统存储过程重命名触发器。

【例 11.5】 使用 SP_HELPTEXT 查看“update_课时”触发器的定义语句。

```
use eduDB
go
sp_helptext update_课时
```

单击“新建查询”,输入以上代码,单击“执行”,如图 11.10 所示。

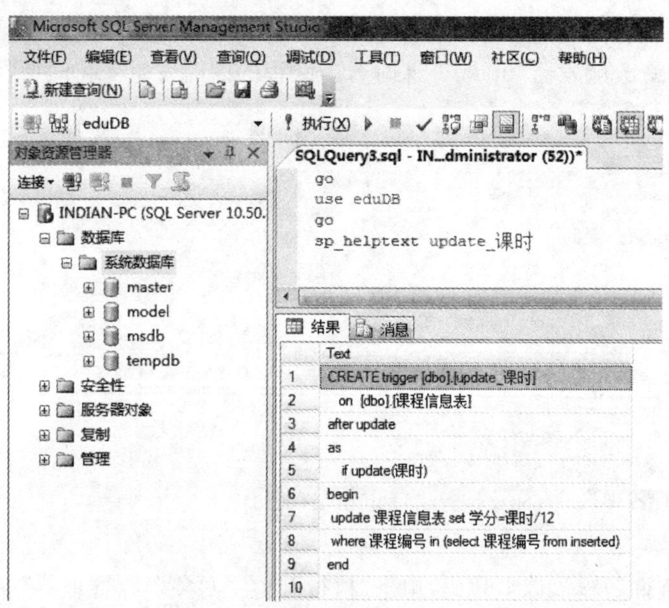

图 11.10 查看触发器的定义信息

2. 禁用触发器

禁用触发器只是暂时关断触发器,而不是删除触发器。该触发器仍然作为数据库的对象存在于当前数据库中,但是执行任何 T-SQL 语句时,不会激发此触发器。

【例 11.6】 使用 DISABLE TRIGGER 命令禁用“update_课时”触发器。

```
use eduDB
go
alter table 课程信息表
disable trigger update_课时
```

单击“新建查询”，输入以上代码，单击“执行”即可禁用触发器。

3. 启用触发器

启用触发器是恢复被禁用的触发器，使该触发器恢复其应有的作用。

【例 11.7】 使用 ENABLE TRIGGER 命令启用“update_课时”触发器。

```
use eduDB
go
alter table 课程信息表
enable trigger update_课时
```

单击“新建查询”，输入以上代码，单击“执行”即可启用触发器。

本章习题

1. SQL Server 2008 中触发器可分为 DML 触发器和＿＿＿＿＿＿＿＿。
2. DML 触发器可分为 AFTER 触发器、＿＿＿＿＿＿＿＿和 CLR 触发器。
3. 删除触发器使用＿＿＿＿＿＿＿＿命令。
4. 禁用触发器使用＿＿＿＿＿＿＿＿命令。
5. 启用触发器使用＿＿＿＿＿＿＿＿命令。
6. 在 DML 触发器中使用了两个特殊的临时表，即＿＿＿＿＿＿＿＿和＿＿＿＿＿＿＿＿。
7. ＿＿＿＿＿＿＿＿触发器是在 INSERT、UPDATE、DELETE 语句执行后执行。
8. DELETED 表存放由执行 DELETE 或者＿＿＿＿＿＿＿＿语句而要从表中删除的所有行。
9. INSERTED 表存放由执行＿＿＿＿＿＿＿＿或者 UPDATE 语句而要向表中插入的所有行。

第 12 章 用户自定义函数

为了使用户更加方便地对数据库进行查询和修改，SQL Server 在 T-SQL 语言中提供许多内部函数以供用户调用。用户也可以根据自己的需要创建函数。

函数既可以由系统提供，也可以由用户创建。系统提供的函数称为内置函数，也叫做系统函数，它为用户方便快捷地执行某些操作提供帮助；用户创建的函数称为用户自定义函数，它是用户根据自己的特殊需求而创建的，用来补充和扩展内置函数。

12.1 用户自定义函数简介

在 SQL Server 2008 中，用户不仅可以使用系统的内置函数，而且可以使用自己定义的函数实现一些特殊的功能。SQL Server 2008 用户自定义函数是接受参数、执行操作（例如，复杂计算），并将操作结果以值的形式返回的例程。

用户可以通过 SQL Server 2008 设计用户自定义函数，以补充和扩展系统支持的内置函数。用户自定义函数可接受零个或多个输入参数，返回标量值或表。

在 SQL Server 2008 中使用用户自定义函数具有以下优点：

(1) 允许模块化程序设计；

(2) 执行速度更快；

(3) 减少网络流量。

12.2 创建与调用用户自定义函数

SQL Server 2008 允许用户根据需要自定义函数，根据用户自定义函数返回值的类型，可以将用户自定义函数分为：标量函数和表值函数。

(1) 标量函数。用户定义函数返回值为标量值，这样的函数称为标量函数。

(2) 表值函数。返回值为整个表的用户自定义函数为表值函数。根据函数主体的定义方式，表值函数又可分为内嵌表值函数和多语句表值函数。若用户自定义函数包含单个 SELECT 语句且该语句可以更新，则该函数返回的表也可更新，这样的函数称为内嵌表值函数；若用户自定义函数包含多个 SELECT 语句，则该函数返回的表不可更新，这样的函数称为多语句表值函数。

用户自定义函数不支持输出参数，不能修改全局数据库状态。

创建用户自定义函数可以使用 CREATE FUNCTION 命令，使用 ALTER FUNCTION 命令可以对用户定义函数进行修改，使用 DROP FUNCTION 命令删除用户定义函数。

12.2.1　标量函数

标量函数类似于系统内置函数。函数的输入参数可以是所有标量数据类型，标量函数返回一个简单的数值，如：int、char、decimal 等，但禁止使用 text、ntext、image、cursor 和 timestamp 作为返回的参数。该函数的函数主体被封装在以 BEGIN 语句开始，END 语句结束的范围内。

1. 标量函数的定义

语法格式：

```
CREATE FUNCTION [所有者名.]函数名
(参数[AS]类型[=默认值][,…参数 N[AS]类型 N[=默认值]])
RETURNS 返回值类型
[WITH 选项]
[AS]
BEGIN
    函数体
  RETURN 标量表达式
END
```

【例 12.1】　定义一个函数，按性别计算当前所有学生的平均年龄。

(1) 为了计算平均年龄，创建视图。

代码如下：

```
use eduDB
go
if exists(select name from sysobjects where name='V_age' and type='v')
    drop view V_age
go
create view V_age
    as select 学号,性别,datepart(yyyy,getdate())-datepart(yyyy,生日) as 年龄
        from 学生信息表
go
```

单击“! 执行(X)”按钮，完成视图的创建。上述语句中首先检查视图 V_age 是否已定义，若已定义，则删除。然后再重新创建视图 V_age。

(2) 创建函数 aver_age，用于按性别计算当前学生的平均年龄。

代码如下：

```
use eduDB
go
if exists(select name from sysobjects where name='aver_age' and type='FN')
```

```
    drop function aver_age
go
create function aver_age(@sex bit)
returns int
  as
  begin
    declare @aver int
    select @aver=
      (
      select avg(年龄)
        from V_age
        where 性别=@sex
      )
    return @aver
  end
Go
```

单击"执行(X)"按钮,完成函数的创建。上述语句中首先检查函数 aver_age 是否已定义,若已定义,则删除。然后再重新创建函数 aver_age。

用户在使用 T-SQL 命令方式创建用户自定义函数后,打开"对象资源管理器"→"数据库"→"eduDB"→"可编程性"→"函数"→"标量值函数",即可看到已经创建成功的用户自定义函数对象的名称,如图 12.1 所示。如果没有看到,右键单击"标量值函数",选择"刷新"选项。

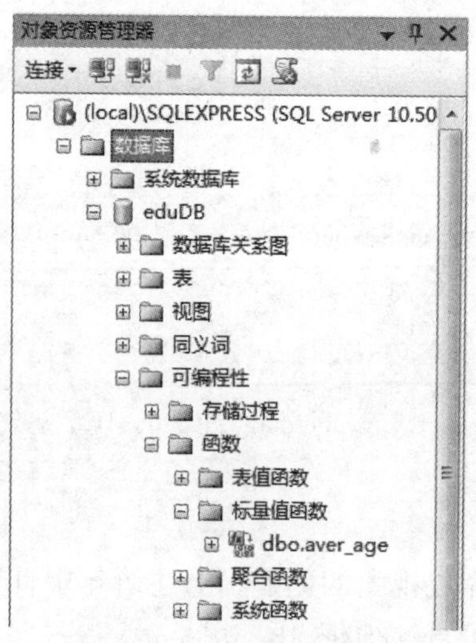

图 12.1　标量值函数的创建

2. 标量函数的调用

当调用用户定义的标量函数时,必须提供至少两部分组成的名称(所有者.函数名)。可按下列方式调用标量函数。

(1) 使用 T-SQL 语句的 SELECT 语句中调用。

调用方式：

```
架构名.函数名(实参,…,实参N)
```

实参可以是已赋值的局部变量或表达式

【例12.2】 对【例12.1】中定义的aver_age函数进行调用。要求显示所有男生的平均年龄。

代码如下：

```
use eduDB
go
declare @sex bit
declare @average int
select @sex='1'
select @average=dbo.aver_age(@sex)
select @average as '男生的平均年龄'
```

单击"执行(X)"按钮,执行结果如图12.2所示。

	男生的平均年龄
1	20

图12.2　标量函数调用结果

(2) 利用EXEC语句执行

用T-SQL的EXECUTE(EXEC)语句调用用户函数时,参数的标识次序与函数定义中的参数标识次序可以不同。

调用方式：

```
EXEC 变量名=架构名.函数名 实参,…,实参N
```

或

```
EXEC 变量名=架构名.函数名 形参名=实参,…,形参名N=实参N
```

> 提示:前者实参顺序应与函数定义的形参顺序一致,后者参数顺序可以与函数定义的形参顺序不一致。

如果函数的参数有默认值,在调用该函数时必须指定default关键字才能获得默认值。这不同于存储过程中有默认值的参数,在存储过程中省略参数也意味着使用默认值。

【例12.3】 利用EXEC调用用户自定义函数aver_age,要求显示女生的平均年龄。

代码如下：

```
use eduDB
go
declare @average int
exec @average=dbo.aver_age @sex='0'
select @average as '女生的平均年龄'
go
```

单击"执行(X)"按钮,执行结果如图12.3所示。

	女生的平均年龄
1	20

图 12.3　标量函数调用结果

12.2.2　表值函数

1. 内嵌表值函数

内嵌表值函数没有函数体，其返回的表是单个 SELECT 语句的结果集。虽然视图不支持在 WHERE 子句的搜索条件中使用参数，但内嵌表值函数可弥补视图的这一不足。内联表值型函数功能相当于一个参数化的视图。

(1) 创建内嵌表值函数的定义

语法格式：

```
CREATE FUNCTION 函数名
(参数[AS]类型[=默认值][,…参数 N[AS]类型 N[=默认值]])
RETURNS TABLE
[WITH 选项]
[AS]
RETURN (SELECT 语句)
```

【例 12.4】 创建内联表值函数 fn_query，该函数根据提供的专业代码返回学生的姓名、性别及出生日期。

代码如下：

```
use eduDB
go
if exists(select name from sysobjects where name='fn_query' and type='IF')
    drop function fn_query
go
create function fn_query(@profession char(6))
returns table
as return
(
  select * from dbo.学生信息表
    where dbo.学生信息表.专业编号=@profession
)
Go
```

单击“! 执行(X)”按钮，完成内嵌表值函数 fn_query 的定义。

(2) 内嵌表值函数的调用

内嵌表值函数只能通过 SELECT 语句调用，调用时，可以仅适用函数名。

【例 12.5】 调用 fn_query 函数，查询专业编号为“590108”的学生信息。

代码如下：

```
select * from dbo.fn_query('590108')
```

单击"❗ 执行(X)"按钮，执行结果如图 12.4 所示。

	学号	姓名	性别	生日	电话	家庭住址	专业编号
1	10240104	吕新宇	1	1998-10-25	18923456776	南京市鼓楼区滨江路28号	590108
2	10240105	王明轩	1	1998-05-08	NULL	NULL	590108
3	10240106	高起航	1	1996-09-14	13876789900	南京市江宁区通淮街159号	590108

图 12.4　内嵌表值函数调用结果

2. 多语句表值函数

内嵌表值函数和多语句表值函数都返回表(记录集)，两者不同之处在于：内嵌表值函数没有函数主体，返回的表是单个 SELECT 语句的结果集；而多语句表值函数在 BEGIN…END 块中定义的函数主体是由 T-SQL 语句序列构成，这些语句可生成记录行并将行插入表中，最后返回表(记录集)。

(1) 多语句表值函数的定义

语法格式：

```
CREATE FUNCTION 函数名(参数)
RETURNS 表变量名 TABLE(表变量字段定义)
[AS]
BEGIN
        函数体
    RETURN
END
```

【例 12.6】　在"eduDB"数据库中创建返回 table 的函数 course_student，通过以课程编号为实参，调用该函数，查询课程的名称，当前选修该门课程的所有学生的学号、姓名、课程名称和专业代码。

代码如下：

```
use eduDB
go
if exists(select name from sysobjects where name='course_student' and type='TF')
    drop function course_student
go
create function course_student(@course_id char(8))
    returns @course_student_list table
(
  学号 char(8),
  姓名 varchar(50),
  课程名称 varchar(50),
  专业编号 char(6)
)
as
begin
insert @course_student_list
    select a.学号,姓名,课程名称,专业编号
```

```
        from dbo.学生信息表 as a,dbo.学生成绩表 as b,dbo.课程信息表 as c
        where a.学号=b.学号 and b.课程编号=c.课程编号 and b.课程编号=@course_id
return
end
go
```

单击“! 执行(X)”按钮,完成多语句表值函数 course_student 的定义。

(2) 多语句表值函数的调用

多语句表值函数的调用与内嵌表值函数的调用方法相同。

【例 12.7】 通过多语句表值函数 course_student 查询选修课程编号为“00202028”的学生信息。

代码如下:

```
select * from eduDB.dbo. course_student ('00202028')
```

单击“! 执行(X)”按钮,执行结果如图 12.5 所示。

	学号	姓名	课程名称	专业编号
1	10240105	王明轩	计算机基础技能应用	590108
2	10240106	高起航	计算机基础技能应用	590108

图 12.5 多语句表值函数调用结果

12.3 删除自定义函数

对于一个已创建的用户自定义函数,可有两种方法删除。

1. 通过对象资源管理器删除

【例 12.8】 利用对象资源管理器删除用户自定义表值函数 course_student。

具体操作步骤如下:

(1) 打开“对象资源管理器”→“数据库”→“eduDB”→“可编程性”→“函数”,定位至需要删除的函数名称 course_student,右键单击该函数,如图 12.6 所示。

(2) 在弹出的快捷菜单中选择“删除”命令,弹出“删除对象”窗口,如图 12.7 所示。

(3) 单击窗口中的“确定”按钮,完成函数 course_student 的删除操作。

2. 利用 T-SQL 语句 DROP FUNCTION 删除

语法格式:

```
DROP FUNCTION 自定义函数名
```

> **提示:**
> (1) 删除函数时可以选择是否指定架构名称,但不能指定服务器名称和数据库名称;
> (2) 可以一次删除一个或多个用户自定义函数,函数名之间用“,”符号隔开;
> (3) 删除用户自定义函数,要先删除与之相关的对象。

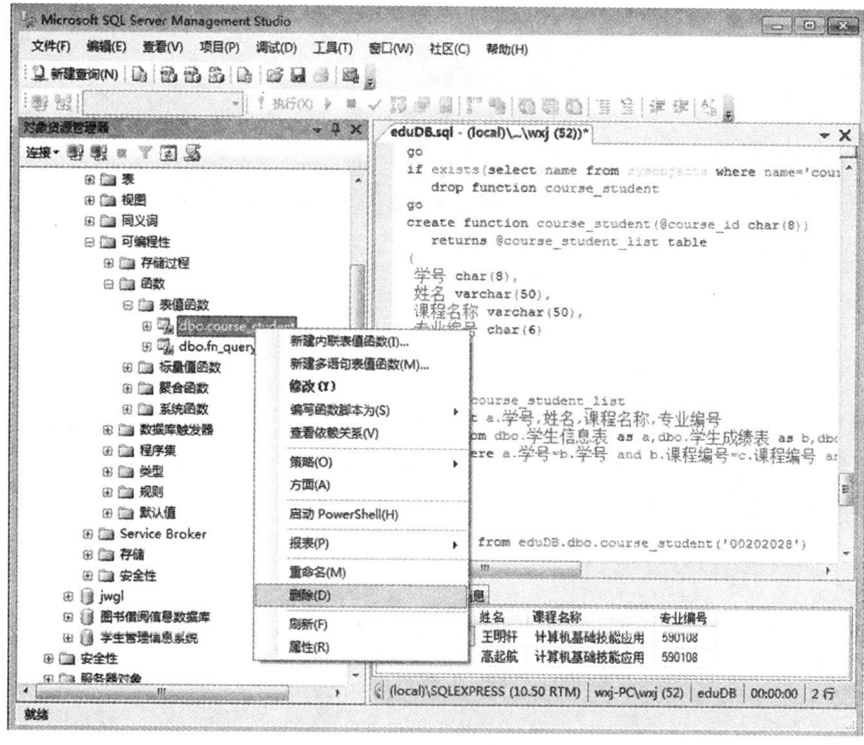

图 12.6　删除函数窗口

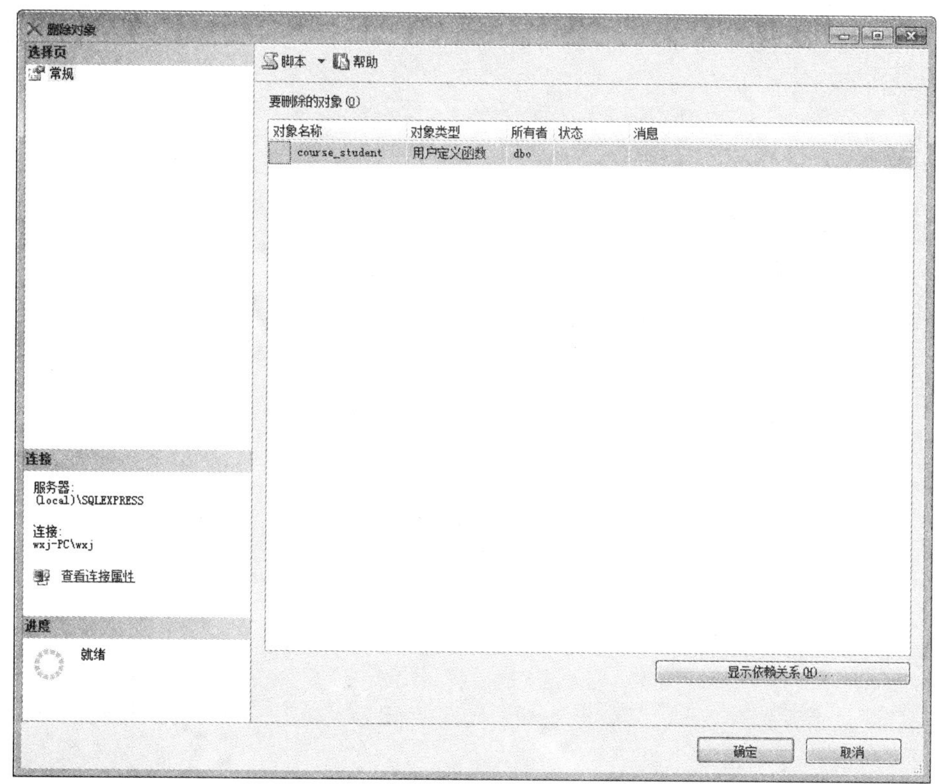

图 12.7　确认删除函数对话框

【例 12.9】 使用 T-SQL 语句 DROP FUNCTION 删除函数 fn_query。

代码如下：

```
drop function fn_query
```

单击“! 执行(X)”按钮，完成函数 fn_query 的删除操作。

本章习题

一、填空题

1. 根据用户自定义函数返回值的类型，可将用户自定义函数分为____________和____________。
2. 创建用户自定义函数的语句是____________。
3. 修改用户自定义函数的语句是____________。
4. 删除用户自定义函数的语句是____________。
5. 根据函数主体的定义方式，表值函数又可分为____________和____________。

二、操作题

1. 创建一个新的函数 fn_staff，要求根据职工编号显示职工个人信息。
2. 调用 fn_staff 函数，查询职工编号为“E001”的职工信息。
3. 使用存储过程 sp_helptxt 查看函数 fn_staff。
4. 删除函数 fn_staff。

三、简答题

1. 在 SQL Server 2008 中，使用用户自定义函数有哪些优点？
2. 用户可以自定义哪些函数？

第 13 章 备份与恢复

尽管 SQL Server 2008 系统采取多种方法保证数据库的安全性和完整性，但硬件故障、软件错误、病毒、误操作或故意破坏等现象仍可能发生，这些故障会造成运行事务的异常中断，从而影响数据的正确性，甚至会破坏数据库，使得数据库中的数据部分或全部丢失。因此，数据库管理系统(DBMS)提供了把数据库从错误状态恢复到某一正确状态的功能，这种功能称为数据库恢复。数据库的恢复是建立在数据库的备份基础之上的，SQL Server 2008 的备份和恢复组件为存储在 SQL Server 中的关键数据提供重要的保护措施。

13.1 备份与恢复概述

数据库中的数据丢失或被破坏可能是以下方面的原因：

(1) 计算机硬件故障。由于计算机使用不当或产品质量等原因，计算机硬件可能会出现故障，导致数据破坏。如硬盘损坏会使存储在其上的数据丢失。

(2) 软件故障。由于软件设计上的缺陷或用户操作不当等原因，软件系统可能会误操作数据，从而导致数据破坏。

(3) 病毒。计算机在使用过程中会遭受病毒的侵害，破坏性病毒会破坏系统软件、硬件和数据。

(4) 用户误操作。如用户在使用数据库时误使用诸如 DROP、DELETE、UPDATE 等命令，导致数据破坏、丢失或被删除。

(5) 自然灾害。如火灾、洪水、地震等自然灾害，导致计算机系统及其数据的破坏。

(6) 盗窃。一些重要的数据可能会遭受盗窃。

因此，必须制作数据库的副本，即进行数据库备份，以使在数据库遭到破坏时能够修复数据库，即进行数据库恢复。数据库恢复就是把数据库从错误状态恢复到某一正确状态。备份和恢复数据库也可以用于将数据库从一个服务器移动或复制到另一个服务器。

13.1.1 备份简介

所谓备份就是制作数据库结构、对象和数据的副本，数据库备份记录正在进行备份操作时数据库中所有数据的状态。如果数据库因意外而损坏，这些备份文件在数据库恢复时被用于还原数据库。

数据库何时被破坏以及会遭到什么样的破坏都是不可预测的，所以备份是一项非常重要的数据库管理工作，必须确定何时备份，备份到何处，由谁来做备份，备份哪些内容，备份频率以及如何备份等事项，即确定备份策略。

设计备份策略的指导思想是：以最小的代价恢复数据。备份与恢复是相互联系的，备份策略与恢复应结合起来考虑。

1. 备份内容

数据库需要备份的内容可分为系统数据库和用户数据库两部分，系统数据库记录重要的系统信息，而用户数据库则记录用户的数据。

系统数据库包括 master、msdb 和 model 数据库，它们是确保 SQL Server 2008 系统正常运行的重要依据，因此，系统数据库必须完全备份。

用户数据库是存储用户数据的存储空间集。通常用户数据库中的数据按其重要性可分为非关键数据和关键数据。非关键数据通常能够从其他来源重新创建，可以不备份；关键数据则是用户的重要数据，不易甚至不能重新创建，对其需要进行完全备份。

2. 备份角色

在 SQL Server 2008 中，具有下列角色的成员可以进行备份操作：

(1) 固定的服务器角色 sysadmin(系统管理员)；

(2) 固定的数据库角色 db_owner(数据库所有者)；

(3) 固定的数据库角色 db_backupoperator(允许进行数据库备份的用户)。

还可以通过授权允许其他角色进行数据库备份。

3. 备份介质

备份介质是指数据库备份到何处。SQL Server 2008 允许使用磁盘或磁带作为其备份介质。

4. 备份时间

(1) 系统数据库

当系统数据库 master、msdb 和 model 中的任何一个被修改后，都要将其备份。

master 数据库包含 SQL Server 系统有关数据库的全部信息，如果 master 数据库被破坏，那么 SQL Server 2008 可能无法正常启动，并且用户数据库可能无效。当执行下列 T-SQL 命令或系统存储过程时，SQL Server 2008 将修改 master 数据库：

① 创建、修改和删除用户数据库对象的 T-SQL 命令；

② 修改事务日志的系统存储过程；

③ 增加或删除服务器的系统存储过程；

④ 执行与登录有关的系统存储过程；

⑤ 重命名数据库的系统存储过程；

⑥ 添加或删除备份设备的系统存储过程；

⑦ 改变服务器范围配置的系统存储过程。

执行上述操作后，应备份 master 数据库，以便 master 数据库遭到破坏时，可以恢复系统数据库和用户数据库。否则，当 master 数据库被破坏而没有 master 数据库的备份时，就只能重建全部的系统数据库。

当修改系统数据库 msdb 和 model 时，也必须对其进行备份，以便在系统出现故障时恢复作业以及用户创建的数据库信息。

提示：不要备份数据库 tempdb，因为它仅仅包含临时数据。

（2）用户数据库

当创建或加载数据库时，应备份数据库；当为数据库创建索引时，应备份数据库，以便恢复时大大节省时间；当执行不记日志的 T-SQL 命令时，应备份数据库，这是因为这些命令未记录在事务日志中，因此恢复时不会被执行。

13.1.2　恢复简介

尽管系统中采取了多种措施来保证数据库的安全性和完整性，但硬件故障、软件错误、病毒、误操作等仍是可能发生的，这些故障会造成运行事务的异常中断，影响数据的正确性，甚至会破坏数据库，使数据库中的数据部分丢失或全部丢失。因此，数据库的管理系统都提供把数据库从错误状态还原到某一正确状态的功能，这种功能称为恢复，而恢复是以备份为基础的。

恢复是与备份相对应的系统维护和管理操作，系统进行恢复操作时，先执行一些系统安全性的检查，包括检查所要恢复的数据库是否存在，数据库是否变化以及数据库文件是否兼容等，然后根据所采用的数据库备份类型采取相应的恢复措施。

数据库恢复的准备工作包括系统安全性检查和备份介质验证。

在进行恢复时，系统先执行安全性检查、重建数据库及其相关文件等操作，保证数据库安全地恢复。当系统出现以下情况时，恢复操作将无法进行：

（1）指定要恢复的数据库已存在，但在备份文件中记录的数据库与其不同；

（2）服务器上数据库文件集与备份中的数据库文件集不一致；

（3）未提供恢复数据库所需的所有文件或文件组；

（4）安全性检查是系统在执行恢复操作时自动进行的。

恢复数据库时，要确保数据库的备份是有效的，即要验证备份介质，得到数据库备份的信息，其中信息主要包括：

（1）备份文件或备份集名及描述信息；

（2）所使用的备份介质类型（磁带或磁盘等）；

（3）所使用的备份方法；

（4）执行备份的日期和时间；

（5）备份集的大小；

（6）数据库文件及日志文件的逻辑和物理文件名；

（7）备份文件的大小。

13.2　备份

进行数据库备份时，首先要选择备份方式，然后再创建用来存储备份的设备，备份设备可以是磁盘或磁带。备份设备分为命名备份设备和临时备份设备两类。创建备份设备后才能通过图形化界面方式或 T-SQL 命令将需要备份的数据库备份到备份设备中。

13.2.1 备份方式

数据库备份常用的两类方法:完全备份和差异备份。完全备份每次都备份整个数据库或事务日志;差异备份则是只备份自上次备份以来发生过变化的数据库的数据,差异备份也称为增量备份。

SQL Server 2008 中有两种基本的备份:一是只备份数据库,二是备份数据库和事务日志。它们又都可以与完全备份或差异备份相结合。当数据库很大时,也可以进行个别文件或文件组的备份,从而将数据库备份分割为多个较小的备份过程。大致有以下四种备份方式:

(1) 数据库完全备份

数据库完全备份是指对数据库内的所有对象做全部完整的备份,需要定期做。数据库完全备份是所有备份的起点,应该是数据库的第一次备份。其最大优点就是操作和规划简单,在恢复时只需要一步操作就可以将数据库恢复到备份前的状态。但其缺点就是备份时间比较长。

(2) 数据库差异备份

数据库差异备份是只备份从上次数据库全部备份后数据库变动的部分,所以这种备份必须是基于数据库完全备份的。其优点是备份的数据量小而且备份速度快,因此可经常进行差异备份。但其缺点是不能在一次数据库完整备份后进行无限次的差异备份。

若用户做了数据库完全备份后,接着又做了几次差异备份,当用户恢复数据库时只要先恢复上次的完全备份后再加上恢复最近一次的差异备份即可,而无需依次恢复每一次的差异备份。

(3) 事务日志备份

事务日志备份不需要很频繁地定期进行数据库备份,而是在两次完全数据库备份期间,进行事务日志备份,所备份的事务日志记录了两次数据库备份之间所有的数据库活动记录。其优点是不需要占用系统太多的资源。当数据库很大且系统需要 24 小时运行时,不允许让过长的备份时间影响在线运行,此时可采用事务日志备份方式。其缺点是事务日志备份在数据库恢复时无法单独运行,它必须和一次完整备份一起才可以恢复数据库,而且事务日志备份在恢复时有一定的时间顺序,不能出错。

可以使用事务日志备份将数据库恢复到特定的即时点或恢复到故障点。

(4) 数据库文件及文件组备份

数据库文件及文件组备份只备份特定的数据库文件或文件组,同时还要定期备份事务日志,这样在恢复时可以只还原已损坏的文件,而不用还原数据库的其余部分,从而加快了恢复速度。对于被分割在多个文件中的大型数据库,可以使用这种方法进行备份。

其优点是文件及文件组备份必须搭配事务日志备份。因为在恢复部分数据库文件或文件夹后必须恢复自数据文件或文件夹备份后所做的事务日志备份,否则会造成数据库的不一致性。因此在做完文件及文件组备份后再做一个事务日志备份。

13.2.2 备份设备

备份设备是指用于存放备份数据的磁带机或磁盘驱动器。创建备份时,必须选择备份设备。

1. 使用图形化界面创建备份设备

【例 13.1】 使用图形化界面创建磁盘备份设备“zdxy”。

具体操作如下：

(1) 打开 SQL Server Management Studio 连接服务器，在“对象资源管理器”中展开“服务器对象”节点，右键单击“备份设备”，选择“新建备份设备”命令，弹出备份设备对话框。

(2) 在“备份设备”对话框的“设备名称”文本框中输入逻辑备份名“zdxy”，在“文件”文本框中指定相应的物理备份，如图 13.1 所示。

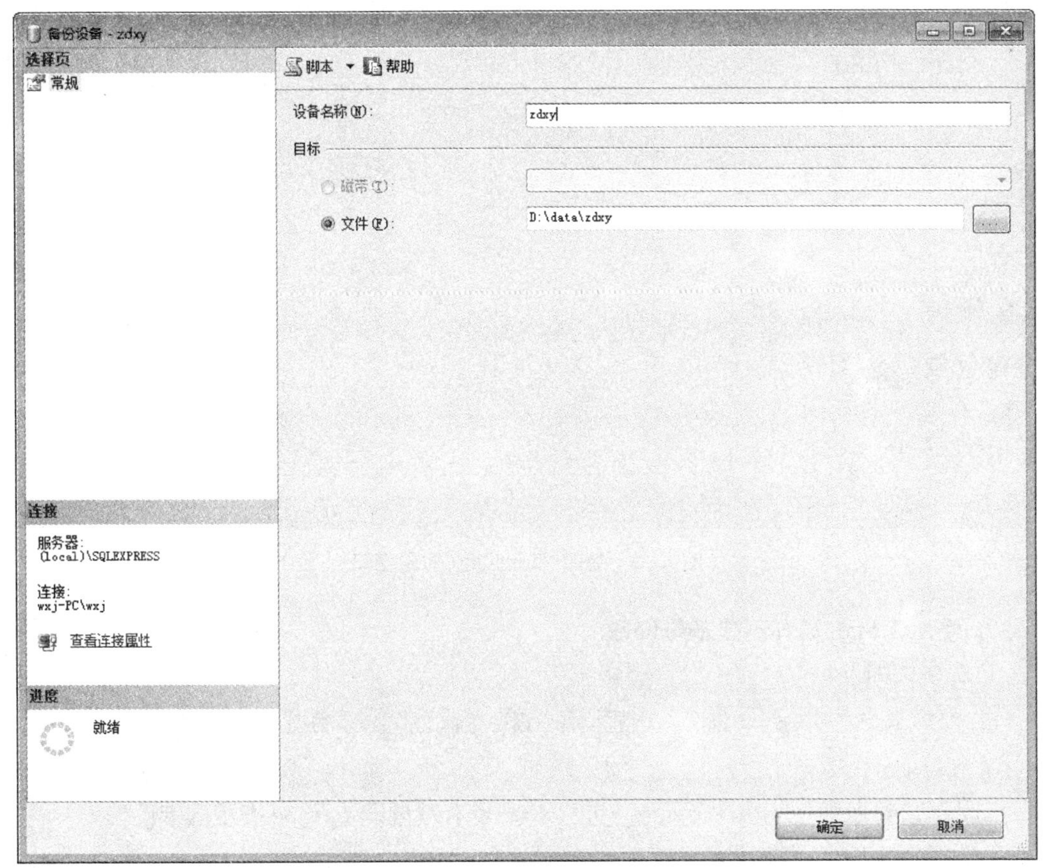

图 13.1　“备份设备”窗口

(3) 单击“确定”按钮，完成备份设备的操作。

若要将创建的备份设备删除，右键单击要删除的备份设备，在弹出的快捷菜单中选择“删除”即可。

在“对象资源管理器”中展开“服务器对象”下方的“备份设备”节点，右击“zdxy”备份设备，在快捷菜单中选择删除命令。

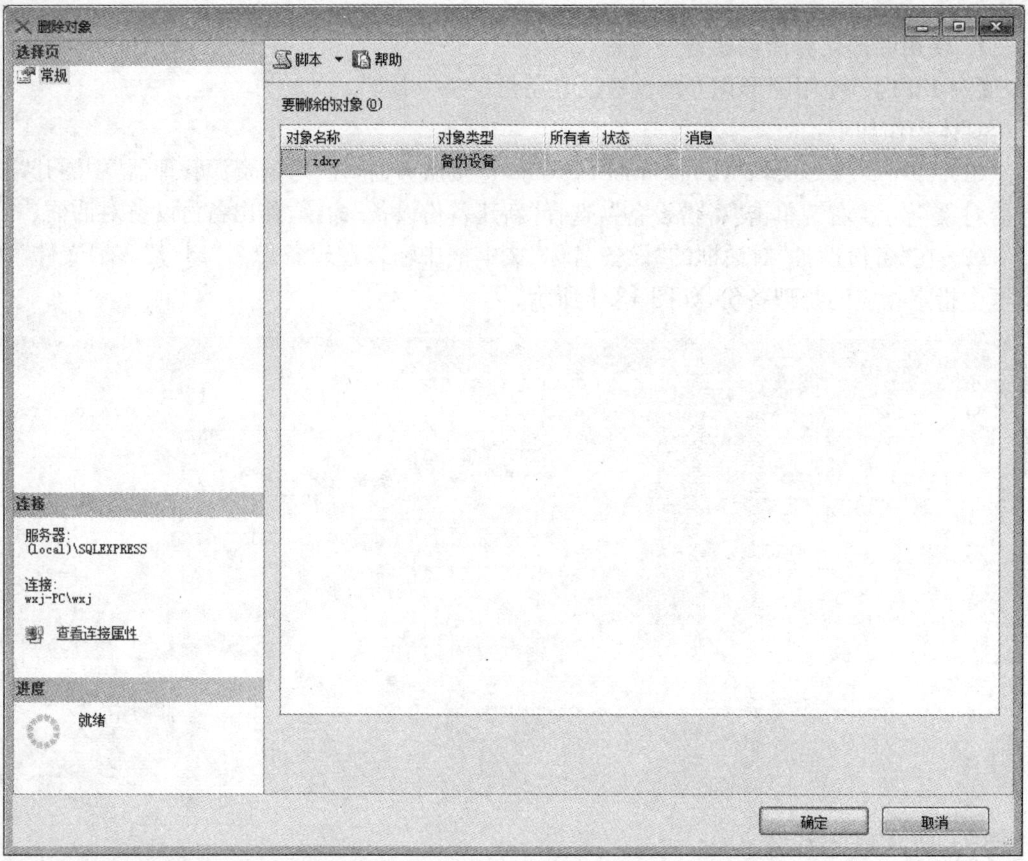

图 13.2　删除“备份设备”对象窗口

2. 使用 T-SQL 语句创建备份设备

语法格式如下：

```
SP_ADDUMPDEVICE '备份设备类型','备份设备逻辑文件名','物理文件名'
```

参数说明

(1) 备份设备类型，disk 或 tape。其中 disk 表示磁盘设备；tape 表示磁带设备。

(2) 逻辑文件名，备份设备的名字，如“zdxy”。

(3) 物理文件名，备份设备文件的路径。

【例 13.2】 使用 T-SQL 语句创建一个磁盘备份设备“zdxy”。

代码如下：

```
use master
go
sp_addumpdevice 'disk','zdxy','D:\data\zdxy.bak'
```

单击“! 执行(X)”按钮，完成磁盘备份设备“zdxy”的创建操作。

若使用 T-SQL 语句删除备份设备，其语法格式如下：

```
SP_DROPDEVICE '备份设备名'[,'DELFILE']
```

参数说明

delfile 指定是否要同时删除文件，如果指定为 delfile，则删除备份文件。

【例 13.3】 使用 T-SQL 语句删除“zdxy”备份设备，同时删除备份文件。

```
use master
go
sp_dropdevice 'zdxy','delfile'
```

单击“! 执行(X)”按钮，下方显示“设备已除去”，表示完成磁盘备份设备“zdxy”的删除操作。

13.2.3 备份数据库

在创建备份设备以后，就可以备份数据库，在 SQL Server 2008 系统中备份数据库也可以使用图形化界面和 T-SQL 语句完成。

1. 使用图形化界面备份数据库

【例 13.4】 使用图形化界面向导备份“eduDB”数据库。

具体操作如下：

(1) 在 SQL Server Management Studio 的“对象资源管理器”中，依次展开“数据库”节点，右键单击想要备份的数据库名“eduDB”，选择“任务”→“备份”命令，打开“备份数据库”对话框。

(2) 在“常规”选项卡中进行如下设置。

① 数据库。在下拉列表框中选择“eduDB”数据库。

② 备份类型。默认是“完整”，可以在下拉列表框中选择“差异”或“事务日志”。

③ 备份组件。默认为数据库。

④ 备份目的。在“目标”选项组中单击“添加”按钮，弹出“选择备份目标”对话框，如图 13.3 所示，单击文件名下方文本框的“…”，指定一个备份文件名。弹出“定位数据库文件”对话框，如图 13.4 所示。这个指定将出现在如图 13.5 所示对话框的“备份到：”下面的列表框中，在一次备份操作中，可以指定多个目的文件，这样可以将一个数据库备份到多个文件中。

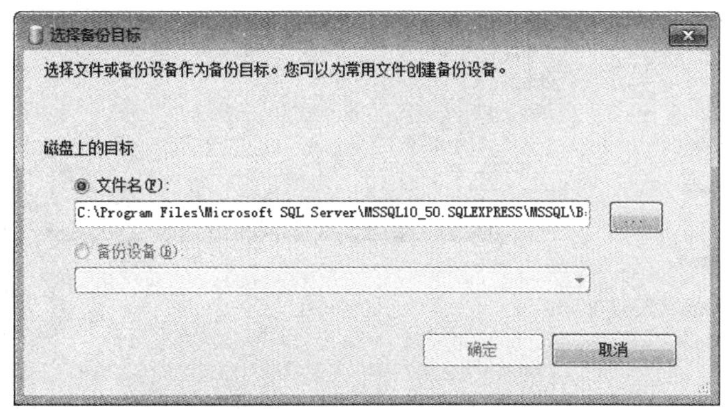

图 13.3 “选择备份目标”对话框

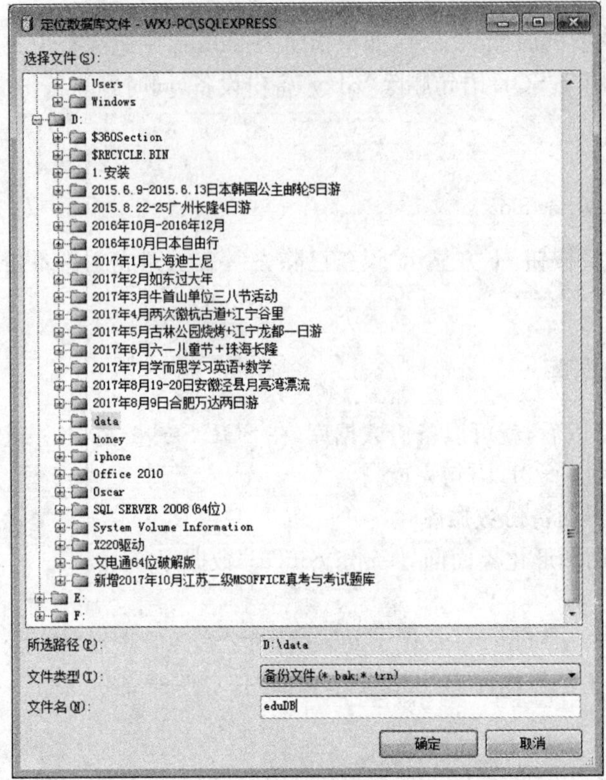

图 13.4 “定位数据库文件”对话框

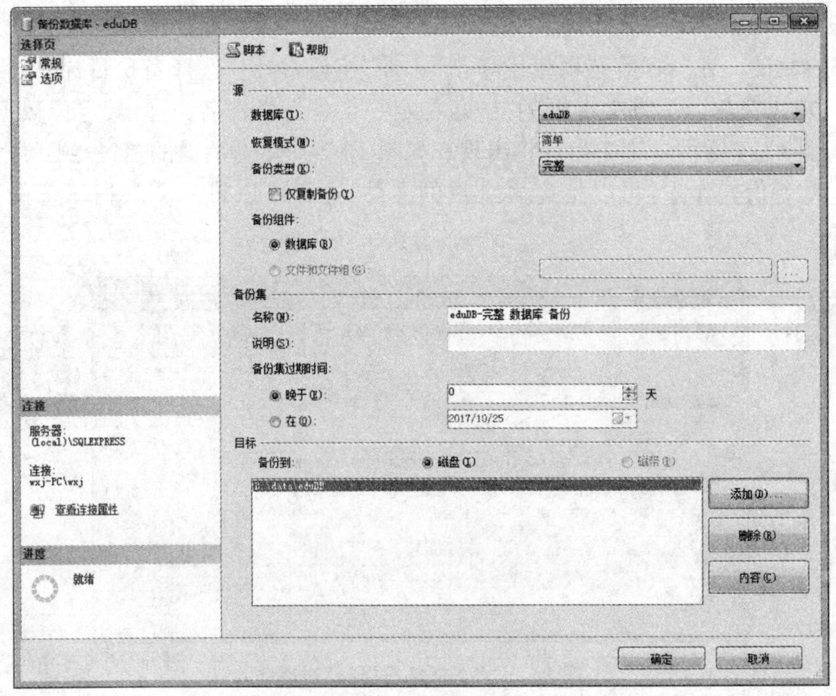

图 13.5 “备份数据库”的“常规”选项窗口图

(3) 在“选项”选项卡中,根据实际需要选择“追加到现有备份集”还是“覆盖所有现有备份集”,如图 13.6 所示。

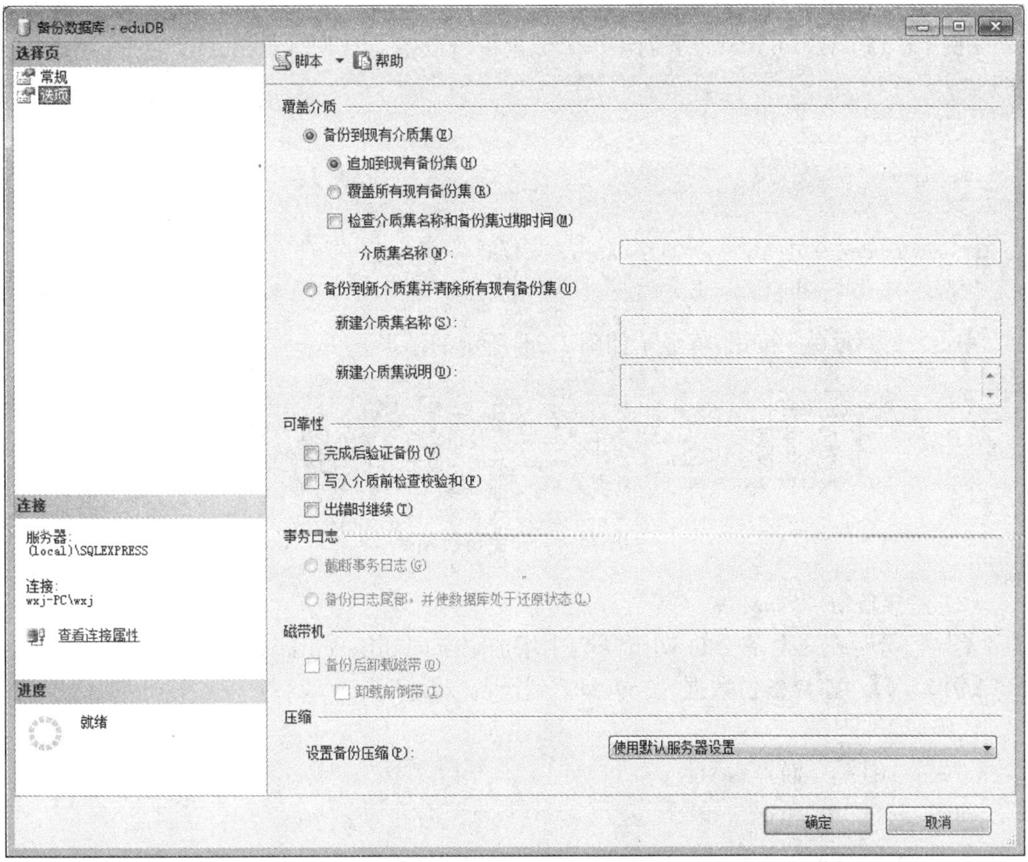

图 13.6　“备份数据库”的“选项”窗口

(4) 单击“确定”按钮,将弹出如图 13.7 所示的提示框,表示备份已成功完成。

图 13.7　提示备份已成功完成对话框

2. 使用 T-SQL 语句备份数据库

(1) 完全备份

语法格式:

```
BACKUP DATABASE 数据库名
TO 备份设备[,…N]
[WITH {INIT 或 NOINIT}]
```

参数说明

(1) Init,覆盖现有所有备份集。

(2) Noinit,追加到现有备份集。

【例 13.5】 在"D:\data"下创建一个磁盘备份设备"zdxy",将"eduDB"完全备份到此设备上。

代码如下:

```
use master
go
sp_addumpdevice 'disk','zdxy','D:\data\zdxy.bak'
backup database eduDB to zdxy
```

单击"执行(X)"按钮,将显示如图 13.8 所示的结果。

```
消息
已为数据库 'eduDB',文件 'eduDB' (位于文件 1 上)处理了 208 页。
已为数据库 'eduDB',文件 'eduDB_log' (位于文件 1 上)处理了 1 页。
BACKUP DATABASE 成功处理了 209 页,花费 0.259 秒(6.304 MB/秒)。
```

图 13.8 完全备份结果

(2) 差异备份

差异备份时在完全备份的 with 子句中增加限定词 differential。

【例 13.6】 差异备份数据库"eduDB"到设备"zdxy"。

代码如下:

```
backup database eduDB to zdxy
with noinit,differential
```

单击"执行(X)"按钮,将显示如图 13.9 所示的结果。

```
消息
已为数据库 'eduDB',文件 'eduDB' (位于文件 2 上)处理了 32 页。
已为数据库 'eduDB',文件 'eduDB_log' (位于文件 2 上)处理了 1 页。
BACKUP DATABASE WITH DIFFERENTIAL 成功处理了 33 页,花费 0.197 秒(1.273 MB/秒)。
```

图 13.9 差异备份结果

(3) 事务日志备份

语法格式:

```
BACKUP LOG 数据库名称 TO<备份设备>[,…]
```

【例 13.7】 将数据库"eduDB"的事务日志备份到"zdxy"。

代码如下:

```
backup log eduDB to zdxy
```

单击"执行(X)"按钮,完成事务日志备份(图 13.10)。

```
消息
已为数据库 'eduDB'，文件 'eduDB_log' (位于文件 4 上)处理了 3 页。
BACKUP LOG 成功处理了 3 页，花费 0.135 秒(0.144 MB/秒)。
```

图 13.10　事务日志备份结果

> **提示**：当恢复模式为 SIMPLE 时，不允许使用 BACKUP LOG 语句。可使用 BACKUP DATABASE 或用 ALTER DATABASE 更改恢复模式。

(4) 文件和文件组备份

语法格式：

```
BACKUP DATABASE 数据库名称
FILE='数据库文件的逻辑名'|FILEGROUP='数据库文件组的逻辑名'
TO 备份设备
[WITH[NAME='备份的名称'][,INIT|NOINIT]]
```

【例 13.8】 将"eduDB"数据库中 primary 文件组备份到"zdxy"中。

代码如下：

```
backup database eduDB
filegroup='primary' to zdxy
```

单击"! 执行(X)"按钮，完成文件组备份(图 13.11)。

```
消息
已为数据库 'eduDB'，文件 'eduDB' (位于文件 3 上)处理了 208 页。
已为数据库 'eduDB'，文件 'eduDB_log' (位于文件 3 上)处理了 1 页。
BACKUP DATABASE...FILE=<name> 成功处理了 209 页，花费 0.198 秒(8.246 MB/秒)。
```

图 13.11　文件和文件组备份结果

13.3　恢复

恢复就是把遭受破坏、丢失数据或出现错误的数据库恢复到原来的正常状态。该状态的效果是由备份决定的，但是为了维护数据库的一致性，在备份中未完成的事务并不进行恢复。

13.3.1　数据库恢复模式

数据库备份后，一旦系统发生崩溃或执行了错误的数据库操作，就可以从备份文件中恢复数据库。在 SQL Server 2008 中有三种恢复模式。

1. 简单恢复模型

(1) 特点。允许高性能大容量复制操作，可收回日志空间。

(2) 恢复态势。可恢复到任何备份的尾端，随后需要重做更改。

(3) 工作损失状况。必须重做自最新的数据库或差异备份后所发生的更改。

2. 完整恢复模型

(1) 特点。数据文件损失不导致工作损失，可恢复到任意即时点。

(2) 恢复态势。可恢复到任意即时点。

(3) 工作损失状况。正常情况下无损失。若日志损坏，则需要重做自最新的日志备份后所发生是更改。

3. 大容量日志记录恢复模型

(1) 特点。允许高性能大容量复制操作，大容量操作使用最小的日志空间。

(2) 恢复态势。可恢复到任何备份的尾端，随后需要重做更改。

(3) 工作损失状况。若日志损坏或自最新的日志备份后发生操作，则需要重做自上次备份后所做的更改，否则将丢失工作数据。

13.3.2 恢复数据库

1. 使用图形化界面恢复数据库

【例 13.9】 使用图形化界面恢复"eduDB"数据库。

具体操作如下：

(1) 启动 SQL Server Management Studio，在"对象资源管理器"中依次展开"数据库"→"eduDB"。

(2) 右键单击"eduDB"，在弹出的快捷菜单中选择"任务"→"还原"→"数据库"命令，打开"还原数据库"对话框，如图 13.12 所示。

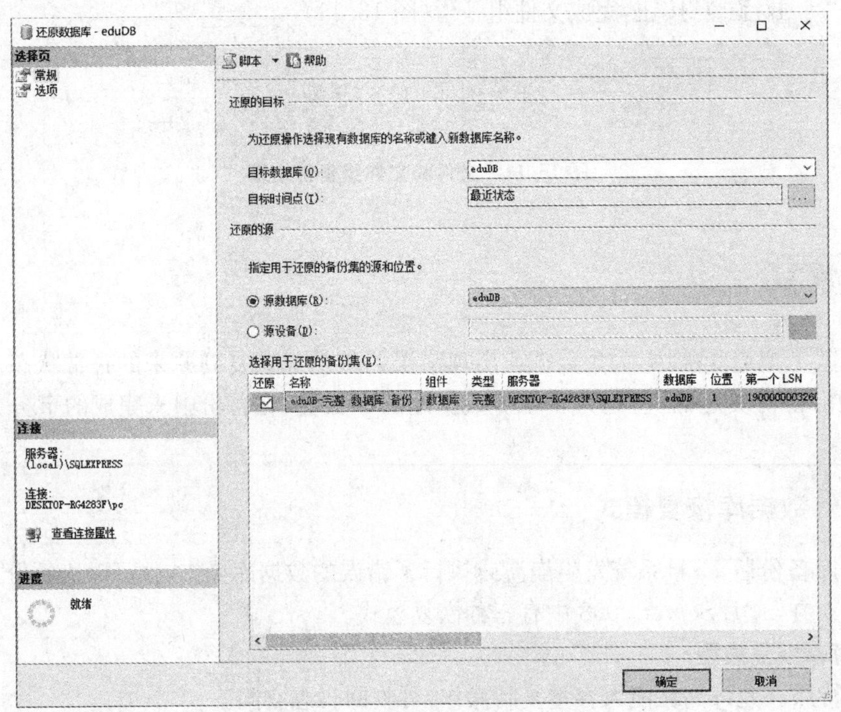

图 13.12 "还原数据库—eduDB"窗口

(3) 在"还原数据库"对话框的"还原的目标"区域中选择需要恢复数据库"eduDB"的名称，在"还原的源"区域中选择恢复数据库所需的数据库或者设备。

(4) 单击"确定"按钮，完成数据库的恢复操作。

提示：恢复数据库时，要恢复的数据库不能处于活动状态。

2. 使用 T-SQL 语句恢复数据库

恢复数据库还可以使用 T-SQL 的 RESTORE DATABASE 语句完成，恢复数据库时，根据不同的类型，有不同的语句格式。

（1）恢复整个数据库的基本语法格式

```
RESTORE DATABASE 数据库名
FROM 备份设备[,…]
```

（2）恢复部分的基本语法格式

```
RESTORE DATABASE 数据库名
FILE=文件名|FILEGROUP=文件组名
FROM 备份设备[,…]
```

（3）恢复事务日志的基本语法格式

```
RESTORE LOG 数据库名
FROM 备份设备[,…]
```

（4）恢复特定文件或特定文件组的基本语句格式

```
RESTORE DATABASE 数据库名
FILE=文件名|FILEGROUP=文件组名
FROM 备份设备[,…]
```

【例 13.10】　将【例 13.5】～【例 13.8】进行的“eduDB”的完全备份、差异备份、事务日志备份等进行恢复。

代码如下：

```
/*还原完全备份*/
use master
go
restore database eduDB
from zdxy
with file=1,norecovery
/*还原差异备份*/
restore database eduDB
from zdxy
with file=2,norecovery
/*还原事务日志备份*/
restore log eduDB
from zdxy
with file=3
```

单击“! 执行(X)”按钮，完成数据库恢复。

本章习题

简答题

1. 为什么在 SQL Server 2008 中需设置备份与恢复功能?
2. 设计备份策略的指导思想是什么?
3. 在 SQL Server 2008 中常见数据库备份有哪些?
4. 附加数据库的主要任务是什么?
5. 分离和附加数据库时,要注意哪些事项?

第 14 章 数据库安全管理

保证数据的安全性对于任何数据库管理系统来说都是极为重要的。数据库中存放着海量的客户信息、产品信息、商业往来信息以及一些机密的资料信息等。SQL Server 2008 的安全管理可以帮助用户维护信息的安全,防止数据的泄露或篡改,这一切都是通过安全管理机制来实现。

SQL Server 2008 的安全管理主要包括身份验证、角色管理、权限管理、架构管理等。

14.1 SQL Server 2008 身份验证模式

身份验证模式是 SQL Server 2008 管理系统用于验证客户端连接服务器的方式。这个过程在 SQL Server 2008 安装步骤中出现过,需要选择 Windows 验证模式或(Windows 验证和 SQL Server 验证)混合验证模式。

1. Windows 验证模式

Windows 验证模式是指使用用户登录 Windows 操作系统时的身份进行验证,SQL Server 2008 使用和 Windows 操作系统相同的用户名和密码,即使用操作系统的身份验证方式,无需在登录 SQL Server 2008 时再次验证。这是默认更安全的身份验证模式,应尽可能的使用 Windows 验证模式。

2. SQL Server 验证模式

当使用 SQL Server 身份验证时,还必须提供一个用于连接的(SQL Server)登录名和密码,登录名并不是基于 Windows 用户账户。登录名和密码均通过使用 SQL Server 创建并存储在 SQL Server 中。通过 SQL Server 身份验证进行连接的用户每次连接时必须提供其凭据(登录名和密码)。

而混合模式是允许用户使用 Windows 身份验证或 SQL Server 身份验证进行连接。混合模式是两种验证模式都开启,需要在安装数据库时进行选择。

除了在安装过程中,可以选择两种身份验证模式,在安装完成后也可以使用对象资源管理器来重新设置身份验证模式。在对象资源管理器中,连接到所需要的数据库引擎;右击该实例,选择“属性”;在弹出的“服务器属性”对话框中选择“安全性”选项,出现服务器身份验证的选择界面。注意,当更改安全模式时,如果 sa 密码为空,则必须设置 sa 密码。

14.2 用户管理

如果把 SQL Server 数据库服务器实例视为一个大工厂，那么登录名就相当于进入工厂大门的钥匙。所以无论采用哪种验证方式，用户进入工厂内，都需要一个 SQL Server 登录名以便连接到 SQL Server。

14.2.1 界面方式管理用户账户

1. 创建使用 Windows 身份验证的 SQL Server 登录名

(1) 在 SQL Server Management Studio 中，打开对象资源管理器并展开要在其中创建新登录名的服务器实例的文件夹。

(2) 右键单击“安全性”文件夹，指向“新建”，然后单击“登录名”。

(3) 在“常规”页上的“登录名”框中输入一个 Windows 用户名，或通过“搜索”查找现有的用户(注意，输入的登录名是 Windows 操作系统中的用户，可以通过操作系统的“控制面板”→“用户账户”自行添加)。图 14.1 为新建登录名窗口。

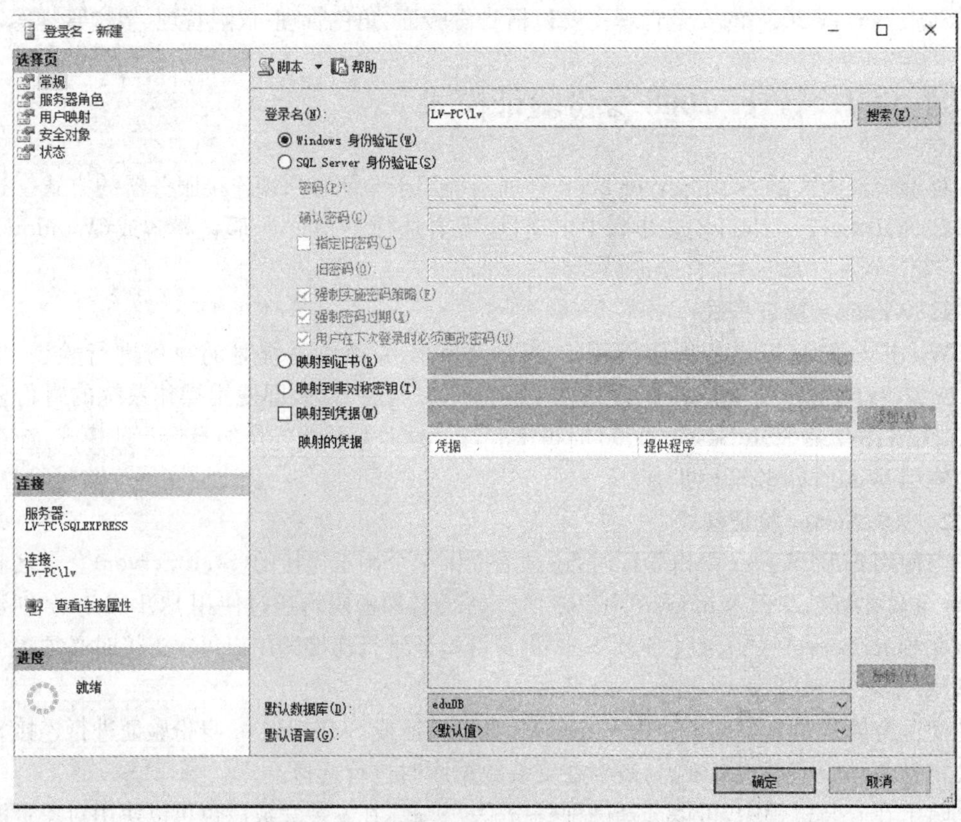

图 14.1 新建登录名(Windows 身份验证)

(4) 选择“Windows 身份验证”，将默认数据库 master 修改为“eduDB”，将成为登录后默认的数据库。

(5) 单击“确定”。

2. 创建使用 SQL Server 身份验证的 SQL Server 登录名

(1) 在 SQL Server Management Studio 中，打开对象资源管理器并展开要在其中创建新登录名的服务器实例的文件夹。

(2) 右键单击“安全性”文件夹，指向“新建”，然后单击“登录名”。

(3) 在“常规”页上的“登录名”框中输入一个新登录名的名称(如图 14.2 所示)。

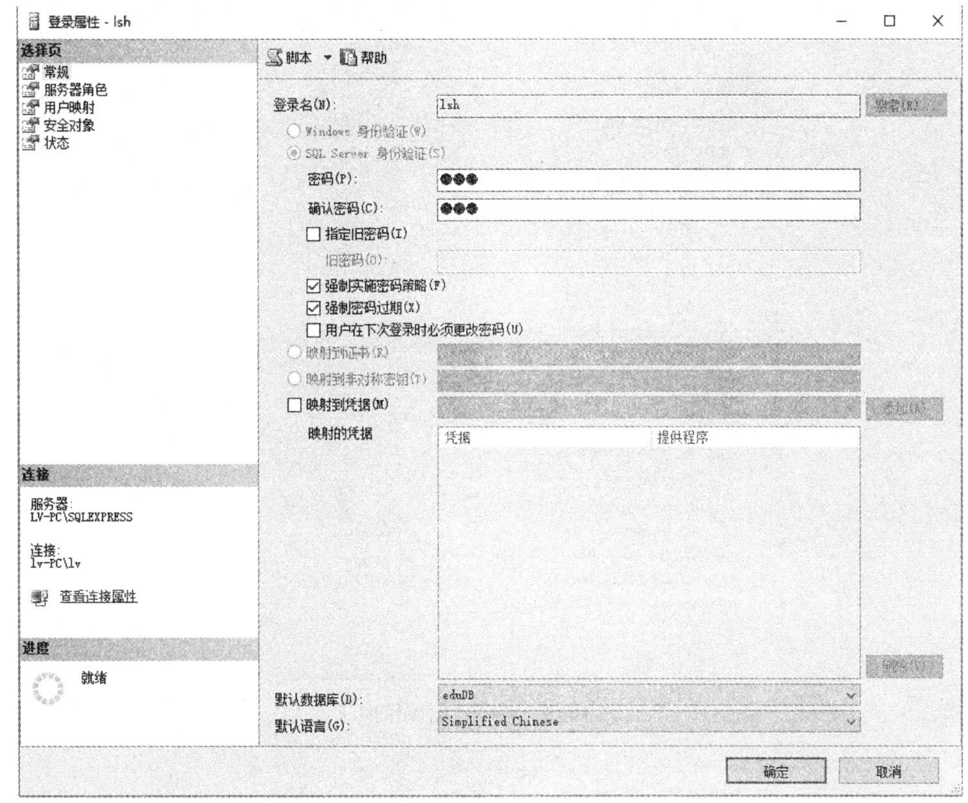

图 14.2　新建登录名(SQL Server 身份验证)

(4) 选择“SQL Server 身份验证”。Windows 身份验证是更安全的选择。

(5) 输入登录名的密码。可以将默认数据库 master 修改为“eduDB”。

(6) 选择应用于新登录名的密码策略选项。通常是，强制密码策略是更安全的选择。

(7) 单击“确定”。

通过 SQL Server 登录名已成功进入到工厂，接下来是如何进入到每个车间，这就需要一把打开车间门的钥匙——数据库用户。

3. 创建数据库用户

(1) 在 SQL Server Management Studio 中，打开对象资源管理器，然后展开“数据库”文件夹。

(2) 展开要在其中创建新数据库用户的数据库，如“eduDB”。

(3) 右键单击“安全性”文件夹，指向“新建”，再单击“用户”。

(4) 在“常规”页的“用户名”框中输入新用户的名称(图 14.3)。

(5) 在“登录名”框中,输入要映射到数据库用户的 SQL Server 登录名的名称。

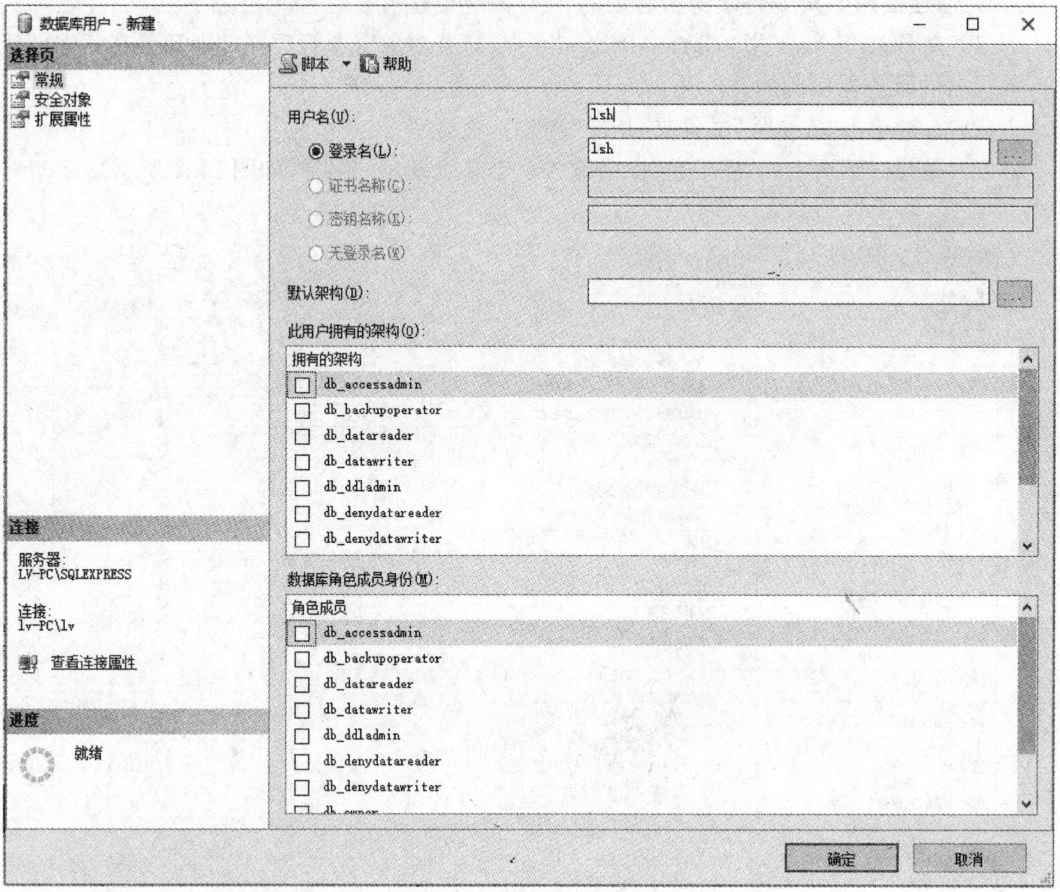

图 14.3　新建数据库用户

(6) 单击“确定”。

(7) 此时验证前面创建的 lsh 登录名和 lsh 用户。断开并重新连接服务器实例,用 SQL 验证模式,并使用已创建的 lsh 登录名(图 14.4)。

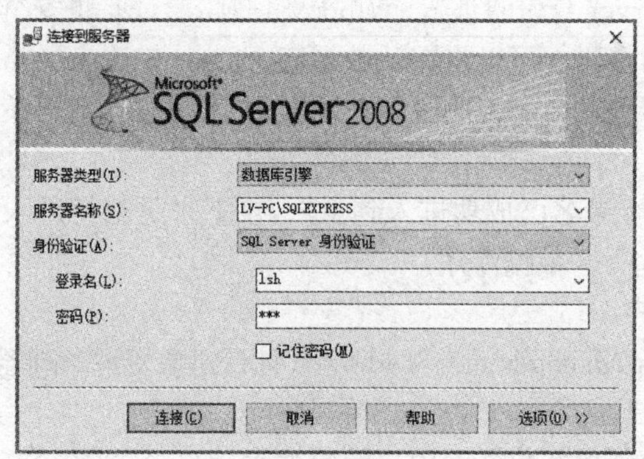

图 14.4　连接服务器(SQL Server 身份验证)

(8) 连接成功后，进入到 SSMS 操作界面，选择工具栏的“新建查询”按钮，默认打开“eduDB”查询窗口，并显示为 lsh 用户(图 14.5)。

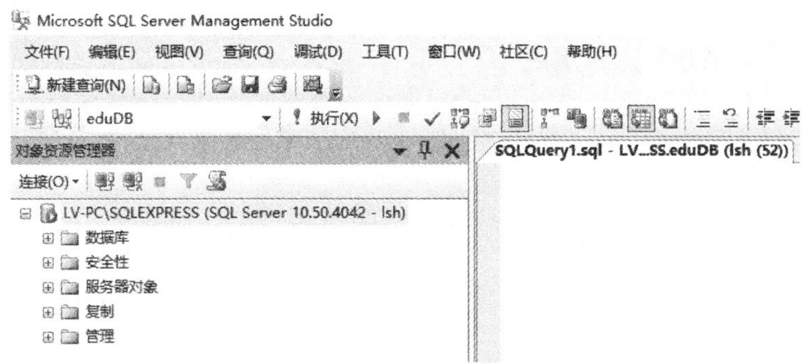

图 14.5　lsh 用户进入查询编辑器

lsh 登录后，默认打开的是“eduDB”，这是因为在创建 lsh 登录时，将默认数据库指定为“eduDB”。而 lsh 登录要进入其他数据库时，均报错“无法访问数据库 * * *”，这是因为 lsh 登录只有进入“eduDB”的钥匙，即同名的 lsh 用户。

可以用 Windows 身份验证重新登录 SQL Server 服务器后，为 lsh 登录添加进入其他数据库(车间)的用户(钥匙)。如为 test 数据库，添加用户 Tom，对应的登录名 lsh。此时用 lsh 重新登录 SQL Server 2008 服务器，可以成功打开 test 数据库。

需要注意的是，针对不同的数据库(车间)允许创建与登录名不同的用户名。但是，在同一个数据库中，一个登录名只能创建一个用户。

14.2.2　命令方式管理用户账户

1. 通过 T-SQL 创建使用 Windows 身份验证的 SQL Server 登录名

在查询编辑器中，输入以下 T-SQL 命令：

```
CREATE LOGIN <name of Windows User>FROM WINDOWS
[ WITH DEFAULT_DATABASE=<database name>]; GO
```

【例 14.1】 创建 Windows 身份验证的 SQL Server 登录名 Guest，并指定默认数据库为 test。

```
create login [lv-pc\guest]
from windows
with default_database=test
```

注意，登录名[lv-pc\guest]必须是 Windows 操作系统中的用户，可以通过操作系统的“控制面板”→“用户账户”自行添加。

2. 通过 T-SQL 创建使用 SQL Server 身份验证的 SQL Server 登录名

在查询编辑器中，输入以下 T-SQL 命令：

```
CREATE LOGIN <login name> WITH PASSWORD = '<password>'; GO
```

【例 14.2】 创建 SQL Server 身份验证的 SQL Server 登录名 Guest，并指定密码和默认数据库。

```
create login [guest]
with password='123',
default_database=eduDB
```

3. 使用 T-SQL 创建数据库用户

在查询编辑器中,通过执行以下 T-SQL 命令连接至要在其中创建新数据库用户的数据库,并创建用户:

```
USE <database name> GO
CREATE USER <new user name> FOR LOGIN <login name>; GO
```

【例 14.3】 创建 SQL Server 身份验证的 SQL Server 登录名 Guest,并指定密码和默认数据库。

```
use test
go
create user user1
for login guest
```

4. 使用 T-SQL 删除登录名

【例 14.4】 删除 Windows 登录名 Guest。

```
drop login[lv-pc\guest]
```

【例 14.5】 删除 SQL Server 登录名 Guest。

```
drop login guest
```

5. 使用 T-SQL 删除数据库用户

【例 14.6】 删除 Windows 数据库用户 USER1。

```
use test
go
drop user user1
```

细心的读者已经发现,以 Guest 登录服务器并以 User1 用户名进入 test 数据库后,并不能打开和编辑数据库里面的表、视图等对象。这是因为还没有对进入数据库的 User1 用户赋予相应的权限。

14.3 角色管理

在 SQL Server 中角色可以将用户分为不同的类,相同类的用户赋予相同的权限,且可以被统一管理。SQL Server 为用户提供了预定的服务器角色、数据库角色及应用程序角色。前两者是 SQL Server 内置的,用户不能进行修改。用户可以创建自己的数据库角色,方便对一组用户进行统一管理。

14.3.1 服务器角色

为便于管理服务器上的权限,SQL Server 提供了若干"角色","角色"类似于 Microsoft Windows 操作系统中的"组"。服务器角色独立于各个数据库。如果要赋予一个登录者管

理服务器的权限，可以设置该登录名为服务器角色的成员。

表 14.1 给出服务器级角色及其能够执行的操作。

表 14.1 服务器级角色及其执行操作的说明

服务器级角色名称	说 明
SYSADMIN	SYSADMIN 固定服务器角色成员可以在服务器中执行任何活动
SERVERADMIN	SERVERADMIN 固定服务器角色成员可以更改服务器范围的配置选项和关闭服务器。
SECURITYADMIN	SECURITYADMIN 固定服务器角色的成员可以管理登录名及其属性。可以确定 GRANT、DENY 和 REVOKE 服务器级别的权限，又可以确定 GRANT、DENY 和 REVOKE 数据库级别的权限。此外，还可以重置 SQL SERVER 登录名的密码。 安全说明：向数据库引擎授予访问权限以及配置用户权限的能力，使得安全管理员可以分配大多数权限。SECURITYADMIN 角色应等效于 SYSADMIN 角色
PROCESSADMIN	PROCESSADMIN 固定服务器角色的成员可以终止在 SQL SERVER 实例中运行的进程。
SETUPADMIN	SETUPADMIN 固定服务器角色的成员可以添加和删除链接服务器
BULKADMIN	BULKADMIN 固定服务器角色的成员可以运行 BULK INSERT 语句
DISKADMIN	DISKADMIN 固定服务器角色用于管理磁盘文件
DBCREATOR	DBCREATOR 固定服务器角色成员可以创建、更改、删除和还原任何数据库
PUBLIC	每个 SQL SERVER 登录名都属于 PUBLIC 服务器角色。如果未向某个服务器主体授予或拒绝对某个安全对象的特定权限，该用户将继承授予该对象的 PUBLIC 角色的权限。只有在希望所有用户都能使用对象时，才在对象上分配 PUBLIC 权限

【例 14.7】 使用 SSMS 添加服务器角色成员，为登录名 Guest 添加数据库创建者(dbcreator)角色。

(1) 以管理员身份登录服务器，在对象资源管理器中展开“安全性”→“登录名”，选择登录名 Guest，右击选“属性”，打开登录属性窗口。

(2) 在窗口中选择“服务器角色”选项，右边列出所有固定服务器角色，用户可以根据需要进行勾选。

确定后，Guest 具有数据库创建者的角色，可以用 Guest 重新登录服务，并创建新的数据库，如数据库 Guest123。

14.3.2 数据库角色

数据库角色又称固定数据库角色，数据库级角色的权限作用域为数据库范围。SQL Server 中有两种类型的数据库级角色：数据库中预定义的“固定数据库角色”和用户可以创建的“灵活数据库角色”。

固定数据库角色是在数据库级别定义的，并且存在于每个数据库中。db_owner 和 db_

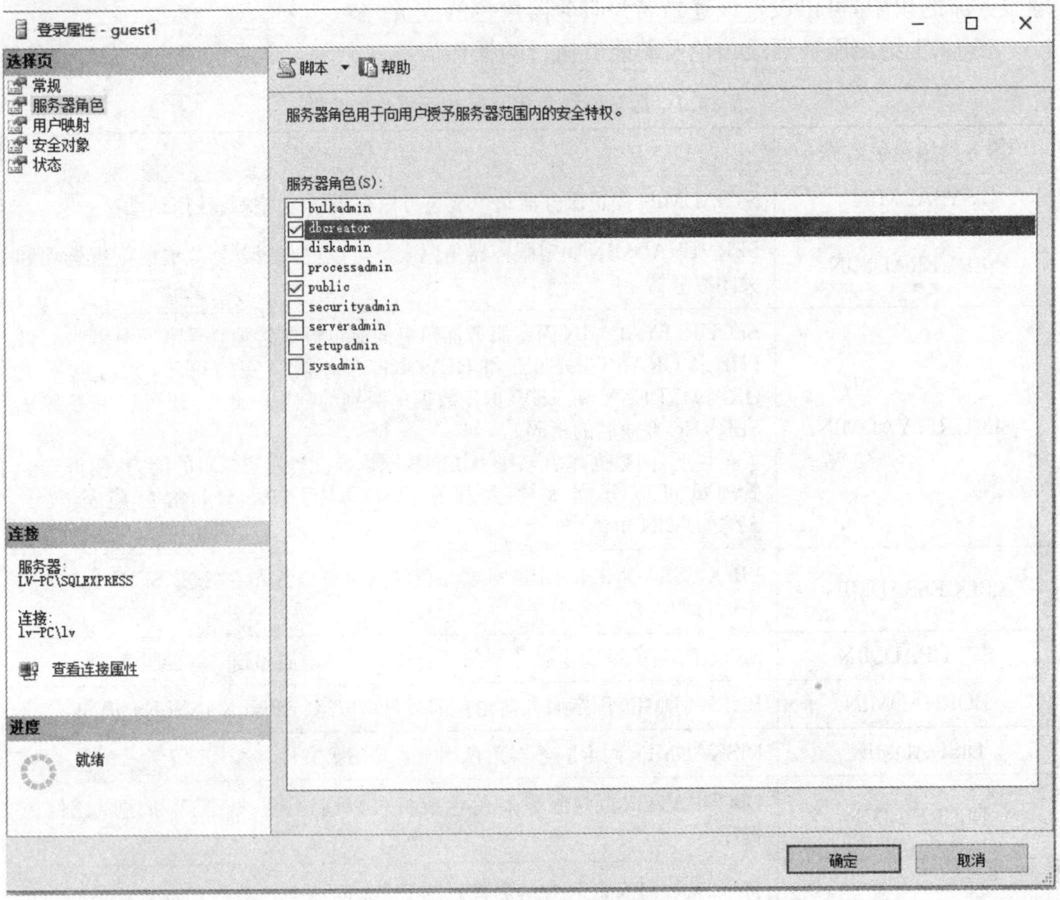

图 14.6　登录属性窗口

securityadmin 数据库角色成员可以管理固定数据库角色成员身份。但是，只有 db_owner 数据库角色成员能够向 db_owner 固定数据库角色中添加成员。msdb 数据库中还有一些特殊用途的固定数据库角色。

表 14.2 显示了固定数据库级角色及其能够执行的操作。

表 14.2　数据库级角色及其操作说明

数据库级别的角色名称	说　明
DB_OWNER	DB_OWNER 固定数据库角色成员可以执行数据库的所有配置和维护活动，还可以删除数据库。
DB_SECURITYADMIN	DB_SECURITYADMIN 固定数据库角色成员可以修改角色成员身份和管理权限。向此角色中添加主体可能会导致意外的权限升级。
DB_ACCESSADMIN	DB_ ACCESSADMIN 固定数据库角色的成员可以为 Windows 登录名、Windows 组和 SQL Server 登录名添加或删除数据库访问权限。
DB_BACKUPOPERATOR	DB_BACKUPOPERATOR 固定数据库角色成员可以备份数据库。
DB_DDLADMIN	DB_DDLADMIN 固定数据库角色成员可以在数据库中运行任何数据定义语言(DDL)命令。

（续表）

数据库级别的角色名称	说　明
DB_DATAWRITER	DB_DATAWRITER 固定数据库角色成员可以在所有用户表中添加、删除或更改数据。
DB_DATAREADER	DB_DATAREADER 固定数据库角色成员可以从所有用户表中读取所有数据。
DB_DENYDATAWRITER	DB_DENYDATAWRITER 固定数据库角色成员不能添加、修改或删除数据库内用户表中的任何数据。
DB_DENYDATAREADER	DB_DENYDATAREADER 固定数据库角色成员不能读取数据库内用户表中的任何数据。
PUBLIC	每个数据库用户都属于 PUBLIC 数据库角色。如果未向某个用户授予或拒绝对安全对象的特定权限时，该用户将继承授予该对象的 PUBLIC 角色的权限。

【例 14.8】 使用 SSMS 添加数据库角色成员，为"eduDB"的 user1 用户添加数据库角色。

(1) 以管理员身份登录服务器，在对象资源管理器中展开"数据库"→"eduDB"→"安全性"→"用户"，选择 user1，右击选"属性"，打开数据库用户窗口（图 14.7）。

(2) 在窗口中选择"常规"选项，右边列出的"数据库角色成员身份"栏，用户可以根据需要进行勾选，这里选择 db_owner 角色。

图 14.7　数据库用户界面

(3)“确定”添加角色。

(4)查看固定数据库角色的成员。在“eduDB”数据库下的“安全性”→“角色”→“数据库角色”中，选择数据库角色，如“db_owner”，双击选项，在弹出的属性窗口中看到该数据库角色成员的列表(图 14.8)。

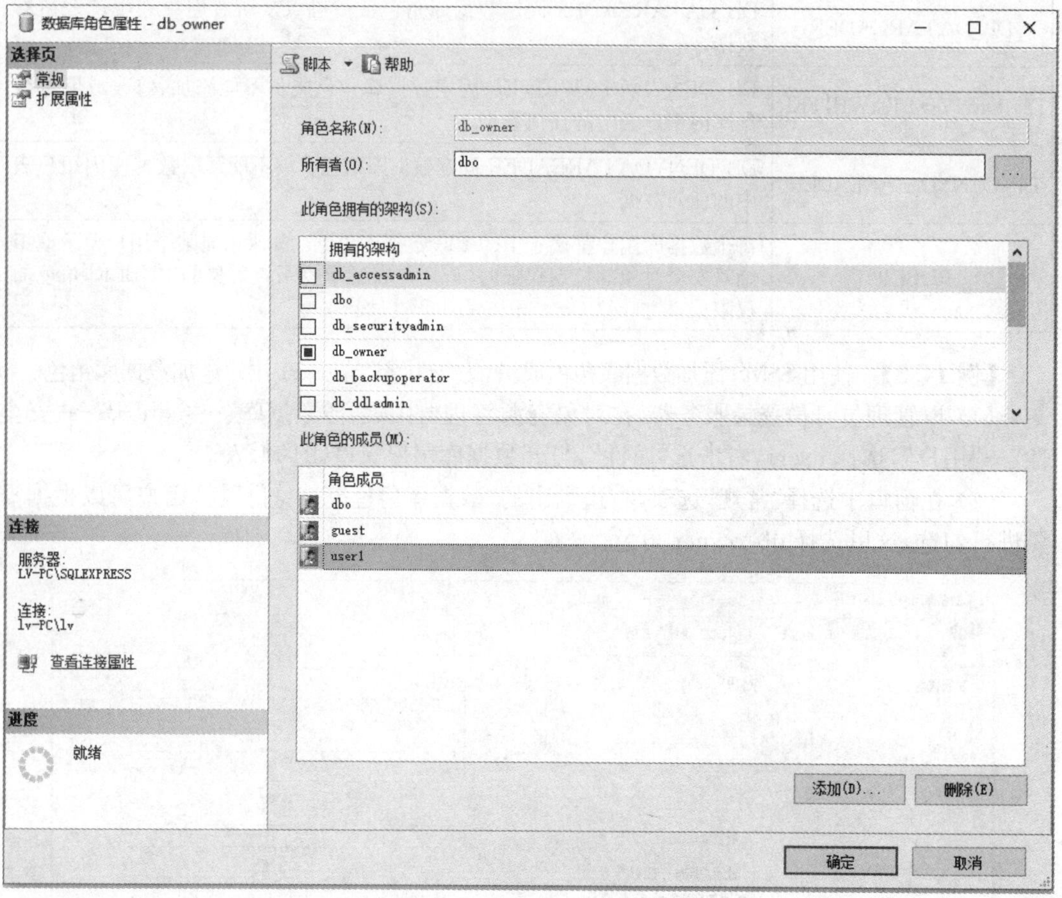

图 14.8 数据库角色属性

14.4 权限管理

用户在数据库中拥有的操作权限是由数据库权限和用户所在数据库角色的类型决定的。数据库角色已经在 14.3 节讲过，本节主要介绍数据库权限的管理。

14.4.1 授予权限

上一章中已为“eduDB”的 Guest 用户添加 db_owner 的数据库角色。此时用 Guest 用户登录并打开“eduDB”后，可以查看及修改数据库中的表格，并能为数据库创建表，为了进行下面的操作，先将 Guest 用户的 db_owner 的数据库角色删除。保证 Guest 用户在“eduDB”中只具备 public 数据库角色。

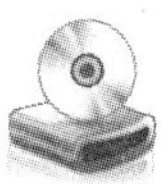

1. 授予数据库上的权限

【例 14.9】 在 SSMS 中，为 user1 用户(登录名 Guest)授予“eduDB”的 CREATE TABLE 语句的权限。

(1) 以管理员身份登录服务器，在对象资源管理器中展开“数据库”→“eduDB”→右击选“属性”，打开数据库属性窗口，选择“权限”页(图 14.9)。

(2) 在“用户或角色”列表中选择用户 user1，在窗口下方的“user1 的权限”列表中找到相应的权限“创建表”，并勾选“授予”。

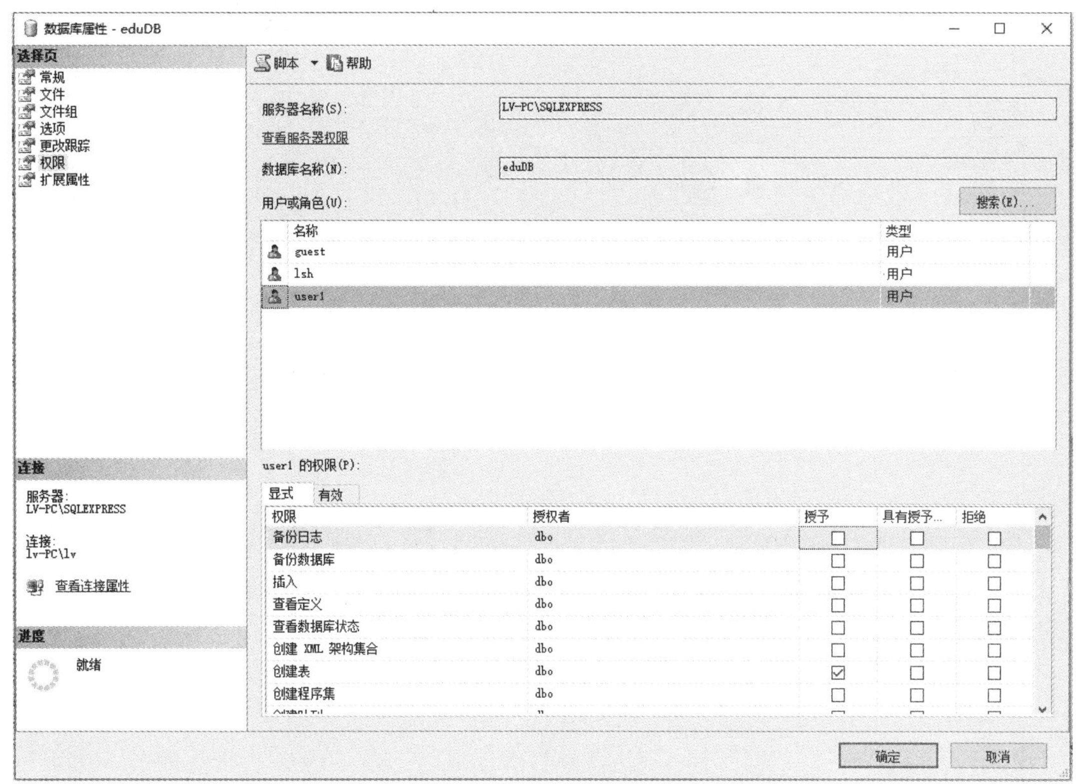

图 14.9　eduDB 属性

此时用 Guest 登录，并进入“eduDB”，打开查询编辑器运行代码：

```
create table guest. Table1
(a int, b int)
```

成功创建 Table1 表，但 Guest 用户没有删除表格 Table1 的权限。

【例 14.10】 使用 T-SQL 语句，为“eduDB”的 lsh、user1 两个用户授予 CREATE VIEW 语句的权限。

```
use edudb
go
grant create view
to lsh,user1
```

2. 授予数据库对象上的权限

【例 14.11】 为 User1 用户(登录名 Guest)授予"eduDB""学生信息表"的 SELECT、INSERT 权限。

(1) 以管理员身份登录服务器,在对象资源管理器中展开"数据库"→"eduDB"→表→"学生信息表",右击选"属性",打开表属性窗口,选择"权限"页。

(2) 单击"搜索"按钮,在"选择用户或角色"对话框中点击"浏览"按钮,选择需要授权的用户 user1,单击确定回到"学生信息表"的属性窗口(图 14.10)。在权限列表中选择要授予权限:插入 INSERT、选择 SELECT,确定完成授权。

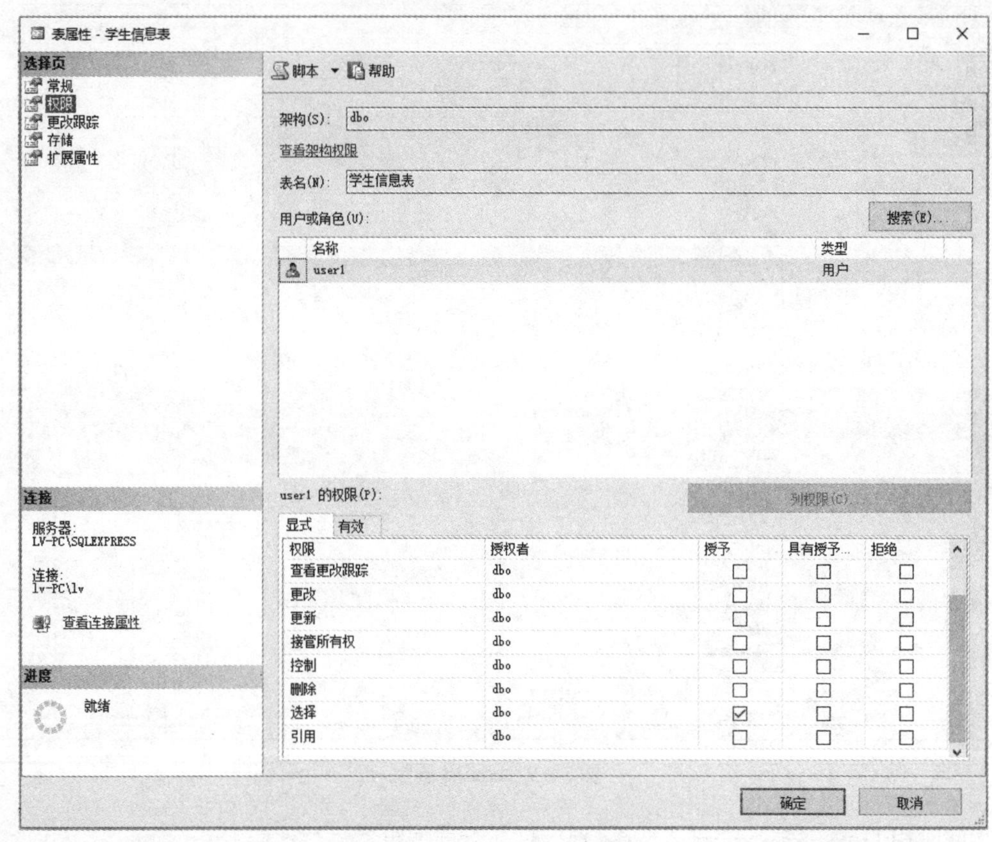

图 14.10 学生信息表属性

运行之前,user1 用户只限于进入"eduDB"以及创建表,不能打开原有的表格。运行后,user1 用户可以查看和为"学生信息表"格插入数据。

【例 14.12】 使用 T-SQL 语句,为 user1 用户(登录名 Guest)授予"eduDB""学生信息表"表的 UPDATE,DELETE 权限。

```
use edudb
go
grant update,delete
on 学生信息表
to user1
```

14.4.2　拒绝权限

使用 DENY 命令可以拒绝给当前数据库内的用户授予权限，同时可以防止用户通过角色资格继承权限。

【例 14.13】　使用 T-SQL 语句，为 user1 用户(登录名 Guest)拒绝创建视图的权限。

```
use edudb
go
deny create view
to user1
```

此时，用过 Guest 用户不能在“eduDB”中创建表和视图。

【例 14.14】　使用 T-SQL 语句，为 user1 用户拒绝 UPDATE、DELETE 的权限。

```
use edudb
go
deny update,delete
on 学生信息表
to user1
```

此时，user1 用户不能在“eduDB”学生信息表中执行 Update 和 Delete 权限。

14.4.3　撤销权限

使用 REVOKE 命令可以撤销以前为用户授予或拒绝的权限。

【例 14.15】　使用 T-SQL 语句，取消为 GUEST 用户授予的创建表、创建视图的权限。

```
use edudb
go
revoke create view,create table
to guest
```

【例 14.15】　使用 T-SQL 语句，取消为 GUEST 用户授予的 SELECT 权限。

```
use edudb
go
revoke select
on 学生信息表
to guest
```

14.5　数据库架构定义和使用

架构是指包含表、视图、过程等的容器，且位于数据库内部，而数据库位于服务器内部。这些实体就像嵌套框放置在一起。服务器是最外面的框，然后是数据库，而架构是最里面的框。架构包含表、视图、存储过程、函数、约束等安全对象，但是它不包含其他框。架构中的每个安全对象都必须有唯一的名称。架构中安全对象的完全指定名称包括此安全对象所在的架构的名称。因此，SQL Server 2008 中，架构既是一个容器，又是一个命名空间。

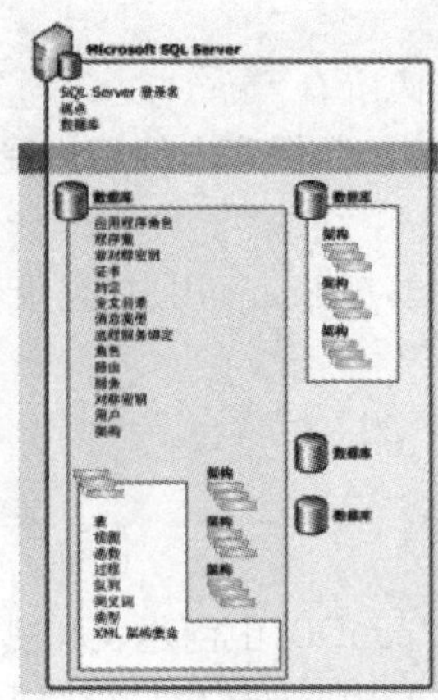

图 14.11　数据库框架结构

14.5.1　使用界面方式创建架构

【例 14.16】 在“eduDB”中创建架构，并为架构添加表对象。

(1) 以管理员身份登录服务器，在对象资源管理器中展开“数据库”→“eduDB”→安全性→架构→右击选“新建架构”菜单项(图 14.12)。

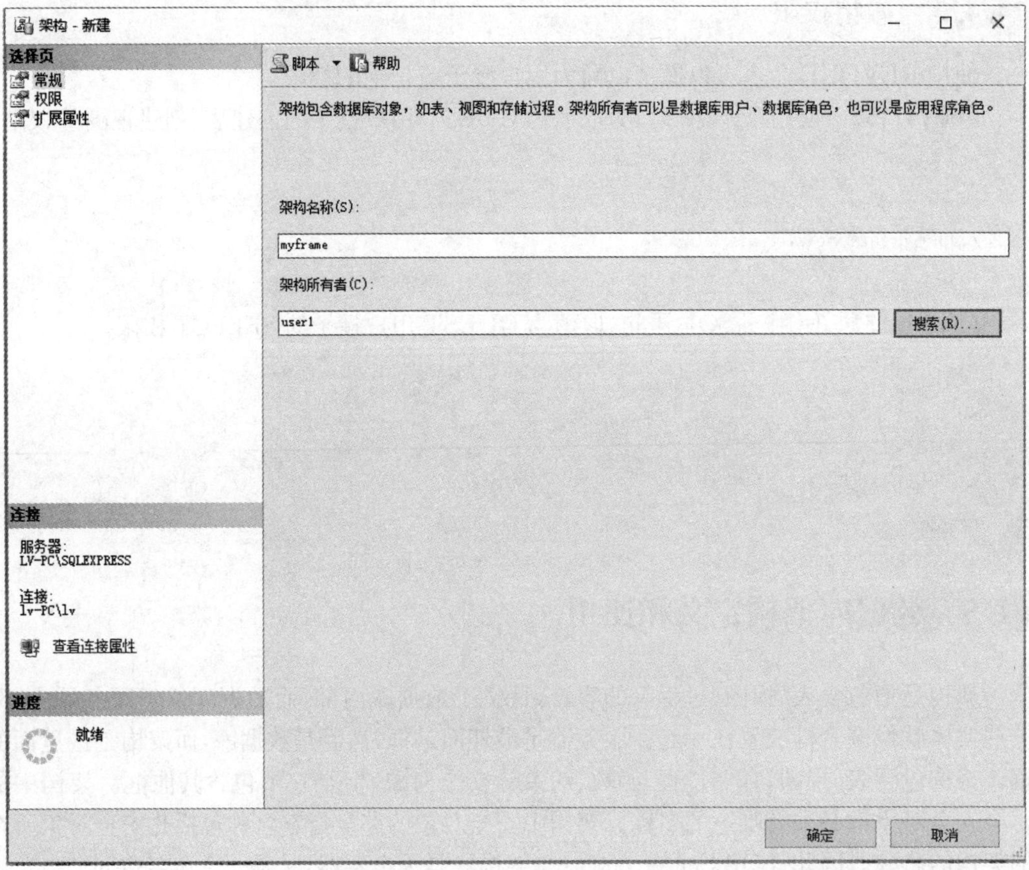

图 14.12　新建架构

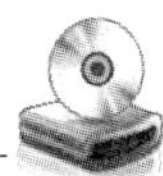

(2) 在新建窗口中选择“常规”选项卡，右边界面中填写“架构名称”，如“myframe”，单击“搜索”→选择用户或角色作为架构所有者。这里在列表中选择用户 user1。此时用户 user1 成为架构 myframe 的所有者。确定后，完成架构创建。

接下来，为了测试如何访问架构中的对象，在架构中创建一张新表。

(3) 在“eduDB”中新建一张表 myTable，添加字段：Info char(50)，保存表格。右键 myTable 表(图 14.13)，选择设计，右侧可见打开的属性窗口(如果没有显示，此时可以选择“视图”菜单→属性窗口)，发现新建的表默认架构为 dbo，将其修改为 myframe，保存表格。此时表名变为 myframe. myTable。

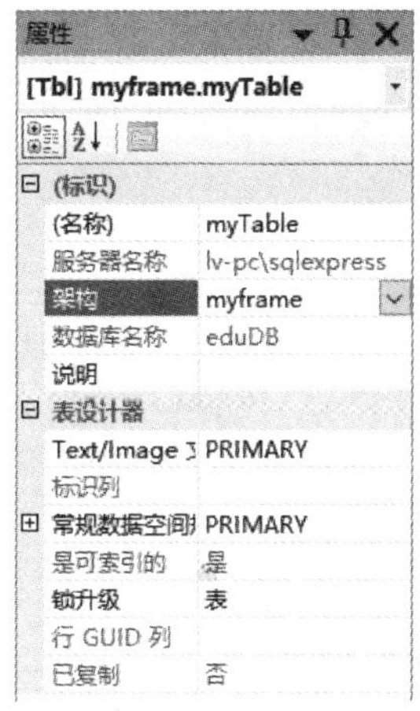

图 14.13　myTable 表属性

(4) 打开 myTable 表，在 Info 字段下输入内容“这是一条测试信息”。

(5) 在对象资源管理器中展开“数据库”→“eduDB”→安全性→架构→右击“myframe”，选择属性，打开架构属性窗口，在“权限”选项中，点击“搜索”按钮，选择用户 User1(对应登录名 Guest)，为 User1 用户分配权限，如“选择 SELECT”权限，单击确定按钮保存设置。此时为 User1 用户分配了访问该架构的权限。如图 14.14 和图 14.15 所示。

图 14.14　对象资源管理器

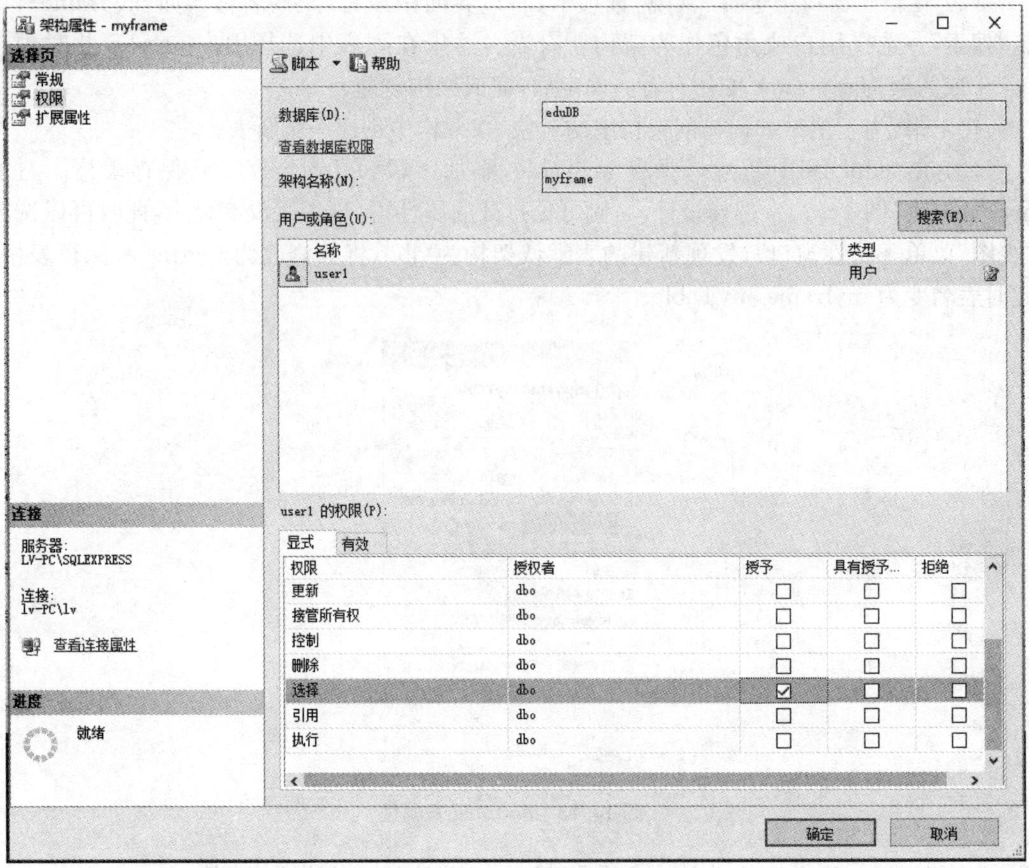

图 14.15 myframe 架构属性

(6) 重新连接服务器，使用 SQL Server 身份验证方式，以 Guest 登录名连接，打开查询编辑器，运行代码：(Guest 登录名对应“eduDB”的用户是 User1)

```
Use edudb
go
select * from myframe. mytable
```

此时，查看到表格中的内容，user1 用户具有查询 myframe. mytable 的权限。但在第(5)步骤之前，user1 用户运行此代码时提示没有权限。再尝试运行下面代码：

```
use edudb
go
delete from myframe. mytable
```

由于 User1 用户没有 DELETE 权限，所以结果提示“拒绝了对对象 'myTable'(数据库 'eduDB'，架构 'myframe')的 DELETE 权限。”

14.5.2 使用命令方式创建架构

【例 14.17】 创建架构 myframe0，其所有者是用户 User1。

```
use edudb
go
create schema myframe0
authorization user1
```

本章习题

一、选择题

1. 混合验证模式的阐述正确的是　（　　）

   A. 要求用户使用 Windows 身份验证。

   B. 要求用户使用 SQL Server 身份验证。

   C. 要求用户使用 Windows 身份验证或 SQL Server 身份验证。

   D. 要求用户使用 Windows 身份验证和 SQL Server 身份验证。

2. 关键词 GRANT 是________权限时使用的。　（　　）

   A. 授予权限　　B. 取消权限　　C. 拒绝权限　　D. 还原权限

3. 创建架构使用的关键词是　（　　）

   A. DROP SCHEMA　　B. ALTER SCHEMA

   C. CREATE SCHEMA　　D. SCHEMA OWNER

4. 在 SQL Server 2008 中，数据库用通过________拥有表、视图等数据库对象。　（　　）

   A. 架构　　B. 框架　　C. 用户　　D. 登录

二、简答题

1. 简述 Windows 身份验证和 SQL Server 身份验证的区别。
2. 什么是数据库角色，db_owner 是数据库什么角色，其有什么权限？

三、操作题

1. 创建使用 SQL Server 身份验证的 SQL Server 登录名和用户。添加自己姓名拼音首字母的登录名，如 lsh，默认访问 gongzi 数据库，为该数据库添加同名的用户，并指定映射到数据库用户的 SQL Server 登录名。重新连接服务器用 SQL Server 身份验证模式登录(使用 lsh 用户名及密码)。

2. 登录后，打开 gongzi 数据库，查看里面的表格。

第 15 章

综合实训——图书信息管理系统

15.1 功能简介

一 数据需求分析

为某高校开发一个图书信息管理系统，针对图书馆的业务范围及特点，功能较全的图书管理系统应包括采购子系统、编目子系统、打印子系统、检索统计子系统、流通信息子系统以及系统维护子系统，这些子系统包括图书馆的主要业务工作，可以全面实现对图书馆的采购、编目、检索、统计和流通等业务的计算机管理。

为了让学生清晰了解图书信息管理系统，通过该系统实现图书信息、读者信息、借阅信息的录入和查询。通过与图书管理员的沟通与分析，对于高校图书信息管理系统，主要有以下功能：

(1) 图书信息的插入、删除、修改和查询；

(2) 借书证信息的插入、删除、修改和查询；

(3) 读者信息的插入、删除、修改和查询；

(4) 学生通过借阅图书产生的借阅信息等。

综合分析，高校图书信息管理系统中包含如下数据表：

(1) 图书信息表(图书编号、图书名称、作者、出版社、库存位置、价格、库存量)；

(2) 图书类别信息表(图书类别编号、图书类别名称)；

(3) 读者信息表(借书证编号、读者姓名、性别、出生日期、办卡时间)；

(4) 借阅卡类型信息表(卡类型编号、卡类型名称、最大借阅数量、最长借阅天数、可续借天数)；

(5) 借阅信息表(借阅编号、图书编号、借书证号码、借阅时间、应归还时间、续借时间、逾期罚款)。

二 概念结构分析

1. 实体间的联系

(1) 图书信息表(图书编号、图书名称、作者、出版社、库存位置、价格、图书类别编号、库

存量)；

(2) 图书类别信息表(图书类别编号、图书类别名称)；

(3) 读者信息表(借书证编号、读者姓名、性别、出生日期、办卡时间、卡类型编号)；

(4) 借阅卡类型信息表(卡类型编号、卡类型名称、最大借阅数量、最长借阅天数、可续借天数)；

(5) 借阅信息表(借阅编号、图书编号、借书证编号、借阅时间、应归还时间、续借时间、逾期罚款)。

2. 数据库关系图

图书信息管理系统的数据库关系图如图 15.1 所示。

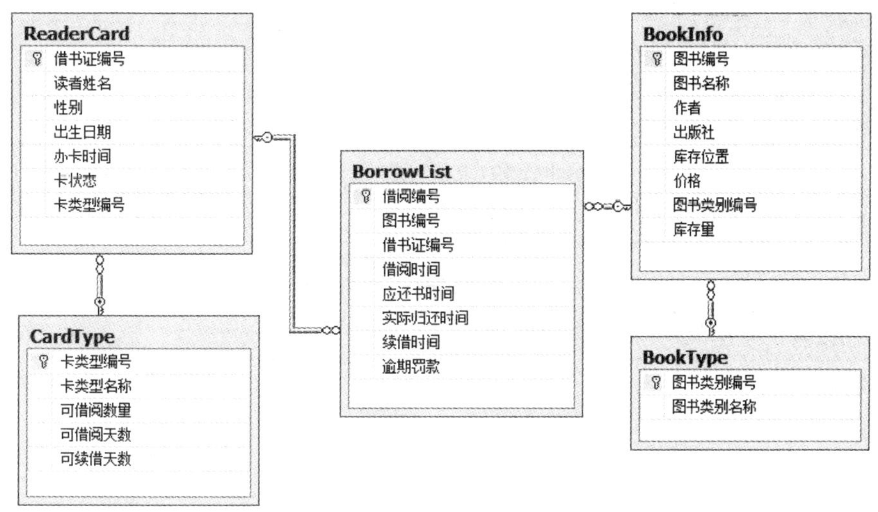

15.1 “图书信息管理系统”的数据库关系图

三　逻辑设计

表 15.1～表 15.5 给出具体表。

表 15.1　BookInfo 表(图书信息表)

字段名	数据类型	可否为空	说　明
图书编号	varchar(50)	否	主键
图书名称	varchar(50)	否	
作者	varchar(50)	是	
出版社	varchar(50)	是	
库存位置	varchar(50)	是	
价格	float	是	
图书类别编号	varchar(50)	是	外键
库存量	int	是	

表 15.2 BookType 表(图书类别表)

字段名	数据类型	可否为空	说　明
图书类别编号	varchar(50)	否	主键
图书类别名称	varchar(50)	否	

表 15.3 ReaderCard 表(读者信息表)

字段名	数据类型	可否为空	说　明
借书证编号	varchar(50)	否	主键
读者姓名	varchar(50)	否	
性别	nchar(1)	是	存储一个中文字符
出生日期	datetime	是	
办卡时间	datetime	是	
卡状态	varchar(50)	是	
卡类型编号	varchar(50)	是	外键

表 15.4 CardType 表(图书卡类型表)

字段名	数据类型	可否为空	说　明
卡类型编号	varchar(50)	否	主键
卡类型名称	varchar(50)	否	
可借阅数量	int	是	
可借阅天数	int	是	
可续借天数	int	是	

表 15.5 BorrowList 表(借阅信息表)

字段名	数据类型	可否为空	说　明
借阅编号	int	否	主键(标识)
图书编号	varchar(50)	否	外键
借书证编号	varchar(50)	否	外键
借阅时间	datetime	是	
应还书时间	datetime	是	
实际归还时间	datetime	是	
续借时间	datetime	是	
逾期罚款	money	是	

15.2　创建数据库

一　创建与管理数据库

1. 使用图形化用户界面创建数据库

创建一个名称为"图书信息管理系统"的数据库，主数据文件名为"library"，初始大小设为 10 MB，文件增量设为 2 MB，文件的增长上限设为 50 MB；日志文件的文件名为"library_log"，初始大小为 5 MB，文件增长方式设为自动增长 10%，文件的增长限制设为 20 MB，文件均存放在 D 盘学号文件夹中。

写出创建步骤，将执行结果截图显示。

创建步骤如下：

(1) 单击"开始"→"Microsoft SQL Server 2008"→"SQL Server Management Studio"，打开 SQL Server Management Studio 窗口，使用默认的系统配置连接到数据库服务器。

(2) 右键单击"数据库"节点，在弹出的快捷菜单中选择"新建数据库"命令。

(3) 在"常规"选项设置界面中，单击"数据库名称"右侧的文本框，输入用户自定义数据库名称，用户可以设置文件初始大小、文件增长方式、文件存储位置等参数，如图 15.2 所示。

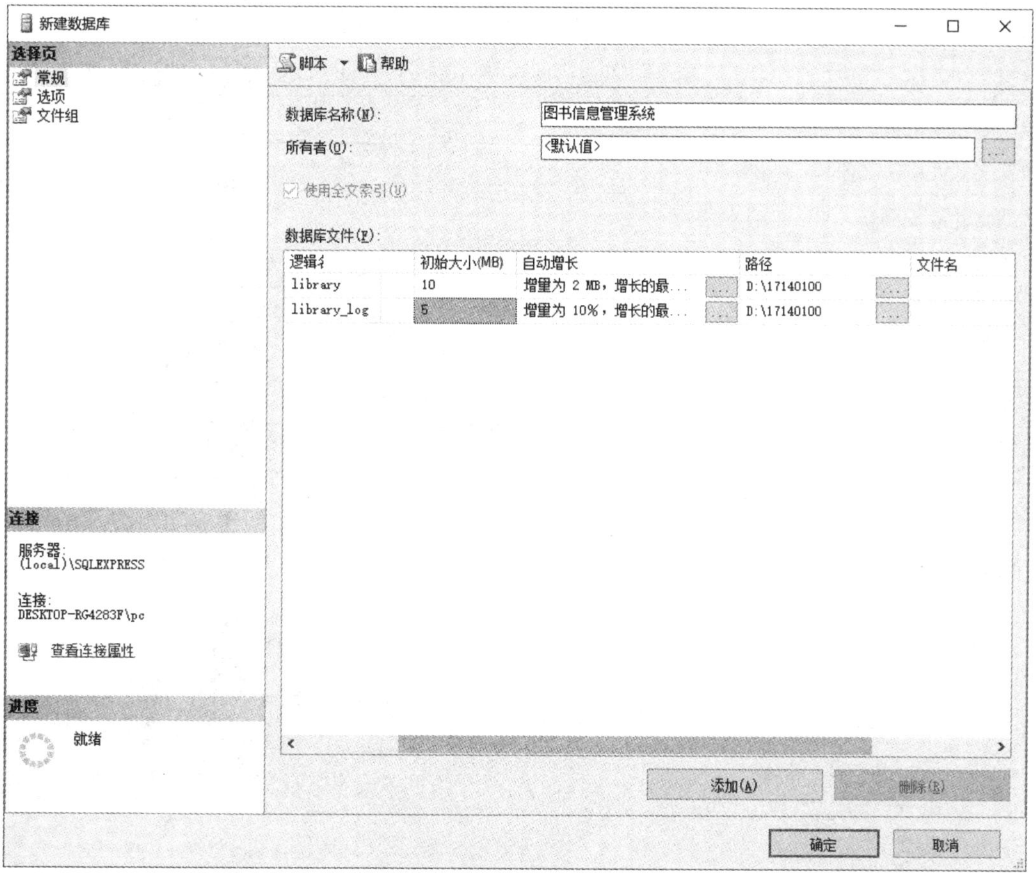

图 15.2　创建数据库"图书信息管理系统"窗口

(4) 单击“确定”按钮，完成“图书信息管理系统”数据库的创建。

截图如图 15.3 所示。

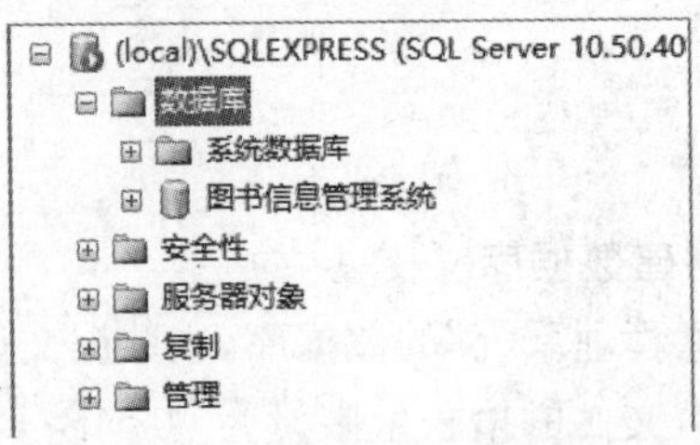

图 15.3　成功创建“图书信息管理系统”数据库截图

2. 使用 T-SQL 语言创建数据库

创建一个名为“图书信息管理系统 1”的数据库，数据文件的初始大小为 10 MB，文件增长方式设为自动增长，文件的增长上限设为 200 MB；日志文件的初始大小为 5 MB，文件增长增量设为 1 MB，文件的增长限制设为 100 MB。具体参数如表 15.6 所列。

表 15.6　数据库具体参数

参数名称	参　数
数据库名称	图书信息管理系统 1
数据库逻辑文件名称	Library1
数据文件名称	D:\171401 * *(自己的学号)\library1. mdf
数据文件初始大小	10 MB
数据文件大小最大值	200 MB
数据文件增长增量	自动增长
日志逻辑文件名称	library1_log
日志文件名称	D:\171401 * *(自己的学号)\library1_log. ldf
日志文件初始大小	5 MB
日志文件大小最大值	100 MB
日志文件增长增量	1 MB

在查询分析器中创建数据库的 SQL 脚本，写出语句并将数据库创建成功所显示的信息以截图的方式显示(图 15.4)。

相关语句如下：

```
create database 图书信息管理系统 1
on primary
(
  name=library1,
  filename='D:\17140100\library1. mdf',
  size=10 MB,
```

```
    maxsize=200MB
  )
  log on
  (
    name=library1_log,
    filename='D:\17140100\library1_log.ldf',
    size=5 MB,
    maxsize=100 MB,
    filegrowth=1 MB
  )
```

图 15.4　成功创建"图书信息管理系统 1"数据库截图

3. 查看并修改数据库的属性

用 T-SQL 语言管理数据库：

(1) 修改 library1_log 日志文件的最大值

将 library1 日志文件的最大值由 100 MB 更改为 150 MB。

语句如下：

```
alter database 图书信息管理系统 1
modify file
(
  name=library1_log,
  maxsize=150 MB
)
```

查询修改后的数据库语句如下：

```
exec sp_helpdb 图书信息管理系统 1
```

数据库截图如图 15.5 所示。

	name	db_size	owner	dbid	created	status	compatibility_level
1	图书信息管理系统1	15.00 MB	DESKTOP-RG4283F\pc	6	10 31 2017	Status=ONLINE, Updateability=READ_WRITE, UserAcc...	100

	name	fileid	filename	filegroup	size	maxsize	growth	usage
1	library1	1	D:\17140100\library1.mdf	PRIMARY	10240 KB	204800 KB	1024 KB	data only
2	library1_log	2	D:\17140100\library1_log.ldf	NULL	5120 KB	153600 KB	1024 KB	log only

图 15.5　修改数据库后的结果截图

(2) 修改 library1_log 日志文件的初始值

将 library1 日志文件的初始值有 5 MB 更改为 10 MB。

相关语句如下：

```
alter database 图书信息管理系统 1
modify file
(
  name=library1_log,
  size=10 MB
)
```

查询修改后的数据库语句如下：

```
exec sp_helpdb 图书信息管理系统 1
```

数据库截图如图 15.6 所示。

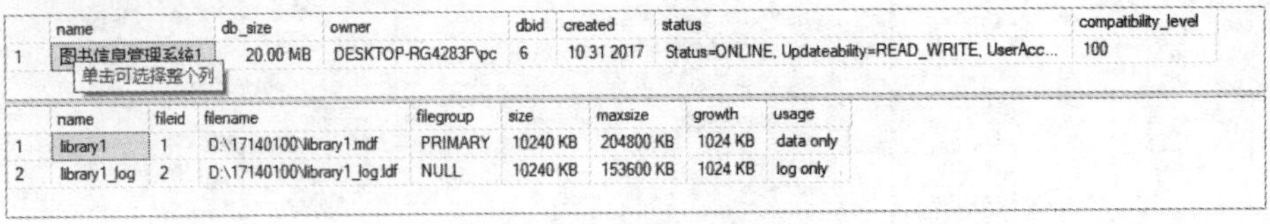

	name	db_size	owner	dbid	created	status	compatibility_level
1	图书信息管理系统1	20.00 MB	DESKTOP-RG4283F\pc	6	10 31 2017	Status=ONLINE, Updateability=READ_WRITE, UserAcc...	100

单击可选择整个列

	name	fileid	filename	filegroup	size	maxsize	growth	usage
1	library1	1	D:\17140100\library1.mdf	PRIMARY	10240 KB	204800 KB	1024 KB	data only
2	library1_log	2	D:\17140100\library1_log.ldf	NULL	10240 KB	153600 KB	1024 KB	log only

图 15.6　修改数据库后的结果截图

(3) 将数据库"图书信息管理系统 1"更名为"图书信息管理系统 2"。

语句如下：

```
exec sp_renamedb 图书信息管理系统 1,图书信息管理系统 2
```

数据库截图如图 15.7 所示。

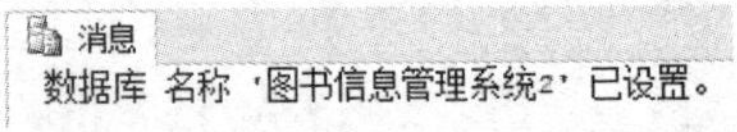

消息

数据库 名称 '图书信息管理系统2' 已设置。

图 15.7　修改数据库名称截图

(4) 删除数据库"图书信息管理系统 2",刷新数据库后观察数据库"图书信息管理系统 2"是否已被删除掉。

语句如下：

```
use master
go
drop database 图书信息管理系统 2
go
```

截图如图 15.8 所示。

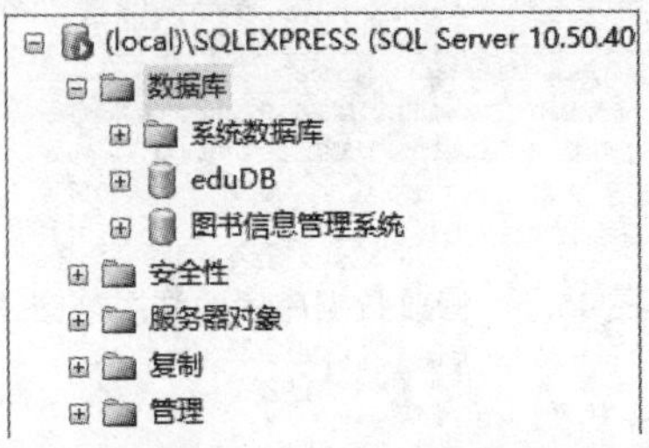

图 15.8　删除数据库"图书信息管理系统 2"

15.3　创建表

1. 创建、查看、重命名及删除用户自定义数据类型

(1) 创建用户自定义数据类型

使用图形化用户界面，在“图书信息管理系统”数据库下创建一个名为 a0、数据长度为 6，可变长字符，允许为空的自定义的数据类型。

具体创建步骤如下：“数据库”→“图书信息管理系统”→“可编程性”→“类型”；右键单击“类型”→“新建”→“用户定义数据类型”，弹出如图 15.9 所示。

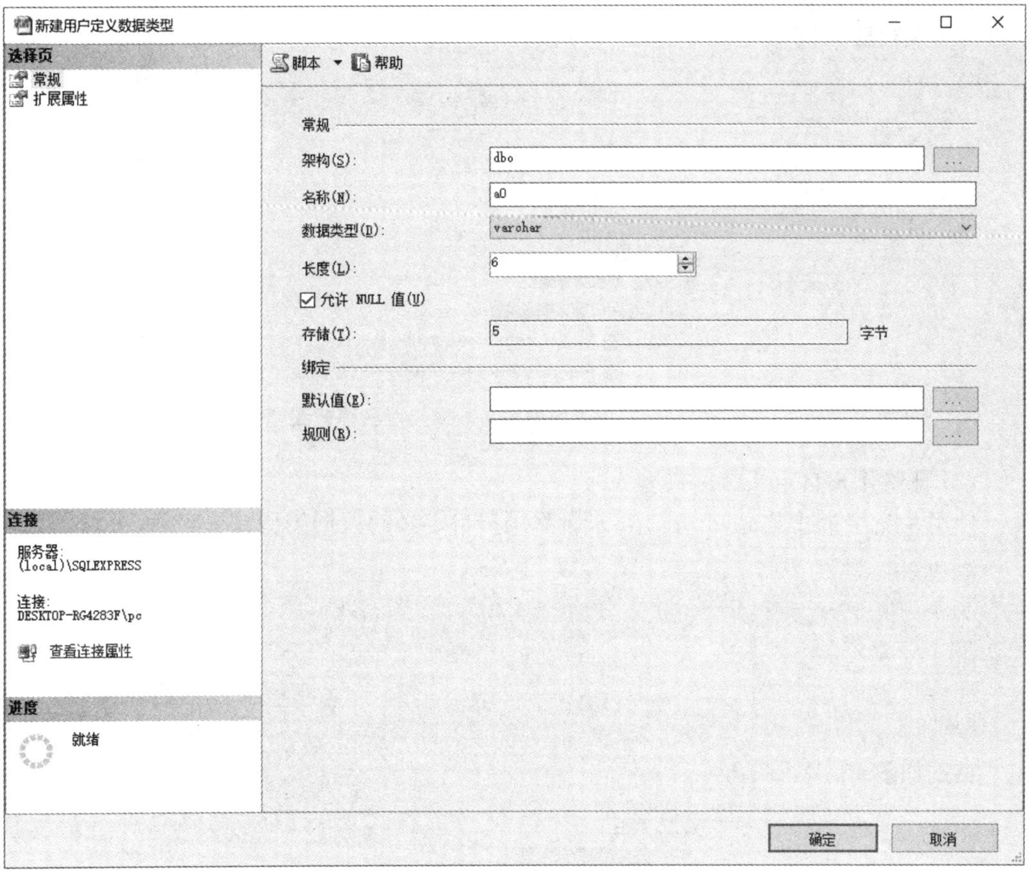

图 15.9　创建用户自定义数据类型窗口

使用 T-SQL 语句创建一个名为 postalcode，数据长度为 6，定长字符型，不允许为空的自定义的数据类型。

语句如下：

```
use 图书信息管理系统
go
exec sp_addtype postalcode,'char(6) ','not null'
go
```

截图如图 15.10 所示。

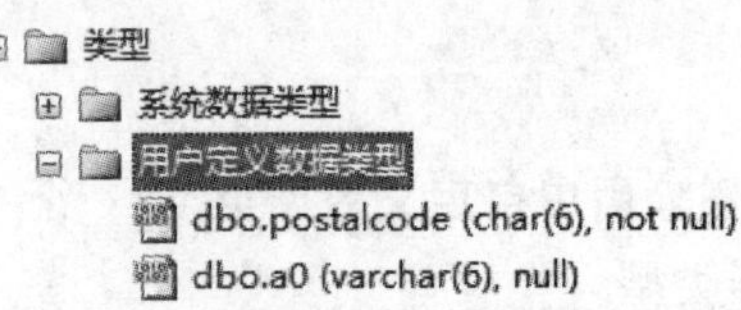

图 15.10　创建用户定义数据类型截图

(2) 重命名用户自定义数据类型

使用系统存储过程 sp_rename 将自定义数据类型 a0 重新命名为 a1。

语句如下：

```
use 图书信息管理系统
go
exec sp_rename a0,a1
go
```

截图如图 15.11 所示。

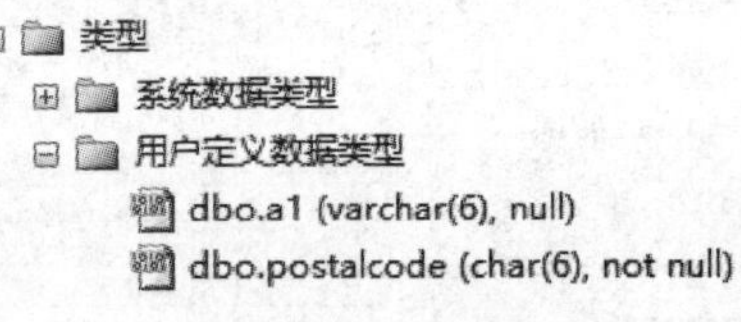

图 15.11　更改用户定义数据类型名称截图

(3) 删除用户自定义数据类型

使用系统存储过程 sp_droptype 来删除用户自定义的数据类型 a1。

语句如下：

```
use 图书信息管理系统
go
exec sp_droptype a1
go
```

截图如图 15.12 所示。

图 15.12　删除用户定义数据类型截图

2. 创建表

在"图书信息管理系统"数据库中创建如表 15.7 所示的数据表，主外键暂时不创建，要求写出创建语句并截图

(1) 使用 T-SQL 语句创建表 BookType(图书类别表)

表 15.7 数据表 BookType

字段名	数据类型	可否为空	说 明
图书类别编号	varchar(50)	否	主键
图书类别名称	varchar(50)	否	

语句如下：

```
use 图书信息管理系统
go
create table BookType
(
  图书类别编号 varchar(50) not null,
  图书类别名称 varchar(50) not null
)
go
```

查看表结构语句如下：

```
exec sp_help BookType
```

截图如图 15.13 所示。

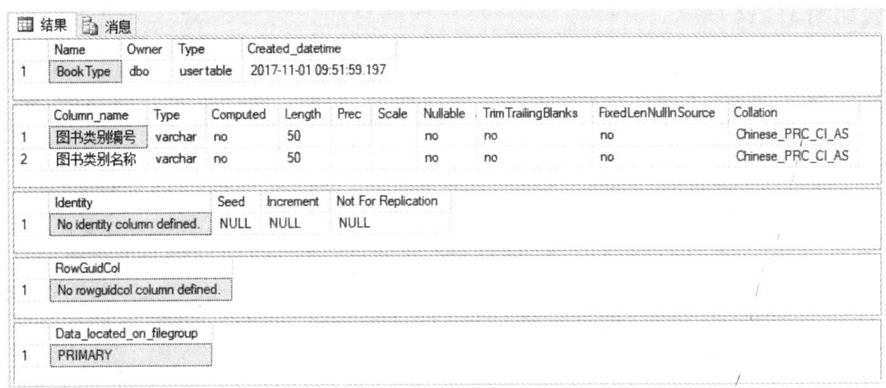

结果 消息

	Name	Owner	Type	Created_datetime
1	BookType	dbo	user table	2017-11-01 09:51:59.197

	Column_name	Type	Computed	Length	Prec	Scale	Nullable	TrimTrailingBlanks	FixedLenNullInSource	Collation
1	图书类别编号	varchar	no	50			no	no	no	Chinese_PRC_CI_AS
2	图书类别名称	varchar	no	50			no	no	no	Chinese_PRC_CI_AS

	Identity	Seed	Increment	Not For Replication
1	No identity column defined.	NULL	NULL	NULL

	RowGuidCol
1	No rowguidcol column defined.

	Data_located_on_filegroup
1	PRIMARY

图 15.13 BookType 表结构图

(2) 使用 T-SQL 语句创建表 BookInfo(图书信息表)

表 15.8 创建表 BookInfo

字段名	数据类型	可否为空	说 明
图书编号	varchar(50)	否	主键
图书名称	varchar(50)	否	
作者	varchar(50)	是	
出版社	varchar(50)	是	
库存位置	varchar(50)	是	
价格	float	是	
图书类别编号	varchar(50)	是	外键
库存量	int	是	

语句如下：

```
use 图书信息管理系统
go
create table BookInfo
(
  图书编号 varchar(50) not null,
  图书名称 varchar(50) not null,
  作者 varchar(50),
  出版社 varchar(50),
  库存位置 varchar(50),
  价格 float,
  图书类别编号 varchar(50) not null,
  库存量 int
)
go
```

查看表结构语句如下：

```
exec sp_help BookInfo
```

截图如图 15.14 所示。

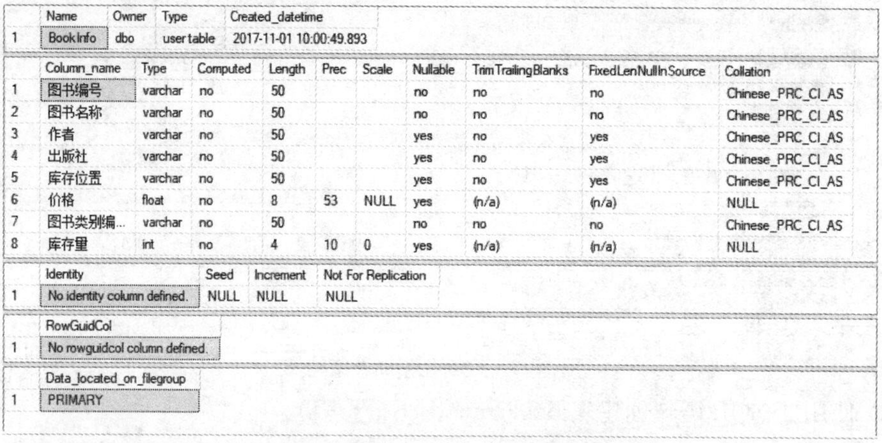

	Name	Owner	Type	Created_datetime
1	BookInfo	dbo	user table	2017-11-01 10:00:49.893

	Column_name	Type	Computed	Length	Prec	Scale	Nullable	TrimTrailingBlanks	FixedLenNullInSource	Collation
1	图书编号	varchar	no	50			no	no	no	Chinese_PRC_CI_AS
2	图书名称	varchar	no	50			no	no	no	Chinese_PRC_CI_AS
3	作者	varchar	no	50			yes	no	yes	Chinese_PRC_CI_AS
4	出版社	varchar	no	50			yes	no	yes	Chinese_PRC_CI_AS
5	库存位置	varchar	no	50			yes	no	yes	Chinese_PRC_CI_AS
6	价格	float	no	8	53	NULL	yes	(n/a)	(n/a)	NULL
7	图书类别编...	varchar	no	50			no	no	no	Chinese_PRC_CI_AS
8	库存量	int	no	4	10	0	yes	(n/a)	(n/a)	NULL

	Identity	Seed	Increment	Not For Replication
1	No identity column defined.	NULL	NULL	NULL

	RowGuidCol
1	No rowguidcol column defined.

	Data_located_on_filegroup
1	PRIMARY

图 15.14　BookInfo 表结构图

(3) 使用 T-SQL 语句创建表 CardType(图书卡类型表)

表 15.9　创建表 CarType

字段名	数据类型	可否为空	说　明
卡类型编号	varchar(50)	否	主键
卡类型名称	varchar(50)	否	
可借阅数量	int	是	
可借阅天数	int	是	
可续借天数	int	是	

语句如下：

```
use 图书信息管理系统
go
create table CardType
(
  卡类型编号 varchar(50) not null,
  卡类型名称 varchar(50) not null,
  可借阅数量 int,
  可借阅天数 int,
  可续借天数 int
)
go
```

查看表结构语句如下：

```
exec sp_help CardType
```

截图如图 15.15 所示。

	Name	Owner	Type	Created_datetime
1	CardType	dbo	user table	2017-11-01 10:23:28.757

	Column_name	Type	Computed	Length	Prec	Scale	Nullable	TrimTrailingBlanks	FixedLenNullInSource	Collation
1	卡类型编号	varchar	no	50			no	no	no	Chinese_PRC_CI_AS
2	卡类型名称	varchar	no	50			no	no	no	Chinese_PRC_CI_AS
3	可借阅数量	int	no	4	10	0	yes	(n/a)	(n/a)	NULL
4	可借阅天数	int	no	4	10	0	yes	(n/a)	(n/a)	NULL
5	可续借天数	int	no	4	10	0	yes	(n/a)	(n/a)	NULL

	Identity	Seed	Increment	Not For Replication
1	No identity column defined.	NULL	NULL	NULL

	RowGuidCol
1	No rowguidcol column defined.

	Data_located_on_filegroup
1	PRIMARY

图 15.15　CardType 表结构图

(4) 使用 T-SQL 语句创建表 Readercard(读者信息表)

表 15.10　创建 Readcard 表

字段名	数据类型	可否表为空	说　明
借书证编号	varchar(50)	否	主键
读者姓名	varchar(50)	否	
性别	nchar(1)	是	存储一个中文字符
出生日期	datetime	是	
办卡时间	datetime	是	
卡状态	varchar(50)	是	
卡类型编号	varchar(50)	是	外键

语句如下：

```
use 图书信息管理系统
go
create table ReaderCard
(
  借书证编号 varchar(50) not null,
  读者姓名 varchar(50) not null,
  性别 nchar(1),
  出生日期 datetime,
  办卡时间 datetime,
  卡状态 varchar(50),
  卡类型编号 varchar(50)
)
go
```

查看表结构语句如下：

```
exec sp_help ReaderCard
```

截图如图 15.16 所示。

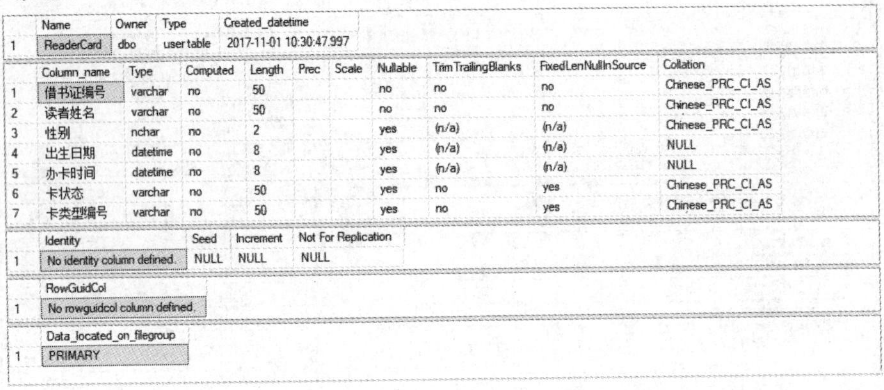

	Name	Owner	Type	Created_datetime
1	ReaderCard	dbo	user table	2017-11-01 10:30:47.997

	Column_name	Type	Computed	Length	Prec	Scale	Nullable	TrimTrailingBlanks	FixedLenNullInSource	Collation
1	借书证编号	varchar	no	50			no	no	no	Chinese_PRC_CI_AS
2	读者姓名	varchar	no	50			no	no	no	Chinese_PRC_CI_AS
3	性别	nchar	no	2			yes	(n/a)	(n/a)	Chinese_PRC_CI_AS
4	出生日期	datetime	no	8			yes	(n/a)	(n/a)	NULL
5	办卡时间	datetime	no	8			yes	(n/a)	(n/a)	NULL
6	卡状态	varchar	no	50			yes	no	yes	Chinese_PRC_CI_AS
7	卡类型编号	varchar	no	50			yes	no	yes	Chinese_PRC_CI_AS

	Identity	Seed	Increment	Not For Replication
1	No identity column defined.	NULL	NULL	NULL

	RowGuidCol
1	No rowguidcol column defined.

	Data_located_on_filegroup
1	PRIMARY

图 15.16 Readercard 表结构图

(5) 使用 T-SQL 语句创建表 BorrowList(借阅信息表)

表 15.11 创建表 BorrowList

字段名	数据类型	可否为空	说 明
借阅编号	int	否	主键(标识)
图书编号	varchar(50)	否	外键
借书证编号	varchar(50)	否	外键
借阅时间	datetime	是	
应还书时间	datetime	是	
实际归还时间	datetime	是	
续借时间	datetime	是	
逾期罚款	money	是	

语句如下：

```
use 图书信息管理系统
go
create table BorrowList
(
  借阅编号 int identity(1,1) not null,
  图书编号 varchar(50) not null,
  借书证编号 varchar(50) not null,
  借阅时间 datetime,
  应还书时间 datetime,
  实际归还时间 datetime,
  续借时间 datetime,
  逾期罚款 money
)
go
```

查看表结构语句如下：

```
exec sp_help BorrowList
```

截图如图 15.17 所示。

	Name	Owner	Type	Created_datetime
1	BorrowList	dbo	user table	2017-11-01 10:47:51.787

	Column_name	Type	Computed	Length	Prec	Scale	Nullable	TrimTrailingBlanks	FixedLenNullInSource	Collation
1	借阅编号	int	no	4	10	0	no	(n/a)	(n/a)	NULL
2	图书编号	varchar	no	50			no	no	no	Chinese_PRC_CI_AS
3	借书证编号	varchar	no	50			no	no	no	Chinese_PRC_CI_AS
4	借阅时间	datetime	no	8			yes	(n/a)	(n/a)	NULL
5	应还书时间	datetime	no	8			yes	(n/a)	(n/a)	NULL
6	实际归还时...	datetime	no	8			yes	(n/a)	(n/a)	NULL
7	续借时间	datetime	no	8			yes	(n/a)	(n/a)	NULL
8	逾期罚款	money	no	8	19	4	yes	(n/a)	(n/a)	NULL

	Identity	Seed	Increment	Not For Replication
1	借阅编号	1	1	0

	RowGuidCol
1	No rowguidcol column defined.

	Data_located_on_filegroup
1	PRIMARY

图 15.17　BorrowList 表结构图

3. 管理表

（1）添加列

给 ReaderCard 表增加一列，字段名：身高，字段类型：numeric，字段长度：4.2，允许为空。

语句如下：

```
use 图书信息管理系统
go
alter table ReaderCard
add 身高 numeric(4,2) null
go
```

查看表结构语句如下：

```
exec sp_help ReaderCard
```

截图如图 15.18 所示。

	Name	Owner	Type	Created_datetime
1	ReaderCard	dbo	user table	2017-11-01 10:30:47.997

	Column_name	Type	Computed	Length	Prec	Scale	Nullable	TrimTrailingBlanks	FixedLenNullInSource	Collation
1	借书证编号	varchar	no	50			no	no	no	Chinese_PRC_CI_AS
2	读者姓名	varchar	no	50			no	no	no	Chinese_PRC_CI_AS
3	性别	nchar	no	2			yes	(n/a)	(n/a)	Chinese_PRC_CI_AS
4	出生日期	datetime	no	8			yes	(n/a)	(n/a)	NULL
5	办卡时间	datetime	no	8			yes	(n/a)	(n/a)	NULL
6	卡状态	varchar	no	50			yes	no	yes	Chinese_PRC_CI_AS
7	卡类型编号	varchar	no	50			yes	no	yes	Chinese_PRC_CI_AS
8	身高	numeric	no	5	4	2	yes	(n/a)	(n/a)	NULL

图 15.18　ReaderCard 表结构截图

(2) 删除列

将新添加的“身高”列删除。

语句如下：

```
use 图书信息管理系统
go
alter table ReaderCard
drop column 身高
go
```

查看表结构语句如下：

```
exec sp_help ReaderCard
```

截图如图 15.19 所示。

	Name	Owner	Type	Created_datetime
1	ReaderCard	dbo	user table	2017-11-01 10:30:47.997

	Column_name	Type	Computed	Length	Prec	Scale	Nullable	TrimTrailingBlanks	FixedLenNullInSource	Collation
1	借书证编号	varchar	no	50			no	no	no	Chinese_PRC_CI_AS
2	读者姓名	varchar	no	50			no	no	no	Chinese_PRC_CI_AS
3	性别	nchar	no	2			yes	(n/a)	(n/a)	Chinese_PRC_CI_AS
4	出生日期	datetime	no	8			yes	(n/a)	(n/a)	NULL
5	办卡时间	datetime	no	8			yes	(n/a)	(n/a)	NULL
6	卡状态	varchar	no	50			yes	no	yes	Chinese_PRC_CI_AS
7	卡类型编号	varchar	no	50			yes	no	yes	Chinese_PRC_CI_AS

图 15.19　ReaderCard 表结构图

15.4　添加数据

1. 使用 T-SQL 语言向 BookType 表中插入数据

具体数据如表 15.12 所示。

表 15.12　BookType 表

图书类别编号	图书类别名称
I	文学
T	工业技术
B	哲学宗教
H	语言文学

语句如下：

```
use 图书信息管理系统
go
insert into BookType(图书类别编号,图书类别名称)
values('I','文学')
go
insert into BookType(图书类别编号,图书类别名称)
values('T','工业技术')
go
略
```

查询表记录语句如下：

```
select * fromBookType
```

截图如图 15.20 所示。

	图书类别编号	图书类别名称
1	I	文学
2	T	工业技术
3	B	哲学宗教
4	H	语言文学

图 15.20　BookType 数据表

2. 使用 T-SQL 语言向 BookInfo 表中插入数据

具体数据如表 15.13 所示。

表 15.13　BookInfo 表相关数据

图书编号	图书名称	作者	出版社	库存位置	价格	图书类别编号	库存量
1008－2352	电脑乐园	谭宇	广西电脑乐园杂志社	TP3/K29	52	T	30
9787－5378	韩寒作品集	韩寒	北岳文艺出版社	I217/257	36	I	40
9787－5057	盗墓笔记	南派三叔	中国友谊出版公司	I247/468	28	I	20
7111－1790	Java2 核心技术	Gray Comel	机械工业出版社	TP312/233	68	T	5
7800－7336	谁动了我的奶酪	斯宾塞·约翰	中信出版社	B825/49	23.5	B	10
9787－8020	爱丽丝漫游奇境	卡罗尔	光明日报出版社	I561/18	26.3	I	12

（续表）

图书编号	图书名称	作者	出版社	库存位置	价格	图书类别编号	库存量
7305－0458	计算机应用基础	黄强	南京大学出版社	TP3/913	27.4	T	15
7800－8287	倾城之恋	莫然	华凌出版社	I247/566	30.5	I	20
9787－5613	沉睡之城	蔡骏	陕西师范大学出版社	I247/66	25	I	10
7564－1018	大学语文教程	董子厚	东南大学出版社	H1/56	34	H	20

语句如下：

```
use 图书信息管理系统
go
insert into BookInfo(图书编号,图书名称,作者,出版社,库存位置,价格,图书类别编号,库存量)
values('1008－2352','电脑乐园','谭宇','广西电脑乐园杂志社','TP3/K29',52,'T',30)
go
insert into BookInfo(图书编号,图书名称,作者,出版社,库存位置,价格,图书类别编号,库存量)
values('9787－5378','韩寒作品集','韩寒','北岳文艺出版社','I217/257',36,'I',40)
go
略
```

查询表记录语句如下：

```
select * from BookInfo
```

截图如图 15.21 所示。

	图书编号	图书名称	作者	出版社	库存位置	价格	图书类别编号	库存量
1	1008-2352	电脑乐园	谭宇	广西电脑乐园杂志社	TP3/K29	52	T	30
2	9787-5378	韩寒作品集	韩寒	北岳文艺出版社	I217/257	36	I	40
3	9787-5057	盗墓笔记	南派三叔	中国友谊出版公司	I247/468	28	I	20
4	7111-1790	Java2核心技术	Gray Comel	机械工业出版社	TP312/233	68	T	5
5	7800-7336	谁动了我的奶酪	斯宾塞.约翰	中信出版社	B825/49	23.5	B	10
6	9787-8020	爱丽丝漫游奇境	卡罗尔	光明日报出版社	I561/18	26.3	I	12
7	7305-0458	计算机应用基础	黄强	南京大学出版社	TP3/913	27.4	T	15
8	7800-8287	倾城之恋	莫然	华菱出版社	I247/566	30.5	I	20
9	9787-5613	沉睡之城	蔡骏	陕西师范大学出版社	I247/66	25	I	10
10	7564-1018	大学语文教程	董子厚	东南大学出版社	H1/56	34	H	20

图 15.21　BookInfo 数据表

3. 使用 T-SQL 语言向 CardType 表中插入数据

具体数据如表 15.14 所列。

表 15.14　CardType 表相关数据

卡类型编号	卡类型名称	可借阅数量	可借阅天数	可续借天数
Teacher	教师借书证	10	60	30
Student	学生借书证	5	40	20
Worker	办公人员	8	40	30
Manager	院领导	15	90	40
other	其他	2	30	10

语句如下：

```
use 图书信息管理系统
go
insert into Cardtype(卡类型编号,卡类型名称,可借阅数量,可借阅天数,可续借天数)
values('Teacher','教师借书证',10,60,30)
go
insert into Cardtype(卡类型编号,卡类型名称,可借阅数量,可借阅天数,可续借天数)
values('Student','学生借书证',5,40,20)
go
略
```

查询表记录语句如下：

```
select * from CardType
```

截图如图 15.22 所示。

	卡类型编号	卡类型名称	可借阅数量	可借阅天数	可续借天数
1	Teacher	教师借书证	10	60	30
2	Student	学生借书证	5	40	20
3	Worker	办公人员	8	40	30
4	Manager	院领导	15	90	40
5	other	其他	2	30	10

图 15.22　CardType 数据表

4. 使用 T-SQL 语言向 ReaderCard 表中插入数据

具体数据如表 15.15 所列。

表 15.15　ReaderCard 表中相关数据

借书证编号	读者姓名	性别	出生日期	办卡时间	卡状态	卡类型编号
20030013117	王小秋	女	1988-9-16	2006-3-12	正常	Teacher
094500236	刘恩	男	1986-6-4	20090503	正常	Student
094500237	朱明明	男	1987-7-20	20090630	正常	Student
082233164	常玲	女	1990-1-18	20080505	正常	Worker
082233165	刘哲伦	男	1989-10-18	20080201	已注销	Worker
796625325	王云	女	1992-5-5	20100603	已挂失	Other

语句如下：

```
use 图书信息管理系统
go
insert into ReaderCard(借书证编号,读者姓名,性别,出生日期,办卡时间,卡状态,卡类型编号)
values('20030013117','王小秋','女','1988-9-16','2006-3-12','正常','Teacher')
go
insert into ReaderCard(借书证编号,读者姓名,性别,出生日期,办卡时间,卡状态,卡类型编号)
```

```
values('094500236','刘恩','男','1986-6-4','2009-5-3','正常','Student')
go
略
```

查询表记录语句如下：

```
select * from ReaderCard
```

截图如图 15.23 所示。

	借书证编号	读者姓名	性别	出生日期	办卡时间	卡状态	卡类型编号
1	20030013117	王小秋	女	1988-09-16 00:00:00.000	2006-03-12 00:00:00.000	正常	Teacher
2	094500236	刘恩	男	1986-06-04 00:00:00.000	2009-05-03 00:00:00.000	正常	Student
3	094500237	朱明明	男	1987-07-20 00:00:00.000	2009-06-30 00:00:00.000	正常	Student
4	082233164	常玲	女	1990-01-18 00:00:00.000	2008-05-05 00:00:00.000	正常	Worker
5	082233165	刘哲伦	男	1989-10-18 00:00:00.000	2008-02-01 00:00:00.000	已注销	Worker
6	796625325	王云	女	1992-05-05 00:00:00.000	2010-06-03 00:00:00.000	已挂失	Other

图 15.23 ReaderCard 数据表

5. 使用 T-SQL 语言向 BorrowList 表中插入数据

提示：借阅编号定义为标识，因此，录入数据时会自动生成，无需输入借阅编号的信息。

具体数据如下：

借阅编号	图书编号	借书证编号	借阅时间	应还书时间	续借时间	实际归还时间	逾期罚款
1	1008-2352	20030013117	2012/10/2	2013/1/2			0
2	1008-2352	094500237	2012/4/8	2012/5/18		2012/5/20	0.2
3	7111-1790	082233164	2012/11/1	2012/12/11			0
4	7111-1790	20030013117	2012/8/21	2012/12/20	2012/11/20		0
5	7305-0458	082233164	2012/10/12	2012/11/22		2012/11/1	0
6	7305-0458	094500237	2012/10/23	2012/12/3			0
7	7305-0458	20030013117	2012/9/4	2012/12/4		2012/11/1	0
8	7564-1018	796625325	2012/10/12	2012/11/12			0
9	7564-1018	094500237	2012/11/4	2012/12/14			0

语句如下：

```
use 图书信息管理系统
go
insert into BorrowList(图书编号,借书证编号,借阅时间,应还书时间,续借时间,实际归还时间,逾期罚款)
values('1008-2352','20030013117','2012-10-2','2013-1-2',null,null,0)
go
insert into BorrowList(图书编号,借书证编号,借阅时间,应还书时间,续借时间,实际归还时间,逾期罚款)
values('1008-2352','094500237','2012-4-8','2012-5-18',null,'2012-5-20',0.2)
go
略
```

查询表记录语句如下：

```
select * fromBorrowList
```

截图如图 15.24 所示。

	借阅编号	图书编号	借书证编号	借阅时间	应还书时间	实际归还时间	续借时间	逾期罚款
1	1	1008-2352	20030013117	2012-10-02 00:00:00.000	2013-01-02 00:00:00.000	NULL	NULL	0.00
2	2	1008-2352	094500237	2012-04-08 00:00:00.000	2012-05-18 00:00:00.000	2012-05-20 00:00:00.000	NULL	0.20
3	3	7111-1790	082233164	2012-11-01 00:00:00.000	2012-12-11 00:00:00.000	NULL	NULL	0.00
4	4	7111-1790	20030013117	2012-08-21 00:00:00.000	2012-12-20 00:00:00.000	NULL	2012-11-20 00:00:00.000	0.00
5	5	7305-0458	082233164	2012-10-12 00:00:00.000	2012-11-22 00:00:00.000	2012-11-01 00:00:00.000	NULL	0.00
6	6	7305-0458	094500237	2012-10-23 00:00:00.000	2012-12-03 00:00:00.000	NULL	NULL	0.00
7	7	7305-0458	20030013117	2012-09-04 00:00:00.000	2012-12-04 00:00:00.000	2012-11-01 00:00:00.000	NULL	0.00
8	8	7564-1018	796625325	2012-10-12 00:00:00.000	2012-11-12 00:00:00.000	NULL	NULL	0.00
9	9	7564-1018	094500237	2012-11-14 00:00:00.000	2012-11-14 00:00:00.000	NULL	NULL	0.00

图 15.24　BorrowList 数据表

15.5　约束

1. 使用图形化用户界面实施约束,写出实现步骤并截图

(1) 在"图书信息管理系统"中,为 BorrowList 表的"逾期罚款"字段创建缺省约束,缺省值为 0。

操作步骤如下:

① 依次展开"数据库"→"图书信息管理系统"→"表"→"dbo. BorrowList";

② 右键单击"dbo. BorrowList",在弹出的快捷菜单中选择"设计";

③ 在弹出的表设计器窗口中,将鼠标定位至表中的"逾期罚款"字段,将"逾期罚款"列"默认值或绑定"对应值修改为 0,如图 15.25 所示。

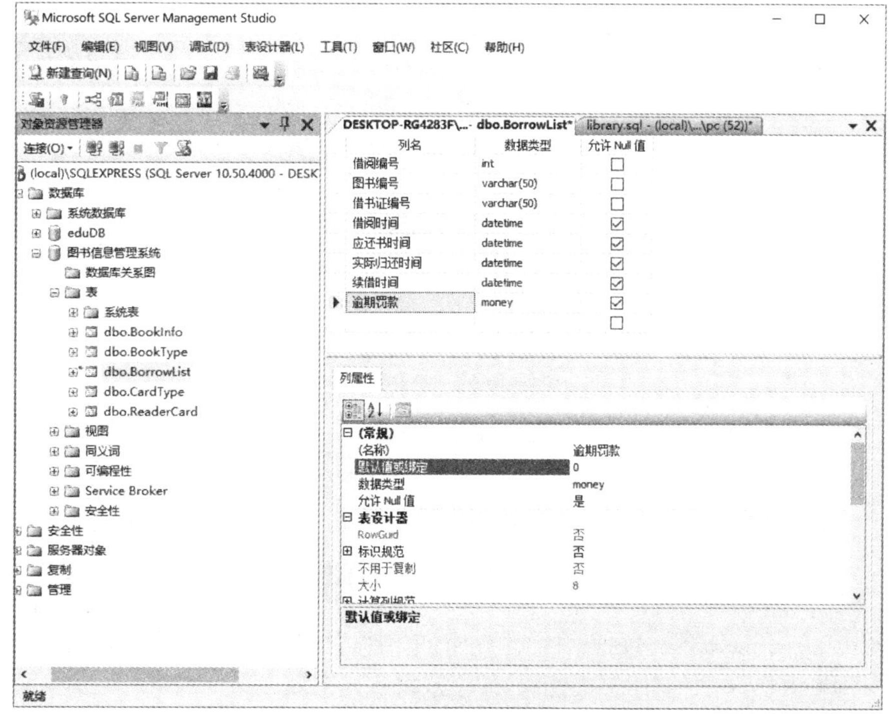

图 15.25　修改 BorrowList 表默认值窗口

(2) 为 ReaderCard 表的办卡时间字段创建检查约束,使输入的办卡时间小于出生日期。

操作步骤如下:

① 同上打开 ReaderCard 表设计器,右键单击“办卡时间”字段,在弹出的快捷菜单中选择“CHECK 约束(O)…”。

② 在弹出的“CHECK 约束”对话框中单击“添加”按钮,单击表达式右侧的“...”图标,在弹出的“CHECK 约束表达式”对话框中输入“办卡时间＜出生日期”表达式,如图 15.26 所示。

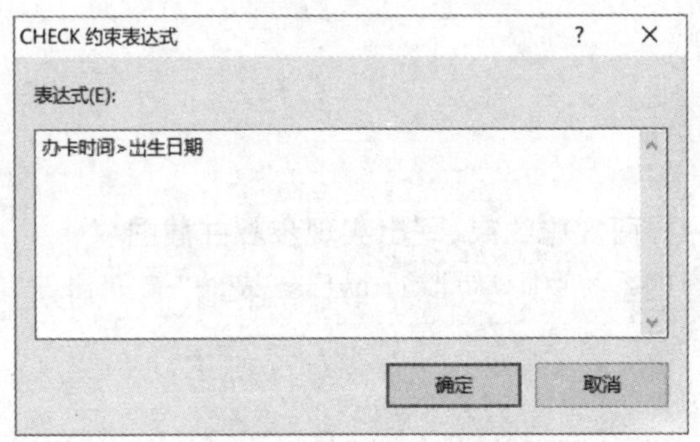

图 15.26　CHECK 约束表达式对话框

③ 单击“确定”按钮,完成表达式的输入,返回“CHECK 约束”对话框,设置标识名称为“CK_ReaderCard_bksj”,如图 15.27 所示。

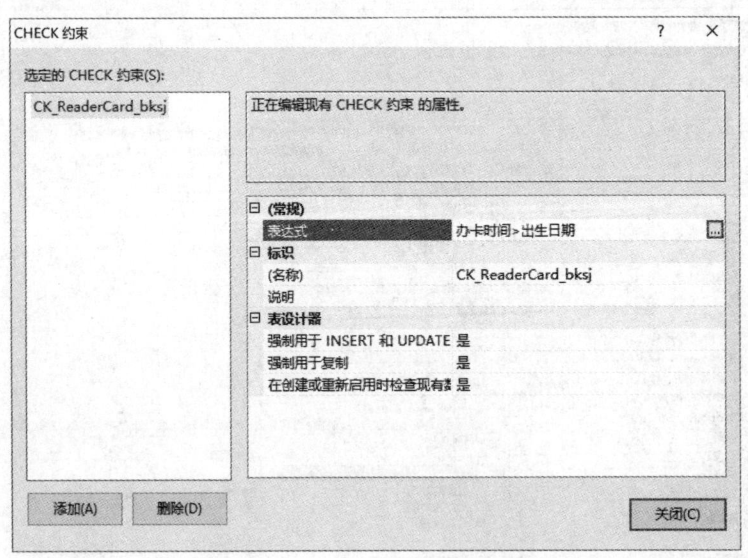

图 15.27　CHECK 约束对话框

④ 单击“关闭”按钮,退回到表设计器界面,单击保存按钮,完成约束的创建。

(3) 将 BookType 表的“图书类别编号”字段设置为主键。

操作步骤如下:

① 同上打开 BookType 表设计器，右键单击“图书类别编号”字段，将弹出如图 15.28 所示的快捷菜单；

② 在弹出的快捷菜单中选择“设置主键(Y)”命令，如图 15.29 所示。

图 15.28　右击字段名称的快捷菜单

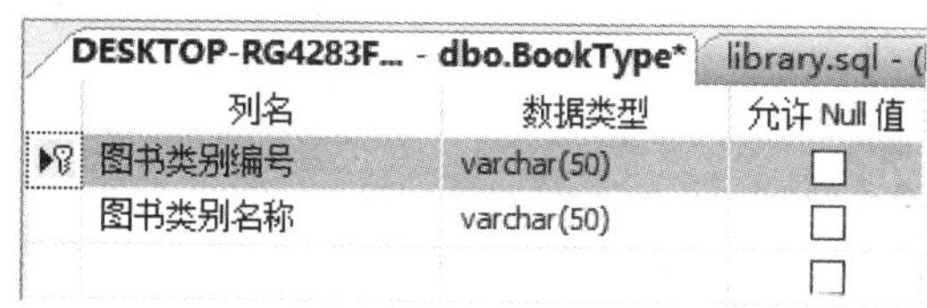

图 15.29　设置主键

(4) 为 BookInfo 表的“库存位置”创建惟一性约束。

操作步骤如下：

① 同上打开 BookInfo 表设计器，右键单击“库存位置”字段，在弹出的快捷菜单中选择“索引/键(I)…”；

② 打开“索引/键”对话框，单击“添加”按钮，单击“常规”选项中的“类型”，设置类型为“唯一键”，并将“列”设置为“库存位置”列，如图 15.30 所示。

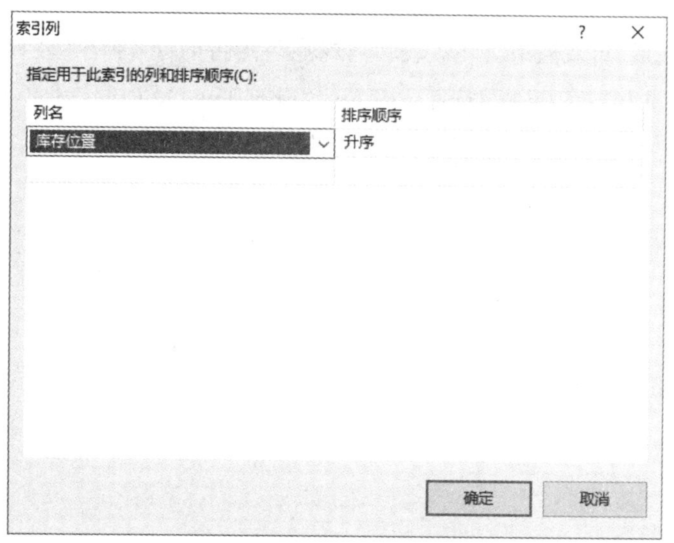

图 15.30　“索引列”设置对话框

③ 单击“确定”按钮，返回“索引/键”对话框，设置“标识”名称为“IX_BookInfo_kcwz”，如图 15.31 所示。

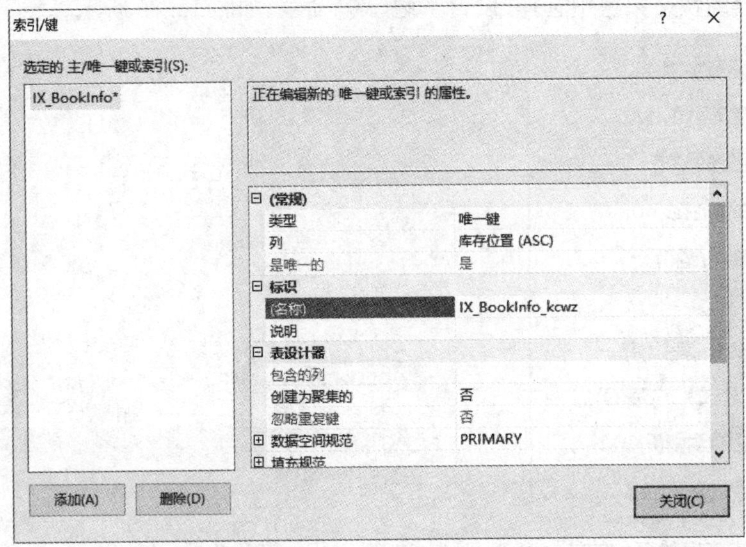

图 15.31 唯一约束设置对话框

④ 单击“关闭”按钮，退回到表设计器界面，单击保存按钮，完成约束的创建。

(5) 将表 BookInfo 的字段“图书类别编号”设置为外键，外键名为 BookInfo_tslbbh，表 BookInfo 中的外键“图书类别编号”参考表 BookType 中的主键“图书类别编号”。

操作步骤如下：

① 同上打开 BookInfo 表设计器，右键单击“图书类别编号”字段，在弹出的快捷菜单中选择“关系(H)…”。

② 在“外键关系”对话框中，单击“表和列规范”右侧的[...]，弹出“表和列”对话框，设置关系名为“FK_BookInfo_tslbbh”，选择主键表为“BookType”，主键字段“图书类别编号”，外键表为“BookInfo”，外键字段“图书类别编号”，如图 15.32 所示。

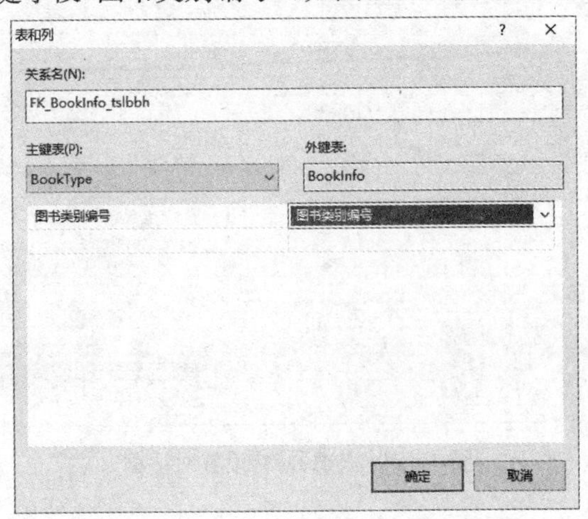

图 15.32 主键与外键关系设置对话框

③ 单击“确定”按钮，返回至“外键关系”对话框，如图 15.33 所示。

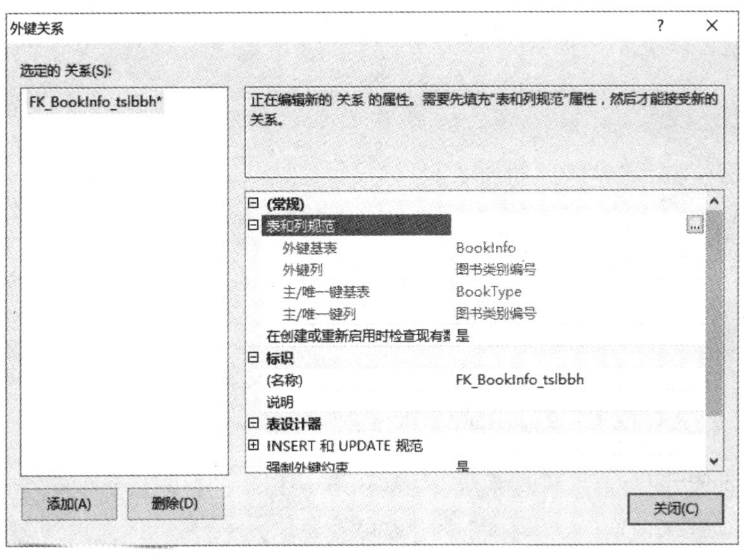

图 15.33　外键约束设置对话框

④ 单击“关闭”按钮，退回到表设计器界面，单击保存按钮，弹出如图 15.34 所示的对话框，单击“是”按钮，完成外键的创建。

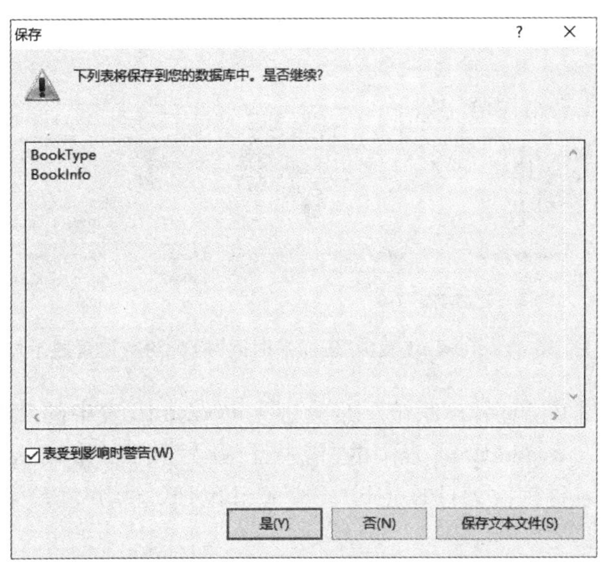

图 15.34　保存外键修改设置对话框

2. 使用 T-SQL 语句实施约束

(1) 为数据库“图书信息管理系统”中表 ReaderCard 的“性别”字段创建一个默认约束，默认值为“男”。

语句如下：

```
use 图书信息管理系统
go
alter table ReaderCard
add constraint DF_sex default '男' for 性别
go
```

查看 ReaderCard 表结构语句如下：

```
exec sp_help ReaderCard
```

截图如图 15.35 所示。

	constraint_type	constraint_name	delete_action	update_action	status_enabled	status_for_replication	constraint_keys
1	CHECK Table Level	CK_ReaderCard_bksj	(n/a)	(n/a)	Enabled	Is_For_Replication	([办卡时间]>[出生日期])
2	DEFAULT on column 性别	DF_sex	(n/a)	(n/a)	(n/a)	(n/a)	('男')

图 15.35　ReaderCard 表中"性别"字段默认值设置显示结果

(2) 为数据库"图书信息管理系统"中表 BorrowList 的"应还书时间"字段创建一个检查约束，使得"应还书时间"大于等于"借阅时间"。

语句如下：

```
use 图书信息管理系统
go
alter table BorrowList
add constraint CK_yhssj check(应还书时间>=借阅时间)
go
```

查看 BorrowList 表结构语句如下：

```
exec sp_help BorrowList
```

截图如图 15.36 所示。

	constraint_type	constraint_name	delete_action	update_action	status_enabled	status_for_replication	constraint_keys
1	CHECK Table Level	CK_yhssj	(n/a)	(n/a)	Enabled	Is_For_Replication	([应还书时间]>=[借阅时间])
2	DEFAULT on column 逾期罚款	DF_BorrowList_逾期罚款	(n/a)	(n/a)	(n/a)	(n/a)	((0))

图 15.36　BorrowList 表中"应还书时间"检查约束设置显示结果

(3) 将数据库"图书信息管理系统"中，分别为 BookInfo 表中的"图书编号"、CardType 表中的"卡类型编号"、ReaderCard 表中的"借书证编号"和 BorrowList 表中的"借阅编号"字段设置主键，主键名称依次为：PK_tsbh、PK_klxbh、PK_jszbh、PK_jybh。写出创建主键的 SQL 语句：

① 设置 BookInfo 表中的"图书编号"字段为主键的 SQL 语句如下：

```
use 图书信息管理系统
go
alter table BookInfo
add constraint PK_tsbh primary key(图书编号)
go
```

查看 BookInfo 表结构语句如下：

```
exec sp_help BookInfo
```

截图如图 15.37 所示。

	constraint_type	constraint_name	delete_action	update_action	status_enabled	status_for_replication	constraint_keys
1	FOREIGN KEY	FK_BookInfo_tslbbh	No Action	No Action	Enabled	Is_For_Replication	图书类别编号
2							REFERENCES 图书信息管理系统.dbo.BookType (图书类别编号)
3	PRIMARY K...	PK_tsbh	(n/a)	(n/a)	(n/a)	(n/a)	图书编号

图 15.37　BookInfo 表中"图书编号"主键设置显示结果

② 设置 CardType 表中的"卡类型编号"字段为主键的 SQL 语句如下：

```
use 图书信息管理系统
go
alter table CardType
add constraint PK_klxbh primary key(卡类型编号)
go
```

查看 CardType 表结构语句如下：

```
exec sp_help CardType
```

截图如图 15.38 所示。

	constraint_type	constraint_name	delete_action	update_action	status_enabled	status_for_replication	constraint_keys
1	PRIMARY KEY (clustered)	PK_klxbh	(n/a)	(n/a)	(n/a)	(n/a)	卡类型编号

图 15.38　CardType 表中"卡类型编号"主键设置显示结果

③ 设置 ReaderCard 表中的"借书证编号"字段为主键的 SQL 语句如下：

```
use 图书信息管理系统
go
alter table ReaderCard
add constraint PK_jszbh primary key(借书证编号)
go
```

查看 ReaderCard 表结构语句如下：

```
exec sp_help ReaderCard
```

截图如图 15.39 所示。

	constraint_type	constraint_name	delete_action	update_action	status_enabled	status_for_replication	constraint_keys
1	CHECK Table Level	CK_ReaderCard_bksj	(n/a)	(n/a)	Enabled	Is_For_Replication	([办卡时间]>[出生日期])
2	DEFAULT on column 性别	DF_sex	(n/a)	(n/a)	(n/a)	(n/a)	('男')
3	PRIMARY KEY (clustered)	PK_jszbh	(n/a)	(n/a)	(n/a)	(n/a)	借书证编号

图 15.39　ReaderCard 表中"借书证编号"主键设置显示结果

④ 设置 BorrowList 表中的"借阅编号"字段为主键的 SQL 语句如下：

```
use 图书信息管理系统
go
alter table BorrowList
add constraint PK_jybh primary key(借阅编号)
go
```

查看 BorrowList 表结构语句如下：

```
exec sp_help BorrowList
```

截图如图 15.40 所示。

	constraint_type	constraint_name	delete_action	update_action	status_enabled	status_for_replication	constraint_keys
1	CHECK Table Level	CK_yhssj	(n/a)	(n/a)	Enabled	Is_For_Replication	([应还书时间]>=[借阅时间])
2	DEFAULT on column 逾期罚款	DF_BorrowList_逾期罚款	(n/a)	(n/a)	(n/a)	(n/a)	((0))
3	PRIMARY KEY (clustered)	PK_jybh	(n/a)	(n/a)	(n/a)	(n/a)	借阅编号

图 15.40 BorrowList 表中“借阅编号”主键设置显示结果

(4) 将数据库“图书信息管理系统”中 BookType 表的“图书类别名称”字段设为惟一约束，写出 SQL 语句。

语句如下：

```
use 图书信息管理系统
go
alter table BookType
add constraint IX_tslbmc unique(图书类别名称)
go
```

查看 BookType 表结构语句如下：

```
exec sp_help BookType
```

截图如图 15.41 所示。

	constraint_type	constraint_name	delete_action	update_action	status_enabled	status_for_replication	constraint_keys
1	UNIQUE (non-clustered)	IX_tslbmc	(n/a)	(n/a)	(n/a)	(n/a)	图书类别名称
2	PRIMARY KEY (clustered)	PK_BookType	(n/a)	(n/a)	(n/a)	(n/a)	图书类别编号

图 15.41 BookType 表“图书类别名称”唯一约束设置显示结果

(5) 分别为 ReaderCard 表、BorrowList 表设置外键约束，要求 ReaderCard 表中的“卡类型编号”字段参考主键表 CardType 表中的主键字段“卡类型编号”，BorrowList 表中的“图书编号”参考主键表 BookInfo 表中的主键字段“图书编号”，BorrowList 表中的“借书证编号”参考主键 Readercard 表中的主键字段“借书证编号”。写出创建外键的 SQL 语句。

① 创建 ReaderCard 表中“卡类型编号”字段的外键约束，语句如下：

```
use 图书信息管理系统
go
alter table ReaderCard
add constraint FK_ReaderCard_klxbh
foreign key(卡类型编号) references CardType(卡类型编号)
go
```

查看 ReaderCard 表结构语句如下：

```
exec sp_help ReaderCard
```

截图如图 15.42 所示。

	constraint_type	constraint_name	delete_action	update_action	status_enabled	status_for_replication	constraint_keys
1	CHECK Table Level	CK_ReaderCard_bksj	(n/a)	(n/a)	Enabled	Is_For_Replication	([办卡时间]>[出生日期])
2	DEFAULT on column 性别	DF_sex	(n/a)	(n/a)	(n/a)	(n/a)	('男')
3	FOREIGN KEY	FK_ReaderCard_kl...	No Action	No Action	Enabled	Is_For_Replication	卡类型编号
4							REFERENCES 图书信息管理系统.dbo.CardType (卡类型编号)
5	PRIMARY KEY (clustered)	PK_jszbh	(n/a)	(n/a)	(n/a)	(n/a)	借书证编号

图 15.42　ReaderCard 表“卡类型编号”外键约束设置显示结果

② 创建 BorrowList 表中“图书编号”字段的外键约束，语句如下：

```
use 图书信息管理系统
go
alter table BorrowList
add constraint FK_BorrowList_tsbh
foreign key(图书编号) references BookInfo(图书编号)
go
```

查看 BorrowList 表结构语句如下：

```
exec sp_help BorrowList
```

截图如图 15.43 所示。

	constraint_type	constraint_name	delete_action	update_action	status_enabled	status_for_replication	constraint_keys
1	CHECK Table Level	CK_yhssj	(n/a)	(n/a)	Enabled	Is_For_Replication	([应还书时间]>=[借阅时间])
2	DEFAULT on column 逾期罚款	DF_BorrowList_逾期罚款	(n/a)	(n/a)	(n/a)	(n/a)	((0))
3	FOREIGN KEY	FK_BorrowList_tsbh	No Action	No Action	Enabled	Is_For_Replication	图书编号
4							REFERENCES 图书信息管理系统.dbo.BookInfo (图书编号)
5	PRIMARY KEY (clustered)	PK_jybh	(n/a)	(n/a)	(n/a)	(n/a)	借阅编号

图 15.43　BorrowList 表“图书编号”外键约束设置显示结果

③ 创建 BorrowList 表中“借书证编号”字段的外键约束，语句如下：

```
use 图书信息管理系统
go
alter table BorrowList
add constraint FK_BorrowList_jszbh
foreign key(借书证编号) references ReaderCard(借书证编号)
go
```

查看 BorrowList 表结构语句如下：

```
exec sp_help BorrowList
```

截图如图 15.44 所示。

	constraint_type	constraint_name	delete_action	update_action	status_enabled	status_for_replication	constraint_keys
1	CHECK Table Level	CK_yhssj	(n/a)	(n/a)	Enabled	Is_For_Replication	([应还书时间]>=[借阅时间])
2	DEFAULT on column 逾期罚款	DF_BorrowList_逾期罚款	(n/a)	(n/a)	(n/a)	(n/a)	((0))
3	FOREIGN KEY	FK_BorrowList_jszbh	No Action	No Action	Enabled	Is_For_Replication	借书证编号
4							REFERENCES 图书信息管理系统.dbo.ReaderCard (借书证编号)
5	FOREIGN KEY	FK_BorrowList_tsbh	No Action	No Action	Enabled	Is_For_Replication	图书编号
6							REFERENCES 图书信息管理系统.dbo.BookInfo (图书编号)
7	PRIMARY KEY (clustered)	PK_jybh	(n/a)	(n/a)	(n/a)	(n/a)	借阅编号

图 15.44　BorrowList 表“借书证编号”外键约束设置显示结果

(6) 禁止及启用 BorrowList 的 CK_yhssj 约束，写出 SQL 语句。

语句如下：

```
use 图书信息管理系统
go
alter table BorrowList
nocheck constraint CK_yhssj
go
```

(7) 删除 BookType 表的 IX_tslbmc 约束，写出 SQL 语句。

语句如下：

```
use 图书信息管理系统
go
alter table BookType
drop constraint IX_tslbmc
go
```

2. 默认值的概念及实施

(1) 使用 T-SQL 语句为数据库“图书信息管理系统”创建一个名为 DF_kzt、值为“正常”的默认值。

语句如下：

```
use 图书信息管理系统
go
create default DF_kzt as '正常'
go
```

截图如图 15.45 所示。

默认值
dbo.DF_kzt

图 15.45 创建默认值 DF_kzt 截图

(2) 使用 T-SQL 语句将默认值 DF_kzt 绑定到表 ReaderCard 的“卡状态”列。

语句如下：

```
use 图书信息管理系统
go
sp_bindefault DF_kzt,'ReaderCard.卡状态'
go
```

查看 ReaderCard 表结构语句如下：

```
exec sp_help ReaderCard
```

截图如图 15.46 所示。

	constraint_type	constraint_name	delete_action	update_action	status_enabled	status_for_replication	constraint_keys
1	CHECK Table Level	CK_ReaderCard_bksj	(n/a)	(n/a)	Enabled	Is_For_Replication	([办卡时间]>[出生日期])
2	DEFAULT on column 卡状态 (bound with sp_bindefault)	DF_kzt	(n/a)	(n/a)	(n/a)	(n/a)	create default DF_kzt as '正常'
3	DEFAULT on column 性别	DF_sex	(n/a)	(n/a)	(n/a)	(n/a)	('男')
4	FOREIGN KEY	FK_ReaderCard_kl...	No Action	No Action	Enabled	Is_For_Replication	卡类型编号
5							REFERENCES 图书信息管...
6	PRIMARY KEY (clustered)	PK_jszbh	(n/a)	(n/a)	(n/a)	(n/a)	借书证编号

图 15.46 默认值绑定到列截图

(3) 使用 T-SQL 语句解除表 ReaderCard 的“卡状态”列的默认值绑定。

语句如下：

```
use 图书信息管理系统
go
sp_unbindefault 'ReaderCard. 卡状态 '
go
```

截图如 15.47 所示。

消息
已解除了表列与其默认值之间的绑定。

图 15.47　解除默认值与列的绑定截图

(4) 使用 T-SQL 语句删除默认值 DF_kzt。

语句如下：

```
use 图书信息管理系统
go
drop default DF_kzt
go
```

3. 规则的概念及实施

(1) 使用 T-SQL 语句为数据库“图书信息管理系统”创建规则 rule_price，rule_price 的值大于等于 0，小于等于 100。

语句如下：

```
use 图书信息管理系统
go
create rule rule_price as @price>=0 and @price<=100
go
```

截图如 15.48 所示。

⊟ 规则
　dbo.rule_price

图 15.48　创建规则 rule_price 截图

(2) 使用 T-SQL 语句将规则 rule_price 绑定到表 BookInfo 的“价格”列。

语句如下：

```
use 图书信息管理系统
go
sp_bindrule rule_price, 'BookInfo. 价格 '
go
```

查看 BookInfo 表结构语句如下：

```
exec sp_help BookInfo
```

截图如图 15.49 所示。

	constraint_type	constraint_name	delete_action	update_action	status_enabled	status_for_replication	constraint_keys
1	FOREIGN KEY	FK_BookInfo_tslbbh	No Action	No Action	Enabled	Is_For_Replication	图书类别编号
2							REFERENCES 图书信息管理系统.dbo.BookType (图书类别编号)
3	PRIMARY K...	PK_tsbh	(n/a)	(n/a)	(n/a)	(n/a)	图书编号
4	RULE on col...	rule_price	(n/a)	(n/a)	(n/a)	(n/a)	create rule rule_price as @price>=0 and @price<=100

图 15.49　规则绑定到列截图

(3) 使用 T-SQL 语句解除规则 rule_price 到 BookInfo 的“价格”列的绑定，写出 SQL 语句并截图：

语句如下：

```
use 图书信息管理系统
go
sp_unbindrule 'BookInfo.价格'
go
```

截图如图 15.50 所示。

图 15.50　解除规则与列的绑定截图

(4) 使用 T-SQL 语句将规则 rule_price 删除。

语句如下：

```
use 图书信息管理系统
go
drop rule rule_price
go
```

15.6　数据操作(插入、修改、删除数据)

1. 向 ReaderCard 表中插入一行数据，具体数据如下：

借书证编号：030900171，姓名：李薇，性别：女，出生日期：1980 - 5 - 31，办卡时间：2003 - 9 - 1，卡状态：正常，卡类型编号：Teacher。

写出 T-SQL 语句并截图(select 语句查询结果图)：

插入语句如下：

```
use 图书信息管理系统
go
insert into ReaderCard
values('030900171','李薇','女','1980-5-31','2003-9-1','正常','Teacher')
go
```

查询插入语句：

```
select * from ReaderCard where 借书证编号='030900171'
```

截图如图 15.51 所示。

	借书证编号	读者姓名	性别	出生日期	办卡时间	卡状态	卡类型编号
1	030900171	李薇	女	1980-05-31 00:00:00.000	2003-09-01 00:00:00.000	正常	Teacher

图 15.51　插入记录后的截图

2. 修改新插入的语句，将 ReaderCard 表“借书证编号”为“030900171”的读者姓名改为“李蔚”。

写出 T-SQL 语句并截图：

修改语句如下：

```
use 图书信息管理系统
go
update ReaderCard
set 读者姓名='李蔚'
where 借书证编号='030900171'
go
```

查询修改后的语句：

```
select * from ReaderCard where 借书证编号='030900171'
```

截图如图 15.52 所示。

	借书证编号	读者姓名	性别	出生日期	办卡时间	卡状态	卡类型编号
1	030900171	李蔚	女	1980-05-31 00:00:00.000	2003-09-01 00:00:00.000	正常	Teacher

图 15.52　修改记录后的截图

3. 删除新插入的数据，将 ReaderCard 表“借书证编号”为“030900171”的读者记录删除。写出 T-SQL 语句并截图(select 语句查询结果图)。

删除语句如下：

```
use 图书信息管理系统
go
delete from ReaderCard
where 借书证编号='030900171'
go
```

查询删除后的语句：

```
select * from ReaderCard
```

截图如图 15.53 所示。

	借书证编号	读者姓名	性别	出生日期	办卡时间	卡状态	卡类型编号
1	082233164	常玲	女	1990-01-18 00:00:00.000	2008-05-05 00:00:00.000	正常	Worker
2	082233165	刘哲伦	男	1989-10-18 00:00:00.000	2008-02-01 00:00:00.000	已注销	Worker
3	094500236	刘恩	男	1986-06-04 00:00:00.000	2009-05-03 00:00:00.000	正常	Student
4	094500237	朱明明	男	1987-07-20 00:00:00.000	2009-06-30 00:00:00.000	正常	Student
5	20030013117	王小秋	女	1988-09-16 00:00:00.000	2006-03-12 00:00:00.000	正常	Teacher
6	796625325	王云	女	1992-05-05 00:00:00.000	2010-06-03 00:00:00.000	已挂失	Other

图 15.53　删除记录后的截图

15.7 数据检索

1. 单表查询

(1) 查询表中的所有信息

从 ReaderCard 表中检索出所有读者信息。

语句入下：

```
select * from ReaderCard
```

(2) 基于 select 子句进行数据查询

从 ReaderCard 表中分别检索出读者姓名、性别、卡状态和卡类型编号。写出 SQL 语句并截图：

语句如下：

方法 1：

```
select 读者姓名,性别,卡状态,卡类型编号 from ReaderCard
```

截图如 15.54 所示。

	读者姓名	性别	卡状态	卡类型编号
1	常玲	女	正常	Worker
2	刘哲伦	男	已注销	Worker
3	刘恩	男	正常	Student
4	朱明明	男	正常	Student
5	王小秋	女	正常	Teacher
6	王云	女	已挂失	Other

图 15.54　查询记录截图

(3) 基于 where 子句进行数据查询

① 基于比较条件。从 BookInfo 表查询出图书价格大于等于 30 的图书信息。

语句如下：

```
select * from BookInfo
where 价格>=30
```

截图如图 15.55 所示。

	图书编号	图书名称	作者	出版社	库存位置	价格	图书类别编号	库存量
1	1008-2352	电脑乐园	谭宇	广西电脑乐园杂志社	TP3/K29	52	T	30
2	7111-1790	Java2核心技术	Gray Comel	机械工业出版社	TP312/233	68	T	5
3	7564-1018	大学语文教程	董子厚	东南大学出版社	H1/56	34	H	20
4	7800-8287	倾城之恋	莫然	华蓥出版社	I247/566	30.5	I	20
5	9787-5378	韩寒作品集	韩寒	北岳文艺出版社	I217/257	36	I	40

图 15.55　查询记录截图

② 基于 between 子句的数据查询。

从 BookInfo 表查询出图书价格介于 20～30 分之间的图书信息。

语句如下：

```
select * from BookInfo
where 价格 between 30 and 40
```

截图如图 15.56 所示。

	图书编号	图书名称	作者	出版社	库存位置	价格	图书类别编号	库存量
1	7564-1018	大学语文教程	董子厚	东南大学出版社	H1/56	34	H	20
2	7800-8287	倾城之恋	莫然	华菱出版社	I247/566	30.5	I	20
3	9787-5378	韩寒作品集	韩寒	北岳文艺出版社	I217/257	36	I	40

图 15.56　查询记录截图

从 ReaderCard 表中查询出生日期为 1987、1988 年的读者信息。

语句如下：

```
select * from ReaderCard
where 出生日期 between '1987 - 1 - 1' and '1988 - 12 - 31'
```

截图如图 15.57 所示。

	借书证编号	读者姓名	性别	出生日期	办卡时间	卡状态	卡类型编号
1	094500237	朱明明	男	1987-07-20 00:00:00.000	2009-06-30 00:00:00.000	正常	Student
2	20030013117	王小秋	女	1988-09-16 00:00:00.000	2006-03-12 00:00:00.000	正常	Teacher

图 15.57　查询记录截图

③ 基于 IN 子句的数据查询。

查询 ReaderCard 表中卡状态为 '已挂失 '、' 正常 ' 的读者信息。

语句如下：

```
select * from ReaderCard
where 卡状态 in (' 已挂失 ',' 正常 ')
```

截图如图 15.58 所示。

	借书证编号	读者姓名	性别	出生日期	办卡时间	卡状态	卡类型编号
1	082233164	常玲	女	1990-01-18 00:00:00.000	2008-05-05 00:00:00.000	正常	Worker
2	094500236	刘恩	男	1986-06-04 00:00:00.000	2009-05-03 00:00:00.000	正常	Student
3	094500237	朱明明	男	1987-07-20 00:00:00.000	2009-06-30 00:00:00.000	正常	Student
4	20030013117	王小秋	女	1988-09-16 00:00:00.000	2006-03-12 00:00:00.000	正常	Teacher
5	796625325	王云	女	1992-05-05 00:00:00.000	2010-06-03 00:00:00.000	已挂失	Other

图 15.58　查询记录截图

查询 ReaderCard 表中卡状态不是已注销，已挂失的信息。（提示：用 not in 关键字）

```
select * from ReaderCard
where 卡状态 not in(' 已注销 ',' 已挂失 ')
```

截图如图 15.59 所示。

	借书证编号	读者姓名	性别	出生日期	办卡时间	卡状态	卡类型编号
1	082233164	常玲	女	1990-01-18 00:00:00.000	2008-05-05 00:00:00.000	正常	Worker
2	094500236	刘恩	男	1986-06-04 00:00:00.000	2009-05-03 00:00:00.000	正常	Student
3	094500237	朱明明	男	1987-07-20 00:00:00.000	2009-06-30 00:00:00.000	正常	Student
4	20030013117	王小秋	女	1988-09-16 00:00:00.000	2006-03-12 00:00:00.000	正常	Teacher

图 15.59　查询记录截图

④ 基于 LIKE 子句的查询。

从 ReaderCard 表中检索出姓“王”的读者信息。

语句如下：

```
select * from ReaderCard
where 读者姓名 like '王%'
```

截图如 15.60 所示。

	借书证编号	读者姓名	性别	出生日期	办卡时间	卡状态	卡类型编号
1	20030013117	王小秋	女	1988-09-16 00:00:00.000	2006-03-12 00:00:00.000	正常	Teacher
2	796625325	王云	女	1992-05-05 00:00:00.000	2010-06-03 00:00:00.000	已挂失	Other

图 15.60　查询记录截图

从 ReaderCard 表中分别检索出借书证编号最后一位是 6 或 5 的读者信息。

语句如下：

```
select * from ReaderCard
where 借书证编号 like '%[65]'
```

截图如图 15.61 所示。

	借书证编号	读者姓名	性别	出生日期	办卡时间	卡状态	卡类型编号
1	082233165	刘哲伦	男	1989-10-18 00:00:00.000	2008-02-01 00:00:00.000	已注销	Worker
2	094500236	刘恩	男	1986-06-04 00:00:00.000	2009-05-03 00:00:00.000	正常	Student
3	796625325	王云	女	1992-05-05 00:00:00.000	2010-06-03 00:00:00.000	已挂失	Other

图 15.61　查询记录截图

从 ReaderCard 表中分别检索出借书证编号最后两位是 65 的读者信息。

语句如下：

```
select * from ReaderCard
where 借书证编号 like '%[6][5]'
```

截图如图 15.62 所示。

	借书证编号	读者姓名	性别	出生日期	办卡时间	卡状态	卡类型编号
1	082233165	刘哲伦	男	1989-10-18 00:00:00.000	2008-02-01 00:00:00.000	已注销	Worker

图 15.62　查询记录截图

从 ReaderCard 表中检索出所有名称为 3 个字的职工的信息。

语句如下：

```
select * from ReaderCard
where 读者姓名 like '___'
```

截图如图 15.63 所示。

	借书证编号	读者姓名	性别	出生日期	办卡时间	卡状态	卡类型编号
1	082233165	刘哲伦	男	1989-10-18 00:00:00.000	2008-02-01 00:00:00.000	已注销	Worker
2	094500237	朱明明	男	1987-07-20 00:00:00.000	2009-06-30 00:00:00.000	正常	Student
3	20030013117	王小秋	女	1988-09-16 00:00:00.000	2006-03-12 00:00:00.000	正常	Teacher

图 15.63　查询记录截图

从 ReaderCard 表中检索出读者姓名中含有“小”的读者信息。

语句如下：

```
select * from ReaderCard
where 读者姓名 like '%小%'
```

截图如图 15.64 所示。

	借书证编号	读者姓名	性别	出生日期	办卡时间	卡状态	卡类型编号
1	20030013117	王小秋	女	1988-09-16 00:00:00.000	2006-03-12 00:00:00.000	正常	Teacher

图 15.64　查询记录截图

(4) 使用 TOP 关键字查询

① 显示 BookInfo 表中前 3 行图书信息，写出 SQL 语句并截图：

语句如下：

```
select top 3 * from BookInfo
```

截图如图 15.65 所示。

	图书编号	图书名称	作者	出版社	库存位置	价格	图书类别编号	库存量
1	1008-2352	电脑乐园	谭宇	广西电脑乐园杂志社	TP3/K29	52	T	30
2	7111-1790	Java2核心技术	Gray Cornel	机械工业出版社	TP312/233	68	T	5
3	7305-0458	计算机应用基础	黄强	南京大学出版社	TP3/913	27.4	T	15

图 15.65　查询记录截图

② 显示 BookInfo 表中前 10%的图书信息，写出 SQL 语句并截图：

语句如下：

```
select top 10 percent * from BookInfo
```

截图如图 15.66 所示。

	图书编号	图书名称	作者	出版社	库存位置	价格	图书类别编号	库存量
1	1008-2352	电脑乐园	谭宇	广西电脑乐园杂志社	TP3/K29	52	T	30

图 15.66　查询记录截图

(5) 重命名列名

利用重命名列名的三种方式进行如下查询：

① 利用“旧列名 as 新列名”方法，查询所有图书的名称(重命名为 BookName)，作者(重命名为 Author)。

语句如下：

```
select 图书名称 as BookName,作者 as Author from BookInfo
```

截图如图 15.67 所示。

	BookName	Author
1	电脑乐园	谭宇
2	Java2核心技术	Gray Comel
3	计算机应用基础	黄强
4	大学语文教程	董子厚
5	谁动了我的奶酪	斯宾塞.约翰
6	倾城之恋	莫然
7	盗墓笔记	南派三叔
8	韩寒作品集	韩寒
9	沉睡之城	蔡骏
10	爱丽丝漫游奇境	卡罗尔

图 15.67 查询记录截图

② 利用"旧列名　新列名"方法,查询读者姓名(重命名为 ReaderName)、性别(重命名为 Sex)、卡类型(重命名为 CardType)。

语句如下:

```
select 读者姓名  ReaderName,性别  Sex,卡类型编号 CardType from ReaderCard
```

截图如图 15.68 所示。

	ReaderName	Sex	CardType
1	常玲	女	Worker
2	刘哲伦	男	Worker
3	刘恩	男	Student
4	朱明明	男	Student
5	王小秋	女	Teacher
6	王云	女	Other

图 15.68 查询记录截图

③ 利用"新列名=旧列名"方法,查询图书类别编号(重命名为 TypeID)、类别名称(重命名为 TypeName)。

语句如下:

```
select TypeID=图书类别编号,TypeName=图书类别名称 from BookType
```

截图如图 15.69 所示。

	TypeID	TypeName
1	B	哲学宗教
2	H	语言文学
3	I	文学
4	T	工业技术

图 15.69 查询记录截图

(6) 使用 DISTINCT 关键字查询

查询 BorrowList 表中的所有借书证号,不显示重复行,写出 SQL 语句并截图:

语句如下:

```
select distinct 借书证编号 from BorrowList
```

截图如图 15.70 所示。

	借书证编号
1	082233164
2	094500237
3	20030013117
4	796625325

图 15.70　查询记录截图

(7) 用计算列查询

① 基于 BookInfo 表，查询所有图书的编号、名称、七折折扣价和库存量，并将各书库存增加 20 后再显示。

语句如下：

```
select 图书编号,图书名称,七折折扣价=价格 * 0.7,新库存量=库存量+20 from BookInfo
```

截图如图 15.71 所示。

	图书编号	图书名称	七折折扣价	新库存量
1	1008-2352	电脑乐园	30.4	50
2	7111-1790	Java2核心技术	47.6	25
3	7305-0458	计算机应用基础	19.18	35
4	7564-1018	大学语文教程	23.8	40
5	7800-7336	谁动了我的奶酪	16.45	30
6	7800-8287	倾城之恋	21.35	40
7	9787-5057	盗墓笔记	19.6	40
8	9787-5378	韩寒作品集	25.2	60
9	9787-5613	沉睡之城	17.5	30
10	9787-8020	爱丽丝漫游奇境	18.41	32

图 15.71　查询记录截图

② 基于 CardType 表，查询每种类型的读者的卡类型名称，可借阅数量和借阅天数总数。

语句如下：

```
select 卡类型名称,可借阅数量,借阅天数总数=可借阅天数+可续借天数 from CardType
```

截图如图 15.72 所示。

	卡类型名称	可借阅数量	借阅天数总数
1	院领导	15	130
2	其他	2	40
3	学生借书证	5	60
4	教师借书证	10	90
5	办公人员	8	70

图 15.72　查询记录截图

③ 基于 ReaderCard 表，查询所有读者的年龄范围(年龄最大值，最小值)。

语句如下：

```
select 年龄最小值=Min(出生日期),年龄最大值=MAX(出生日期) from ReaderCard
```

截图如图 15.73 所示。

	年龄最小值	年龄最大值
1	1986-06-04 00:00:00.000	1992-05-05 00:00:00.000

图 15.73　查询记录截图

(8) 使用 order by 语句对查询的结果进行排序

① 基于 BorrowList 表，查询所有的借书证信息，并按照借阅时间从小到大排序。

语句如下：

```
select * from BorrowList
order by 借阅时间
```

截图如图 15.74 所示。

	借阅编号	图书编号	借书证编号	借阅时间	应还书时间	实际归还时间	续借时间	逾期罚款
1	2	1008-2352	094500237	2012-04-08 00:00:00.000	2012-05-18 00:00:00.000	2012-05-20 00:00:00.000	NULL	0.20
2	4	7111-1790	20030013117	2012-08-21 00:00:00.000	2012-12-20 00:00:00.000	NULL	2012-11-20 00:00:00.000	0.00
3	7	7305-0458	20030013117	2012-09-04 00:00:00.000	2012-12-04 00:00:00.000	2012-11-01 00:00:00.000	NULL	0.00
4	1	1008-2352	20030013117	2012-10-02 00:00:00.000	2013-01-02 00:00:00.000	NULL	NULL	0.00
5	8	7564-1018	796625325	2012-10-12 00:00:00.000	2012-11-12 00:00:00.000	NULL	NULL	0.00
6	5	7305-0458	082233164	2012-10-12 00:00:00.000	2012-11-22 00:00:00.000	2012-11-01 00:00:00.000	NULL	0.00
7	6	7305-0458	094500237	2012-10-23 00:00:00.000	2012-12-03 00:00:00.000	NULL	NULL	0.00
8	3	7111-1790	082233164	2012-11-01 00:00:00.000	2012-12-11 00:00:00.000	NULL	NULL	0.00
9	9	7564-1018	094500237	2012-11-14 00:00:00.000	2012-11-14 00:00:00.000	NULL	NULL	0.00

图 15.74　查询记录截图

② 基于 BorrowList 表，查询所有的借阅信息，按照图书编号从小到大排序，图书编号相同的按照借阅时间从大到小排序。

语句如下：

```
select * from BorrowList
order by 图书编号,借阅时间 desc
```

截图如图 15.75 所示。

	借阅编号	图书编号	借书证编号	借阅时间	应还书时间	实际归还时间	续借时间	逾期罚款
1	1	1008-2352	20030013117	2012-10-02 00:00:00.000	2013-01-02 00:00:00.000	NULL	NULL	0.00
2	2	1008-2352	094500237	2012-04-08 00:00:00.000	2012-05-18 00:00:00.000	2012-05-20 00:00:00.000	NULL	0.20
3	3	7111-1790	082233164	2012-11-01 00:00:00.000	2012-12-11 00:00:00.000	NULL	NULL	0.00
4	4	7111-1790	20030013117	2012-08-21 00:00:00.000	2012-12-20 00:00:00.000	NULL	2012-11-20 00:00:00.000	0.00
5	6	7305-0458	094500237	2012-10-23 00:00:00.000	2012-12-03 00:00:00.000	NULL	NULL	0.00
6	5	7305-0458	082233164	2012-10-12 00:00:00.000	2012-11-22 00:00:00.000	2012-11-01 00:00:00.000	NULL	0.00
7	7	7305-0458	20030013117	2012-09-04 00:00:00.000	2012-12-04 00:00:00.000	2012-11-01 00:00:00.000	NULL	0.00
8	9	7564-1018	094500237	2012-11-14 00:00:00.000	2012-11-14 00:00:00.000	NULL	NULL	0.00
9	8	7564-1018	796625325	2012-10-12 00:00:00.000	2012-11-12 00:00:00.000	NULL	NULL	0.00

图 15.75　查询记录截图

③ 基于 CardType 表，查询可借阅数量最少的两个类型的读者信息。

语句如下：

```
select top 2 * from CardType
order by 可借阅数量
```

截图如图 15.76 所示。

	卡类型编号	卡类型名称	可借阅数量	可借阅天数	可续借天数
1	other	其他	2	30	10
2	Student	学生借书证	5	40	20

图 15.76　查询记录截图

④ 基于 BookInfo 表中查询图书价格大于 35 元的书的图书编号、图书名称和价格，并按图书价格降序排列。

语句如下：

```
select 图书编号,图书名称,价格 from BookInfo
where 价格>35
order by 价格 DESC
```

截图如图 15.77 所示。

	图书编号	图书名称	价格
1	7111-1790	Java2核心技术	68
2	1008-2352	电脑乐园	52
3	9787-5378	韩寒作品集	36

图 15.77　查询记录截图

(9) 利用函数进行汇总查询

① 基于 ReaderCard 表，查询卡状态显示为“正常”的读者数量。

语句如下：

```
select 卡状态正常的读者数量=COUNT(*) from ReaderCard
where 卡状态='正常'
```

截图如图 15.78 所示。

	卡状态正常的读者数量
1	4

图 15.78　查询记录截图

② 基于 CardType 表，查询可借阅数量>5 的读者共多少种类型(提示：使用 count(*))。

语句如下：

```
select COUNT(*) as 借阅数量超过 5 本的读者类别个数
from CardType
where 可借阅数量>5
```

截图如图 15.79 所示。

	借阅数量超过5本的读者类别个数
1	5

图 15.79　查询记录截图

(10) 分类汇总查询

① 不带 having 的汇总查询

基于 ReaderCard 表，查询不同卡类型的读者人数。

语句如下：

```
select 卡类型编号,COUNT(*) as 人数
```

```
from ReaderCard
group by 卡类型编号
```

截图如图 15.80 所示。

	卡类型编号	人数
1	Other	1
2	Student	2
3	Teacher	1
4	Worker	2

图 15.80　查询记录截图

基于 BookInfo 表,查询每种类别的图书的最高价格,最低价格和平均价格。

语句如下:

```
select 图书类别编号,max(价格) as 最高价格,min(价格) as 最低价格,AVG(价格) as 平均价格
from BookInfo
group by 图书类别编号
```

截图如图 15.81 所示。

	图书类别编号	最高价格	最低价格	平均价格
1	B	23.5	23.5	23.5
2	H	34	34	34
3	I	36	25	29.16
4	T	68	27.4	49.1333333333333

图 15.81　查询记录截图

基于 BookInfo 表,统计每种类别的图书总价值(价格×库存量)。

语句如下:

```
select 图书类别编号,sum(价格 * 库存量) as 图书总价值
from BookInfo
group by 图书类别编号
```

截图如图 15.82 所示。

	图书类别编号	图书总价值
1	B	235
2	H	680
3	I	3175.6
4	T	2311

图 15.82　查询记录截图

基于 BookInfo 表,查询每种类别的图书中,价格最高与最低的差距。

语句如下:

```
select 图书类别编号,MAX(价格)—MIN(价格) as 价格差
from BookInfo
group by 图书类别编号
```

截图如图 15.83 所示。

	图书类别编号	价格差
1	B	0
2	H	0
3	I	11
4	T	40.6

图 15.83　查询记录截图

基于 BorrowList 表，查询不同书籍被借出的数量，并按照数量从大到小排序。

语句如下：

```
select 图书编号,COUNT( * ) as 借出数量
from BorrowList
group by 图书编号
order by COUNT( * ) desc
```

截图如图 15.84 所示。

	图书编号	借出数量
1	7305-0458	3
2	7564-1018	2
3	1008-2352	2
4	7111-1790	2

图 15.84　查询记录截图

基于 BookInfo 表，查询不同类别图书的库存量，并按照数量从大到小排序。

语句如下：

```
select 图书类别编号,sum(库存量) as 总库存
from BookInfo
group by 图书类别编号
order by sum(库存量) desc
```

截图如图 15.85 所示。

	图书类别编号	总库存
1	I	102
2	T	50
3	H	20
4	B	10

图 15.85　查询记录截图

② 带 having 的汇总查询

基于 BookInfo 表，查询库存量小于 50 的图书类别。

语句如下：

```
select 图书类别编号,SUM(库存量) as 总库存
from BookInfo
group by 图书类别编号
having SUM(库存量)<50
```

截图如图 15.86 所示。

	图书类别编号	总库存
1	B	10
2	H	20

图 15.86　查询记录截图

基于 BookInfo 表,查询图书类别编号为'B'的书籍库存量。

语句如下:

```
select 图书类别编号,SUM(库存量) as 总库存
from BookInfo
group by 图书类别编号
having 图书类别编号='B'
```

截图如图 15.87 所示。

	图书类别编号	总库存
1	B	10

图 15.87　查询记录截图

基于 BookInfo 表,查询图书平均价格>40 的图书类别编号和平均价格(提示:having,思考使用 where 可以么?)。

语句如下:

```
select 图书类别编号,AVG(价格) as 平均价格
from BookInfo
group by 图书类别编号
having AVG(价格)>40
```

截图如图 15.88 所示。

	图书类别编号	平均价格
1	T	49.1333333333333

图 15.88　查询记录截图

(11) 使用 compute 和 compute by 子句进行查询

① 用 compute 子句汇总出 BookInfo 表中所有图书总价格,显示图书编号和价格。

语句如下:

```
select 图书编号,价格
from BookInfo
compute sum(价格)
```

截图如图 15.89 所示。

	图书编号	价格
1	1008-2352	52
2	7111-1790	68
3	7305-0458	27.4
4	7564-1018	34
5	7800-7336	23.5
6	7800-8287	30.5
7	9787-5057	28
8	9787-5378	36
9	9787-5613	25
10	9787-8020	26.3

	sum
1	350.7

图 15.89　查询记录截图

② 用 compute by 子句按图书类别编号汇总出 BookInfo 表中各种类别图书编号和价格。语句如下：

```
select 图书编号,价格
from BookInfo
order by 图书类别编号
compute sum(价格) by 图书类别编号
```

截图如图 15.90 所示。

	图书编号	价格
1	7800-7336	23.5

	sum
1	23.5

	图书编号	价格
1	7564-1018	34

	sum
1	34

	图书编号	价格
1	7800-8287	30.5
2	9787-5057	28
3	9787-5378	36
4	9787-5613	25
5	9787-8020	26.3

	sum
1	145.8

	图书编号	价格
1	1008-2352	52
2	7111-1790	68
3	7305-0458	27.4

	sum
1	147.4

图 15.90　查询记录截图

③ 查询"图书类别编号"为"T"的图书信息，并使用 compute 汇总出该类图书的册数、平均价格、最高价格和最低价格。

语句如下：

```
select * from BookInfo
where 图书类别编号='T'
compute count(图书类别编号),avg(价格),max(价格),min(价格)
```

截图如图 15.91 所示。

	图书编号	图书名称	作者	出版社	库存位置	价格	图书类别编号	库存量
1	1008-2352	电脑乐园	谭宇	广西电脑乐园杂志社	TP3/K29	52	T	30
2	7111-1790	Java2核心技术	Gray Comel	机械工业出版社	TP312/233	68	T	5
3	7305-0458	计算机应用基础	黄强	南京大学出版社	TP3/913	27.4	T	15

	cnt	avg	max	min
1	3	49.1333333333333	68	27.4

图 15.91　查询记录截图

2. 多表查询

(1) 内连接查询

① 运用内连接查询所有借阅信息，要求显示借书证编号、读者姓名、图书编号、应还书时间。

语句如下：

```
select ReaderCard.借书证编号,读者姓名,图书编号,应还书时间
from ReaderCard inner join BorrowList
on ReaderCard.借书证编号=BorrowList.借书证编号
```

截图如图 15.92 所示。

	借书证编号	读者姓名	图书编号	应还书时间
1	20030013117	王小秋	1008-2352	2013-01-02 00:00:00.000
2	094500237	朱明明	1008-2352	2012-05-18 00:00:00.000
3	082233164	常玲	7111-1790	2012-12-11 00:00:00.000
4	20030013117	王小秋	7111-1790	2012-12-20 00:00:00.000
5	082233164	常玲	7305-0458	2012-11-22 00:00:00.000
6	094500237	朱明明	7305-0458	2012-12-03 00:00:00.000
7	20030013117	王小秋	7305-0458	2012-12-04 00:00:00.000
8	796625325	王云	7564-1018	2012-11-12 00:00:00.000
9	094500237	朱明明	7564-1018	2012-11-14 00:00:00.000

图 15.92　查询记录截图

② 运用内连接查询所有男读者姓名、办卡时间和卡类型名称。

语句如下：

```
select 读者姓名,办卡时间,卡类型名称
from ReaderCard inner join CardType
on ReaderCard.卡类型编号=CardType.卡类型编号 and 性别='男'
```

截图如图 15.93 所示。

	读者姓名	办卡时间	卡类型名称
1	刘哲伦	2008-02-01 00:00:00.000	办公人员
2	刘恩	2009-05-03 00:00:00.000	学生借书证
3	朱明明	2009-06-30 00:00:00.000	学生借书证

图 15.93　查询记录截图

③ 运用内连接查询所有图书的图书编号、图书名称、出版社、图书类别名称。

语句如下：

```
select 图书编号,图书名称,出版社,图书类别名称
from BookInfo inner join BookType
on BookInfo.图书类别编号=BookType.图书类别编号
```

截图如图 15.94 所示。

	图书编号	图书名称	出版社	图书类别名称
1	1008-2352	电脑乐园	广西电脑乐园杂志社	工业技术
2	7111-1790	Java2核心技术	机械工业出版社	工业技术
3	7305-0458	计算机应用基础	南京大学出版社	工业技术
4	7564-1018	大学语文教程	东南大学出版社	语言文学
5	7800-7336	谁动了我的奶酪	中信出版社	哲学宗教
6	7800-8287	倾城之恋	华菱出版社	文学
7	9787-5057	盗墓笔记	中国友谊出版公司	文学
8	9787-5378	韩寒作品集	北岳文艺出版社	文学
9	9787-5613	沉睡之城	陕西师范大学出版社	文学
10	9787-8020	爱丽丝漫游奇境	光明日报出版社	文学

图 15.94　查询记录截图

(2) 左外连接查询

① 运用左外联接查询所有借阅信息，要求显示借书证编号、读者姓名、图书编号、应还书时间，并显示所有未借阅读者的信息。写出 SQL 语句并截图：

语句如下：

```
select ReaderCard.借书证编号,读者姓名,图书编号,应还书时间
from ReaderCard left join BorrowList
on ReaderCard.借书证编号=BorrowList.借书证编号
```

截图如图 15.95 所示。

	借书证编号	读者姓名	图书编号	应还书时间
1	082233164	常玲	7111-1790	2012-12-11 00:00:00.000
2	082233164	常玲	7305-0458	2012-11-22 00:00:00.000
3	082233165	刘哲伦	NULL	NULL
4	094500236	刘恩	NULL	NULL
5	094500237	朱明明	1008-2352	2012-05-18 00:00:00.000
6	094500237	朱明明	7305-0458	2012-12-03 00:00:00.000
7	094500237	朱明明	7564-1018	2012-11-14 00:00:00.000
8	20030013117	王小秋	1008-2352	2013-01-02 00:00:00.000
9	20030013117	王小秋	7111-1790	2012-12-20 00:00:00.000
10	20030013117	王小秋	7305-0458	2012-12-04 00:00:00.000
11	796625325	王云	7564-1018	2012-11-12 00:00:00.000

图 15.95　查询记录截图

② 运用左外联接查询所有读者姓名、借书证编号和借阅时间。

语句如下：

```
select 读者姓名,Readercard.借书证编号,借阅时间
from ReaderCard left join BorrowList
on ReaderCard.借书证编号=BorrowList.借书证编号
```

截图如图 15.96 所示。

	读者姓名	借书证编号	借阅时间
1	常玲	082233164	2012-11-01 00:00:00.000
2	常玲	082233164	2012-10-12 00:00:00.000
3	刘哲伦	082233165	NULL
4	刘恩	094500236	NULL
5	朱明明	094500237	2012-04-08 00:00:00.000
6	朱明明	094500237	2012-10-23 00:00:00.000
7	朱明明	094500237	2012-11-14 00:00:00.000
8	王小秋	20030013117	2012-10-02 00:00:00.000
9	王小秋	20030013117	2012-08-21 00:00:00.000
10	王小秋	20030013117	2012-09-04 00:00:00.000
11	王云	796625325	2012-10-12 00:00:00.000

图 15.96　查询记录截图

(3) 右外连接查询

查询所有读者的借阅信息,要求显示借书证编号、读者姓名、图书编号、应还书时间,通过查询将显示所有已借阅读者的信息。

语句如下:

```
select ReaderCard.借书证编号,读者姓名,图书编号,应还书时间
from ReaderCard right join BorrowList
on ReaderCard.借书证编号=BorrowList.借书证编号
```

截图如图 15.97 所示。

	借书证编号	读者姓名	图书编号	应还书时间
1	20030013117	王小秋	1008-2352	2013-01-02 00:00:00.000
2	094500237	朱明明	1008-2352	2012-05-18 00:00:00.000
3	082233164	常玲	7111-1790	2012-12-11 00:00:00.000
4	20030013117	王小秋	7111-1790	2012-12-20 00:00:00.000
5	082233164	常玲	7305-0458	2012-11-22 00:00:00.000
6	094500237	朱明明	7305-0458	2012-12-03 00:00:00.000
7	20030013117	王小秋	7305-0458	2012-12-04 00:00:00.000
8	796625325	王云	7564-1018	2012-11-12 00:00:00.000
9	094500237	朱明明	7564-1018	2012-11-14 00:00:00.000

图 15.97　查询记录截图

(4) 完全外连接查询

查询所有借阅信息,要求显示借书证编号、读者姓名、图书编号、应还书时间,通过查询将显示所有读者的借阅和未借阅情况。

语句如下:

```
select ReaderCard.借书证编号,读者姓名,图书编号,应还书时间
from ReaderCardfull join BorrowList
on ReaderCard.借书证编号=BorrowList.借书证编号
```

截图如图 15.98 所示。

	借书证编号	读者姓名	图书编号	应还书时间
1	082233164	常玲	7111-1790	2012-12-11 00:00:00.000
2	082233164	常玲	7305-0458	2012-11-22 00:00:00.000
3	082233165	刘哲伦	NULL	NULL
4	094500236	刘恩	NULL	NULL
5	094500237	朱明明	1008-2352	2012-05-18 00:00:00.000
6	094500237	朱明明	7305-0458	2012-12-03 00:00:00.000
7	094500237	朱明明	7564-1018	2012-11-14 00:00:00.000
8	20030013117	王小秋	1008-2352	2013-01-02 00:00:00.000
9	20030013117	王小秋	7111-1790	2012-12-20 00:00:00.000
10	20030013117	王小秋	7305-0458	2012-12-04 00:00:00.000
11	796625325	王云	7564-1018	2012-11-12 00:00:00.000

图 15.98　查询记录截图

（5）union 联合查询

联合查询作者和读者姓名，并重命名为姓名。

语句如下：

```
select 作者 as 姓名 from BookInfo
union
select 读者姓名 as 姓名 from ReaderCard
```

截图如图 15.99 所示。

	姓名
1	Gray Cornel
2	蔡骏
3	常玲
4	董子厚
5	韩寒
6	黄强
7	卡罗尔
8	刘恩
9	刘哲伦
10	莫然
11	南派三叔
12	斯宾塞.约翰
13	谭宇
14	王小秋
15	王云
16	朱明明

图5.99　查询记录截图

（6）基于 where 子句的多表查询

① 查询所有图书的图书编号、图书名称、出版社、图书类别名称。

语句如下：

```
select 图书编号,图书名称,出版社,图书类别名称
from BookInfo,BookType
where BookInfo.图书类别编号=BookType.图书类别编号
```

截图如图 15.100 所示。

	图书编号	图书名称	出版社	图书类别名称
1	1008-2352	电脑乐园	广西电脑乐园杂志社	工业技术
2	7111-1790	Java2核心技术	机械工业出版社	工业技术
3	7305-0458	计算机应用基础	南京大学出版社	工业技术
4	7564-1018	大学语文教程	东南大学出版社	语言文学
5	7800-7336	谁动了我的奶酪	中信出版社	哲学宗教
6	7800-8287	倾城之恋	华蓥出版社	文学
7	9787-5057	盗墓笔记	中国友谊出版公司	文学
8	9787-5378	韩寒作品集	北岳文艺出版社	文学
9	9787-5613	沉睡之城	陕西师范大学出版社	文学
10	9787-8020	爱丽丝漫游奇境	光明日报出版社	文学

图 15.100　查询记录截图

② 查询读者的姓名、性别、卡类型名称、可借阅数量。

语句如下：

```
select 读者姓名,性别,卡类型名称,可借阅数量
from ReaderCard,CardType
where ReaderCard.卡类型编号=CardType.卡类型编号
```

截图如图 15.101 所示。

	读者姓名	性别	卡类型名称	可借阅数量
1	常玲	女	办公人员	8
2	刘哲伦	男	办公人员	8
3	刘恩	男	学生借书证	5
4	朱明明	男	学生借书证	5
5	王小秋	女	教师借书证	10
6	王云	女	其他	2

图 15.101　查询记录截图

③ 查询所有图书的信息，包括图书名称、作者、出版社、图书类别名称。

语句如下：

```
select 图书名称,作者,出版社,图书类别名称
from BookInfo,BookType
where BookInfo.图书类别编号=BookType.图书类别编号
```

截图如图 15.102 所示。

	图书名称	作者	出版社	图书类别名称
1	电脑乐园	谭宇	广西电脑乐园杂志社	工业技术
2	Java2核心技术	Gray Comel	机械工业出版社	工业技术
3	计算机应用基础	黄强	南京大学出版社	工业技术
4	大学语文教程	董子厚	东南大学出版社	语言文学
5	谁动了我的奶酪	斯宾塞.约翰	中信出版社	哲学宗教
6	倾城之恋	莫然	华蓥出版社	文学
7	盗墓笔记	南派三叔	中国友谊出版公司	文学
8	韩寒作品集	韩寒	北岳文艺出版社	文学
9	沉睡之城	蔡骏	陕西师范大学出版社	文学
10	爱丽丝漫游奇境	卡罗尔	光明日报出版社	文学

图 15.102　查询记录截图

④ 三表联合查询：查询所有借阅信息的读者姓名、图书名称和借阅时间。

语句如下：

```
select 读者姓名,图书名称,借阅时间
from ReaderCard,BookInfo,BorrowList
where ReaderCard.借书证编号=BorrowList.借书证编号 and BookInfo.图书编号=BorrowList.图书编号
```

截图如图 15.103 所示。

	读者姓名	图书名称	借阅时间
1	王小秋	电脑乐园	2012-10-02 00:00:00.000
2	朱明明	电脑乐园	2012-04-08 00:00:00.000
3	常玲	Java2核心技术	2012-11-01 00:00:00.000
4	王小秋	Java2核心技术	2012-08-21 00:00:00.000
5	常玲	计算机应用基础	2012-10-12 00:00:00.000
6	朱明明	计算机应用基础	2012-10-23 00:00:00.000
7	王小秋	计算机应用基础	2012-09-04 00:00:00.000
8	王云	大学语文教程	2012-10-12 00:00:00.000
9	朱明明	大学语文教程	2012-11-14 00:00:00.000

图 15.103　查询记录截图

(7) 基于 In 子句的多表查询

① 运用 In 子查询,查询所有借过书的读者信息。

语句如下:

```
select * from ReaderCard
where 借书证编号 in
(select 借书证编号 from BorrowList)
```

截图如图 15.104 所示。

	借书证编号	读者姓名	性别	出生日期	办卡时间	卡状态	卡类型编号
1	082233164	常玲	女	1990-01-18 00:00:00.000	2008-05-05 00:00:00.000	正常	Worker
2	094500237	朱明明	男	1987-07-20 00:00:00.000	2009-06-30 00:00:00.000	正常	Student
3	20030013117	王小秋	女	1988-09-16 00:00:00.000	2006-03-12 00:00:00.000	正常	Teacher
4	796625325	王云	女	1992-05-05 00:00:00.000	2010-06-03 00:00:00.000	已挂失	Other

图 15.104　查询记录截图

② 运用 In 子查询,查询从没有借过书的读者信息。

语句如下:

```
select * from ReaderCard
where 借书证编号 not in
(select 借书证编号 from BorrowList)
```

截图如图 15.105 所示。

	借书证编号	读者姓名	性别	出生日期	办卡时间	卡状态	卡类型编号
1	082233165	刘哲伦	男	1989-10-18 00:00:00.000	2008-02-01 00:00:00.000	已注销	Worker
2	094500236	刘恩	男	1986-06-04 00:00:00.000	2009-05-03 00:00:00.000	正常	Student

图 15.105　查询记录截图

③ 运用 In 子查询,查询'计算机应用基础'被借阅的次数。

语句如下:

```
select COUNT(*) as 借阅次数 from BorrowList
where 图书编号 in
(
  select 图书编号 from BookInfo
  where 图书名称='计算机应用基础'
)
```

截图如图 15.106 所示。

	借阅次数
1	3

图 15.106　查询记录截图

(8) 基于 Exists 子句的多表查询

① 运用 Exists 子查询，查询所有借过书的读者信息。

语句如下：

```
select * from ReaderCard
where exists
(
  select 借书证编号 from BorrowList
  where ReaderCard.借书证编号=BorrowList.借书证编号
)
```

截图如图 15.104 所示。

② 运用 Exists 子查询，查询从没有借过书的读者信息。

语句如下：

```
select * from ReaderCard
where not exists
(
  select 借书证编号 from BorrowList
  where ReaderCard.借书证编号=BorrowList.借书证编号
)
```

截图如图 15.105 所示。

③ 运用 Exists 子查询，查询'计算机应用基础'被借阅的次数。

语句如下：

```
select COUNT(*) as 借阅次数 from BorrowList
where exists
(
  select 图书编号 from BookInfo
  where BorrowList.图书编号=BookInfo.图书编号
        and 图书名称='计算机应用基础'
)
```

截图如图 15.106 所示。

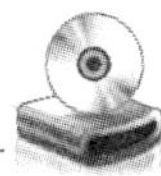

(9) 多表汇总查询

① 运用 Where 语句,查询'文学'类书籍的库存总量。

语句如下:

```
select SUM(库存量) as 文学总库存
from BookInfo,BookType
where BookInfo.图书类别编号=BookType.图书类别编号 and 图书类别名称='文学'
```

截图如图 15.107 所示。

	文学总库存
1	102

图 15.107　查询记录截图

② 运用 Having 语句,查询'文学'类书籍的库存总量。

语句如下:

```
select 图书类别名称,SUM(库存量) as 文学总库存
from BookInfo,BookType
where BookInfo.图书类别编号=BookType.图书类别编号
group by 图书类别名称
having 图书类别名称='文学'
```

截图如图 15.108 所示。

	图书类别名称	文学总库存
1	文学	102

图 15.108　查询记录截图

③ 运用 Where 语句,查询不同性别的读者借阅记录总数。

语句如下:

```
select 性别,COUNT(*) as 借阅记录总数
from ReaderCard,BorrowList
where ReaderCard.借书证编号=BorrowList.借书证编号
group by 性别
```

截图如图 15.109 所示。

	性别	借阅记录总数
1	男	3
2	女	6

图 15.109　查询记录截图

④ 运用 Having 语句,查询借阅记录大于 2 的读者信息。

语句如下:

```
select * from ReaderCard
where 借书证编号 in
(
  select 借书证编号 from BorrowList
  group by 借书证编号
  having COUNT(借书证编号)>=2
)
```

截图如图 15.110 所示。

	借书证编号	读者姓名	性别	出生日期	办卡时间	卡状态	卡类型编号
1	082233164	常玲	女	1990-01-18 00:00:00.000	2008-05-05 00:00:00.000	正常	Worker
2	094500237	朱明明	男	1987-07-20 00:00:00.000	2009-06-30 00:00:00.000	正常	Student
3	20030013117	王小秋	女	1988-09-16 00:00:00.000	2006-03-12 00:00:00.000	正常	Teacher

图 15.110　查询记录截图

(10) 多表查询综合应用

① 使用 exists 关键字，查询所有借阅了图书编号为"1008-2352"的读者借书证编号和姓名。

语句如下：

```
select 借书证编号,读者姓名
from ReaderCard
where exists
(
  select 借书证编号 from BorrowList
  where ReaderCard.借书证编号=BorrowList.借书证编号
        and 图书编号='1008-2352'
)
```

截图如图 15.111 所示。

	借书证编号	读者姓名
1	094500237	朱明明
2	20030013117	王小秋

图 15.111　查询记录截图

② 采用 in 连接方式，查询所有借阅了图书编号为"1008-2352"的读者借书证编号和姓名。

语句如下：

```
select 借书证编号,读者姓名
from ReaderCard
where 借书证编号 in
(
  select 借书证编号 from BorrowList
  where 图书编号='1008-2352'
)
```

截图如图 15.111 所示。

③ 采用 where 条件连接方式，查询所有借阅了图书编号为“1008－2352”的读者借书证编号和姓名。

语句如下：

```
select ReaderCard.借书证编号,读者姓名
from ReaderCard,BorrowList
where ReaderCard.借书证编号=BorrowList.借书证编号
    and 图书编号='1008－2352'
```

截图如图 15.111 所示。

④ 采用 in 连接方式，查询所有借阅了图书编号为“1008－2352”的读者借书证编号和姓名。

语句如下：

```
select ReaderCard.借书证编号,读者姓名
from ReaderCard join BorrowList
on ReaderCard.借书证编号=BorrowList.借书证编号
    and 图书编号='1008－2352'
```

截图如图 15.111 所示。

15.8　视图

1. 用 T-SQL 语言创建视图

(1) 创建视图

① 创建一个名为 ReaderCard_query_view1 的水平视图，从数据库“图书信息管理系统”的 ReaderCard 表中查询出性别为“男”的所有学生的资料。

创建视图语句如下：

```
create view ReaderCard_query_view1
as
select * from ReaderCard where 性别='男'
```

查询视图语句如下：

```
select * from ReaderCard_query_view1
```

截图如图 15.112 所示。

	借书证编号	读者姓名	性别	出生日期	办卡时间	卡状态	卡类型编号
1	082233165	刘哲伦	男	1989-10-18 00:00:00.000	2008-02-01 00:00:00.000	已注销	Worker
2	094500236	刘恩	男	1986-06-04 00:00:00.000	2009-05-03 00:00:00.000	正常	Student
3	094500237	朱明明	男	1987-07-20 00:00:00.000	2009-06-30 00:00:00.000	正常	Student

图 15.112　查询视图记录截图

② 创建一个名为 ReaderCard_query_view2 的投影视图，从数据库“图书信息管理系统”的 ReaderCard 表中查询出性别为“男”的所有读者的借书证编号、读者姓名、性别、卡状

态和卡类型编号。

创建视图语句如下：

```
create view ReaderCard_query_view2
as
select 借书证编号,读者姓名,性别,卡状态,卡类型编号
from ReaderCard
where 性别='男'
```

查询视图语句如下：

```
select * from ReaderCard_query_view 2
```

截图如图 15.113 所示。

	借书证编号	读者姓名	性别	卡状态	卡类型编号
1	082233165	刘哲伦	男	已注销	Worker
2	094500236	刘恩	男	正常	Student
3	094500237	朱明明	男	正常	Student

图 15.113　查询视图记录截图

③ 创建一个名为"Book_query_view3"的视图，它是由 ReaderCard、BookInfo 及 BorrowList 表创建的一个显示借阅了"计算机应用基础"图书的图书名称、作者、出版社和读者姓名(加密视图)。

创建视图语句如下：

```
create view Book_query_view3
with encryption
as
select 图书名称,作者,出版社,读者姓名
from ReaderCard,BookInfo,BorrowList
where ReaderCard.借书证编号=BorrowList.借书证编号 and
        BookInfo.图书编号=BorrowList.图书编号 and
        图书名称='计算机应用基础'
```

查询视图语句如下：

```
select * from Book_query_view3
```

截图如图 15.114 所示。

	图书名称	作者	出版社	读者姓名
1	计算机应用基础	黄强	南京大学出版社	常玲
2	计算机应用基础	黄强	南京大学出版社	朱明明
3	计算机应用基础	黄强	南京大学出版社	王小秋

图 15.114　查询视图记录截图

④ 创建一个从视图 ReaderCard_query_view1 中查询出卡状态为"正常"的读者信息，视图名为 ReaderCard_query_view4。

创建视图语句如下：

```
create view ReaderCard_query_view4
as
select * from ReaderCard_query_view1
where 卡状态='正常'
```

查询视图语句如下：

```
select * from ReaderCard_query_view 4
```

截图如图 15.115 所示。

	借书证编号	读者姓名	性别	出生日期	办卡时间	卡状态	卡类型编号
1	094500236	刘恩	男	1986-06-04 00:00:00.000	2009-05-03 00:00:00.000	正常	Student
2	094500237	朱明明	男	1987-07-20 00:00:00.000	2009-06-30 00:00:00.000	正常	Student

图 15.115　查询视图记录截图

2. 用 T-SQL 语言管理视图

(1) 修改视图的定义

修改视图 ReaderCard_query_view 1 使其从数据库“图书信息管理系统”的 ReaderCard 表中查询出性别为“女”的所有读者的信息。

修改视图语句如下：

```
alter view ReaderCard_query_view1
as
select * from ReaderCard where 性别='女'
```

查询视图语句如下：

```
select * from ReaderCard_query_view 1
```

截图如图 15.116 所示。

	借书证编号	读者姓名	性别	出生日期	办卡时间	卡状态	卡类型编号
1	082233164	常玲	女	1990-01-18 00:00:00.000	2008-05-05 00:00:00.000	正常	Worker
2	20030013117	王小秋	女	1988-09-16 00:00:00.000	2006-03-12 00:00:00.000	正常	Teacher
3	796625325	王云	女	1992-05-05 00:00:00.000	2010-06-03 00:00:00.000	已挂失	Other

图 15.116　查询视图记录截图

(2) 视图的更名与删除

① 将视图 ReaderCard_query_view 4 更名为 RC_query_view4，写出 SQL 语句并截图：

语句如下：

```
exec sp_rename ReaderCard_query_view4,RC_query_view4
```

截图如图 15.117 所示。

```
⊟ 视图
   ⊞ 系统视图
   ⊞ dbo.Book_query_view3
   ⊞ dbo.RC_query_view4
   ⊞ dbo.ReaderCard_query_view1
   ⊞ dbo.ReaderCard_query_view2
```

图 15.117　重命名视图后的截图

② 将视图 RC_query_view4 删除，写出 SQL 语句并截图：

语句如下：

```
drop view RC_query_view4
```

截图如图 15.118 所示。

图 15.118　删除视图后的截图

(3) 管理视图中的数据

① 从视图 ReaderCard_query_view2 中查询出借书证编号为“082233165”、姓名为“刘哲伦”的资料。

语句如下：

```
select * from ReaderCard_query_view2
where 借书证编号='082233165' and 读者姓名='刘哲伦'
```

截图如图 15.119 所示。

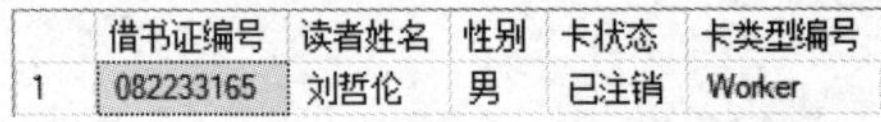

	借书证编号	读者姓名	性别	卡状态	卡类型编号
1	082233165	刘哲伦	男	已注销	Worker

图 15.119　视图查询截图

② 向视图 ReaderCard_query_view2 中插入一行数据。借书证编号：20030015105，读者姓名：罗志军，性别：男，卡状态：正常，卡类型编号：teacher。

向视图中添加记录语句如下：

```
insert into ReaderCard_query_view2
values('20030015105','罗志军','男','正常','teacher')
```

查询视图记录语句如下：

```
select * from ReaderCard_query_view2
```

截图如图 15.120 所示。

	借书证编号	读者姓名	性别	卡状态	卡类型编号
1	082233165	刘哲伦	男	已注销	Worker
2	094500236	刘恩	男	正常	Student
3	094500237	朱明明	男	正常	Student
4	20030015105	罗志军	男	正常	teacher

图 15.120　视图查询截图

③ 思考：若向视图 ReaderCard_query_view2 中插入如下一行数据会有什么结果？写出执行情况。

借书证编号：094500238，读者姓名：徐薇，性别：女，卡状态：正常，卡类型编号：student。

向视图中添加记录语句如下：

```
insert into ReaderCard_query_view2
values('094500238','徐薇','女','正常','student')
```

查询视图记录语句如下：

```
select * from ReaderCard_query_view2
```

截图如图 15.120 所示。

查询 ReaderCard 表记录语句如下：

```
select * from ReaderCard
```

截图如图 15.121 所示。

	借书证编号	读者姓名	性别	出生日期	办卡时间	卡状态	卡类型编号
1	082233164	常玲	女	1990-01-18 00:00:00.000	2008-05-05 00:00:00.000	正常	Worker
2	082233165	刘哲伦	男	1989-10-18 00:00:00.000	2008-02-01 00:00:00.000	已注销	Worker
3	094500236	刘恩	男	1986-06-04 00:00:00.000	2009-05-03 00:00:00.000	正常	Student
4	094500237	朱明明	男	1987-07-20 00:00:00.000	2009-06-30 00:00:00.000	正常	Student
5	094500238	徐薇	女	NULL	NULL	正常	student
6	20030013117	王小秋	女	1988-09-16 00:00:00.000	2006-03-12 00:00:00.000	正常	Teacher
7	20030015105	罗志军	男	NULL	NULL	正常	teacher
8	796625325	王云	女	1992-05-05 00:00:00.000	2010-06-03 00:00:00.000	已挂失	Other

图 15.121　视图查询截图

④ 修改视图 ReaderCard_query_view2 中的数据

将 ReaderCard_query_view2 中借书证编号为“20030015105”，读者姓名为“罗志军”的卡状态改为“已注销”。

修改视图语句如下：

```
update ReaderCard_query_view2
set 卡状态='已注销'
where 借书证编号='20030015105'
```

查询视图语句如下：

```
select * from ReaderCard_query_view2
```

截图如图 15.122 所示。

	借书证编号	读者姓名	性别	卡状态	卡类型编号
1	082233165	刘哲伦	男	已注销	Worker
2	094500236	刘恩	男	正常	Student
3	094500237	朱明明	男	正常	Student
4	20030015105	罗志军	男	已注销	teacher

图 15.122　视图查询截图

⑤ 将视图 ReaderCard_query_view2 中借书证编号为“20030015105”，读者姓名为“罗志军”的读者信息删除。

删除视图记录语句如下：

```
delete from ReaderCard_query_view2
where 借书证编号='20030015105'
```

查询视图语句如下：

```
select * from ReaderCard_query_view2
```

截图如图 15.123 所示。

	借书证编号	读者姓名	性别	卡状态	卡类型编号
1	082233165	刘哲伦	男	已注销	Worker
2	094500236	刘恩	男	正常	Student
3	094500237	朱明明	男	正常	Student

图 15.123　视图查询截图

15.9　存储过程

1. 使用 T-SQL 命令创建存储过程

(1) 设计简单存储过程

利用"图书信息管理系统"数据库中 BookInfo、ReaderCard 和 BorrowList 表，编写一个没有参数存储过程用于查询每位读者的借阅情况，然后调用该存储过程。

定义存储过程语句如下：

```
use 图书信息管理系统
go
create procedure ReaderCard_info
as
select distinct b.借书证编号,读者姓名,图书名称,作者
from BookInfo as a,ReaderCard as b,BorrowList as c
where a.图书编号=c.图书编号 and
      b.借书证编号=c.借书证编号
go
```

调用存储过程语句如下：

```
exec ReaderCard_info
```

截图如图 15.124 所示。

	借书证编号	读者姓名	图书名称	作者
1	082233164	常玲	Java2核心技术	Gray Comel
2	082233164	常玲	计算机应用基础	黄强
3	094500237	朱明明	大学语文教程	董子厚
4	094500237	朱明明	电脑乐园	谭宇
5	094500237	朱明明	计算机应用基础	黄强
6	20030013117	王小秋	Java2核心技术	Gray Comel
7	20030013117	王小秋	电脑乐园	谭宇
8	20030013117	王小秋	计算机应用基础	黄强
9	796625325	王云	大学语文教程	董子厚

图 15.124　调用存储过程执行结果图

(2) 使用带有参数的存储过程

利用"图书信息管理系统"数据库中 BookInfo、ReaderCard 和 BorrowList 表，编写一个指定读者当前的借阅情况。

定义存储过程语句如下：

```
use 图书信息管理系统
go
create procedure ReaderCard_history_info @readercard_id varchar(50)
as
select distinct b.借书证编号,读者姓名,图书名称,作者
from BookInfo as a,ReaderCard as b,BorrowList as c
where a.图书编号=c.图书编号 and
        b.借书证编号=c.借书证编号 and
        b.借书证编号=@readercard_id
go
```

调用存储过程语句如下：

```
exec Readercard_history_info '20030013117'
```

截图如图 15.125 所示。

	借书证编号	读者姓名	图书名称	作者
1	20030013117	王小秋	Java2核心技术	Gray Comel
2	20030013117	王小秋	电脑乐园	谭宇
3	20030013117	王小秋	计算机应用基础	黄强

图 15.125　调用存储过程执行结果图

(3) 使用带有通配符参数的存储过程

利用“图书信息管理系统”数据库中 BookInfo、ReaderCard 和 BorrowList 表创建一个存储过程 ReaderCard_book_info，查询指定图书的借阅情况。该存储过程在参数中使用了模糊查询，如果没有提供参数，则使用预设的默认值。

定义存储过程语句如下：

```
use 图书信息管理系统
go
create procedure ReaderCard_book_info @book_name varchar(50)='%计算机%'
as
select distinct b.借书证编号,读者姓名,图书名称,作者
from BookInfo as a,ReaderCard as b,BorrowList as c
where a.图书编号=c.图书编号 and
        b.借书证编号=c.借书证编号 and
        图书名称 like @book_name
go
```

调用存储过程语句如下：

```
exec ReaderCard_book_info
```

截图如图 15.126 所示。

	借书证编号	读者姓名	图书名称	作者
1	082233164	常玲	计算机应用基础	黄强
2	094500237	朱明明	计算机应用基础	黄强
3	20030013117	王小秋	计算机应用基础	黄强

图 15.126　调用存储过程执行结果图

或者执行存储过程语句如下：

```
exec ReaderCard_book_info '%Java%'
```

截图如图 15.127 所示。

	借书证编号	读者姓名	图书名称	作者
1	082233164	常玲	Java2核心技术	Gray Cornel
2	20030013117	王小秋	Java2核心技术	Gray Cornel

图 15.127　调用存储过程执行结果图

2. 使用 SQL 命令修改存储过程

对存储过程 ReaderCard_info 进行修改，设置性别为男，写出 SQL 语句并截图：

修改存储过程语句如下：

```
use 图书信息管理系统
go
alter procedure ReaderCard_info
as
select distinct b.借书证编号,读者姓名,图书名称,作者
from BookInfo as a,ReaderCard as b,BorrowList as c
where a.图书编号=c.图书编号 and
      b.借书证编号=c.借书证编号 and
      性别='男'
go
```

执行存储过程语句如下：

```
exec ReaderCard_info
```

截图如图 15.128 所示。

	借书证编号	读者姓名	图书名称	作者
1	094500237	朱明明	大学语文教程	董子厚
2	094500237	朱明明	电脑乐园	谭宇
3	094500237	朱明明	计算机应用基础	黄强

图 15.128　调用存储过程执行结果图

3. 使用 SQL 命令删除存储过程

删除"图书信息管理系统"数据库中的 ReaderCard_info 存储过程。

删除存储过程语句如下：

```
use 图书信息管理系统
go
if exists(select name from sysobjects where name='ReaderCard_info')
drop procedure ReaderCard_info
go
```

截图如图 15.129 所示。

可编程性
存储过程
系统存储过程
dbo.ReaderCard_book_info
dbo.ReaderCard_history_info

图 15.129　删除存储过程截图

15.10　触发器

1. 使用 T-SQL 语句创建触发器

(1) 使用带有提示消息的触发器

对于"图书信息管理系统"数据库，如果在 ReaderCard 表中添加或更改数据，则向客户端显示一条 trigger is working 的信息。

创建触发器语句如下：

```
use 图书信息管理系统
go
if exists(select name from sysobjects where name='reminder' and type='tr')
    drop trigger reminder
go
create trigger reminder on ReaderCard
    for insert,update
    as
    begin
    declare @str char(50)
    set @str='trigger is working'
    print @str
  end
go
```

向 student 表中插入一行数据：

```
insert into ReaderCard
values('20030012160',' 刘羽然 ',' 男 ','1984-11-18','20070408',' 正常 ','teacher')
go
```

截图如图 15.130 所示。

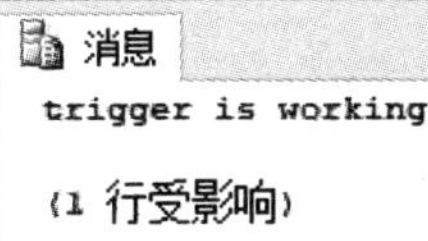

图 15.130　激活触发器

(2) 在数据库“图书信息管理系统”的 BorrowList 表中创建一个 Insert 触发器，当向 BorrowList 表插入一行记录时，检查该记录的借阅编号在 ReaderCard 表中是否存在，检查图书编号在 BookInfo 表中是否存在，若有一项为否，则不允许插入。

创建触发器语句如下：

```
use 图书信息管理系统
go
create trigger BorrowList_insert on BorrowList
    for insert as
    if exists(select * from BorrowList as c
              where c.图书编号 not in(select a.图书编号 from BookInfo as a)
                  or c.借书证编号 not in(select b.借书证编号 from ReaderCard as b))
      begin
        print '违背数据的一致性'
        rollback transaction   /*回滚之前的操作*/
      end
go
```

提示：请学生自行验证。Rollback transaction 语句用于回滚之前所做的修改，将数据库恢复到原来的状态。

(3) 在“图书信息管理系统”数据库的 BorrowList 表上创建一个 update 触发器，若对图书编号和借书证编号列修改，则给出提示信息，并取消修改操作。

创建触发器语句如下：

```
use 图书信息管理系统
go
create trigger update_trigger1
    on BorrowList
for update
as
    /*检查学号列或课程号列是否被修改，如果有某列被修改，则取消修改操作*/
    if UPDATE(图书编号) or UPDATE(借书证编号)
    begin
      print '违背数据的一致性'
      rollback transaction
    end
go
```

提示：update 函数用于测试在指定的列上进行 insert 或 update 操作，该列可以是 SQL Server 支持的任何数据类型但不能为计算列；若有测试在多个列上进行的 insert 或 update 操作，则每一列都要对应单独的 update 函数，并用 and 或 or 逻辑运算符连接，构成逻辑表达式。如果对应的列上执行了 insert 或 update 操作，则 update 函数返回 true。

2. 使用 T-SQL 命令修改触发器

修改“图书信息管理系统”数据库中在 student 表上定义的触发器 reminder。

修改触发器语句如下：

```
use 图书信息管理系统
go
alter trigger reminder on ReaderCard
    for update
    as print '执行的操作是修改'
go
```

3. 使用 T-SQL 命令删除触发器

删除触发器 reminder。

删除触发器语句如下：

```
use 图书信息管理系统
go
if exists(select name from sysobjects where name='reminder' and type='tr')
    drop trigger reminder
go
```